ハヤカワ文庫 NF
〈NF236〉

ワンダフル・ライフ

バージェス頁岩《けつがん》と生物進化の物語

スティーヴン・ジェイ・グールド
渡辺政隆訳

早川書房
4544

WONDERFUL LIFE

The Burgess Shale and the Nature of History

by

Stephen Jay Gould

Translated by
Masataka Watanabe
Published 2000 in Japan by
HAYAKAWA PUBLISHING, INC.
This book is published in Japan by
arrangement with
W. W. NORTON & COMPANY, INC.
through JAPAN UNI AGENCY, INC., TOKYO.

いまも昔も、私にとっては
人類が操る言葉としてはもっとも高貴な意味で
師にあたる、
ノーマン・D・ニューウェル先生に
本書を捧げる

目次

ワンダフル・ライフ

——バージェス頁岩《けつがん》と生物進化の物語

序言および謝辞

私のいちばんきらいなスポーツからのたとえを使うなら、歴史の本質という、科学が取り組めるものとしてはもっとも幅のある問題へのタックルを敢行したのが本書である。ただしここでは、果敢な中央突破ではなく、じつに驚異的な事例研究の細部を経由してのエンドラン攻撃を試みている。そうするにあたって採用した戦略は、私が一般書を書くときのいつものやりかたと同じである。詳細だけを述べたてても、それほど深くは突っこめない。私にはかなわないことだが、詩情をせいいっぱい盛りこんだところで、せいぜいみごとな〝自然《ネイチャー・》賛歌《ライティング》〟をものすることができるくらいだからだ。しかしそうかといって一般性に正面攻撃をかければ、退屈なものか偏向した代物《しろもの》になるのは目に見えている。自然界の美は細部に宿っている。一方、メッセージは一般性に宿っている。理想は、両方のアプローチを兼ねそなえていることであり、私が知る最上の戦術は、選りすぐった各論にすばらしい原理を語らしめるというものである。

私があえて選んだ話題は、あらゆる化石産地のなかでもっとも貴重で重要な、ブリティッシュ・コロンビア州のバージェス頁岩《けつがん》である。その発見と解釈にまつわる、ほぼ八〇年間におよぶ人間ドラマは、文字どおりの意味ですばらしい。軟体性の動物を完璧に保存しているこの最古の動物群を一九〇九年に発見したのは、最高の古生物学者にしてアメリカの科学界において最高の権力を握った行政官でもあった人物チャールズ・ドゥーリトル・ウォルコットである。しかし、伝統的な思考に縛《しば》られたウォルコットがその動物群に下した解釈は、生命の歴史に新しい観点を開くことのない陳腐《ちんぷ》なものだった。そのため、そこで見つかった比類のない生物たちは大衆の目から遠ざけられてしまった。生命の歴史を解き明かす手がかりとしては、恐竜をはるかにしのぐというのにである。

しかし、自分たちの仕事がもちうる過激な意味など露《つゆ》とも知らないまま、イギリスとアイルランドの三人の古生物学者が二〇年にわたって展開した詳細を極める解剖学的研究によって、この特別な化石群にウォルコットが下した解釈は覆《くつがえ》されてきた。そればかりではない。彼らの研究は、生物の歴史は前進的で予測可能なものだったとする従来の見解を、偶発性を強調する歴史研究者の異議申し立てと対決させてきた。それは、振り返って見てはじめて理解できるような、ふつうではとてもありそうにない——したがって厳密な説明を必要とする——出来事が、まったく予測もつかないし二度と繰り返されることもないしかたで継起する〝ページェント〟、それこそが進化だとする申し立てである。生物の進化史を録画したテープをバージェス頁岩時代の初期まで巻き戻し、その時点からすべてを再スタートさせてみよなる。新たな展開のなかで人類のような知的生物が光輝をそえる可能性はとてつもなく小さくなる。

それはともかく、人間が傾けた努力や解釈の修正などよりもはるかにすばらしいのが、バージェス頁岩から見つかる生物そのものである。とくに、正確を期して新たに復元されたそれら生物の常軌《じょうき》を逸《いっ》した奇妙さがすごい。五つの眼と前方に突き出た〝ノズル〟をもつオパビニア、当時としては最大の動物で円盤のようなあごをもつ恐ろしい捕食者アノマロカリス、幻覚《ハルーシネイション》という意味の学名にふさわしい形状をしたハルキゲニアなどである。

本書の書名は、二重の驚嘆《ワンダー》の念を込めたものである。すなわち、生物そのものの美しさに対する驚嘆と、それらが駆りたてた新しい生命観に対する驚嘆である。オパビニアとその仲間たちは、遠い過去の不思議な驚嘆すべき生物《ワンダフル・ライフ》の一員だった。それらはまた、歴史における偶発性というテーマを、そのような概念を嫌う科学に押しつけずにはおかない。偶発性が歴史を変えるというのは、アメリカでもっとも愛されている映画のいちばん記憶に残るシーンの中心テーマである。ジェイムズ・スチュアートの守護天使が、彼の登場しない人生の録画テープを見せ、歴史のなかの一見無意味な出来事がその後の歴史にとてつもない影響力をもちうることをまざまざと示す、あのシーンがそれである。科学は、偶発性という概念を扱いあぐねてきた。しかし映画や文学は、常に偶発性の魅力を見出してきた。映画『素晴らしき哉《かな》、人生！』（*It's a Wonderful Life*）は、本書の主要なテーマを象徴していると同時に、私が知るかぎりではもっともみごとに例示している。したがって私は、本書の書名において、私クラレンス・オドボディ、ジョージ・ベイリー、フランク・キャプラに敬意を表《ひょう》するものである。

バージェス化石の再解釈と、その仕事から生じた新しい考えかたにまつわる物語は錯綜《さくそう》しており、たくさんのキャストの努力が結集されたものである。しかし、舞台の中央に立つのは三人の古生物学者である。解剖学的な記載と分類学上の位置づけという専門的な研究のほとんどをこなしたのは彼らだからだ。その三人とは、三葉虫の世界的権威であるケンブリッジ大学のハリー・ウィッティントンと、彼のもとで大学院生として研究を開始し、バージェス化石に関する研究でみごとな経歴を打ち立てたデレク・ブリッグスおよびサイモン・コンウェイ・モリスである。

私は、どうしたらいちばんいい形でその研究を説明できるかについて、何カ月にもわたって悩みぬいた。そしてついに、一貫性をもたせつつ完全無欠さを実現できる形式は一つしかないとの結論にいたった。歴史がおよぼす影響力が今日《こんにち》の生物の秩序を設定するにあたってこれほど強力なものであるならば、とても小さな領域である本書においてもその威力を尊重すべきである。ウィッティントンらの仕事は、一つの歴史でもある。偶発性が支配する領域における秩序の第一の基準は、年代順ということであるし、またそうであらねばならない。バージェス頁岩に関する解釈のしなおしは一つの物語、最高度の知的価値をもつ驚嘆すべき壮大な物語である。しかもそれは、誰一人として殺されも傷つきもせず、かすり傷一つ負った者もいないまま新世界が発見された物語である。この物語を正しい時間的順序で語る以外、私にできることなどあろうはずもない。映画『羅生門』のように、傍観者、当事者を問わず、このように入り組んだ話を同じしかたで物語る者は二人といないだろう。それでも、時間的な順序にしたがって土台をすえることはできる。私は、時間を追って展開した一連の出来事を緊迫したドラマとして見るようになった。そして、それを全五幕の芝居に仕立て、本書の3章に入れるという思いつきを実行するまでになった。

1章では、図像解読という型破りなしかけを通じて、いまやバージェス頁岩が異議申し立てを行なっている対象である伝統的な態度（すなわち、薄衣で隠された文化的な願望）を葬るしたくを整える。2章では、初期の生物の歴史に関する背景説明として欠かせない材料、化石記録の本質についての説明、バージェス頁岩そのもののための特別な舞台設定を提供する。そして3章では、初期の生物に関する考えかたの大改訂を、ドラマとして時間的な順序にしたがってドキュメントする。その最後の節《せつ》では、この物語自体によって一部攻撃され、修正された進化学説の一般的文脈のなかにこの歴史を位置づける試みをする。4章では、チャールズ・ドゥーリトル・ウォルコットはその大発見の意味と本質をなぜにかくも徹底的に見誤ってしまったのかを理解する試みを通して、彼の心理とその時代背景を探る。そして、偶発性としての歴史という、彼のそれとはまったく正反対の歴史観を提示する。5章では、一般論と、年代記的に見て鍵を握る出来事の両面から、この歴史観を発展させる。鍵を握る出来事とは、もしそれがちょっとでもちがった起こりかたをしていたとしたら、方向はまったく異なるが同等の意味をもつ流路——年代記をものしたり、過去の歴史劇を解読できるような生物種は生み出さない方向へと進む経路――を進化は流れ下ることだってありえたかもしれない出来事のことである。この章のエピローグでは、バージェス頁岩が明かす極めつきの衝撃について語る。それは、いうなれば「荒野ニオイテ叫ブ人ノ声」である。しかし、それは曲がった道をまっすぐにしたり、でこぼこの地面を平らにしたりはしない幸福な声である。なぜならそれは、〝どちらに転んでも興味深い、くねくねと曲がりくねった道だからこそ現実はおもしろい〟ということを歓《よろこ》ぶ声だからだ。

私は、両極をなす伝統的な構図の板ばさみになっている。私は、受け身的で公平な考えに立って別の分野から関係者にインタビューするレポーターや〝サイエンスライター〟ではない。私はプロの古生物学者であり、このドラマの主《おも》だった登場人物全員と近い関係にある同業者であり、個人的な友人である。しかし私自身は、このドラマの根源に関わる研究はいっさい行なっていない。できもしなかっただろう。私には、その仕事に必要な三次元的思考能力がないからである。そうはいっても、ウィッティントン、ブリッグス、コンウェイ・モリスの世界は私の世界である。私は、その世界の可能性や欠点、専門用語や研究手法を心得ている。だが、私はその世界の幻想のなかで生きている人間でもある。本書が成功しているとしたら、それは専門家としての感情と知識をもちつつも必要な距離は置いたうえで判断を下せたからであり、地質学の最新成果をみごとな筆致でリポートしたジョン・マクフィー（拙著『嵐のなかのハリネズミ』６章を参照）に負けないような作品を、部外者ではなく地質学者の立場から書いてみたいという夢の実現に成功したからといえるだろう。成功していないとしたら、私は単に、どっちつかずに終わったよくいる失敗者の一人にすぎないことになる。ちなみに、古生物学者の世界に住みながらそれについて報告するという板ばさみ状態に伴う困難は、単純なことなのに私には解決できない問題としてもっとも頻繁《ひんぱん》に顔を出している。それは、わがヒーローたちを、それぞれウィッティントン、ブリッグス、コンウェイ・モリスと呼ぶべきか、それともハリー、デレク、サイモンと呼ぶべきかという問題である。最終的に私は、一貫した方針は放棄し、それぞれの状況にしたがってどちらの呼びかたも許すことにした。もっともその使い分けは厳密なものではなく、単に本能と感情にしたがった。私はまた、別の慣行も採用しなければならなかった。バージェスにまつわるドラマを年代順に配列するにあたっては、さまざまなバージェス化石に関する研究を、研究論文の発表年にしたがって整理したのだ。しかし、専門家なら誰もが知っているように、原稿を書いた時点とそれが印刷された時点との時差はきまぐれで規則性がない。発表の順序は、実際に仕事が行なわれた順序とはほとんど関係なかったりもする。そこで私は、主要な関係者すべてについて私が採用した順序を調べあげたのだが、ありがたいことに今回のケースに関しては、論文の発表年が仕事の順番をきわめて忠実に反映していることを知った。

これまで私は、〝一般向け〟の著作においては、一つの個人的規則に厳密にしたがってきた(〝一般向け《ポピュラー》〟という言葉は、その文字どおりの意味において賞賛すべきものなのに、何も期待せずに気楽に耳を傾けるだけのために単純化されたり質を落とされたものを意味する言葉に格下げされているのは残念なことだ)。ガリレオは、その二冊の偉大な著作をラテン語の説教くさい論考ではなくイタリア語の問答形式でしたため、トマス・ヘンリー・ハックスリーは専門用語なしのみごとな散文体を書きしたため、そしてダーウィンは、すべての著作を一般読者のために発表した。彼らが実現したように、専門家にも、興味をもった素人《しろうと》にも同じように読めて、しかもどちらをも満足させる科学書というジャンルはいまだ可能だと私は信じている。科学の考えかたは、そのすべての豊かな内容と曖昧《あいまい》さとともども、いかなる妥協も、歪曲《わいきょく》と見なすべき単純化もいっさいなしに、知性ある人ならば誰にでも読める言葉で提示しうる。もちろん、外部の人間を煙《けむ》にまくような専門用語や術語を排除するだけの目的のためなら、言葉は修正されねばならない。しかし、専門的な著作と一般向けの解説書とのあいだで、概念上の深みがわずかなりとも異なるようなことがあってはならない。大学院生がセミナーで読んでも、東京出張の機内でビジネスマンが（機内映画はたいくつだし、睡眠薬も忘れてしまったときに）読んでも実益のある本を書くことが、私の望みだった。もちろん、このような高慢《こうまん》な期待と慢心《まんしん》を掲《かか》げるからには、読者にも何がしかの努力を要求する。バージェスをめぐる物語の美しさは、その細部にある。ここでいう細部とは、解剖学上の細部である。読者は、解剖学的な説明を飛ばし読みしても、一般的なメッセージは得られる（告白すると、私も自分の興味のままに何度となくそうしている）。しかし、読者のみなさん、どうかそれだけはしないでほしい。そんなことをすれば、バージェスをめぐるドラマのすさまじいばかりの美も、その強烈な興奮も理解できないだろう。私は、解剖学と分類学という二つの専門的な学問分野について、一貫性は最大限とどめつつも侵犯は最小限に抑えるための手を尽くした。それらの分野の手引として解説欄をもうけたし、用語や術語の類《たぐ》いの使用は最小限にとどめた（幸いなことに、専門家以外にはちんぷんかんぷんの業界用語はほとんどすべて無視できるし、付属肢の順序と配列に関していくつかの事実を理解するだけで、節足動物についての肝心な点は理解できる）。それと、本文中で行なっている記載的な説明は、すべて図版と対応させてある。

私は、こうした参考資料の提供をすべて省《はぶ》き、きれいな写真や権威に訴えようかと一瞬考えもした。しかし、そんな悪魔のささやきにのることはできなかった。それは、右で述べたような一般的なポリシーのせいだけではない。それができなかったのは、解剖学的な議論の削除、重要な学術論文からではなく二次文献からの孫引きは、ほんとうにみごとなもの、古生物学において達成されたものとしてはもっともすばらしい専門的仕事と、バージェスの動物たちの類い稀《まれ》な愛《いと》しさを尊重しない証しとなるからである。懇願はみっともないことではあるが、一行だけ懇願させてほしい。細かい話にうんざりせずに読みとおしていただきたい。それはとっつきにくいものではないし、新しい世界への入口なのだから。

本書のような仕事が、いわば共同作業によってまとめられたものになるのはやむをえないことである。忍耐、寛大さ、有益な助言、良き励《はげ》ましに対する感謝は広い範囲におよばざるをえない。ハリー・ウィッティントン、サイモン・コンウェイ・モリス、そしてデレク・ブリッグスの三氏は、長時間にわたるインタビューや微《び》に細《さい》に入《い》る質問、原稿の通読に耐えてくれた。ヨーホー国立公園のスティーヴン・サデス氏は、ウォルコットの神聖な発掘場へのハイキングを親切に手配してくれた。その巡礼の旅をせずにこの本を書くことはできない相談だった。ラズロ・メゾリー氏は、私がここ二〇年近くにわたって賞賛し、頼りにしてきた手並みで図表を用意してくれた。リビー・グレン氏は、ワシントンに保管されているウォルコットの膨大なアーカイヴズに目を通す手助けをしてくれた。

私はこれまで、図版にこれほどまで依存した著書を出版したことはなかった。しかし、この本はそうあらねばならない。霊長類はなんといっても視覚の動物であり、とくに解剖学の本は、言葉で語るように絵で語られる。私は最初から、ここで使用する図版はウィッティントンらがその基本文献で使用した原図でなければならないと決めていた。その理由は、彼らの原図がその種《しゅ》のものとして優れているだけでなく、なによりも、彼らの仕事に対する私の大いなる敬意を他の方法では表現しようがないからである。その意味で私は、古生物学の歴史において決定的なものとなるはずの原論文の忠実な年代記作者としてしか振舞わないつもりである。印刷技術に通じていない私は、浅はかにも、印刷されている図版を写真で起こすのは、単に写しては刷るという単純な作業だと決めつけていた。しかし、私の写真家であり研究助手であるアル・コールマンとデイヴィッド・バッカスが、原図以上の解像度を達成すべく努力した三カ月間の作業を見て、私は他分野のプロのすごい手並みについて多くのことを学んだ。彼らの献身と知識に大いなる感謝を捧げるしだいである。

全部でおよそ一〇〇点の図版は、おもに二つのタイプに分けられる。一つは実際の化石の標本画であり、もう一つは生物体のおおよその復元図である。私は、多くの標本画上にびっしりと付されていた形質記号を白く塗りつぶした。そうした記号のほとんどは本書でなされている議論とは関係のないものだったし、関係のあるものについては図のキャプションで十分な説明を必ずすることにしたからである。しかし私は、読者が原著論文にあたられてもとどおりの図を見ていただきたいものだと思っている。それはそうとして、科学的なイラストの慣習に沿ったそれらの標本画は、カンブリア紀の海底に出かけることができたなら見られる動物とはほとんど別物であることを、読者には知っておいていただきたい。その理由は二つある。通常の措置《そち》として、一部の器官を透《す》けて見えるようにすることで、より多くの形態が完全に見えるようにしてあるのだ。そしてその一方で、別の器官（ふつうは体の反対側にもある器官）が、やはりより多くの形態を見せるという理由で省《はぶ》かれている。

専門的な標本画では生物が生きていたときの様子がわからない。そこで私は、プロの画家の筆になる完全な復元画も提供すべきだと決断した。私は、これまでに公表されている標準的なイラストには満足していなかった。正確さを欠くか、美的魅力を欠くかのいずれかだからである。ところが幸運にも、デレク・ブリッグスが、マリアン・コリンズが描いたサンクタカリスの絵（図3－55）を見せてくれた。ついに私は、形態の細部にまで周到な注意を払いつつ、美的才能をもって描かれたバージェス生物を目にしたのだ。その絵は、アメリカ自然史博物館に置かれたヘンリー・フェアフィールド・オズボーンの胸像に刻まれた碑文を私に思い出させた。「彼のおかげで、干からびた骨は生き返り、遠い過去の巨大な生物たちが生者の華《はな》やかな行列に参加した」と、その碑文にはある。トロントにあるロイヤル・オンタリオ博物館のマリアン・コリンズが本書のためだけに、二〇枚あまりのバージェス動物の絵を描いてくれたことを、私はとてもうれしく思っている。

多数の力が結集した本書は、複数の世代を結びつけてもいる。私は、一九三〇年代にパーシー・レイモンドとともに化石の発掘をした人物であるビル・シェヴィルと、さまざまな話題について語りあった。また、ウォルコットが亡くなった直後に、バージェス化石について有名な洞察を初めて発表したG・イヴリン・ハチンソンとも語りあった。私はウォルコットその人にほとんど触れた気持ちになったあとで、狙いを現代に定め、この問題に積極的にかかわっている研究者全員と語りあった。なかでもとくに、ロイヤル・オンタリオ博物館のデズモンド・コリンズには感謝している。彼は、私がこの本を書いていた一九八八年の夏には、ウォルコットと同じ発掘場にキャンプを張り、レイモンドの発掘場の上の新しい場所で新たな発見をしていた。彼のその仕事は、この本のいくつかの節を書き改めさせ、拡張させることになることだろう。時代遅れになることは、科学が前進をやめ、死んでしまわないためにも、真摯《しんし》に希求すべき定めである。

私はすでに、一年以上もバージェス頁岩で頭がいっぱいだった。そしてこの問題について、しょっちゅう同僚や学生たちとああでもこうでもないと語りあった。そうした会話でもたらされた提言や疑念や注意の多くが、この本を大いに改善させた。このところ、科学のペテンや、競争心による敵意などがなにかと話題になっている。私は、科学界の外部の人たちがそうした明らかに深刻な事件に対して誤った見かたを植えつけられているのではないかと心配している。それらの事件を伝える記事は、世間体《せけんてい》や名誉をめぐる日常的な出来事についてもごまかし行為があるかのような印象を抱《いだ》かせかねないほど大げさに書きたてている。しかし、実際はそんなことはない。悲劇的なのは、そういう行為が演じられる頻度ではない。ごくごく稀《まれ》な不正ばかりがきわだたせられ、あたりまえのことと見られているせいで語られることのない同僚たちの親切な態度が圧殺され無効にされてしまうというのは、とんでもないアンバランスである。古生物学はなごやかな分野である。私は、古生物学者どうしはみなおたがいが好きだなどとは言わない。じつに多くの意見の不一致がある。しかし古生物学者たちは、たがいに助けあおうとしており、けちな根性は避けようとしている。そうした偉大な伝統が、この本が誕生する道を開いてくれた。それは、寛大な人々にとってはあたりまえの行為であるため私はあえて記《しる》さなかった何千もの親切な態度のおかげである。すなわち、われわれの大半がほとんどいつも示している美徳のおかげなのである。私はその共有を、このすばらし《ワンダフル》い生命《・ライフ》の歴史をめぐる知識に対する愛情の共有を喜んでいる。

1章　期待の図像を解読する

図版が語るプロローグ

そして私がおまえたちに腱をつけ、肉を生じさせ、皮膚で覆い、おまえたちに息を吹きこむと、おまえたちは生き返る。

――『エゼキエル書』三七章六節より

主は、干からびた骨がころがる谷間でエゼキエルにみごとな手並みを示した。それ以後、ばらばらの骨格から動物を復元するにあたってこれほどの手際のよさを発揮した者がいただろうか。化石を蘇生させることにかけては世に名高い画家に、チャールズ・R・ナイトという人がいる。今日《こんにち》にいたってもまだわれわれの恐怖心と想像力を煽《あお》りたてている恐竜のお手本となる復元像を描いたのが、この人である。ナイトは一九四二年の二月に、多細胞動物が出現してからホモ・サピエンスが勝利を収めるまでの生物進化の歴史を年代順に描いた連作パノラマ図を《ナショナル・ジオグラフィック》誌のために製作した（この号はいつまでも手元にとっておかれる号であるため、たとえばメイン州の片田舎にあるよろず屋の棚にずらりと並べられた一冊二五セントの〝完全〟なバックナンバー群を探しても、この号だけは必ず抜けている）。ナイトはその連作図の最初の一枚をバージェス頁岩《けつがん》の動物群［本書五九九ページの写真を参照］から始めている。

巨大な恐竜やアフリカの猿人は、たしかに古生物学上の驚異である。しかしそのことを踏まえたうえで、私は何のためらいもなく断言する。ブリティッシュ・コロンビア州の東端、ヨーホー国立公園内のカナディアン・ロッキー山中で発見されたバージェス頁岩の無脊椎動物群こそ、世界中でもっとも重要な化石動物群である。現生する多細胞動物のグループが化石記録中にはっきりと出現するのは、今から五億七〇〇〇万年ほど前のことである。その出現のしかたは、徐々に数を増すのではなく、爆発的だった。〝カンブリア紀の爆発〟と呼ばれるこの出来事で、現生する主要動物グループの事実上すべてが、地質学的にはあっという間《ま》の数百万年で（少なくとも直接的な証拠の中に）出現したのだ。

バージェス頁岩は、その爆発的な出来事が終了した直後の時代、その出来事が生み出した動物のすべてがまだ地球の海に生息していた時代を今に伝えている。そこから見つかる化石群が貴重なのは、三葉虫の鰓《えら》の繊維の一本一本、環形《かんけい》動物の消化管内に残っている最後の食事、生物の柔らかい部位（軟組織）の構造などが、細かいところまでみごとに保存されているからである。ふつうの化石記録のほとんどは、生物の体のなかでも硬い部位（硬組織）についてしか語ってくれない。しかし、大半の動物は硬組織などそなえていないし、そなえているにしても、その硬い覆いの下の構造についてはほとんどわからない（貝殻だけを見て、ハマグリについてどんな推論ができるだろう）。そういうわけで、軟体性動物群の稀少な化石は、古代生物の全容と多様さをのぞき見る貴重な窓である。バージェス頁岩は、動物の進化史において決定的な鍵を握るカンブリア紀の爆発という大事件直後に花開いた世界をのぞき見ることのできる、唯一の大きな窓なのだ。

バージェス動物群をめぐる人間模様も魅力的である。この化石動物群は、スミソニアン研究所のセクレタリー（この研究所では所長のこと）で、アメリカの偉大な古生物学者にして科学行政官でもあったチャールズ・ドゥーリトル・ウォルコットによって一九〇九年に発見された。ウォルコットは、伝統的な生命観に沿うかたちで、この化石群全体を一貫して徹底的に誤読しつづけた。バージェス動物群は、その後改良された種類の原始的な祖先群であると考え、一つの現生グループにすべてを押しこんでしまったのである。ウォルコットのこの仕事に対しては、五〇年以上にもわたって一つの異議も出されなかった。ケンブリッジ大学のハリー・ウィッティントン教授がバージェス動物群に関する最初のモノグラフを発表したのは一九七一年のことだった。それは包括《ほうかつ》的な再検討といえる論文で、ウォルコットの前提から出発し、バージェス動物群についてばかりか人類の進化も含めた生物進化の歴史全体を も（暗に）視野に入れた過激な解釈を導いている。

本書には大きな目的が三つある。第一に、そしてこれがいちばん重要なのだが、本書は表面上は穏やかそうに見えるこの再解釈の背後にある激しい知的ドラマの年代記である。第二に、その再解釈からの必然的な結論として、歴史の本質、それともしかしたら人類は進化していなかったかもしれないという恐ろしい可能性について言及すること。そして第三に、これほど重要な研究プログラムがなぜこれまで人々の関心をひかずにきたのかという謎に取り組むことである。新しい生命観の鍵を握る動物であるオパビニアの名が、なぜわれわれはここにこうして存在するのかという大問題に関心をもつすべての人に知れわたっていないのはなぜなのだろうか。

ハリー・ウィッティントンとその仲間たちは、バージェス動物群の大半はわれわれがよく知っているグループには属していないこと、そしてブリティッシュ・コロンビアのこのたった一カ所の化石発掘場から出土した生物の多様さは、おそらく現在の海洋に生息する無脊椎動物すべてを合わせた解剖学的デザインの幅を凌駕《りょうが》していることを明らかにしたのだ。バージェス動物のうちの一五種から二〇種あまりは、既知のどんなグループにも入らない。それどころか、おそらくまったく別個の動物門として分類されるべきである。そうしたもののなかには、実際にはわずか数センチしかないその姿を拡大すれば、まるでSF映画のセットにまぎれこんだかのような妄想《ハルーシネイション》を抱かずにはいられないものもいる。とくに興味をかきたてる生物には、まさにハルキゲニアという学名がつけられている。

既知の動物門に分類できる種に関しても、バージェス動物の解剖学的デザインは現生種の枠組をはるかに超えている。たとえばバージェス頁岩からは、今日の地球において数で圧倒的優位に立っている節足動物門の主要な四グループを代表する初期の種が見つかっている。その四グループとは、三葉虫類（すでに絶滅）、甲殻類《こうかくるい》（カニやエビなど）、鋏角類《きょうかくるい》（クモやサソリなど）、そして単枝類《たんしるい》（昆虫など）の四つである。ところがバージェス頁岩からは、現生するどのグループにも入らない節足動物も二〇種類から三〇種類ほど見つかっている。この事実の意味をとっくりと考えてみてほしい。分類学者は、これまでに一〇〇万種あまりの節足動物を記載してきた。そしてそのすべてが、四つの主要なグループに収まっている。ところが、多細胞生物の最初の爆発的進化の様相を今に伝えるブリティッシュ・コロンビア州の一発掘場からは、それ以外にあと二〇種類以上もの節足動物のデザインが見つかる。生物進化の歴史は、大量の生物が除去された後に生き残った少数の系統内で起こった分化の物語であって、従来語られてきたような、優秀さや複雑さや多様性の着実な増大という物語ではないのだ。

新解釈の縮図を見る意味で、全面的にウォルコットの分類に基づいてチャールズ・R・ナイトが描いたバージェス動物群の復元画（図1-1）と、それとは逆の見解に立った一九八五年のさる論文に添えられた復元画（図1-2）を比較してみよう。

（一）ナイトの復元画で中心の座を占めているのはシドネユイアという名の動物である。これはウォルコットがバージェス動物群では最大とした節足動物で、彼はこれを鋏角類の祖先と考えていた。ところが新しい復元画では、シドネユイアは右隅に退《しりぞ》き、それに替わってア

図 1-1 ／バージェス動物群の復元画。チャールズ・R・ナイトが 1940 年に描いたもので，おそらく 1942 年の復元画はこれをモデルにしたのだろう。すべての動物が現生グループの一員として描かれている。この絵の中でいちばん大きな動物であるシドネユイアの上に，ワプティアがエビとして復元されている。実際にはアノマロカリスというユニークな生物のものである二つの器官が，それぞれふつうのクラゲ（左上）と貝形類の尻尾（中央右にいる二匹の三葉虫の上を泳いでいる大きな生物）として描かれている。

ノマロカリスが主役の座を奪っている。カンブリア紀の海に君臨したこの二本肢《あし》の猛者《もさ》は、バージェスに産する〝分類不能〟動物の一つである。

（二）ナイトは個々の動物を、その後も生き延びて繁栄した既知の動物グループの一員として復元している。マルレラは三葉虫として復元されているし、ワプティアは原始的なエビとして復元されている（図1－1を参照）。ところが新解釈では、この二種は位置づけ不能な節足動物とされている。新しい復元画には、後継者が知られていない門《もん》が登場している。巨大なアノマロカリス、五つの眼と前方に伸びたノズルをもつオパビニア、全身が鱗《うろこ》で覆われ、背中には二列に並んだ長い棘《きょく》をもつウィワクシアなどである。

（三）ナイトが描いた生物は、〝平和な王国〟のしきたりにしたがっている。全員がたがいに寛容にふるまう見せかけの調和を保って群泳しており、相互関係は存在していない。新しい復元画も、この非現実的な群泳シーンを採用している（画面を節約するために欠かせない伝統だから）。しかし、最近の研究で明らかになった生態学的関係も描きこまれている。鰓《えら》曳虫類《ひきむしるい》と多毛類《たもうるい》は泥の中に潜《もぐ》っているし、謎めいた動物アユシェアイアは海綿《かいめん》を食い、アノマロカリスはあごを外転させて三葉虫を咬み砕いている。

（四）ウィッティントンが行なった見直しの典型的なものとしてアノマロカリスを取り上げてみよう。ナイトの絵には、新しい復元画では省《はぶ》かれた動物が二種類描かれている。クラゲと、二枚貝の殻からエビの尻尾《しっぽ》のようなものが出た奇妙な節足動物である。いずれの動物も、バージェス動物を現生グループに押しこめようとして犯した誤った復元である。ウォルコッ

図1-2／バージェス動物群の新しい復元画。アノマロカリス属に関するブリッグスとウィッティントンの共著論文に添えられたもの。この絵にはナイトの絵には登場しない奇妙な生物が描かれている。シドネユイアは右隅に追放され，二種類の巨大なアノマロカリスが画面を支配している。三匹のアユシェアイアが右下（シドネユイアの左）で海綿を食べている。一匹のオパビニアがアユシェアイアのすぐ左の海底を這い進んでいる。二匹のウィワクシアは，右上のアノマロカリスの下の海底で採食している。

トが〝クラゲ〟として分類した生物は、アノマロカリスの口器《こうき》のまわりを囲む板の小環だったことが判明している。そして〝エビ〟の尻尾も、肉食者であるアノマロカリスの摂食《せっしょく》用の付属肢だった。ウォルコットが二つの現生グループの祖型と考えた二種類の動物は、いずれもバージェス動物中最大の妙ちくりんな生物の体の一部だったのだ。アノマロカリスという学名は、まさに〝奇妙なエビ〟という意味である。

　このように、見解の紆《う》余《よ》曲折《きょくせつ》が、復元画の修正に縮図化されている。図像の解読こそ、一般的には生物進化の歴史と意味、特例としてはバージェス動物群をめぐる見解の変更を見抜くための軽視されがちな鍵なのである。

梯子《はしご》図と逆円錐《ぎやくえんすい》形図──進歩を象徴する図像

イソップのいう「親しさが軽蔑を生む」からマーク・トウェインの「親しさが子供を生む」まで、親しさをめぐるモットーはどんどん増殖してきた。ポローニアスは、彼特有の冗漫《じようまん》なせりふを吐く合間に、頼りになる真の友だちを捜し、これこそはと思った相手は〝鉄の鎖〟をつけても〝離すな〟と息子レアティーズに熱心に勧《すす》めている。しかしながらポローニアスを殺すことになる御存知《ごぞんじ》ハムレットがかの名ぜりふを吐くなかで述べたように、「そこが問題なのだ」。つけた鎖は容易にはほどけない。気安くなじんだものは思考の監獄となる。

言葉は、合意を強《し》いるためにわれわれが好んで用いる手段である。みごとな出来のモットーほど、行為の正統性と意図的な合意を万人に喚起《かんき》するものはない。たとえば映画で有名になった「ギッパーのために勝とう」（ギッパー役はレーガン）とか、歌にある「アメリカに神の恩寵《おんちよう》あれ」などのように。しかし、話し言葉は人類が最近になって発明したものであり、それ以前の遺産を完全に葬り去ることはできない。霊長類は視覚の発達した動物である。そのため、説得力をもつ図像のほうが、言葉よりもはるかにわれわれの胸に迫る。あらゆる煽動家、あらゆるユーモア作家、あらゆる広告業者たちが、よりすぐった図版のもつ影響力の強さを知ったうえでそれを利用してきた。

科学者たちはいつのまにかそのことを忘れてしまった。たしかに科学者は、美術史家を別にすれば、ほかのたいていの学者よりは図を多用する。学会発表では、「私にはそう思われます」という表現よりも「次のスライドをお願いします」という常套句《じょうとうく》のほうが頻繁に使われるくらいである。しかしわれわれ科学者は、図は言葉で説明しようとすることの補助的な例示にすぎないと見ている。図像それ自体は本質的に観念的なものであると考えて満足しているような科学者は、まずいまい。像は自然の正確な鏡であり、それだけだというのだ。

私は、物体を写した写真に対してそのような態度をとることは理解できる（ただしそれにしたって、それとわからない操作が加えられていることはいくらでもある）。しかしわれわれが使用する図の多くは、あたかも自然を中立的に記述したかのように装う概念の具体化である。それらは、恭順《きょうじゅん》をもたらすもっとも有力な情報源なのである。概念が図として伝えられているうちに、いつしかわれわれは仮説を確固たる事実と思いこんでしまう。思考をまとめるための提案が、自然界の確立されたパターンへと姿を変えられてしまい、推測と予感が実体となるのだ。

進化を扱ったおなじみの図像はみな、人類が登場したのは必然であり他に優越しているという心地よい考えかたを、ときには露骨に、ときにはそれとなく補強するためのものである。その最《さい》たる例である存在の連鎖《れんさ》図、すなわち一直線の進歩を表わした梯子図は、進化論よりよう。

も古い起源をもっている（A・O・ラヴジョイの古典的名著『存在の大いなる連鎖』を参照のこと）。たとえば一八世紀初期に書かれたアレグザンダー・ポープの『人間論』を見てみよう。

創造の広大な領域にわたって、
感覚力と精神力の等級が上昇している。
青草の中に住まいする無数の虫けらから、
人間のもっとも上等な人種へといかに昇りつめるかを見よ。

その一八世紀のまさに最後の時期に出版された有名な図版にも注目してほしい（図1－3）。イギリスの医師チャールズ・ホワイトは、その著書『人間および各種の動植物における整然たる等級について』において、多様に分岐した脊椎動物のすべてを、雑多な動物を直線上に配した単一の系列に押しこめた。鳥類からワニ、イヌ、古代の類人猿を経て、旧来の人種差別的偏見に基づいた人間集団の梯子を昇りつめて典型的な白人へと至る系列を、まさに幕を閉じんとしていた一八世紀のロココ調の飾り文字で説明したのである。

ヨーロッパ人以外の人種で、……高貴な湾曲《わんきょく》をもち、かくも大きな脳を納めた頭が見つかるだろうか。あのまっすぐな顔、高い鼻、丸く突き出たあごがどれで見つかるだろう。

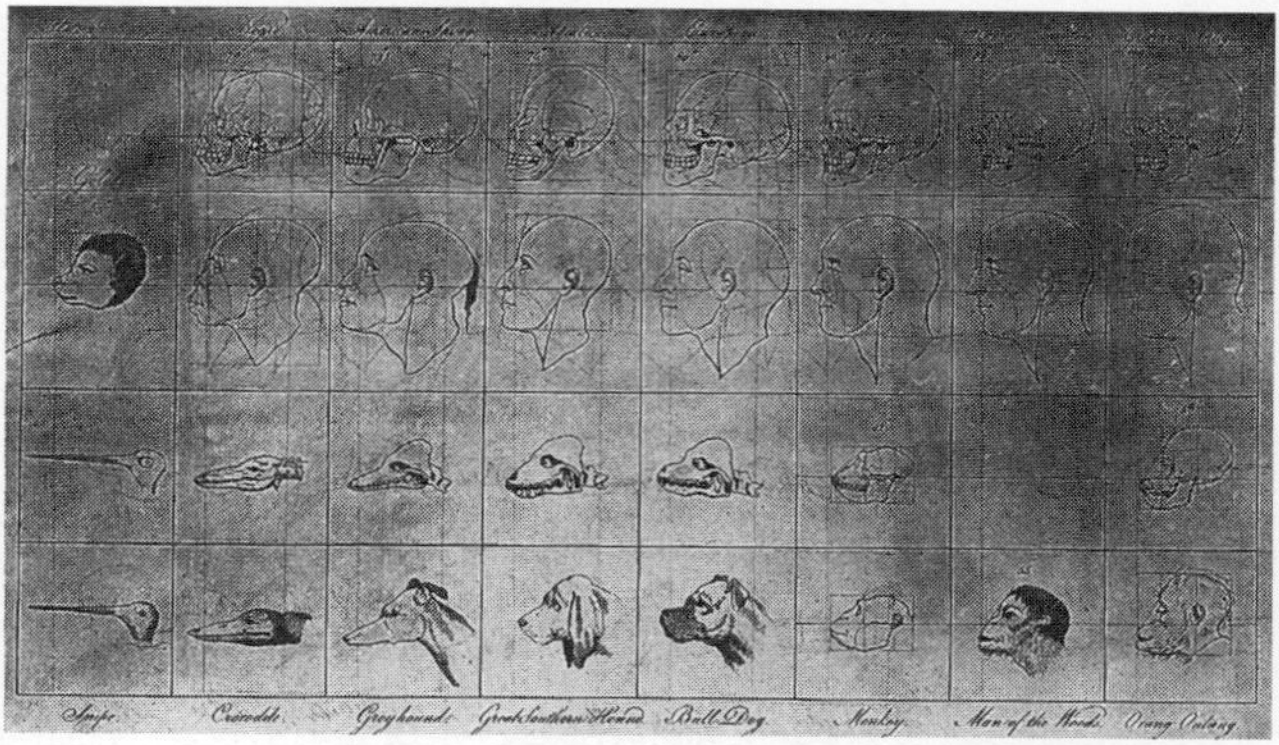

図 1-3／チャールズ・ホワイト（1799）による存在の連鎖の直線的な等級づけ。鳥類からワニ，イヌ，サルへという雑多な動物からなる系列（下の二段）とともに，旧来の人種差別的偏見に基づいた人間集団の梯子（上の二段）が並べられている。

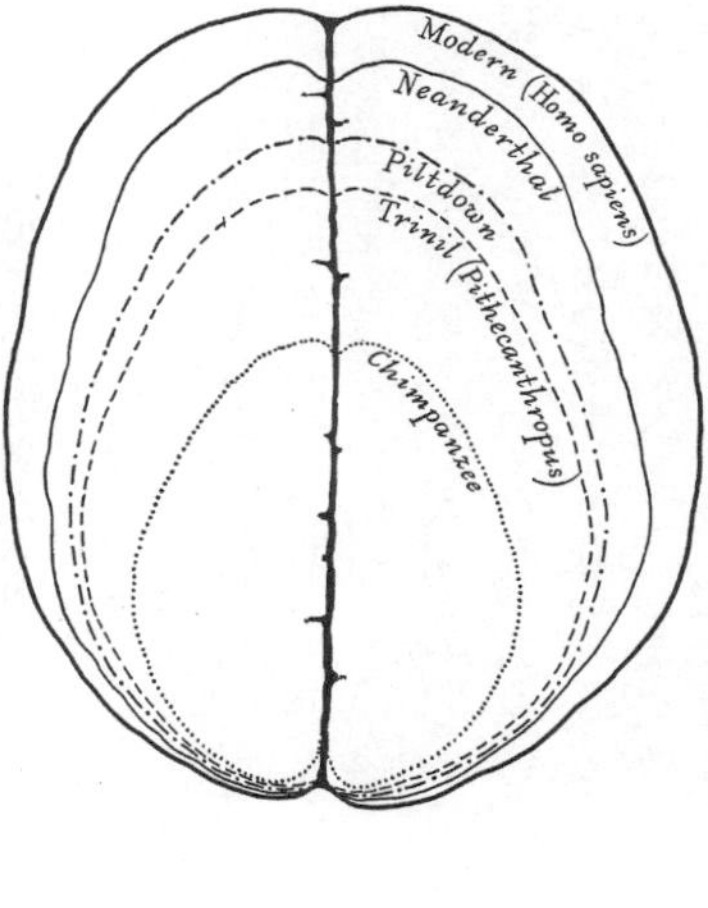

図 1-4／人類の脳の進化における進歩。ヘンリー・フェアフィールド・オズボーンが 1915 年に描いたもの。内側から順にチンパンジー，トリニール人（ピテカントロプス），ピルトダウン人，ネアンデルタール人，現生人類（ホモ・サピエンス）の脳サイズとされるものが示されている。

……薔薇《ばら》色のほおと珊瑚《さんご》色の唇、あのようにさまざまな特徴と表情の豊かさは、ほかの人種では決して見つかりはしない。(White, 1799)

こうした伝統は、より多くのことを学んだ近代においてさえ消滅しなかった。一九一五年にはヘンリー・フェアフィールド・オズボーンが、人類の認知能力は直線的に増大したという考えを教訓的な誤りに満ちた図に描いて発表している(図1-4)。チンパンジーは人類の祖先ではない。かれらは現生する親戚であって、アフリカの大型類人猿と人類とのいまだ知られていない共通の祖先から、進化学的な意味でわれわれと等距離にある存在である。ピテカントロプス(現在の呼び名はホモ・エレクトゥス)は人類の祖先かもしれないので、この序列に入れていい唯一のメンバーである。ピルトダウン人がこの図に入っていることはとくに意味がある。周知のように、ピルトダウン人は現生人類の頭蓋骨と類人猿の顎骨《がくこつ》を組み合わせた贋造《がんぞう》化石だった。現生人類の頭蓋骨なのだから、ピルトダウン人は現代人と同じ大きさの脳をそなえていた。それなのにオズボーンの同僚たちは、化石人類は進歩の梯子上の中間に位置するものでなければならないと固く信じていたため、ピルトダウン人の脳をそういう期待にそって復元していたのだ。ネアンデルタール人はどうかといえば、おそらくこれは人類と近縁ではあるが別種に属する親戚であり、祖先ではない。それにオズボーンの梯子ではどうなっていようとも、ネアンデルタール人の脳の大きさはわれわれと同じくらいかそれ以上だった。

図1−5／進歩の行進という主題の忠実な表現。これは私に直接関係する困りものの絵である。私が書く本はこのような進化像の偽りを暴くことに捧げられているのだが，翻訳書の表紙のデザインに関してはいかんともしがたい。これまでに私の著書のうち四種類の訳書に〝人類進歩の行進〟が表紙絵として使用されている。この絵は『ダーウィン以来』のオランダ語版に使われたもの。

現代にいたってもわれわれはこの図式を捨てていない。図1－5を見てほしい。この図は、こともあろうに私自身の本のオランダ語訳の表紙を飾った絵である。一列縦隊《いちれつじゅうたい》になった進歩の行進をこれ以上生々しく描くことはできないだろう。こうした慢心を育《はぐく》んだのは西洋文化だけだと思われないために、それが東洋にも広がっている証拠を提供しよう（図1－6）。この絵は一九八五年にインドのアグラの市場で買い求めた本の表紙である。

　進歩の行進図は、まさに進化の規範的な表現法である。そういう絵を一枚見ただけで万人がその意味をただちに了解し、本能的に理解してしまう。それは、この題材が漫画や広告で多用されていることを見れば一目瞭然《いちもくりようぜん》である。そのようなメディアが、大衆はどう受け取っているかを知るための最良の証拠を提供してくれる。ジョークや広告はただちに了解できるものでなければならない。図1-7を見ていただきたい。これはパトリオッツ対レイダーズのフットボール試合を控えて、《ボストン・グローブ》紙に掲載されたラリー・ジョンソンの漫画である。あるいは図1-8はどうだろう。漫画家のセップが、テロリズムを適切に位置づけている。図1-9は、ビル・デイが〝科学的創造論〟について描いた漫画である。私の友人であるマイク・ピーターズによる図1-10は、男と女それぞれの社会的な立場についてのものである。広告に使われた例としては、ギネスビールの進化（図1-11）やレンタルテレビの進化（図1-12）を見てほしい。*

（*）この広告は、進歩というイメージのもう一つの側面である、古いもの、滅びたものは不適切なものなのだという印象を利用している。グラナダ社は、「今日の最新型テレビでさえ、ブロントサウルス並みの役立たずのでかぶつであるとあなたが宣告する前にすでに時代遅れになっていることもありうる」という理由で、買うよりも借りることを熱心に勧めているのだ。

直線的な向上という思考の拘束着《こうそくぎ》は、図像のテーマにとどまらず進化の定義にまで及んでいる。進化とはすなわち〝進歩〟と理解されているのだ。ドーラルを販売しているタバコメーカーは、かつて「ドーラルの進化理論」という見出しコピーの下に、年ごとに〝改良された〟製品を直線的に並べて見せていた*（もしかしたらそのメーカーは今、この見当ちがいな

図 1-6／インドのアグラの市場で買い求めた子供向けの科学雑誌。進歩の行進という誤った図式は，いまや文化の境界を越えて受け入れられている。

図 1-7／進化の梯子図は漫画家にとっては格好の素材である。「人間の進化」と題されたラリー・ジョンソンによるこの漫画は，パトリオッツ対レイダーズのフットボール試合を控えて，《ボストン・グローブ》紙に掲載されたもの。

A place in history

図 1-8／進歩の行進の中の正しい位置にパラシュート降下する〝国際テロリズム〟。《ボストン・グローブ》紙に掲載されたセップの「歴史の中の位置」と題された漫画。

図 1-9／進歩の行進の中で正しい位置を占めた〝科学的創造論者〟。《デトロイト・フリー・プレス》紙に掲載されたビル・デイの「ノーベル賞科学者，失われた環を発見」と題された漫画。まん中の創造論者が掲げているプラカードには〝地球はわずか 10,000 歳〟と書かれている。

図 1-11 ／人類進歩の最高段階。イギリスの広告板を撮影したもの。

図 1-10／進化の梯子図の別の使用例。《デイトン・デイリー・ニューズ》紙に掲載されたマイク・ピーターズの「男の進化と女の進化」と題された漫画。（Reprinted by permission of UFS, Inc.)

図 1-12／進歩の行進図を使用した別の広告。題して「グラナダ・レンタルテレビの進化理論」。

いちゃもんに困惑しているかもしれない。なにしろその会社は、問題の広告をここに載録する許可申請を拒絶したのだから)。あるいはイギリスの有名な新聞連載漫画『アンディー・キャップ』のエピソードを見てもいい(図1-13)。妻のフローリーは進化論をすんなりと受け入れているのだが、彼女は進化を進歩と理解しているため、よつん這いでご帰館あそばす夫のアンディーは進化に逆行していると考えている。

(＊)もともとその製品の順序は、より効果的なフィルターを並べて見せたものであるため、これはものすごく皮肉な話になっている。専門家の立場からいわせてもらえば、進化とは移ろいゆく環境への適応であって、進歩ではない。ところが、タバコのフィルターは新しい状況――タバコは健康に害があるという市民の認識――への対応なのだから、ドーラルは〝進化〟という用語を正しく使用したわけである。しかしまちがいなく彼らは、「すばらしい改良」をしているつもりだったわけであり、「利益を維持するための賭け」(喫煙によって何百万もの人が死んでいることを考えればこれはかなりぞっとする言いかただが)をしているとは思ってもいなかったはずなのである。

生命はたくさんの枝を分岐させ、絶滅という死神によって絶えず剪定《せんてい》されている樹木なのであって、予測された進歩の梯子ではない。たいていの人は言葉の上ではこのことを知っているにしても、その意味を深く理解してはいない。そのせいで、そんな時代遅れの生命観ははっきりと否定していたとしても、進歩の梯子図を無意識に受け入れては誤りを犯している。たとえばここで二つの誤りについて考えてみよう。とくに二つめのほうは、バージェス頁岩

ANDY CAPP
By Reg Smythe
I GAVE 'IM 'IS RING BACK, FLO, WE JUST WEREN'T SUITED, 'E WAS THE INTELLECTUAL TYPE —
WANTED ME T' DISCUSS EVOLUTION AN' ALL THAT WITH 'IM — CAN YOU IMAGINE ?!
WHAT'S WRONG WITH THAT ?
DON'T TELL ME YOU BELIEVE THAT SORT OF TWADDLE, FLO!
I DO. AN' I ALSO BELIEVE THAT SOME MEMBERS OF THE SPECIES 'AVE STARTED ON THE RETURN TRIP

図1-13/庶民の感覚では進化と進歩が同一視されている例。酒好きの亭主アンディーのよつん這い姿勢が，進化の逆行として説明されている。(By permission of © M. G. N. 1989, Syndication International/North America Syndicate, Inc.)

が誤読されつづけてきた理由を説明する鍵を提供してくれるだろう。

私が「生命のちょっとしたジョーク」(Gould, 1987a)と呼んだ第一の誤りでは、成功を収めなかった生物の系統を〝進化〟の古典的な〝教科書的事例〟として引用するという呆然とするような過ちを事実上強いられている。そのような過ちを犯すのは、たくさんの枝に分岐した真の樹形《トポロジー》から進歩を見せているたった一つの系統を抜き出そうとするからである。そんな見当ちがいの努力をすれば、ほとんどの枝は絶滅の危機にあり、もはや小枝一本しか生き残っていないような樹木へと関心が集中するのは当然である。そしてその小枝を、本当はもっとたくさんいた祖先の最後のあがきなのかもしれないとは見ずに、高みを目指して到達した最高点と考えてしまうのだ。

これは、使い古されてまさに廃馬《はいば》も同然というべき例なのだが、ウマがたどった進化の梯子(図1-14)について考えてみよう。ヒラコテリウム(昔の名称はエオ

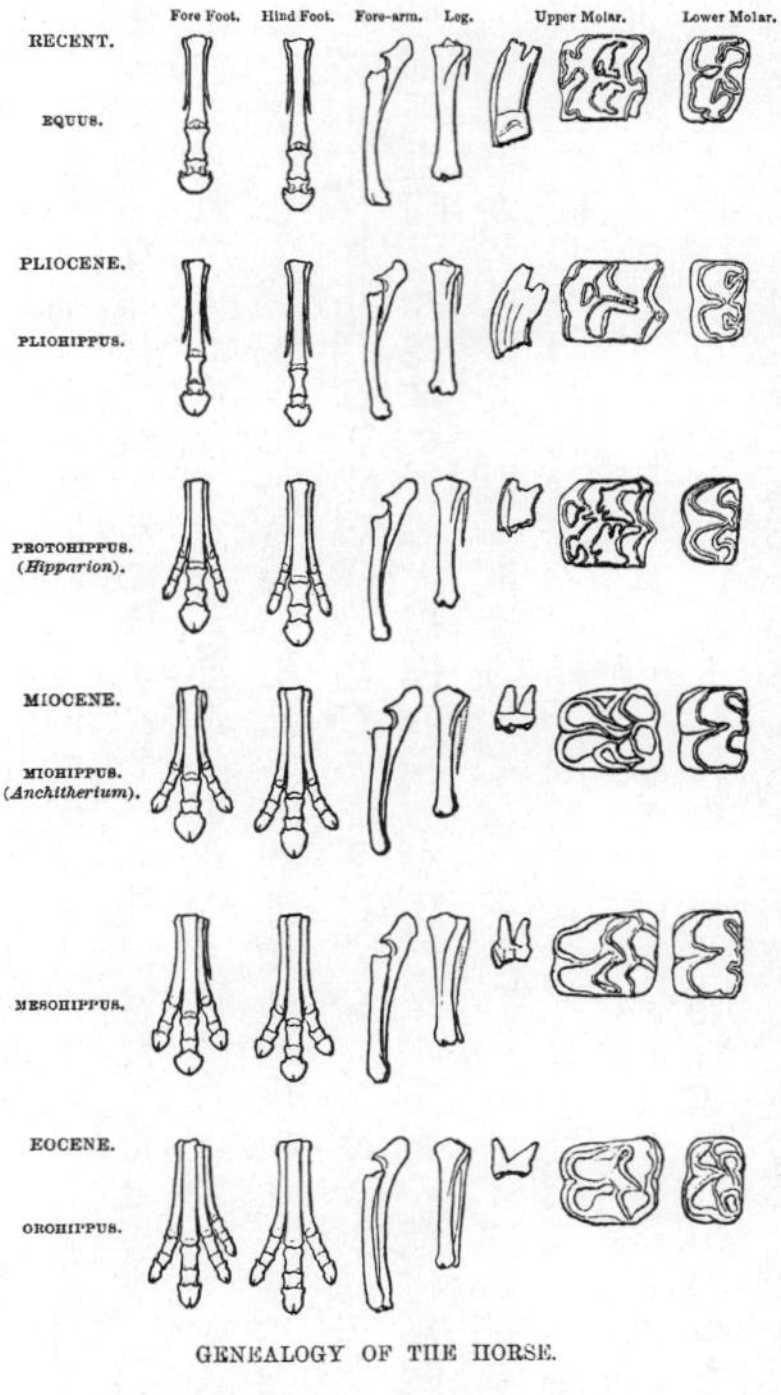

図 1-14／ウマの進歩の梯子を描いた最初の図。トマス・ヘンリー・ハックスリーがただ一度合衆国を訪れた際に，西部で収集したばかりの化石を古生物学者のO・C・マーシュが見せ，ハックスリーのために描いたもの。マーシュはこのイギリスからの訪問者に，このようなウマの進化系列をすっかり納得させたため，ハックスリーは1876年にニューヨークで行なったウマの進化に関する講演の内容を修正しないではいられなかった。足指の数の着実な減少と，歯冠の高さの着実な伸長に注目してほしい。マーシュはすべての標本を同じ大きさで描いているため，この図では体型の大型化というもう一つのよく知られた趨勢はわからない。

ヒップス）からエクウスまで、なるほど進化の連環は途切れることなくつながっている。そしてやはり、新しく登場したウマほど体が大きく、足指の数が少なく、歯冠が高い。しかし、ヒラコテリウムからエクウスへという系列は梯子ではないし、中心をなす系統ですらない。この系列は、枝の入り組んだ樹木中の何千という迷路の一つにすぎない。それなのにこの特定の経路が有名になったのは、皮肉な理由からだった。これ以外のすべての枝が絶滅してしまったからなのだ。残ったのはエクウスの枝だけだったせいで、誤った図式中の梯子の頂点にすえられているのだ。ウマが前進的進化の古典的な例になったのは、ウマの系統は大半の枝を落としてしまったからなのである。哺乳類の進化のなかで本当の意味での大成功を遂げたグループが正当な拍手喝采《かっさい》を浴びることはない。コウモリ類やアンテロープ類、齧歯類《げっしるい》など、現生哺乳類のなかで最大規模の種数を誇るグループの進化に関する話を聞いたことがあるだろうか。そうした話を聞かないのは、それらのグループが誇るたくさんの種については、直線上に配してわれわれ好みの梯子図に仕立てることができないからなのである。それらの進化を図に表わすと、何千本もの小枝を元気にのばした樹木になってしまう。

あえて指摘するまでもないかもしれないが、哺乳類のなかの少なくとももう一つの系統、そう、われわれ人類に至るいちばん大切な系統も、生き残った小枝は一本だけという樹形をもち、進歩を目指す行進という誤った図式を当てはめられてきた点で、ウマの系統と共通している。

第二の大きな過ちは生命樹に関するものである。われわれは、梯子図を捨て、系統の進化とは分岐の歴史であるという特徴を認めはする。ところがこと生命樹に関しては、進歩は予測されたものという願望を正当化するために選ばれた伝統的な様式で描くことをやめようとはしない。

生命樹の生長様式には、いくつかの重大な制約がある。第一に、明確に定義された分類群はその起源を単一の共通祖先までたどることができるため、一つの進化の系統樹の主幹は一本だけでなければならない。* 第二に、系統樹のすべての枝は、死に絶えるかどんどん分岐するかのいずれかである。いったん分かれたらそれまでで、別の枝が結合することはない。**

（＊）適切に定義されたグループで単一の共通祖先をもつものは単系統群と呼ばれる。分類学者は、正式の分類では単系統にこだわる。しかし俗称の多くは、異なる祖先をもつ生物を含んでいるため（専門用語でいう〝多系統群〟であるため）、正しく分類された進化的グループとは一致しない。たとえばコウモリを鳥に入れたり、クジラを魚に入れる民俗分類は、多系統的な分類である。日常語でいう〝動物《アニマル》〟という言葉自体も、おそらく多系統的なグループの名称である。なぜなら海綿類（これはほぼ確実）、それとおそらくサンゴ虫類とその仲間は、単細胞の祖先からそれぞれ別個に生じたグループであるのに対し、われわれがふつうに動物と呼んでいるそれ以外のすべての〝動物〟は別の第三のグループに属しているからである。バージェス動物群は多数の海綿類を含んでいるほか、おそらくサンゴ虫類が属している動物門のメンバーも一部含んでいる。しかし本書では、第三の大グループ、すなわち体腔《たいこう》動物についてだけ論じるつもりである。体腔動物には、すべての脊椎動物と、海綿類とサンゴ虫類の仲間を除く無脊椎動物のすべてが含まれる。体腔動物は明らかに単系統なので（Hanson, 1977）、本書で論じるグループは正しい進化的グループを構成していることになる。

（＊＊）この基本原則は、本書で扱う複雑な構造をした多細胞動物に関しては正しいが、すべての生物にあてはまるわけではない。植物では、類縁の遠い系統間でも頻繁に交雑が起こるため、通常の樹形構造というよりは網目構造に近い〝生命樹〟ができてしまう（じつに愉快ではないか。進化の構図を表わすためにダーウィン以来使用され、動物に関してはみごとにあてはまる生命樹という古典的なメタファーが、そのイメージのもとである植物にはあまりあてはまらないのだ）。それに加えて、遺伝子は、ふつうはウイルスによって種の枠組を越えて水平方向にも伝達されうることがわかっている。この仕組みは一部の単細胞生物の進化においては重要かもしれないが、複雑な構造をした動物の系統発生ではおそらく小さな役割しか演じないだろう。たとえばハエ男の映画は別にして、ひどく異なる複雑な経路をたどって発生が進む二つの系がぴたりと重なりあうことなどありえないからである。

ただし〝単系統〟と〝分岐〟という制約があるにしても、その枠内で進化の系統樹がとりうる形状はほとんど無限に近い。たとえばちょうどクリスマスツリーのように、すみやかに枝を広げて横幅を最大にし、あとは徐々に先細りになるかもしれない。あるいは急速に多様化したあとは、刷新《さっしん》と死滅とのバランスをとりつづけることで多様性の幅をそのまま完全に維持するかもしれない。あるいはまた回転草《タンブルウィード》のように、形状も大きさもごちゃごちゃの乱雑な分枝を見せるかもしれない。

このようにたくさんの可能性があるにもかかわらず、従来の図式はそれらを無視し、クリスマスツリーを逆さにしたような〝逆円錐形状の多様性増大〟というただ一つのモデルにし

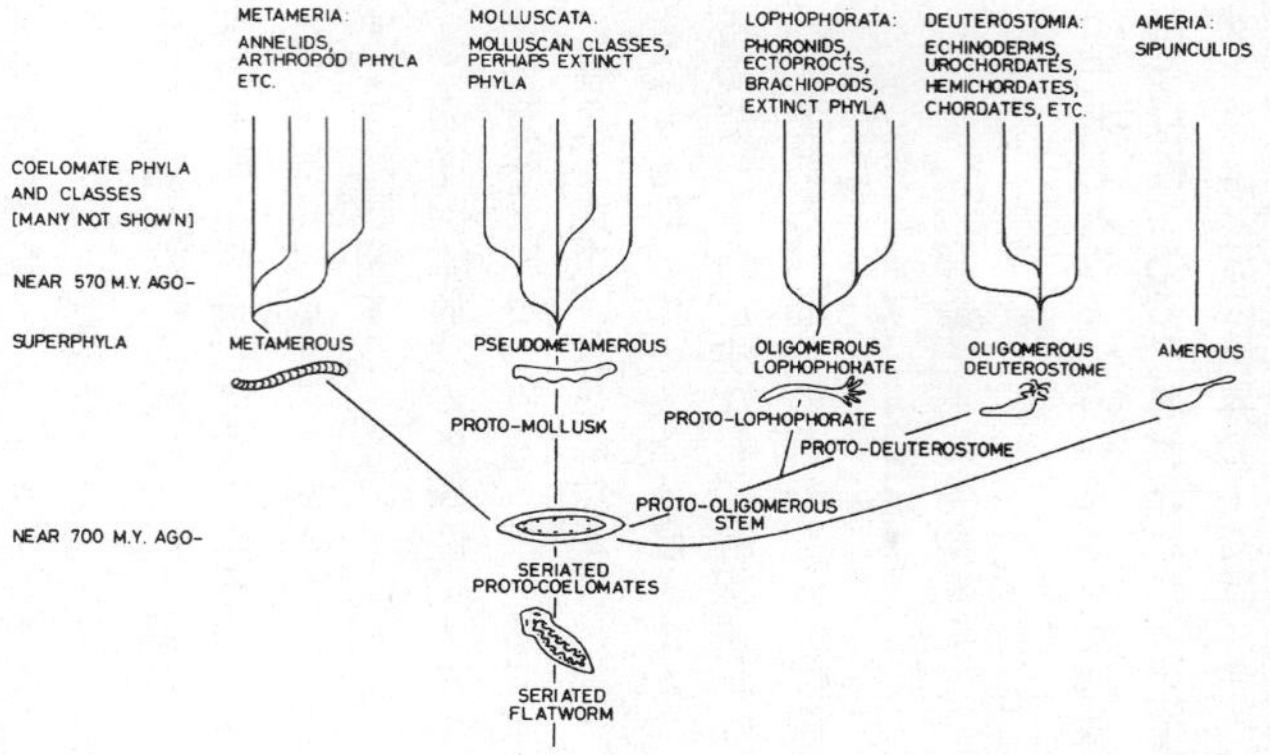

図1-15／体腔動物の進化を描いた最近の図。多様性が逆円錐形状に増大するという従来の様式で描かれている。（Valentine, 1977）

がみついてきた。生命は限定された単純なものからスタートし、どんどん上へ上へと、つまりはどんどん改良されたものへと進歩していくというわけである。図1-15は体腔動物（本書の主題）の進化を描いた系統樹だが、すべての体腔動物が単純な扁形《へんけい》動物から整然と起源した様子を表わしている。幹はいくつかの基本的な太枝に分かれ、分かれた太枝はどれも絶滅することなく、さらに多様化を続けてサブグループの数をどんどん増やしている。

図1-16（五三～五五ページ）は、さまざまな逆円錐形図の例で、本書での議論に関係する動物グループについての抽象的なものと具体的なものの例を、最近の一般的な教科書からそれぞれ三つずつとってある（4章では、このモデルの起源はヘッケルが最初に描いた系統樹にあることと、バージェス動物群を復

元するにあたってウォルコットが犯した大きな過ちはこのようなモデルの影響を強く受けたものであることを論じる)。これらの系統樹は、いずれも同じパターンを示している。分枝を繰り返しながら枝は上方と側方へとどんどん生長しているのだ。初期の系統が死滅すると、別の系統が生長してすぐにその穴を埋める。初期の死滅では、主幹近くの小枝だけが除去される。進化は、まるで樹木が漏斗《ろうと》状に生長し、拡大しつづける逆円錐形という可能性を満たすように展開する。

この逆円錐形状の多様性増大についての従来の解釈は、興味深いことに本来はなかったはずの意味と結びつけられている。水平方向の次元は多様性を表わしている。すなわちヒトデに巻貝、昆虫、さらに魚が付け加えられることで、いちばん下に扁形動物しかいなかったときよりも側方にどんどん膨れあがっていっている。では、垂直方向の次元は何を表わしているのだろうか。すなおに解釈すれば、上下方向は地質年代における新旧だけを表わしているはずである。漏斗の首の部分に位置する生物は古く、端の部分に位置する生物は新しいというふうに。しかしわれわれは、上方への移動を単純から複雑へ、原始的なものから高等なものへという移行としても解釈している。つまり、時間的な配置が価値判断と結びつけられている。

われわれはふつう、こうした図式を認めたうえで動物について語っている。自然のテーマは多様性である。われわれは、生命樹のなかの同時代の小枝に取り巻かれて生活している。ダーウィン流の世界の中では、すべての生物が（きびしいゲームの生き残りとして）同等の

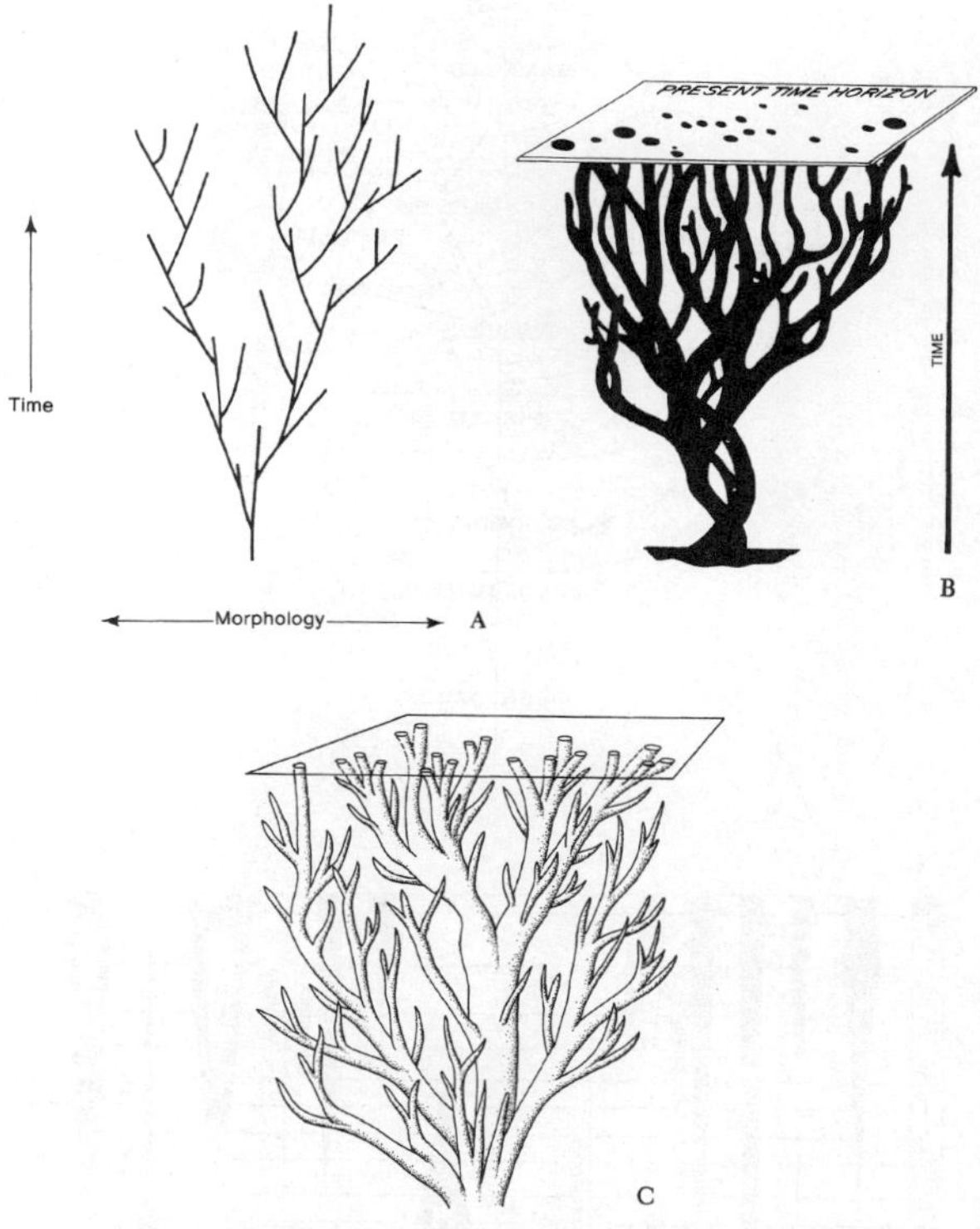

図 1-16／逆円錐形状の多様性増大様式にのっとった図。これらは教科書に載っていた六つの例だが，いずれも，進化の様相を単純かつ客観的に描いた図として提供されている。また，何らかの点で別の形をとった進化過程とはっきり対照させて多様化を描いたものではない。抽象的な三つの例（A～C）は，それぞれ脊椎動物（D），節足動物（E），哺乳類（F）という三つの具体的な系統発生に関する従来の見解によって踏襲されている。バージェス頁岩がもたらすデータは，節足動物の多様性は連続的にどんどん増大してきたとするこうした支配的な進化観を無効にする。

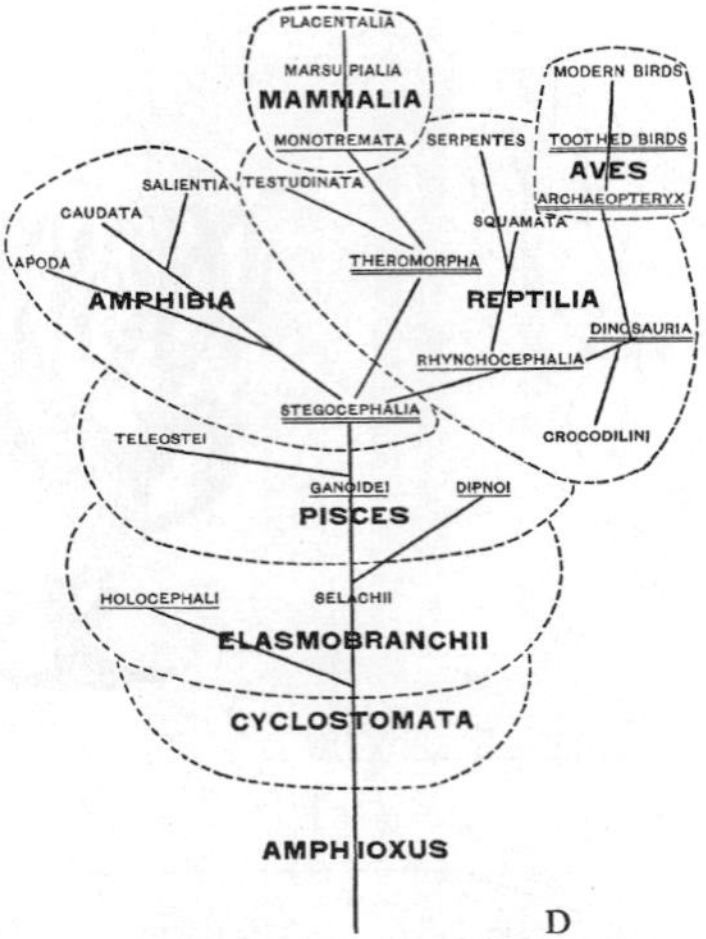
PLACENTALIA
MARSUPIALIA
MAMMALIA
MONOTREMATA
SERPENTES
MODERN BIRDS
TOOTHED BIRDS
AVES
ARCHAEOPTERYX
SALIENTIA
TESTUDINATA
CAUDATA
SQUAMATA
APODA
THEROMORPHA
AMPHIBIA
REPTILIA
DINOSAURIA
RHYNCHOCEPHALIA
STEGOCEPHALIA
TELEOSTEI
CROCODILINI
GANOIDEI
DIPNOI
PISCES
HOLOCEPHALI
SELACHII
ELASMOBRANCHII
CYCLOSTOMATA
AMPHIOXUS

D

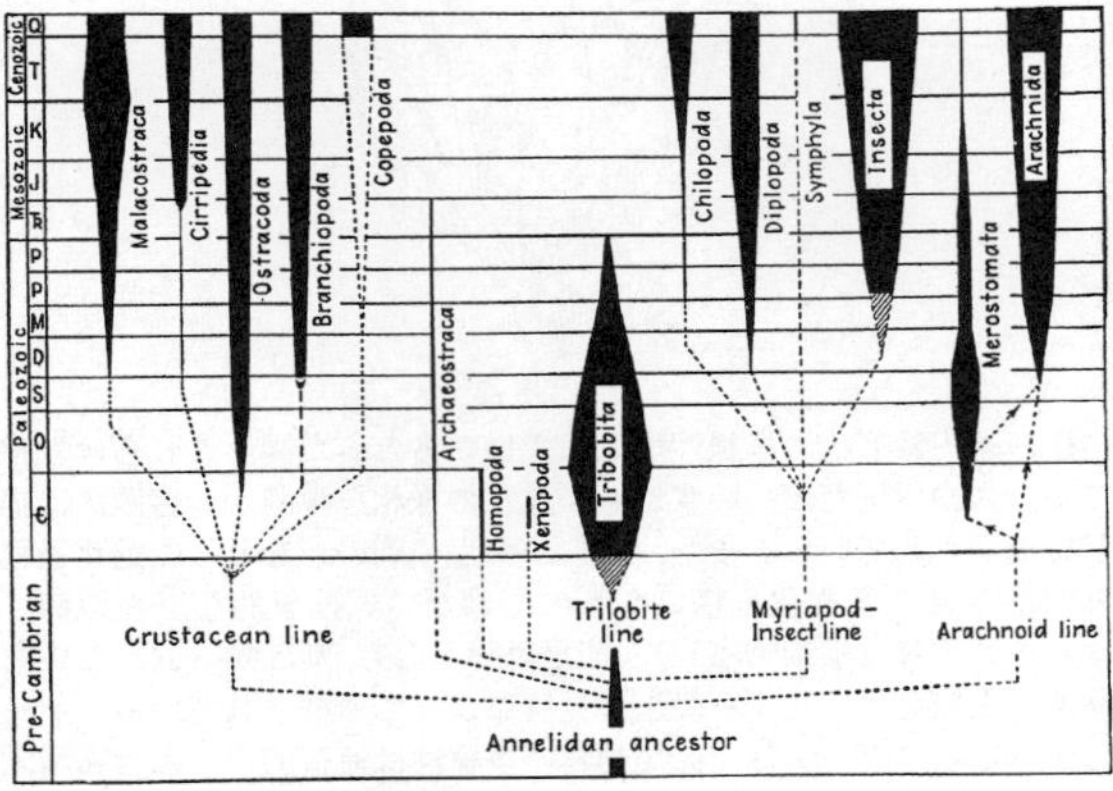
Cenozoic
Q
T
Mesozoic
K
J
R
Paleozoic
P
P
M
D
S
O
€
Pre-Cambrian
Malacostraca
Cirripedia
Ostracoda
Branchiopoda
Copepoda
Archaeostraca
Homopoda
Xenopoda
Tribobita
Chilopoda
Diplopoda
Symphyla
Insecta
Merostomata
Arachnida
Crustacean line
Trilobite line
Myriapod-Insect line
Arachnoid line
Annelidan ancestor

E

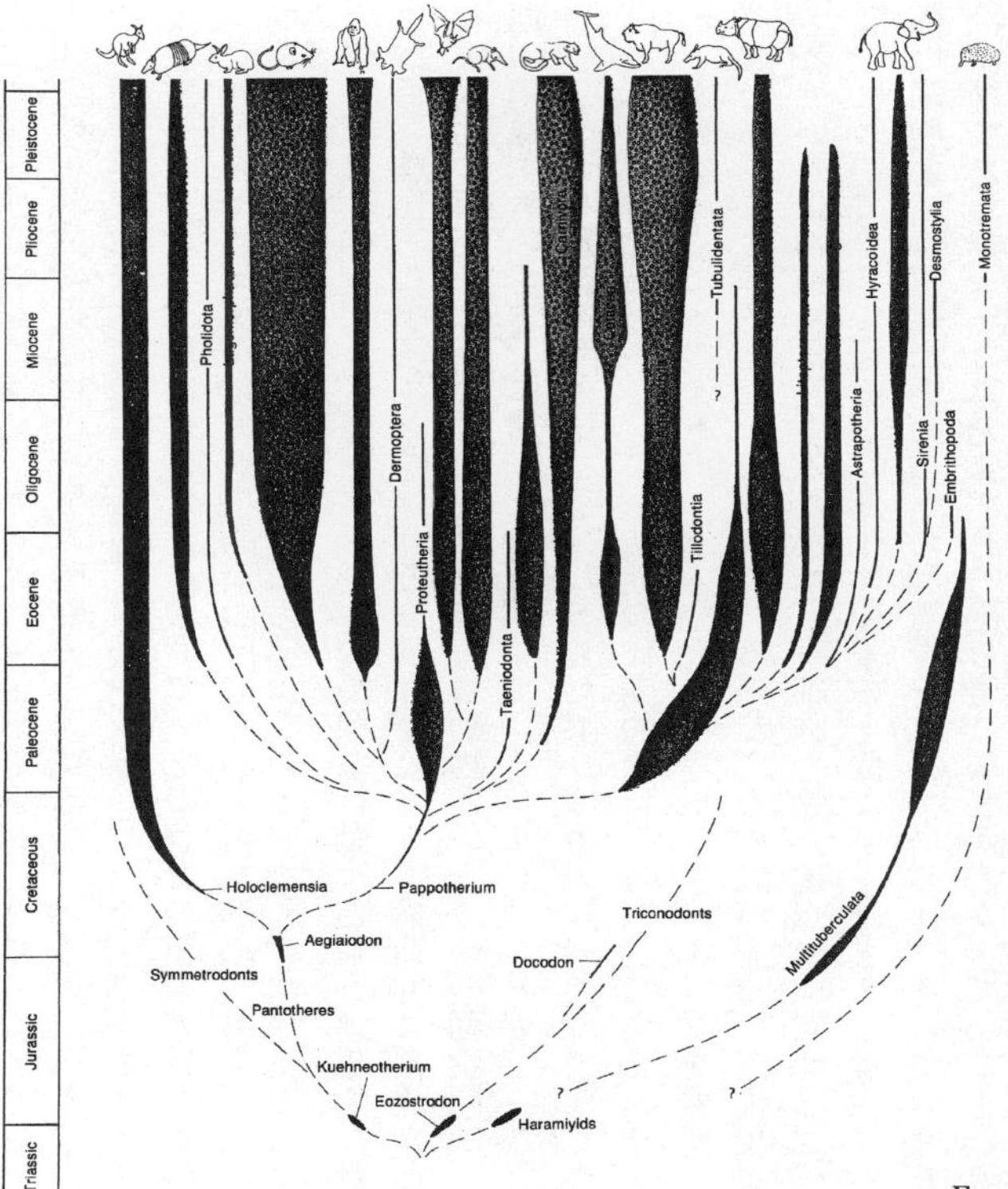
Pleistocene
Pliocene
Miocene
Oligocene
Eocene
Paleocene
Cretaceous
Jurassic
Triassic
Pholidota
Dermoptera
Proteutheria
Taeniodonta
Tubulidentata
Tillodontia
Astrapotheria
Hyracoidea
Sirenia
Desmostylia
Embrithopoda
Monotremata
Holoclemensia
Pappotherium
Aegiaiodon
Symmetrodonts
Triconodonts
Docodon
Multituberculata
Pantotheres
Kuehneotherium
Eozostrodon
Haramiyids

F

地位を請求する資格がある。なのになぜわれわれは、生物を（たとえば体の構造の複雑さや、人間との相対的な近さによって）暗黙のうちに等級づけるのだろう。ジョナサン・ワイナーは、動物界における求愛行動を論じた本の書評（《ニューヨーク・タイムズ・ブック・レヴュー》一九八八年三月二七日号）において、その著者の執筆方針を次のように紹介している。「ウォルターズ氏は、ほぼ進化的な順序に沿って書き進めており、二億年間、潮と月の動きに同調して夜の浜辺で出会っては交尾をしてきたカブトガニから筆を起こしている」後のほうの章では、「ピグミーチンパンジーの異様な行動へと長い進化的な跳躍」がなされている。これが「進化的な順序」と呼ばれるのはなぜだろう。構造的に複雑な体をしたカブトガニは、脊椎動物の祖先ではない。節足動物と脊索動物という二つの動物門は、多細胞動物のごく初期の記録においてすでに別々だった。

もう一つの最近の例を見ると、こうした誤りは素人談義だけでなく専門家の議論にも顔を出していることがわかる。アメリカの代表的な科学専門誌である《サイエンス》の論説記事が、あらゆる点でホワイトのいう「整然たる等級」（図1－3を参照）と同じくらいごちゃ混ぜで無意味な順序をでっちあげているのだ。その記事を書いた編集者は、動物実験に使用されている生物種に言及するなかで、単細胞生物と頂点に位置するごぞんじの動物との〝中間〟について論じている。「進化の梯子の上位にいくほど……線虫、ハエ、カエルなどは一個の細胞よりは複雑であることの利点をそなえているが、それでもまだ哺乳類よりははるかに単純である」（一九八八年六月一〇日号）ことがわかっているというのだ。

雑多な多様性を見せる現生生物のあいだにも直線的な順序があるとするばかげた考えかたは、生命は梯子状に進化し、多様性は逆円錐形状に増大したとする従来の図式と、それらを育《はぐく》んだ偏見を源泉としている。カブトガニは、梯子図からいえば単純な生物とされ、逆円錐形図からいえば古い生物と見なされる。* そして先ほども述べたように本来は別々のものだった二つの考えかたがここで合体され、梯子の下位に位置することは古い生物であることを意味し、逆円錐形図の低い位置にあることは単純な生物であるという意味をもつようになってしまっている。

（＊）じつはもう一つ皮肉な事実がある。通常、カブトガニは〝生きている化石〟と呼ばれているが、リムルス・ポリフェムスすなわちアメリカカブトガニの化石は見つかっていない。リムルス属の起源は二億年前ではなく、せいぜい二〇〇〇万年ほど前である。カブトガニが〝生きている化石〟として誤って認識されているのは、このグループがそれほど多くの種を生まなかったからであり、多様化をもたらす進化的な能力をそれほど発達させなかったからである。そのせいで、現生種が初期の種と形態的によく似ているのだ。したがって現生種それ自体がとくに古いというわけではない。

こうした梯子図や逆円錐形図という誤った図式に対してついつい忠実な態度をとってしまうのは、その根底に特別な秘密や謎、微妙な心理の綾《あや》が潜《ひそ》んでいるせいだとは思えない。そういう図式が採用されているのは、世界は人間を中心に回っているというわれわれの願望を守り育ててくれるからである。われわれは、オマル・ハイヤームが率直に語る道理に耐えることができないのだ。

なぜかも知らずこの世へと
いずこからか水のごとく流れつき、
荒野を吹き抜けるようにこの世から
いずこへとも知らず風のごとく去る。

『ルバイヤート』では、こうした現実に対する処世術も開陳されているが、それも虚《むな》しい望みだと認めている。

愛しい人よ、あなたと共に運命に諮《はか》り
この世の哀《かな》しい仕組を摑《つか》めたなら、
粉々に打ち砕き造り直すものを、
あなたと二人、切なる願いにかなうよう！

たいていの神話や、西洋文明が行なった初期の科学的説明は、この「切なる願い」に敬意を払っている。『創世記』が語るいちばん肝心な話について考えてみよう。世界は創られてからわずか数千年しかたっておらず、しかも最初の五日間を除いてそこには人間が住まいし、人間の役に立つために創られ、人間の必要にしたがう生きものが地に満ちて殖《ふ》えた。このような地質学的な解釈がアレグザンダー・ポープを刺激し、うわべの底に潜む深い真理について、『人間論』で次のような確信を披露させたのだろう。

全世界は汝《なんじ》には思いもよらない術、
偶然もみな、汝には見えようもない趨勢《すうせい》、
不調和もみな、汝には理解しようもない調和、
悪のかけらもみな、まったき善なのである。

しかし、フロイトが看破《かんぱ》したように、科学が知識と力を大きく前進させるたびにわれわれはほとんど耐えがたい代償を支払わなければならず、科学とわれわれの関係は逆説的なものとならざるをえない。つまり科学的知識が深まるほど、自分たちは万物の中心に位置しているわけではなく、人間のことなど頓着《とんちゃく》しない宇宙の辺縁《へんえん》に住まいする存在にすぎないことをますます思い知らされて精神的打撃を背負いこむことになる。物理学と天文学はわれらが地球を宇宙の片隅へと追いやり、生物学は人間のありさまを神の似姿から直立した裸のサルへと変えたのだ。

そのような宇宙の再定義において、私が専門とする地質学は、驚愕の事実ともいえるきわめつきの衝撃をもたらした。地球は何百万年もの時代を経ており、そこに人類が住まいした

のは、地質学的時間尺度でいえば地球の存続時間のうちの最後のほんの一瞬――よくやるように、地球の歴史を一キロメートルの物差しにたとえるなら最後の十数ミリ、一年にたとえるなら最後の一秒――にすぎないことを、われわれは前世紀を迎えるまでに知ってしまったのだ。

われわれは、このすばらしい新世界が語りかける重大なメッセージを直視することができない。繁茂《はんも》する樹木の一本の枝から人類が小枝として生じたのがつい昨日のことだとしたら、いかなる意味でも、生物は人類のために存在しているわけではないし、人類がいるから生物が存在しているわけでもない。われわれ人類は結果的に生じたものにすぎず、宇宙に起こった事故のようなものであり、進化というクリスマスツリーに飾られた安っぽい飾りの一つにすぎないかもしれないのだ。

では、地質学がもたらした驚愕の事実を直視するとき、いかなる選択肢が残されているのだろう。実際のところ、選択肢は二つしかない。一つは本書で私が採《と》っている態度である。すなわち、その意味するところを受け入れ、道徳律の源泉を含めて人生の意味を科学以外のもっと適切な領域に探る術《すべ》を学ぶことである。そして、喪失感を胸にストイックに生きるか、楽天家ならば挑戦的に愉快に生きるのである。もう一つは、歪《ゆが》んだ観点から生物進化の歴史を読みとることで自然界に宇宙の慰めを求めつづける生きかたである。

第二の戦略を選択するにしても、地質学的な歴史が課す制約によって、採りうる作戦はきびしく制限されている。最初の五日間を除いて人類は地球上にはびこりつづけてきたのだとしたら、生物進化の歴史を人類中心に書き直すのはたやすい。ところが、最後の瞬間まで人類ぬきで機能してきた世界の中心はやはり人類なのだとあくまでも主張するのであれば、人類登場以前に出現したすべてのものは、最終的に人類が起源するための壮大な準備、予兆であると解釈するしかない。

存在の連鎖という昔からある概念が、最大の慰めを提供してくれるだろう。しかしいまでは、人類よりも〝単純な〟生物の大多数は人類の祖先ではないし、まして原型ですらなく、生命樹の中の側枝にすぎないことがわかっている。そういうわけで、生物の多様性と進歩の度合は逆円錐形的に増大したとする図式が選択されることになったのである。この逆円錐形図は、単純から複雑、少から多という予測可能な発展を表わしている。ホモ・サピエンスは、なるほど一本の小枝にすぎないかもしれない。しかし、たとえ気まぐれにであれ、より複雑な体制へ、より高い精神力へと生命体が移行しているのであれば、自己意識をそなえた知能が最終的に起源することは、それ以前に登場したすべての生物にとって暗黙の了解事項だったともいえる。ようするに、梯子図や逆円錐形図という図式の正当性が否定されれば、指一本分の穴から堤防が崩壊するように、宇宙の法則として正当化した自分たちの願望とおごりがもろくも崩れ去ることを、われわれは恐れているのではないのか。そう考えないかぎり、明らかにまちがっているこれらの図式に、人々がこれほどまでに執着する理由が私にはわからない。

私はこの問題を締めくくるにあたって、マーク・トウェインの言葉を最後にとっておいた。

エッフェル塔が世界でいちばん高い建造物だった時代に生きていたマーク・トウェインは、地質学がもたらした驚愕の事実の意味を的確に把握していた。

人類は地球上に三万二〇〇〇年間にわたって存在してきた。人類をこの世に出現させるにあたって一億年を要した*ということは、とりもなおさずそれこそが地球の目的だったという証拠である。はてさて、いかがなものだろう。エッフェル塔で地球の年齢を表わすとしたら、そのてっぺんのとんがりのボッチに塗りつけられたペンキの厚さが、人類が地球と共有している時間の長さということになるのだが。そのペンキの薄膜こそがエッフェル塔の建てられた目的であるということを、どなたもご承知なのだろうか。いやはや、まったく。

(*)トウェインが用いているのは、当時流布されていたケルヴィン卿による地球の推定年齢である。その後、推定年齢はかなり延長されてきており、トウェインが紹介している比率はかろうじて正しいかどうかといったところである。彼は、人類の存在期間を地球の年齢の三万分の一くらいとして計算している。現生人類であるホモ・サピエンスが起源したのは、現在では二五万年前と推定されているが、それが地球の年齢の三万分の一にあたるとすると、地球の年齢は七五億歳ということになる。現時点でもっとも信頼できる推定によれば、地球は四五億歳である。

生命テープのリプレイ――決定的な実験

バージェス動物群に対するウォルコットの解釈は、逆円錐形図という図式から必然的にもたらされたものだった。多細胞生物が起源して間もない時代に生息していた動物ならば、種が漏斗《ろうと》状に多様化する寸前の、漏斗の首の部分に位置していたはずである。したがってバージェスの動物たちは、ごく限られた多様性と単純な基本形態の枠《わく》を超えることはできなかった。つまり、現生する動物グループ内の原始的な種類か、その後形態の複雑さを増大させて現代の海でおなじみの種類へと発展した可能性のある祖先種のいずれかに分類されねばならなかったのだ。ウォルコットが、バージェス頁岩から出土したすべての動物を、その後の生命樹で主要な幹を構成しているグループの原始的なメンバーとしたことは、驚くにはあたらないことだった。

バージェス動物群の解剖学的特徴に関してウィッティントンらが提唱した過激な復元案は、私が知るかぎりでは逆円錐形図という図式に対する最大の挑戦であり、ひいては、生命観のもっとも重要な根本からの見直しである。彼らは、従来の解釈を完全に逆転させてしまった。これはまさに革命である。バージェスの時代にはユニークな解剖学的デザインがきわめて多数存在したことを明らかにし、現在の地球でおなじみのグループは、当時、現在の枠組をはるかに上回る多様なデザインを実験中だったことを示したことで、彼らは逆円錐形図をひっくり返してしまったのだ。解剖学上の多様さの幅が最大に達したのは、多細胞動物が最初の多様化を終えた直後のことだったのである。その後の生物進化の歴史は、拡大ではなく除去によって進展した。なるほど現在の地球は、かつてなかったほど多数の種を擁《よう》しているかもしれない。しかしその大半は、解剖学的に見ると、少数の基本的なデザインの繰り返しである（分類学者は五〇万種以上の甲虫を記載しているが、そのほとんどすべてはただ一つの基本設計図に最小限の変更を加えたコピーにすぎない）。実際問題として、種数は時間とともに増加したらしいという見解は、単に謎とパラドックスをもたらすばかりである。バージェス時代の海とくらべると、今日の海洋に生息する動物は、種数こそ多いものの、それらの土台となっている解剖学的な設計プランの種類ははるかに少ないのだ。

図1-17は、バージェス頁岩の教えを反映させて見直した図式である。解剖学的デザインの幅は、突発的に最初の多様化が起こったことで最大となっている。その後の歴史は、そうした初期の実験の大半が潰《つい》え、生き残った少数のモデルに基づいて無限の変異を生み出す事業に生物がとりかかるという、制約つきの物語なのである。*

（*）私は、最初に存在した一群の種類から多数が除去され、将来の歴史のすべてが生き残った少数の系統にゆだねられるというこの現象にふさわしい名称を考えあぐねてきた。長いあいだ私は、このパターンを〝篩《ふる》い分け（winnowing）〟として考えていたのだが、いまやこのメタファーは取り下げねばならない。なぜなら、私の考えでは、バージェスの時代に存在した可能性のうちの少数のものだけが保存されたのは多分に運不運に左右されてのことだったのに、〝篩い分け〟という言葉には悪いものから良いものを（もともとは穀類の殻と実を）選り分けるという意味しかないからである。

多様性は逆円錐形状に増大する

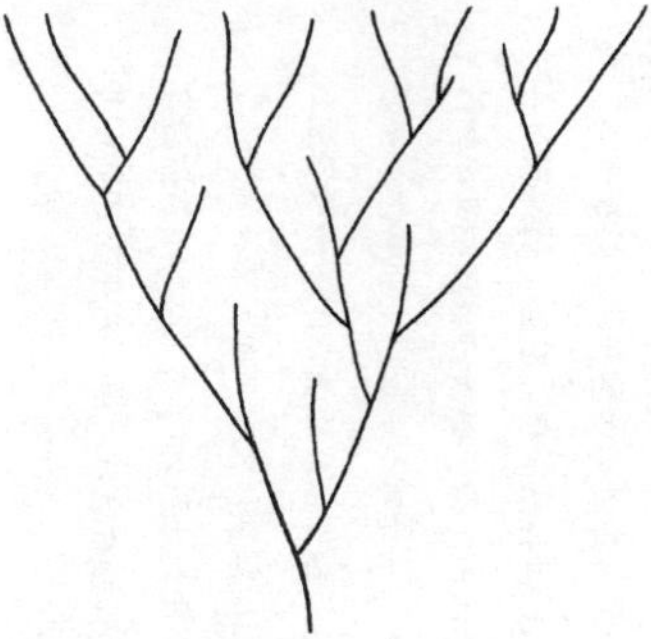

非運多数死と多様化

図 1-17 ／従来の図式と修正された図式。まちがっているのだがいまだに使われている，多様性は逆円錐形状に増大するとされている図式が上。下がバージェス動物群の正しい復元が示唆する，多様化と非運多数死という修正モデル。

結局私は、このパターンを〝デシメイション（decimation）〟と呼ぶことにした。それは、この言葉の語源的な意味と日常語的な意味とを組み合わせることで、本書で一貫して強調している重大な二点を提示することができるからである。すなわち、生存か死滅かはほとんどランダムにはたらく原因によるということと、全体的な絶滅確率はとても高いということである。

〈ランダム性〉……デシメイト（decimate）という動詞は、〝一〇から一つを選ぶ〟という意味のラテン語decimareに由来する。この単語は、古代ローマ軍で謀反や脱走などの罪を犯した兵士のグループに対して広く行なわれていた、一〇人に一人をくじで選んで処刑するという処罰法を指す言葉だった。運不運による絶滅というメタファーとして、これ以上の言葉はないのではないかと思う。

〈規模〉……ところがこの単語の語源には、死滅する機会はすべて平等ではあるものの、その確率はかなり低い――わずか一〇パーセント――という誤った印象を与える危険がある。バージェスで見られるパターンは、これとは正反対である。ほとんどが死滅してごく少数が選ばれており、バージェス動物群の主《おも》だった系統に対する絶滅率の適切な推定値は九〇パーセントにもなるだろう。ただ、現代の口語的な用法では、デシメイトという単語は〝圧倒的多数を殺す〟という意味が強くなっており、古代ローマ流のごく一部を殺すという意味は薄れている。『オックスフォード英語辞典』には、そのように変更された用法は誤用や意味の逆転ではなく、独自に派生したものであると記《しる》されている。このデシメイションという単語は、一〇から九つを選ぶという意味でも使われてきているのだ。

とにかく私としては、古代ローマ流のもともとの定義に暗に含まれていたランダム性という意味と、ほとんどが死んで少数だけが生き残るという現代的用法の意味を合体させたい。そうすることでこの単語は、大多数の系統のランダムな除去という、バージェス動物群が被《こう》むった運命の適切なメタファーとなる。

［訳註……以下、〝非運多数死〟をデシメイションの訳語にあてることにする］

このように逆転された図式は、本質的にいかに興味深く、いかに過激であろうとも、必ずしも進化の方向性や予測可能性という観点の見直しを意味するものではない。逆円錐形図を捨て、逆転した図式を受け入れても、次のような解釈を採用すれば従来の観点に忠実でいることができる。すなわち、バージェス時代に存在した可能性はごく一部を除いて大半が潰《つい》えたが、敗者はクズであり、どっちみち滅ぶ定めにあった。生存者が勝ちを収めるにあたっては、体の構造の複雑さと競争能力における決定的優位といったような理由があったはずだと考えればいいのだ。

しかし、バージェス以後に見られる粛清《しゅくせい》パターンは、逆円錐形図という図式からは出てこない、じつに過激なもう一つの解釈を提供してもいる。勝者は、通常いわれているような理由で生き残ったわけではないとしよう。もしかしたら、解剖学的なデザインにとりつく死神は、変装した幸運の女神にすぎないのかもしれない。あるいは、生き残ることができた実際の理由は、形態の複雑さとか改良、あるいはともかくも人類の登場へと向かう何らかの原因などのせいだという従来の考えかたとは相容《あいい》れないものかもしれない。もしかしたら死神は、予測できない環境破壊（その多くは地球外物体の衝突が引き金となる）によって誘発される短期間の大量絶滅時に仕事をするのかもしれない。

生物集団は、平常ならば繁栄を約束するダーウィニズム流の基準とは何の関係もない理由で繁栄したり死滅したりすることがありうる。魚は、たとえ水中生活への適応を完璧なまでに研《と》ぎ澄ましていても、水が干上がればすべて死に絶えてしまう。ところが、それまでは魚仲間のいい笑いものだったぶざまな肺魚の坊やは、その難局をうまく切り抜けるかもしれない。それは、坊やとその遠い祖先のひれにできた腱膜瘤《けんまくりゅう》が、間近に迫った隕石について警告したからではない。坊やとその親戚が難局を切り抜けるのは、別の使い道のために遠い昔に進化した形質が、通例では予測もできない突然の変化が起こっているあいだの生存を可能にしたおかげかもしれないのだ。そしてもし、われわれ人類はその坊やの遺産であり、そのほか何千もの似たような幸運な偶然がもたらした結果だとしたら、人間の知性を必然の産物と見なすことはもちろん、最初から見込みがあったと考えることすらできないのではないか。

かねがねユーモア作家たちが教えてくれているように、この世の中、いいニュースと悪いニュースは裏腹である。絶滅をめぐる従来の解釈と過激な解釈との雌雄《しゆう》を決すると同時に、生物進化の歴史に関するいちばん重要な疑問に決着をつけうる実験を指定することができるというのがいいニュース。それに対する悪いニュースは、その実験は実行できそうにないというもの。

私はその実験を、〝生命テープのリプレイ〟と呼ぶ。巻き戻しボタンを押し、実際に起ったすべてのことを完全に消去したことを確認したうえで、過去の好きな時代の好きな場所、そう、たとえばバージェス頁岩を堆積させた海に戻るのである。そしてテープをもう一度走らせ、そこで記録されることがすべて前回と同じかどうかを確かめるのだ。もし、生物が実際にたどった進化の経路がリプレイのたびにそっくりそのまま再現されるとしたら、実際に起こったことはほぼ起こるべくして起こったのだと結論しなければなるまい。しかし、リプレイ実験の結果はまちまちで、しかもどれもみな実際の生物の歴史とはまるでちがうとしたらどうだろう。その場合でもわれわれは、自己意識をそなえた知性の出現、いやそれどころか哺乳類、脊椎動物、陸上生物などの出現、あるいは困難な六億年間を多細胞生物が乗りきれたことですら、最初から予測されていたことだと言いきれるだろうか。

そう考えると、バージェスの見直しと、非運多数死という新しい図式のたいへんな重要性が理解できる。梯子図や逆円錐形図では、生命テープという問題は生じない。梯子図は、たった一つの横桟から始まって一方向にだけのびている。テープを何度リプレイしたところで、いつもエオヒップスが、体をどんどん大型化すると同時に足指の数を減らしながら朝日に向かって駆ける光景が再現されるだけだろう。それと同じで、逆円錐形図は出発点となってい る首の部分がすぼまっており、あとは上方に広がるだけである。首状になっている出発時点にテープを巻き戻しても、原型となる生物はいつも同じで、それ以後の進化はほぼ同じ方向に進むしかないだろう。

それに対して、当初は今よりもはるかに広い可能性が存在していたのに、徹底的な非運多数死が起こったことで人類が起源する可能性も含めてその後の生物のパターンが決定されたのだとしたら、二通りの解釈を考えねばならない。一〇〇種類のデザインのうちの一〇種類が生き残り、多様化するとしよう。その一〇種類のデザインが生き残ったのは解剖学的に秀《ひい》でているためで、予測どおりのこと（第一の解釈）だとしたら、何度リプレイしても勝者はいつも同じ顔ぶれだろうし、バージェスで起こった粛清は、従来の居心地のよい生命観を脅《おびや》かしはしない。しかし、その一〇種類が生き残ったのは幸運の女神のご加護《かご》か、奇妙な歴史的偶然性が幸いしたおかげ（第二の解釈）だとしたら、テープをリプレイするたびに生き残る組み合わせは異なり、展開される歴史もひどく異なったものとなるだろう。

高校の数学で習ったはずの順列組み合わせの計算方法を思い出せば、一〇〇種類から一〇種類を選ぶ組み合わせの数は一七兆《きょうじゅ》通りを超えることがわかるはずである。一部の生物グループが解剖学的な優位を享受してきた可能性があることに関しては、私も異議はない（もっともわれわれには、そういうグループをどのようにして見分けたらよいか、どう定義したらよいかがわからない）。しかし私は、第二の解釈が進化の核心をとらえているのではとにらんでいる。生命テープのリプレイという仮想実験によって第二の解釈をわかりやすいものとしてくれるバージェス頁岩は、進化の経路と予測可能性に関する過激な見解を強く後押ししている。

梯子図と逆円錐形図を否定しても、コイン投げとか、神が宇宙でもてあそぶサイコロという意味でのまったくの偶然だけが支配する、従来の考えとは正反対とされる世界に放りこまれるわけではない。梯子図や逆円錐形図が生命の歴史を制約する図式であるのに似て、二分法という考えかた自体もわれわれの思考をとんでもなく拘束している。二分法も、不適当な図式を抱えているのだ。考えうるすべての意見が一直線上に配され、その両端がちょうど対極的な反対意見になっているという図式である。ここで問題にしている例では、決定論とランダム性が対極に配されている。

少なくともアリストテレスまで遡《さかのぼ》る古い伝統によれば、賢人はその直線の中ほどあたりの位置、すなわち〝黄金の中庸《アウレア・メディオクリタス》〟に視点を定めるべきだという。しかしここでの例では、中ほどはあまり歓迎されない位置だったし、二分法のこうした駆け引きが、生物進化の歴史をめぐるわれわれの思考をひどく阻害してきた。われわれは、予測可能な進歩という旧弊《きゅうへい》な決定論が厳密にはあてはまらないことは理解できる。しかしその一方で、それに代わる唯一の立場は純然たるランダム性という絶望的なものでしかないと考えている。そのせいで古くさい見解へと逆戻りさせられ、不満足ながらも両極のどこか中間に不明朗な混乱を残しているのだ。

私は、自分たちのとりうる立場を直線上に配し、両極端な立場に代わりうるのは両者の中間の立場しかないとする概念図は、いかなるものであれ断固拒否する。それよりも実り多い見解を得るには、二分法の直線から離れねばならない場合が多い。

私がこの本を書いたのは、二分法の直線からはずれた第三の立場を提案するためである。復元されたバージェス動物群を生命テープのリプレイというテーマに沿って説明すると、従来のものとは異なる生命観が急浮上するというのが私の考えである。テープを何度リプレイしても、そのたびに、進化は実際にたどられた経路とはぜんぜん別の道をたどることになるはずなのだ。しかしリプレイの結果が毎回異なるからといって、進化は無意味であり、意味のあるパターンを欠いているということにはならない。リプレイによって展開されるさまざまな進化の経路は、進化の歴史で実際に起こった経路と同じように、解釈することも、事実を踏まえたうえで説明することも可能なはずだからである。ただし、たどられうる道筋の多様さが、出発の時点では最終結果は予測できないことを立証する。一つひとつの段階はそれぞれに原因があって踏み越えられていくのだが、開始時点で最終到達点を特定することはできないし、同じことが同じしかたで二度繰り返されることもない。進化が同じ道をたどるためには、何千もの段階がそっくり同じ順序で繰り返されるという信じがたいことが起きなければならないからである。初期の段階でちょっとした変更が加えられると、その変更がいかに小さかろうと、また、その時点ではぜんぜん重要そうには見えないとしても、進化はまったく別の流路を流れ下ることになる。

この第三の立場こそが、歴史の真髄を言い当てている。偶発性と呼ばれるものがそれだ。偶発性とは自己完結的なものであり、決定論にランダム性がどれだけ混入しているかで測《はか》れるようなものではない。科学は、別個の説明原理にしたがう世界である歴史を、なかなか自分たちの領域に入れようとはしなかった。その怠慢《たいまん》のせいで、われわれの解釈は貧困なものとなっていた。科学はまた、歴史を軽視する傾向があった。歴史に目を向けざるをえないときでも、偶発性をちょっとでも引き合いに出すことは、時間を超越した〝自然界の法則〟に直接基づいた説明よりも的確さや有意義さの点で劣っていると見なしてきたのである。

本書は歴史の本質について論じる本であり、偶発性というテーマと生命テープのリプレイというメタファーに照らすと、人類が進化する可能性は圧倒的に小さかったことを論じるための本である。バージェス動物群をめぐる新しい解釈に焦点をあてているのは、生物の進化を理解するうえで偶発性という概念がどういう意味をもっているかを、その新解釈がもっともみごとに教えてくれるからである。

私がバージェス頁岩の細部にこだわるのは、重要な概念はわざと観念論的に論じたほうがいいという通則を信じていないからである（だからこそこの冒頭の章からしてその通則にしたがっていないのだ）。好奇心の強い霊長類たる人間は、目で見たり手で撫でまわしたりできる具体的な対象をとくに慈《いつく》しむ。神が宿るのは細部であって、純然たる一般性という領域ではない。われわれは、大きいうえに包括的でもある宇宙というテーマに取り組み、それを解明しなければならないのだが、そのための最善のアプローチは、われわれの関心をつなぎとめる奇妙な細事《さいじ》――知識の波打ち際にころがっているすべてのきれいな小石――に取り組むことである。真実という海が小石を洗うたびに、小石は不思議な音をたててその存在を主張しているのだから。

抽象的な観念ならば、際限なく論ずることができる。気どって、いかにもそれらしいふりをすることはできる。一世代を満足させる〝証明〟を行ない、結局は後世のお笑いぐさになる（あるいはもっと悪いことに、まったく忘れ去られてしまう）ことはできる。一つのアイデアを自然界の対象に次々とあてはめていくことでそれを正当化し、〝科学思想の進歩〟と呼ばれる、本当の意味での人類の偉大な冒険に参加することだってできるかもしれない。

しかし、バージェス頁岩の動物たちからは、それがまぎれもなく存在したという事実により、さらに大きな満足が得られる。われわれは生命の意味について永遠に論じつづけるだろうが、オパビニアの眼の数が五個だったか五個ではなかったかについての真実は一つである。いずれにせよわれわれは、その答を確実に知ることができる。バージェス頁岩の動物たちは、世界中でもっとも重要な化石でもある。われわれの生命観を修正させた化石だからというのもその理由の一つだが、それぞれが無上に美しいからというのもまたその理由の一つである。この動物たちのすばらしさは、その形態の優雅さと保存のよさだけでなく、それらに見られるデザインの幅の広さと、それらの解剖学的特徴を説明しようとして傾けられた努力の大きさにもある。

バージェス頁岩の動物たちは、神聖な対象である。ここでいう神聖とは、一部の文化で使われている、非宗教的な意味での神聖さである。われわれは、それらを偶像化し、遠くからあがめたりはしない。それらを見つけるためには、山に登って斜面を爆破する。石を掘り出し、割って削ってスケッチをし、なんとしてもそれらの秘密を手に入れようと解剖までする。ほとほと手を焼かされれば、悪態《あくたい》をついたり呪いの言葉を吐いたりする。それらは、五億三〇〇〇万年前の海底にすんでいた薄汚い小動物である。しかし、それらは太古の生きものであり、われわれに何事かを語ろうとしている。だからわれわれは、畏敬《いけい》の念をもってそれらを遇《ぐう》するのだ。

●多様性と異質性の意味

私はここで、古くからある混乱の元を鎮めてくれるはずの重要な区別を導入しなければならない。生物学者は、〝多様性（diversity）〟という日常用語を、いくつかの異なる専門的な意味で使用している。一つのグループに含まれる異なる種の数という意味で〝多様性〟という言葉が使われることがある。哺乳類のなかでは、齧歯類《げっしるい》の多様性が高く、一五〇〇以上の種がいる。それにひきかえウマ類の多様性は低い。シマウマ、ロバ、ウマを合わせても、一〇種におよばないからである。ところが生物学者は、体の設計プランのちがいについても〝多様性〟という言葉を使う。種が異なる三匹のネズミからなる生物相と、一頭のゾウと一本の木と一匹のアリからなる生物相を比べるとき、いずれの生物相もそれぞれ三種の生物で構成されているものの、前者は多様とはいえないが、後者は多様な生物相といえる。

バージェス動物群の見直しは、解剖学的な設計プランの〝異質性（disparity）〟という、多様性の第二の意味に基づいている。種数からいえば、バージェス動物群の多様性は高くない。この事実は、初期の生物に関する重大なパラドックスとなっている。すなわち、種数の実質的な多様性はほとんどなさそうなのに、設計プランのこんなにも大きな異質性はいかにして進化したのかが問題となる。なぜなら、この二つの意味は、逆円錐形図という図式（図1−16を参照）によって、かなり密接に関連しあっているからである。

私が非運多数死について語る場合、それは種数の減少ではなく、生物の解剖学的なデザインの種類の減少をさしている。大半の古生物学者は、単純に種数だけを数えれば、それは時代とともに増加してきたことに同意する（Sepkoski *et al.*, 1981）。つまり種数の増加は、減少してしまった設計プランの枠内で起きてきたことでなければならない。

たいていの人たちは、現生生物の解剖学的特徴はステレオタイプであることを、あいまいにしか認識していない。われわれは学校で、動吻《どうふん》動物とか鰓曳《えらひき》動物とか顎口《がくこう》動物とか有鬚《ゆうしゅ》動物といった名前が（少なくとも試験が終わるまでは）口をついて出るようになるまで、奇妙な動物門のリストを覚えさせられる。われわれはわずかな数の妙ちくりんな生物に目を奪われるあまり、生物がいかにバランスを欠いているかを忘れている。記載されている動物種の八割近くは節足動物（ほとんどは昆虫）なのだ。多毛類、ウニ、カニ、巻貝などを列挙してしまえば、海底にすむ体腔無脊椎動物はもうあまり残っていない。少数の設計プランに大半の種を押しこむステレオタイプ化が、現生生物の基本的な特徴なのである。そしてこれが、バージェス時代の世界との最大のちがいである。

私と同じ古生物学者のなかには、多様性という言葉は種数という第一の意味に限定することで混乱を除去すべきだと提案する者もいる（Jaanusson, 1981；Runnegar, 1987）。そうなれば、第二の意味である設計プランのちがいは〝異質性〟と呼ぶべきだろう。このように用語を区別すれば、生物の歴史のとんでもなく重大な事実が認められるかもしれない。すなわち、異質性のきわだった減少と、それに続く、生き残った少数のデザインの枠内での多様性の顕著な増大である。

2章　バージェス頁岩《けつがん》の背景説明

バージェス以前の生命――カンブリア紀の爆発的進化と動物の起源

これは毎年のことなのだが、大学生たちは生命の歴史に関する教養課程の授業で地質年代表を覚えなければいけないことにうんざりという顔をする。もしかしたら九九のかけ算表を覚えるために味わった苦労を思い出すのかもしれない。われわれ教授陣は、あのいかめしい地質年代名だって同じアルファベットではないかと説きふせる。カンブリア紀、オルドビス紀、シルル紀（シルリア紀）と奇っ怪な名前が続くわけだが、それらはローマ時代のウェールズ地方の古名や、ドイツで三層に重なって見られる地層の名称を語源としている。教師は、ちょっとしたトリックを用いて学生たちになんとか覚えさせようとする。ここ何年か私は、新しいごろあわせ式記憶術のコンテストを主催してきた。「キャンベル（カンブリア）のオーソドックス（オルドビス）な汁《スープ》（シルル）がデボラ（デボン）をみごと（ミシシッピ）にペーター（ペンシルヴァニア）のペンフレンド（ペルム）にした」といった駄作や、ここではとても紹介できない卑猥《ひわい》なごろあわせなどに代わる新作を募集してきたのだ。たとえばある優勝者は、第三紀の区分（図2－1を参照）を、七〇年代初頭の学生運動に読みこんだ。「プ《P》ロレタリアの援《E》護で、多《O》くのま《M》ともじゃないポ《P》リスをぽ《P》んこつにした。異議なし！」

これまでの最高傑作は、『チープ・ミート』（*Cheap Meat*）という題名のポルノ映画を評した詩である。それは完璧な韻を踏んでいるうえに造語も（三行めの最後に）一つしかなく、現世から太古へという通常とは逆の順序で、まず最初に代、続いて紀が登場する。そしておまけに新生代の世《せい》を編みこんだエピローグまでついているという手の込んだものだった。*

（*）*Cheap Meat* performs passably,/ Quenching the celibate's jejune thirst,/ Portraiture, presented massably,/ Drowning sorrow, oneness cursed.

　そしてこの優勝者は、新生代のなかの世を読みこんだエピローグまで作っている。

Rare pornography, purchased meekly/ O Erogeny, Paleobscene.

　ちなみにこの最後の行には二つのジョークが組みこまれている。orogeny とは造山運動を意味する地質学用語で、Paleobscene とは Paleocene（暁新世）におそろしく近い。

こうしたなだめすかしがうまくいかないときには、まじめな説明に転じてこう言うことにしている。もし地質年代の名称が時間とともに切れ目なく続いてきた出来事に勝手につけられたものならば、覚えたがらない人に同情もしよう。もしそうだとしたら、現生する多細胞生物の歴史をおよそ六億年とし、それを五〇〇〇万年ごとに均等に区切って、順番に1から12、あるいはAからLまでの記号をつけて覚えればすむことだからである。

ところが地球は、われわれの単純化をあざ笑い、もっと手の込んだことをする。生命の歴史は、たゆみない発展ではない。それは、地質学的には瞬間といっていい場合もあるほどの短期間の大量絶滅と、それに続く多様化によって区切られた記録なのだ。地質年代区分は、そのような歴史を写している。それは、化石こそが岩石の時間的な順序を確定するための重要な基準を提供してくれるからである。化石記録に明瞭な刻印を残すのは絶滅と急速な多様化であるため、そうした大きな節目《ふしめ》が年代を区分しているのだ。つまり、地質年代区分は悪魔が学生を苦しめるための策略ではなく、生命の歴史のなかの重要な瞬間を記《しる》した年代記なのである。私は、いまいましい地質年代名を覚えることで、諸君は地球の歴史の主要な出来事を知ることになるのだと述べるだけで、そうした知識がいかに重要であるかについてはいっさい弁明しない。

地質年代（図2-1）の単位は、大区分から小区分へと順に代、紀、世と階層的に分けられる。いちばん大きな年代区分の単位である代の境界は、最大の出来事を画《かく》している。三つの代の境界のうちの二つは、もっとも有名な大量絶滅があった年代を明示している。およそ六五〇〇万年前にあった白亜紀末の大量絶滅は、中生代と新生代の境界となっている。それは史上最大の〝大量死〟というわけではないのだが、知名度では他のすべてを圧倒するもの

代	紀	世	おおよその年代（単位：100万年前）
新生代（Cenozoic）	第四紀（Quaternary）	現世（Holocene） 更新世（Pleistocene）	
	第三紀（Tertiary）	鮮新世（Pliocene） 中新世（Miocene） 漸新世（Oligocene） 始新世（Eocene） 暁新世（Paleocene）	
			65
中世代（Mesozoic）	白亜紀（Cretaceous） ジュラ紀（Jurassic） 三畳紀（Triassic）		
			225
古生代（Paleozoic）	二畳紀（Permian） 石炭紀（Carboniferous）（ペンシルヴァニア系とミシシッピ系） デボン紀（Devonian） シルル紀（Silurian） オルドビス紀（Ordovician） カンブリア紀（Cambrian）		
			570
先カンブリア時代（Precambrian）			

図2-1／地質年代区分

である。なぜなら、この大事変で恐竜が死滅し、その結果として大型哺乳類（ずっと後になって進化した人類も含めて）の進化が可能となったからだ。二つめの境界である古生代と中生代との境（二億二五〇〇万年前）は、史上最大規模の大量絶滅があったことを示している。この二畳紀（ペルム紀）末の出来事は、海生生物種の九六パーセントを根絶することで、その後の生物進化のパターンを完全に決定した。

先《せん》カンブリア時代と古生代とを画す最古の境界（およそ五億七〇〇〇万年前）は、他とは異なる、もっと謎めいた出来事があったことを示している。この境界かその近くで大量絶滅があった可能性もあるのだが、古生代の開始は、多様化が集中して起こった時期を教えているのだ。それは〝カンブリア紀の爆発〟と呼ばれる出来事で、このときに硬い殻をもつ多細胞動物が化石記録中にはじめて登場した。バージェス頁岩《けつがん》の重要性は、生命の歴史のなかのこのきわめて重要な瞬間との関連にある。バージェス動物群はこの爆発的進化の期間に属してはいない。爆発的進化の直後（およそ五億三〇〇〇万年前）で、しかも容赦ない絶滅が多くの生物種を滅ぼすまえ、すなわち爆発的進化によって登場した生物がすべてそろっていた時期のものなのだ。バージェス頁岩から見つかる軟体性の動物群は、これほど古い時代のものとしては唯一の規模を誇るものであり、現生生物の歴史の始まりを一望できる唯一ののぞき窓を提供している。

カンブリア紀の爆発も古い時代の出来事だが、地球の年齢は四五億歳である。したがって現生的なデザインをそなえた多細胞生物の歴史は、地球の歴史の一〇分の一を占めるにすぎない。この事実は、ダーウィン（Darwin, 1859, pp. 306-10）をも悩ませ、現在でも生物進化史の重大な謎として残されているカンブリア紀の爆発をめぐる二つの難問を提起する。すなわち、（一）多細胞生物の出現がこれほど遅れたのはなぜか、（二）形態的に複雑な多細胞生物の直接の祖先で、もっと構造の単純な生物の化石が先カンブリア時代の化石記録中に見つからないのはなぜか、である。

この二つの疑問は、一九五〇年代以降、先カンブリア時代の生物化石がたくさん見つかっているにもかかわらず、いまだにたいへんな難問として残されている。しかし、チャールズ・ドゥーリトル・ウォルコットが一九〇九年にバージェス頁岩を発見した時点に比べればまだましである。その当時は、それらの疑問に手をつけることはほとんど不可能と思われていた。ウォルコットの時代は、先カンブリア時代の生物名簿がまだまっ白だったのだ。カンブリア紀の爆発以前の時代のものであることが確かな化石証拠は一つも見つかっておらず、多細胞動物の最古の証拠が、まさにあらゆる生物の最古の化石だったのである。もちろん、先カンブリア時代の動物のものと称する化石はいつの時代にもあった。何を隠そうウォルコット自身も一度ならず提出したのだが、その後の詳しい研究に耐えるものはなかった。それらは希望的観測が発見させた想像の生物であり、波か風が残したリップルマークであったり、沈澱《ちんでん》した無機物であったり、もっと遅い時代のものなのに先カンブリア時代のものと誤診された生物化石であることがその後判明したものばかりだった。

このように地球の歴史の大半の期間は生物が見あたらず、その後に出現した生物が複雑な形態を完全にそろえていたことは、反進化論者には謎でも何でもなかった。初期の生物の記録を最初に解明した偉大な地質学者であるロデリック・インピー・マーチソンは、カンブリア紀の爆発は神が生物を創造した瞬間にほかならないと見ていた。そして最初に出現した動物の形態が複雑なことは、神がその最初のモデルに適切な手配をほどこしていた印《しるし》と解釈していた。マーチソンはダーウィンが『種の起原』を発表する五年前に、カンブリア紀の爆発は〝変遷（トランスミューテイション）〟――マーチソンが進化を指す言葉として用いていた術語――の反証であるとはっきりと述べている。そしてその一方で、もっとも古い三葉虫の複眼が精妙なデザインをそなえていることの驚異を讃《たた》えている。

> 生物のもっとも初期の痕跡は、すでに組織体として高度に複雑化していることを示しており、下等な存在から高等な存在への変遷という仮説を完全に排除するものである。最初に発せられた創造の命令が、動物を周囲の環境に完璧に適応することを保証したのである。つまり、地質学者たるもの始まりは認めるものの、もっとも初期の甲殻類《こうかくるい》の眼を構成する多数の単眼に、脊椎動物の形態の完璧さにおけるものと同じ全能の神の証拠を見てとることができるのである。（Murchison, 1854, p. 459）

ダーウィンは、この点に関してもいつものように自説の難点を正直にさらけ出し、カンブリア紀の爆発はもっとも自分を悩ませる問題であると認め、『種の起原』のなかでまるまる一節をこの問題に割《さ》いている。無視しがたい地質学者の多くがそれについて反進化論的な解釈をしていることを、ダーウィンは知っていた。「サー・R・マーチソンを筆頭に何人ものきわめて有能な地質学者が、シルル紀最古の地層＊から見つかる生物の遺骸こそ、この惑星における生命の曙《あけぼの》であると確信している」(Darwin, 1859, p. 307) ダーウィンは、自説が満たされるためには、複雑な形態をした最古の生物の祖先が先カンブリア時代の記録にたくさん見つかる必要があることを承知していた。

私の学説が正しいなら、シルル紀最古の地層が堆積する以前に、シルル紀の時代から現代までの時間とそっくり同じか、むしろそれよりもはるかに長いかもしれない時間がすでに経過しており、いまだ未知のその膨大な期間、地球は生物で満ちあふれていたのでなければならない。(1859, p. 307)

(＊) ここでいう「シルル紀最古の地層」とは、いまでいうカンブリア紀の岩石のことである。カンブリア紀という区分は、一八五九年の時点ではまだ、万人が正式に受け入れていたわけではなかった。ダーウィンがここで論じているのは、カンブリア紀の爆発についてである。

ダーウィンはこの心穏やかではない問題を解決するにあたっていくつもの論拠をもちだした。化石記録はあまりに不完全であり、生物の歴史で起こった出来事の大半についてわれわれはその証拠を手にしていないというのだ。しかしダーウィン本人も、この事例に関しては自分のお気に入りの作戦があまり効を奏さないことに気づいていた。一つの系統のなかで中間段階が失われていることについては、この論拠でたやすく説明できる。しかし、化石記録を不完全なものとしているのと同じ原因で、生物進化史の大半を占める期間に生息していたはずの生物に関する事実上すべての証拠が完全に消し去られるなどということが、はたしてありうるだろうか。ダーウィンは、「この事例は、現時点では説明不能としておくしかない。そしてこれこそ、私がここで考察した見解に反対する正当な論拠であると主張することができるだろう」（1859, p. 308）と認めていた。

ここ三〇年ほどのあいだに先カンブリア時代の化石がたくさん発見されたことで、ダーウィンは面目をほどこしてきた。ただし、それらの証拠がそなえている特異な特徴は、生物の形態は連続的にどんどん複雑になり、やがてカンブリア紀の生物が登場したというダーウィンの予言にそぐわないものだった。カンブリア紀の爆発にまつわる問題は、相変わらず手ごわい難問なのだ。もっとも、現在のわれわれの困惑は先カンブリア時代の生物の性格についてまったくわかっていないせいではなく、それを知ってしまったことによるものであるから、以前ほどの難問というわけではない。

いまやわれわれが手にしている先カンブリア時代の記録は、生物を閉じこめている可能性のある最古の岩石にまでさかのぼっている。地球は四五億歳だが、天体の衝突（最初に複数の惑星が合体したとき）によって発生した熱や、短命な同位体が放射性崩壊する際に発する熱のせいで、地球はその歴史の初期には溶融し変成していた。最古の堆積岩——グリーンランド西部にある三七億五〇〇〇万年前のイスア統《とう》の地層――は、地殻が冷却して安定化した様子をよくとどめている。そういう地層はあまりに（熱と圧力によって）変成しているため、生物の遺骸を保存してはいない。ところが最近になってシドロウスキー（Schidlowski, 1988）が、証拠が見つかる可能性を秘めたこの最古の地層に、生命活動の化学的徴候が痕跡として残っていると報告している。光合成《こうごうせい》では、一般的な炭素の同位体である炭素一二と炭素一三のうちでも軽いほうの炭素一二が特異的に利用される。したがって光合成が行なわれていたとすれば、堆積物中の炭素一三に対する炭素一二の比率は、堆積物中の全炭素が生物由来のものではない場合に測定されるはずの比率よりも高くなるはずである。そしてイスア統の岩石は、生命活動の産物として生じる炭素一二を高い割合で含んでいるというのだ。*

（＊）イスア統の岩石中に含まれる炭素一三に対する炭素一二の比率は、たしかに生物による分別が行なわれたことをうかがわせるものではあるが、後世の地層が示す値ほど高くはない。シドロウスキーは、その比率はイスア統の岩石がその後被《こうむ》った変成によって低下させられている（ただし、生物が介在したことを示す閾値《いきち》内におさまってはいる）のであって、おそらくもともとの比率は後世の地層が示す比率と同じだったと論じている。

生物が存在したという化学的証拠が、見つかる可能性のある最古の岩石から見つかるように、物理的な遺物も、可能性として十分に考えうる範囲内の古い岩石から見つかっている。ストロマトライト（バクテリアや藍藻《らんそう》に捕捉されて固められ、層状となった堆積物）や実際の細胞そのものが、アフリカとオーストラリアの三五億年から三六億年前のものとされる変成していない最古の堆積岩から見つかっているのだ(Knoll and Barghoorn, 1977；Walter, 1983)。

最古の生物化石がそのように単純な構造をしていることを聞いたら、さぞやダーウィンも喜ぶことだろう。しかし、先カンブリア時代の生物がたどったその後の歴史は、カンブリア紀の爆発が生んだ生物たちに向けて形態がゆっくりと漸進《ぜんしん》的にその複雑度を増したとするダーウィンの前提とはひどく異なる様相を見せている。イスア統の堆積岩から二四億年のあいだ、すなわち地球上における生命の全歴史のほぼ三分の二近くのあいだ、原核細胞というもっとも単純なデザインをそなえた単細胞生物しか生息していなかったのである。

ここでちょっと説明しておこう。原核細胞とは、細胞小器官をそなえていない細胞のことである。すなわち、細胞核も、対《つい》をなす染色体も、ミトコンドリアも、葉緑体もないのだ。それ以外の単細胞生物やすべての多細胞生物を構成している真核細胞は、サイズもずっと大きくて構造もはるかに複雑であり、原核生物のコロニーから進化したのではないかとも考えられている。少なくともミトコンドリアと葉緑体は、見かけはまさに原核生物そのものだし、以前はおそらく独立生活を営んでいた痕跡として独自のDNAまで保持している。バクテリアや藍藻すなわち藍色《らんしょく》植物が原核生物である。それ以外の名の知れた単細胞生物——高校の生物実験室で飼われているアメーバやゾウリムシ——は、みな真核生物である。

一四億年ほど前の化石記録中に真核細胞が出現していることは、生物の構造が飛躍的に複雑になったことを示しているが、それに続いて多細胞動物がただちに意気揚々と登場したわけではなかった。最初の真核細胞が出現してから最初の多細胞動物が出現するまでには、カンブリア紀の爆発が起こって多細胞動物の繁栄が開始されてから現在までの期間よりも長い時間がかかっているのだ。

先カンブリア時代の化石記録には、カンブリア紀の爆発以前の多細胞動物群が一つだけ混ざっている。それはエディアカラ動物群とよばれるもので、もともとはオーストラリアのエディアカラという名の丘で見つかったものなのだが、いまでは世界中の岩石から見つかっている。ところがこの動物群は、二つの理由でダーウィンの期待に答えることができない。第一に、エディアカラ動物群はかろうじて先カンブリア時代のものである。この動物群は、カンブリア紀の爆発直前の時代の岩石からしか見つからないのだ。いまから七億年前か、もしかしたらそれよりも新しいといったところなのである。第二に、エディアカラ動物群は多細胞生物において独立に行なわれて結局は失敗した実験の痕跡であって、硬い殻をそなえた生物の祖先にあたる単純な構造をした生物群ではなさそうなのだ（エディアカラ動物群の特質とその位置づけについては5章で論じる）。

エディアカラ動物群は、ある意味ではカンブリア紀の爆発に対するダーウィンの解決法に決着をつけるどころか、なおいっそうの問題を投げかける。〝化石記録が不完全〟とするダーウィンの説をもっとも好意的に解釈すると、カンブリア紀の爆発は硬い殻をもった動物の出現を化石記録中にとどめているにすぎないということになる。バージェス動物群のような軟体性の動物群が先カンブリア時代の地層からは知られていない以上、多細胞動物にも、化石記録を残さないまま徐々にその形態を複雑にしていった長い歴史があるかもしれないではないかというわけである。私は、カンブリア紀の謎を解決するために考え出されたこのもっともな論拠にけちをつけるつもりはない。しかしこれは、エディアカラ動物群がカンブリア紀の爆発をもたらした祖先ではないとしたら、完全な説明とはいえない。なぜなら、エディアカラ動物群はすべて軟体性であり、また、その分布はオーストラリアの特異な環境と密着した奇妙な飛び地に限られているわけではないからである。エディアカラ動物群は世界中で発見されている動物群なのだ。つまり、カンブリア紀の生物のほんとうの祖先が硬い殻を欠いていたとしたら、軟体性のエディアカラ動物群を含む豊かな堆積物の中からそれらが見つかっていないのはおかしいではないか。

エディアカラ動物群から、現生的な体の設計プランが固まったバージェス動物群まで、一億年の隔《へだ》たりがある。その間に起こったびっくりするような出来事の細部について考えれば考えるほど、謎は深まるばかりである。カンブリア紀の始まりを画しているのは三葉虫の出現でもないし、カンブリア紀の爆発によって現生的な形態がすべて出そろったことでもない。硬い殻をそなえた最古の動物群は、発見場所であるロシアの地名にちなんでトモティ動物群と呼ばれるものである(ただしこの分布も世界的である)。そこには現生的なデザインと認められる生物も含まれてはいるが、それを構成している大半の化石は小さなみずかき状だったりキャップ状だったりカップ状で、動物のどの部分なのか定かでないものばかりである。

われわれ古生物学者は、明らかに困惑しつつも率直さを失わずに、それを〝有殻微小化石動物群〟と呼んでいる。おそらくまだ、効果的な石灰化は進化していなかったのだろう。トモティ動物群は、体全体を覆う硬い殻はまだ発達させていないものの、体のあちこちに少しずつ生体鉱物を沈着させていた祖先種である。しかしトモティ動物群も、失敗に終わったもう一つの実験であり、その後、カンブリア紀の爆発の最後の一撃で三葉虫やその仲間にとってかわられた。

そういうわけで、生物の構造は徐々に複雑化していったとするダーウィンの説とは異なり、エディアカラからバージェスにいたる一億年のあいだに、三種類のまったく異なる動物群が登場した公算が大きい。すなわち、大きなホットケーキのように平べったくて体が軟らかいエディアカラ動物群と、トモティ動物群のちっぽけなカップやらキャップと、バージェス動物群で形態の多様さの極《きょく》に達した現生的な動物群の三種類である。原核生物だけでそれ以外は何もいなかった二五億年近く、すなわち生物進化史の三分の二にあたる期間、生物の形態の複雑さは記録に残されているかぎりでは最低のレベルにとどまったままだった。その後の七億年間はそれよりも大型で構造もはるかに複雑な真核生物も存在したが、それらが合体して多細胞動物になることはなかった。そして地質学的な目で見ればほんの一瞬にあたる一億年間に、エディアカラ、トモティ、バージェスという三つのきわだった動物群が次々に出現した。それ以後の五億数千万年間に展開されたすばらしい物語では勝利と悲劇が繰り返されたが、バージェス動物群のラインアップに新しい動物門、すなわち新しい基本デザインは一つも加わらなかった。

細部がかすむほど離れたところから見れば、これを予測された進歩の物語として読むこともできるだろう。最初が原核生物で、次が真核生物、その次が多細胞生物というふうに。しかし個々の話を事細かに調べれば、そんな心休まる物語は崩壊してしまう。複雑な構造のほうが有利だとしたら、生物がその歴史の三分の二にもあたる年月のあいだ第一段階にとどまっていたのはなぜなのだろうか。多細胞生物が、ゆっくりと連続的に複雑さを増すのではなく、三種類のひどく異なる動物群のあいだをぬって、短期間のうちにどっと起源してしまったのはなぜなのだろうか。生物進化の歴史は果てしなく魅力的で、しかもとんでもなく奇妙であり、われわれの常識や願望どおりというわけにはいかないのだ。

バージェス以後の生物――過去をのぞき見る窓としての軟体性動物群

哺乳類の進化は、少しずつ変化した子どもを生むために嚙み合いをする歯が語る物語だ、という古いジョークが古生物学にはある。エナメル質にはふつうの骨よりもはるかに耐久性があるおかげで、ほかのすべての骨が莫大な時間の試練に屈してしまっても、歯だけは残っていることが多い。そのため、化石哺乳類の大多数はその歯だけでしか知られていないのだ。不完全な化石記録は、残っているのはわずか数ページのなかの数行の数語だけで、しかもその単語も活字が欠けているという状態にある本のようなものだと、ダーウィンは述べている。ダーウィンがこのメタファーを使ったのは、ふつうの硬組織が――いちばん耐久性のある歯でも――保存される可能性がいかに少ないかを説明するためである。では、それほどの危難が雨あられと降り注ぐなかにあって、血肉《けつにく》の部分にはいかなる希望があるのだろうか。体の軟組織は、たまさかの幸運により、地質学的に見て例外的な状況でしか保存されない。たとえば琥珀《こはく》に閉じこめられた昆虫とか、乾燥した洞窟の中のオオナマケモノの糞などがそれである。そういうことでもなければ自然界の試練にたちどころに屈し、死、分解、腐敗という三段階の末路をたどることになる。

そうはいっても軟組織の解剖学的特徴に関する証拠がなければ、太古の動物の構造も真の多様性も理解することはできない。理由は明白である。第一に、ほとんどの動物は硬組織をそなえていない。ショプフは一九七八年に、現代の潮間帯《ちょうかんたい》にすむ平均的な海生動物群についてそれらが化石化する可能性を検討した。彼の結論は、化石記録に登場する可能性があるのは属にしてわずか四〇パーセントにすぎないというものだった。そのうえ、化石化の可能性は生息場所によってひどい偏《かたよ》りがある。海底で固着生活を送っている生物のおよそ三分の二は保存されそうだが、穿孔《せんこう》性のデトリタス（有機堆積物）食者や徘徊《はいかい》性の肉食者は四分の一しか保存されそうにないのだ。第二に、たとえば脊椎動物や節足動物など一部の生物の硬組織は情報に富んでおり、それをもとにその動物全体の基本的な機能や形態をかなりよく復元することができるが、それ以外の生物の単純な蓋《ふた》や覆いからだけでは、その下の組織についてはほとんど何も知りようがない。底生生物の棲管《せいかん》や巻貝の殻は、その中に収まっている生物体についてはほとんど何も教えてくれないのである。生物学者は、軟組織がないために種類を混同している場合が多い。われわれは、地球上最初の硬組織をもつ多細胞動物群であるトモティ動物群をどう位置づけるべきかという問題（この問題については5章で論じる）をいまだに解決していない。化石として残っている小さなキャップや覆いの断片からは、その下にあったはずの生物体についての情報がほとんど得られないからである。

そういうわけで古生物学者たちは、古生物学誕生以来このかた、軟体性動物群を探し求め珍重してきた。化石記録では、軟体性化石に優る宝はない。われわれはドイツ人古生物学者たちの先駆的な研究に敬意を表し、とびっきりの完全さと豊かさを誇る化石動物群をラーゲルシュテッテン（Lagerstätten——そのまま訳せば〝鉱脈の場所〟であるが、むしろ〝母なる鉱脈〟と訳したい）と呼んでいる。ラーゲルシュテッテンは稀《まれ》である。しかし、そのおかげで生物の歴史に関してわれわれが知りえたことを考えると、その貢献度は稀少さを補って余りあるほど大きい。私の教え子だったジャック・セプコスキはあらゆる系統の歴史をカタログ化する仕事に着手したのだが、主要なグループのなんと二〇パーセントは古生代の三大ラーゲルシュテッテン——バージェス頁岩、ドイツにあるデボン系のフンスリュック頁岩、シカゴ近郊にある石炭系のメゾンクリーク——でしか見つかっていないものだった。

ラーゲルシュテッテンの形成とそれらをめぐる解釈については膨大な文献が生み出されてきた（Whittington and Conway Morris, 1985 を参照）。すべての問題が解明されているわけではなく、事細《ことこま》かな内容の一部始終が果てしなく魅力的でもあるのだが、軟体性動物群が保存されるための必須条件として特筆すべき要因は（すべてがそろうのは稀だが）三つある。通常なら、かき乱されていない堆積物中に化石がすみやかに埋葬されることが一つ。二つめは、通常ならばただちに破壊工作に取りかかるような要因とは無縁の環境に堆積すること。そういう要因としては、主として腐敗を促進する酸素などの物質のほか、バクテリアから大型腐肉食者までのあらゆる生物があげられる。ほとんどの死体は、そのような生物によって地球上のほとんどすべての環境からすみやかに姿を消してしまう。三つめは、堆積した後で作用する熱、圧力、破砕《はさい》、浸食などの破壊力による崩壊が最小限にとどまることである。

ラーゲルシュテッテンをこれほど稀なものにしている八方ふさがり状態の一例として、酸素の役割について考えてみよう（生息場所が無酸素状態であることはさして重要ではないとする意見についてはAllison, 1988を参照）。酸素を欠く環境は、軟組織の保存にとっては申し分ない。酸化作用も好気性バクテリアによる腐敗も起きないからである。そのような条件が整うことは地球上ではめずらしいことではなく、淀《よど》んだ水底などはたいていそうである。しかし、保存を促進する条件そのものが、そのような場所を本来のすみかとする生物をほとんど皆無にさせている。つまり、保存に最適な環境は保存すべき生物がすめない環境なのだ。ラーゲルシュテッテン——後で説明するようにバージェス頁岩も含めて——をもたらす〝しかけ〟は、そのようなすみにくい場所にときどき動物群を送りこみうる複数の特異な状況が重なることにある。そういうわけで、ラーゲルシュテッテンは稀代《きたい》の産物なのである。

もしバージェス頁岩が存在しなかったとしたら、われわれにはあんな動物群を考えつくことなどできないだろう。しかし、まちがいなくその発見を切望しているはずである。地球という慈悲深き神はわれわれの祈りをめったにかなえてくれないが、バージェス動物群をもたらしてくれた。バージェス発見以前にどこかの古生物学者がアラジンの魔法のランプを手に入れていたとしたら、その幸せ者は望みを一つだけかなえるという魔人の申し出に対して、ためらわず次のようにお願いしたはずである。「カンブリア紀の爆発直後の軟体性動物群を私にください。その大事件が実際にもたらしたものをぜひとも見たいんです」魔人の贈り物であるバージェス動物群はすばらしい物語を語ってくれるが、それだけでは一冊の本を書くほどのことはない。この動物群が生命の歴史を理解するための鍵となるのは、他のラーゲルシュテッテンで見られる異質性のパターンとの驚くほどのちがいを比較してこそなのだ。

稀少性にも幸いな点が一つだけある。十分な時間を重ねるうちにそれほど稀ではなくなる点である。ラーゲルシュテッテンの発見と研究は、バージェス動物群から得られた洞察に鼓《こ》舞《ぶ》されたこともあって、ここ一〇年のあいだに大幅に加速された。いまやラーゲルシュテッテンの総数はかなりのものであり、時間とともに体構造の異質性の基本パターンがどう変遷してきたかについてかなりの感触が得られるほどになっている。ラーゲルシュテッテンがうまいぐあいに分布していなかったとしたら、先カンブリア時代の生物についてはほとんど何もわかっていなかっただろう。なぜなら最古の原核生物からエディアカラ動物群までは、すべて軟体性生物の物語だからである。

バージェス動物群のいちばんすごい点は、過去と現代の生物とのあいだの驚くべきちがいを教えてくれることである。ブリティッシュ・コロンビア州にある、街路の一ブロックにも満たないほどの幅の化石発掘場であるバージェス頁岩は、種数こそはるかに少ないものの、現在世界中で見られる解剖学的デザインをすべて合わせたよりも大きな異質性を抱《かか》えているのだ。

もしかして、バージェス動物群に見られる特徴は過去の動物群に共通して見られるものであって、カンブリア紀の爆発直後の生物だけの特徴ではないのではないか。もしかして、このようにすばらしい保存状態にある動物群は、どれもみな同じように広い幅の解剖学的デザインを見せるのではないか。そんな疑問も湧くが、これを解決するには、他のラーゲルシュテッテンに見られる異質性のパターンを年代順に調べるしかない。

基本的な答ははっきりしている。バージェス動物群の解剖学上の幅広い異質性は、多細胞生物の最初の爆発的進化にだけ見られる特徴である。バージェスよりも遅い時代のラーゲルシュテッテンで、生物のデザインの幅の広さにおいてバージェス動物群に匹敵するものはない。むしろバージェス以降は、非運多数死の生き残りが急速に安定していった歴史をたどることができる。スウェーデンのカンブリア紀後期の地層から立体構造がみごとに保存された状態で見つかっている節足動物（Müller, 1983 ; Müller and Walossek, 1984）は、すべて甲殻類の系統につらなるものらしい（保存状態の気まぐれのせいでこの動物群からは長さが二ミリに満たない小型節足動物しか見つかっていないため、この堆積層における異質性とバージェス産の大型動物をめぐる物語とを実際に比較することはできない)。ミクーリックら三人(Mikulic, Briggs, and Kluessendorf, 1985 a および 1985 b)が記載しているウィスコンシン州にある下部シルル系のブランドン・ブリッジ動物群は、(バージェス動物群と同じように)節足動物の四大グループをすべて含んでいる。それはまた、ほかにも奇妙な生物をいくつか含んでいる。何種類かの分類不能な節足動物(体の側面から翅状《はねじょう》の奇妙な構造物が伸びているものも一種類含む)と四種類の環形動物に似た生きものである。しかし、オパビニアとかアノマロカリス、ウィワクシアといったバージェスの大いなる謎ほど奇妙な動物は含まれていない。

世に名高いデボン系のフンスリュック頁岩から出土する動物化石は、岩石のX線撮影を行なうと細部まできれいな写真が撮れるほど保存状態がよいのだが(Stürmer and Bergström, 1976 および 1978)、一種類ないし二種類の分類不能の節足動物を含んでいる。その一つであるミメタステルは、バージェスでもっともよく見つかるマルレラとおそらく類縁がある。しかしこの時代にはすでに、生物は落ち着くところに落ち着いていた。たくさんの化石を残したメゾンクリーク動物群は、ここ何十年かのあいだに押し寄せたコレクターの大群によって何百万という塊《かたまり》に砕かれた岩の中に収まっているのだが、そこにタリー・モンスターの名で知られる(公式にも、トゥリモンストルムというぶざまな学名が与えられている)環形動物に似た奇妙な動物が含まれている。しかし、バージェス動物群を生んだ創意工夫の原動力はすでに停止していた。メゾンクリークのみごとな化石のほとんどすべては、現生の門にすっきりと収まるのだ。

二畳紀から三畳紀にかけての絶滅を通過し、もっとも有名なラーゲルシュテッテンであるドイツのゾルンホーフェンにあるジュラ系石灰岩へと至ると、バージェス動物群をもたらしたゲームはすっかり終わっていると断言できるだけの証拠が得られる。ここの動物群ほどよく調べられているものはない。石切り工やアマチュアのコレクターが、もう一世紀以上にもわたってここの石灰岩の塊をたたき割ってきたのだ。ここから産するきめが細かくて均質な石灰岩はリトグラフになくてはならないもので、一八世紀の終わりにその技術が発明されて以来、すばらしいリトグラフのほとんどすべてはここの石灰岩を使って製作されたものである。

世界的に有名な化石の多くが、ゾルンホーフェンの採石場で見つかっている。最後の小羽《しょうう》枝《し》一本まで保存されたアルカエオプテリクス、すなわち始祖鳥《しそちょう》の六個の化石すべてが見つかったのもここである。しかしながらゾルンホーフェン動物群には、既知の動物分類群の枠からはみ出すような動物は一種類たりとも含まれていない。

解剖学的デザインのびっくりするような異質性というバージェス動物群のパターンが保存状態のよい化石動物群の一般的特徴でないことは明白である。むしろ保存状態がいいおかげで、カンブリア紀の爆発とその直後の余波がもたらした、とんでもなく謎に満ちた特異な側面を見きわめることができたのだ。カンブリア紀が始まる直前（むろん地質学的な時間尺度で）には、現生する門のほとんどすべてが初登場していた。そしてそれらといっしょに、形態面の実験ともいえるデザインをそなえた動物門が、現生する動物門よりも多く登場していたのだが、それらはあまり長くは生き残れなかった。その後の五億年間は既製のデザインにひねりが加えられただけで、新しい門は生み出されてこなかった。もっとも、人間の意識という変わりものが、奇妙なやりかたで世界に衝撃を与えはしている。

バージェス動物群をもたらした原動力を設定したものは何なのか。そして、これほどすみやかにそのスイッチを切ったものは何なのか。バージェス頁岩をにぎわせている多数のデザインのなかから少数の可能性だけを選びだして存続させたものがあるとしたら、それは何だったのか。非運多数死と安定化のこのようなパターンは、歴史と進化についてわれわれに何を語ろうとしているのだろうか。

バージェス頁岩という舞台装置

どこで

一九一一年七月一一日、チャールズ・D・ウォルコットの妻ヘレナがコネティカット州ブリッジポートで列車事故のため亡《な》くなった。チャールズは、彼が属する社会階級と当時の習慣にしたがい、息子たちは自宅にとどめたが、悲しみに沈む娘のヘレンはヨーロッパへのグランドツアーに送りだした。その地で悲しみを和《やわ》らげ、平静さを取り戻させるためである。その旅にはアンナ・ホーシーという名のお目付け役も同行した。ヘレンは西洋文明の史跡《しせき》に十代後半の娘らしい胸のときめきを覚えたが、西は西でも北アメリカ西部、それもバージェス頁岩を抱える土地の美しさに匹敵するものを見つけることはなかった。彼女は父親といっしょに一九〇九年の発見の際と一九一〇年の第一回めの発掘シーズンにそこを訪れていたのだ。ヘレンは一九一二年の三月に、ヨーロッパから弟のスチュアートに手紙を書いている。

山の頂上にはとてもすてきなお城や要塞があるの。そこからなら山を這い上がってくる敵が丸見えで、石や弓矢を降りそそぐことができるって寸法よ。もちろん私たちはアッピア街道や古代ローマの水路橋の遺跡も見たわ。ちょっと考えてもみて、古ぼけたあの橋は二〇〇〇年も前に造られたものなのよ。それに比べればアメリカなんてまっさらでぴかぴかね。でも私は、これまで見たどれよりもバージェス登山道《パス》のほうが好き。

フィールドワークにまつわる伝説では、重要な調査場所があるのは、猛獣やいつ襲ってくるともしれない原住民が住み、瘴気《しょうき》が漂いツェツェバエが群れ飛ぶ踏査困難なジャングルの奥深くということになっている。さもなければ、すべてのラクダが死に絶えた末にやっとたどりついた一〇〇番めの砂丘だったり、そりをひく犬がすべて死んだ後で到達した一〇〇〇番めの氷のクレバスだったりする。ところが実際には、最高の発見の多くは（このすぐ後でみるように）博物館の引き出しの中でなされる。とても重要な野外の調査場所のなかには、楽しい散歩や楽ちんなドライヴをするだけで着ける場所もある。メゾンクリークなどは、シカゴの繁華街から歩いても行けるほどの近さにある。

バージェス頁岩は、私が訪れたことのある場所としてはもっとも荘厳《そうごん》といっていい舞台を占めている。ブリティッシュ・コロンビア州の東端に位置するカナディアン・ロッキーの高地にあるのだ。ウォルコットの発掘場はフィールド山とワプタ山に隣接する西斜面の高度二四〇〇メートルにある。私は一九八七年の八月にその場所を訪れる以前に、ウォルコットの発掘現場を写したたくさんの写真を見ていた。つまり私は、通常のオリエンテーション以上のことを済ませていたのだが、それは文字どおり東方へのオリエンテーションだけだった（図2－2）。回れ右、すなわち西を向いたときに目に飛びこむ風景の偉容と美については認識していなかったのだ。西に目を向けると、眼下にはエメラルド湖が横たわり、その上には白い雪を頂《いただ》いたプレジデント山脈がそびえ、午後遅くともなるとそこに傾いた日差しが光輝をそえるという、北アメリカで最高級の景色と対面することになるのである（図2－3）。

たしかにウォルコットは、バージェス尾根ですばらしい化石をいくつも発見した。しかしいまの私は、来る年も来る年も、七〇歳になってまでも、長い夏をテントと馬の背で過ごすためにウォルコットが大陸横断鉄道に乗りこんだわけがほんとうに理解できるような気がしている。私はまた、ウォルコットのいちばんの趣味だった風景写真――これにはパノラマ写真という先駆的な技術の使用というおまけもある――の魅力も理解している（図2－4）。

そうはいっても、バージェス頁岩は近づきがたい荒野の中に隠れているわけではない。多数の観光客が訪れるバンフやルイーズ湖に近いヨーホー国立公園の中に位置しているのだ。百両連結の列車がいまもなおのべつまくなしに山岳地帯に轟音を響かせているカナディアン・パシフィック鉄道のおかげで、バージェス頁岩は文明に隣接している。鉄道の町であるフィールド（人口は三〇〇くらいで、駅前のホテルが焼失して以後はことに減少が著《いちじる》しく、ウォルコットの時代よりもいまのほうが人口は少ないかもしれない）は、その現場からまさに数キロの距離にあるし、その小さな駅からはいまでも大陸横断列車に乗ることができる。

いまなら、近くにウイスキージャック・ホステル（命名の由来は大西部の酔いどれヒーローではなく、鳥の名前）のあるタカッコウ滝キャンプ場まで車で行き、ワプタ山の北西麓《ほくせいろく》をくねくねと登る六キロの登山道を通ってバージェス尾根まで、高度にして九〇〇メートルの登山をすればいい。登山とはいってもたいしたことはない。きついところもあるにはあるが、だいたいは楽しい散策の域をでない登りばかりである。いつもは海抜ゼロメートル近くで暮らし、体重超過で体型もくずれた私が言うのだからまちがいない。昨今《さっこん》は、大々的な野外調査の折には資材の運搬にヘリコプターを使うこともできる（一九六〇年代に行なわれたカナダ地質調査所の調査隊や一九七〇年代と八〇年代に行なわれたロイヤル・オンタリオ博物館の調査隊はそれを実行した）。ウォルコットは荷役馬《にえきば》に頼らざるをえなかったが、それをきつすぎる仕事だったとか骨の折れる資材輸送だったなどという人はいない。野外調査とはそ

図2-2／バージェス頁岩層の発掘現場。この三枚の写真は，私がこの地を訪れた1987年8月に撮影したもの。（A）ウォルコットの発掘現場の北端。背後にワプタ山がそびえている。発掘場の岩盤には発破用のダイナマイトを差しこむための孔があけられ，すでに爆破された岩屑が散らばっている。（B）パーシー・レイモンドが1930年に切り開いた発掘場。いっしょに写っているのは愚生グールドと三人の熱心な地質学者。ぐっと小規模なこの発掘場は，ウォルコットの発掘場の上方に位置している。（C）ウォルコットの発掘場の南端にすわっているわが息子イーサン。

図2-3／ウォルコットの発掘場からの眺め。手前の斜面のがれ場では，一人の地質学者が化石を探している。下方に見えるのがエメラルド湖。

図2-4／ウォルコットの有名なパノラマ写真の一つ。現物は長さが1メートル以上あり，この写真では本物のすごさが失われているが，それでも感じはかなりよく伝わると思う。ウォルコットは1913年にこの写真を撮影した。右端が発掘場で，その左にはワプタ山がそびえている。発掘中の作業員や道具もいっしょに写っている。

うしたものなのだ。ウォルコット自身は、一九一〇年に行なった最初の本格的な調査時に採用した方法について楽しげに記述している。この一文は、斜面を駆けまわる元気な息子たちとキャンプを守り、岩を整形する従順な妻に言及することで、旧式の発掘技術と旧弊《きゅうへい》な社会構造を一篇の物語に織りこんだ、言葉によるスナップショットでもある。

二人の息子シドニーとスチュアートともども、われわれはついに化石を含む鉱床を探り当てた。われわれはその後数日にわたって頁岩を切り出しては斜面をすべらせて登山道まで降ろし、馬の背に積んでキャンプまで運んだ。キャンプではウォルコット夫人も手伝い、頁岩を切断整形して荷造りし、九〇〇メートル下のフィールドの町の駅まで運んだ。(Walcott, 1912)

ウォルコットはバージェス頁岩を発見する一年前に、オギゴプシス属の三葉虫化石が出土することで有名なスティーヴン山の化石層で実行した、やはり旧式ではあるが魅力的な採石方法について記述している。その化石層は年代的にはバージェス頁岩と同じ時代のものなのだが、場所としてはちょうど隣の褶曲《しゅうきょく》に位置している。

その〝化石層〟から標本を集める最上の方法は、ポニーの背にまたがって鉄道から六〇〇メートルほど上まで山道を登り、標本を集めてていねいに紙に包み、袋に詰め、その袋をしっかりと鞍《くら》につけてポニーをひいて山を下るというものである。すばらしい標本は、朝の六時から夕方の六時までの長い遠征によって手に入るものなのだ。（Walcott, 1908）

バージェスにまつわるロマンスは、その化石をめぐる将来の研究すべてに少なくとも一つの永続的な影響をおよぼしてきた。奇妙な学名ばかりなのだ。生物にギリシア語やラテン語でつけられる学名のなかには、高貴な響きを帯びるものもあれば甘美なイメージを湧き起こすものもある。化石巻貝の学名で私のいちばんのお気に入りは、ファルキドノトゥス・ペルカリナトゥスという名である（上品に数回唱えてみてほしい）。ところがたいていの学名は、無味乾燥で想像力に欠けている。クマネズミはラットゥス・ラットゥス・ラットゥスというくどいものだし、二本角《つの》のクロサイの属名は文字どおり〝二本の角〟という意味のディケロスである。そしてヨーロッパタマキビガイの学名は、沿岸生《リットラル》という意味のリットリナ・リットレアである。

それにひきかえ、バージェス動物の学名には奇妙なものが多い。明らかにラテン語を語源としないもののなかには、オパビニアのように心地よい響きをもつ学名もあるし、かと思うとアユシェアイアとかオダライア、ナラオイアのように母音《ぼいん》が重なっていたり、ウィワクシア、タカクカウィア、アミスクウィアのように子音《しいん》が異例な重なりかたをしているため発音が難しいものもある。カナディアン・ロッキーを愛し、四分の一世紀を夏の野外キャンプで過ごしたウォルコットは、そもそもが気象や地形を表わすインディアンの言葉がつけられた地元の山や湖の名を化石に採用したのである。* たとえばオダライは〝円錐形の〟、オパビンは〝岩の〟、ウィワクシは〝風の強い〟という意味である。

（＊）バージェスという名それ自体は、一九世紀のカナダ総督の名前である。ウォルコットは、自分の名前ではなくフィールドの町から発掘現場まで続く道の名前である〝バージェス登山道〟にちなんでバージェス頁岩と命名した。

なぜ——保存された理由

ウォルコットは、良質な標本のほとんどを頁岩のレンズ状層の中から見つけている。それは厚さがわずか二メートル数十センチほどの層で、ウォルコットはそれを〝葉脚類《ようきゃくるい》化石層〟と呼んでいた。葉脚類というのは現在は鰓脚類《さいきゃくるい》と呼ばれている海生甲殻類の一グループで、分枝した脚の一部に葉状の鰓《えら》が一列に生えている生物である。ウォルコットがこの呼び名を選んだのは、バージェス動物群のなかでもっとも一般的な生物であるマルレラに敬意を表してのことだった。マルレラの脚には繊細な鰓がレース状に一列に生えていることから、ウォルコットはフィールドノートのなかでこの生物を最初は〝レースガニ〟と呼んでいた。その後の研究で、マルレラはカニでも葉脚類でもなく、バージェス動物群に特有な節足動物の一グループであることが判明している。

この地層の中で化石が見つかるのは、現在の発掘面上の長さ六〇メートルほどの露頭《ろとう》からである。ウォルコットの時代以来、この地域の他の地層や他の場所からも軟体性の動物化石が見つかってきた。しかし、この葉脚類化石層以上に多様な化石をもたらした層はなかった。バージェス動物群の大部分の種《しゅ》は、ウォルコットが発掘したこの層から得られてきたのである。人間の背丈ほどの厚みもなく、街路の一ブロックほどの長さもない場所からである。ブリティッシュ・コロンビア州にある一ヵ所の発掘場は現在の世界中の海をあわせたよりもたくさんの解剖学的な異質性を宿していると私が言うとき、それはほんとうに小さな発掘場のことを指している。そんな狭い場所に、どうやってこれほどの豊饒《ほうじょう》さが蓄積されたのだろうか。

近年になって行なわれた研究により、この地域の複雑な地質学的特徴が明らかにされ、バージェス動物群を堆積させたシナリオらしきものが発表されてきた（Aitken and McIlreath, 1984 のほか、一般的な議論は Whittington, 1985 b）。バージェス頁岩層に埋まる動物たちは、おそらくほぼ垂直に近い巨大な壁の基部にできた泥の急斜面にすんでいた。その壁はカテドラル海底崖《かいていがい》と呼ばれるもので、おもに石灰藻類によって構築された礁《しょう》である（当時はまだ、造礁サンゴは進化していなかった）。そのように適度な浅瀬にある生息環境は、日光が十分に差しこみ、酸素も豊富であり、一般に多様性の高い典型的な海生動物群集を擁《よう》している。バージェス頁岩は、その化石記録が物語る生息環境にいかにもふさわしい動物群を抱えている。解剖学的デザインの異常なほどの異質性を、何らかの生態学的異常さのせいにすることはできない。

ここで、八方ふさがり的状況が介入する。バージェス的な環境は、ふつうならば軟体性動物群の保存がいっさい望めない典型的な環境なのだ。日当たりのよさと豊富な酸素は高い多様性をもたらすが、すみやかな死肉漁《しにくあさ》りと腐敗も保証されているはずである。そこにすむ動物たちの軟組織が化石として保存されるためには、別の場所に移動されねばならない。おそらく海底崖の壁に堆積していた泥の急斜面は、厚さを増し不安定になっていた。そんなところへちょっとした地殻の変動があれば〝混濁流《こんだくりゅう》〟が起こり、水が淀《よど》み酸素のないすぐ下の海盆《かいぼん》まで泥煙が（そこにすむ生物もろとも）流れ下ったことだろう。生物も含んだ泥流が無酸素状態の海盆にそのまま溜《たま》れば、軟組織が保存されない環境から、無酸素状態の環境でのすみやかな埋葬が起こりうる地区への動物群の移送が完了し、八方ふさがり状態を打開する要因がすべてそろってめでたしめでたしとなる。ただし、この説明の要点である、かなり深いところにある無酸素状態の海盆に埋葬されるという点については別の見解もある（Ludvigsen, 1986）。堆積物が海底崖をすべり下るかわりに、ゆるやかな傾斜面の基部で堆積が起こったと考えてもいいというのだ。

バージェス化石が一ヵ所に集中している点は、局地的な泥流によって保存されたという考えかたを支持する。ここの化石がそなえている他の特徴からも、同じ結論が導かれる。腐敗の徴候を見せている化石がほとんどないことが、すみやかな埋葬を物語っているのだ。また、バージェス化石層に生物の掘った穴や這い跡など生物活動の痕跡がないことは、動物たちがその終《つい》の住処《すみか》に到達したときにはすでに死んでいて、しかも大量の泥に埋まっていたことを示している。自然はいつもわれわれの期待を裏切ることを考えると、このように稀な状況が重なったことをわれわれは感謝すべきである。そのおかげでわれわれは、一般的にいって非協力的な化石記録から重要な秘密を聞き出すことが可能となったのである。

誰が、いつ――発見にまつわる歴史

本書は、バージェス化石に対するウォルコットの伝統的な解釈をひっくり返すに至《いた》った偉大な研究の年代記である。したがって私に言わせれば、ウォルコットの発見に関して語られてきた話もまた、ぜひとも修正すべき穴だらけの伝説であることは、理屈からいってそうあるべきだし、そうであれば物語としても美しい対称をなす。

人間は脚色好きな生きものであり、日々の生活が平凡なことに不満を抱いている。それに、振り返って見れば、たいていの出来事はその後訪れた幸運や自分史にとって決定的な事件だったように思えるものだ。そのせいでわれわれは、実際の出来事を倫理的なメッセージを含む限られたテーマの物語に脚色して語っている。しかも語り手は、歳を重ねるとともにテーマを絞りこむことで関心の煽《あお》りかたと教訓の与えかたにいっそうの磨きをかけていく。

バージェス頁岩をめぐる公式の物語がことさらうけるのは、緊迫から解決へという優雅な展開を見せていることと、基本的には単純な構成のなかに伝統的な物語の二大テーマともいうべき〝思いがけない発見〟と〝報われる努力〟を二つながら含んでいるせいである。* 古生物学者ならば誰もが、野外調査時に焚火《たきび》のまわりで聞いた話か入門篇の講義で紹介される逸話としてこの話を知っている。伝説化している筋書きを知るには、ウォルコットの旧友で研究助手を務めていたこともあるイェール大学教授の古生物学者チャールズ・シュッカートが書いたウォルコットの追悼文が最適だろう。

（*）この節で語る材料の多くは、以前私自身が書いたエッセイ（Gould, 1988）からとっている。

ウォルコットによるもっとも驚くべき動物群発見の一つは、一九〇九年の野外調査シーズンの最後にもたらされた。そのとき、ウォルコット夫人が乗っていた馬が山道を下る途中で脚を滑《すべ》らせて板石をひっくり返し、それがただちにウォルコットの目をひいたのだ。それはカンブリア紀中期のまったく目新しい甲殻類化石という、とんでもない宝物だった。それでは、その板石をもたらした母岩は、その山のどこにあるのか。すでに降雪《こうせつ》が始まっていたため、その謎解きは翌シーズンの課題として残された。その翌年、ワプタ山に戻って来たウォルコットは、フィールドの町よりも九〇〇メートル高い場所にある頁岩――その後、バージェス頁岩と呼ばれることになった――こそがその岩の出所であることを最終的に突き止めた。（Schuchert, 1928, pp. 283-84）

この物語がそなえている主要な特徴を見てほしい。馬が脚を滑らせたことによる幸運な突

図2-5／70代のウォルコット。西部での彼の野外調査は最後を迎えようとしていた。馬の手綱を手にしているが，この写真はバージェス頁岩発見にまつわる伝説を思い起こさせる。

破口（図2-5）、野外調査シーズンのまさに最後の瞬間になされた最大の発見（おりしも降りだした雪と迫り来る夕闇が最後の最後というドラマを盛り上げている）、じりじりとした気持ちで冬を過ごさねばならない不安な待機、意気揚々たる凱旋《がいせん》と、母なる鉱脈からさまよい出た岩の出所を組織的に探った細心の追跡。シュッカートは、この辛抱強い発見がなされた最後の瞬間がいつだったかについては言及していない。しかしたいていの筋書きでは、バージェス頁岩の源《みなもと》を突き止めるまでにウォルコットは一週間かそこらを費《つい》やしたとされている。彼の息子であるシドニー・ウォルコットは、六〇年前の出来事を思い出して次のように書いている（Walcott, 1971, p.28）。「われわれは最初に発見した岩が剥《は》がれたはずの岩層を発見しようと、発見場所から上へと苦労しながら登っていった。一週間後、二三〇メートルほど登ったところで、われわれはその場所を発見したと判断した」

感動的な物語だが、どれ一つとして真実ではない。すこぶる保守的な行政官吏《かんり》だったウォルコット（4章参照）は、几帳面《きちょうめん》に記録をとる生真面目な性格のおかげで、歴史家に貴重な贈り物を残してくれた。彼は一日も欠かさずに日記をつけていたのだ。そのおかげでわれわれは、一九〇九年に起こった出来事を正確に再構成することができる。ウォルコットは最初の軟体性化石を八月の三〇日か三一日にバージェス尾根で見つけた。八月三〇日付の日記には次のように記されている。

終日、スティーヴン累層［後にウォルコットがバージェス頁岩と呼んだ層を含む大きな単位］での化石探しに出る。フィールド山とワプタ山のあいだの尾根の西側斜面［バージェス頁岩がある場所］で興味深い化石を多数発見。ヘレナ、ヘレン、アーサー、スチュアート［順に彼の妻、娘、助手、息子］が、午後四時に残りの道具一式を持って登ってきた。

その翌日、明らかに彼らはたくさんの軟体性化石を発見している。ウォルコットが走り書きしたスケッチ（図2-6）はじつに明瞭であり、私にも、そこに描かれた三つの属を識別することができるほどである。すなわち、分類不能な節足動物の一つであるマルレラ（左上）とワプティア（右上）と奇妙な三葉虫ナラオイア（左下）である。ウォルコットの日記にはこう書かれている。「ヘレナとスチュアートといっしょにスティーヴン累層での化石探

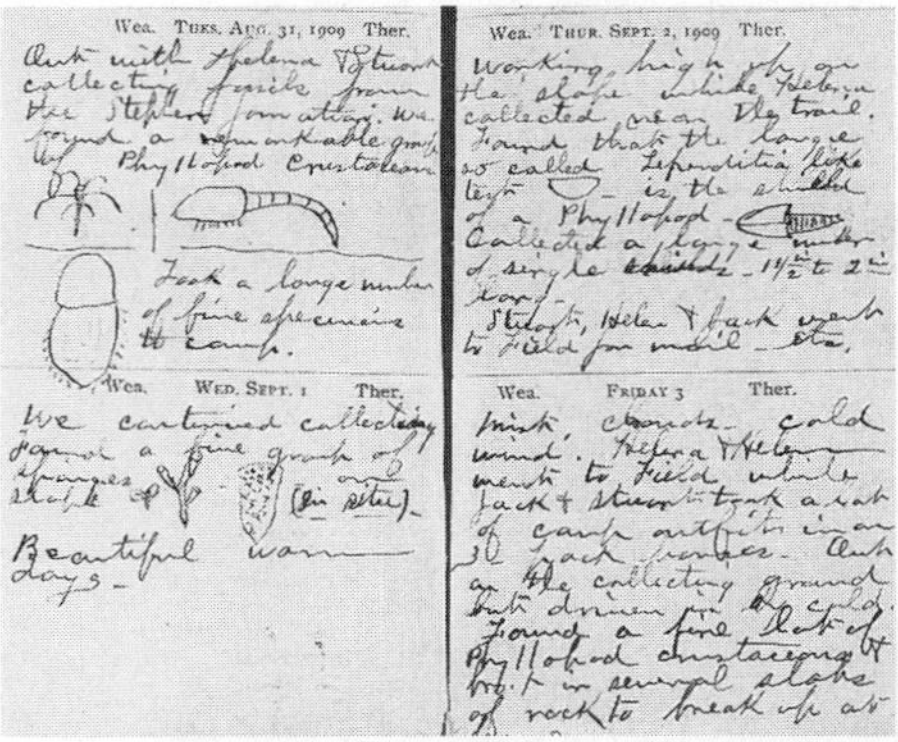

図2-6／バージェス頁岩の発見にまつわる〝正伝〟の嘘を暴く動かぬ証拠。ウォルコットは8月31日にバージェス動物群の三つの属をスケッチし，次の週も採集を続けて大きな成果を上げた。

しに出る。われわれは甲殻綱葉脚類《こうかくこうようきゃくるい》の驚くべきグループを見つけた。すばらしい標本をたくさんキャンプに持ち帰る」

馬が脚を滑らせ、降雪が始まったという話についてはどうだろうか。もしそういうことがほんとうにあったとしたら、それは、彼の家族が彼と合流するために夕方近くに登ってきた八月三〇日でなければならない。もしかしたらその夜、山を降りるときに問題の板石をひっくり返し、ウォルコットが八月三一日にスケッチした標本を見つけるために翌日その場所に戻ったのかもしれない。この筋書きは、ウォルコットが一九〇九年の一〇月にマール（ウォルコットはこの人物の名をとって〝レースガニ〟をマルレラと命名した）宛《あて》に書いた手紙によって一部支持される。

中部カンブリア系の地層で化石を探し

ていたとき、雪崩《なだれ》で落ちてきた迷子の板石の欠けた縁《ふち》にみごとな甲殻綱の葉脚類が見えたのです。ミセスWと私は、朝の八時から夕方の六時までその板石にかかりきりでした。そして、私がこれまで見たこともないほどすばらしい葉脚類のコレクションを取り出したのです。

微妙な変わりようではある。雪崩だったはずのものが今では吹雪となっており、翌日には発掘現場で幸せな一日を過ごすことになった前の晩が、調査シーズンの如何《いかん》ともしがたい早《そう》早《そう》の幕切れとなっているのだ。しかし、じつはもっと重大な差異がある。ウォルコットのその年のシーズンは、八月三〇日と三一日の発見で終わったわけではなかった。調査隊は九月七日までバージェス尾根に滞在していたのだ。ウォルコットは、その発見でわくわくしていた。彼はその後も毎日、貪欲《どんよく》に化石集めをした。それだけではない。ウォルコットは毎日の天候をせっせと日記につけているのだが、雪のことなど一言もふれてはいない。その後の幸せな一週間は、彼に母なる自然への賞賛だけをもたらした。九月一日付の日記には、「暖かな晴天続き」と書かれている。

きわめつきとして私は、じつはウォルコットは迷子の板石の出所——葉脚類化石層そのものではないにしろ少なくとも露頭の基本的な場所——を一九〇九年度調査の最後の週でつきとめたのではないかとにらんでいる。ウォルコットは三種類の節足動物のスケッチをした翌日の九月一日の日記に、「採集を続ける。斜面（本来の場所）［すなわち、ひっかきまわされていないもともとの場所」ですばらしい海綿類《かいめんるい》のグループを見つける」と書いている。一部分が硬化している海綿類は、この場所で軟体性化石を保存しているもっとも多産な化石層以外からも見つかっているが、その最上の化石が見つかるのは葉脚類化石層からである。毎日毎日、ウォルコットはたくさんの軟体性化石を見つけており、それについての彼の記述は母岩を離れた迷子の石を幸運にもあちこちで見つけている男のそれではない。九月二日、ウォルコットは貝形類《かいけいるい》の殻だと思っていたものの中に実際には葉脚類の体が収まっているのを発見している。「ヘレナが登山道近くで採集しているあいだ、あの斜面の上のほうで調査。いわゆるレペルディティアのもののような大きな殻は葉脚類の背板《はいばん》であることを発見」問題のバージェス頁岩は「あの斜面の上のほう」であり、迷子の石がその登山道に滑り落ちてくることもあるだろう。

九月三日、ウォルコットはさらなる成果を得ている。「すばらしい甲殻綱葉脚類を多数発見し、キャンプで割ってみるために板石をいくつか持ち帰る」とにかく彼は採集を続け、九月七日に最後の万歳を唱えるまで働きづめだった。「スチュアートとルターさんといっしょに化石層まで行く。午前七時から午後六時半まで調査。一九〇九年度、キャンプ最終日」

ウォルコットは一九〇九年度中にもっとも重要な化石層を発見していたのではないかという私の疑いが正しいとしたら、一九一〇年度の最初の一週間に、ころがり落ちた板石の出所を探る忍耐強い追跡が行なわれたとする〝正伝〟の後半部も嘘だということになる。一九一〇年度のウォルコットの日記が私の解釈を裏づけてくれる。七月一〇日、この日が来るのを手ぐすね引いて待っていたウォルコット一行はバージェス登山道のキャンプ地めざして出発したのだが、雪があまりに多いため発掘は不可能だった。しかし七月二九日には、調査隊が「一九〇九年度のバージェス登山道のキャンプ地に」キャンプを設営したとウォルコットは報告している。七月三〇日、彼らは隣のフィールド山に登り、化石を採集している。彼らがバージェス化石層の地図作りをはじめて試《こころ》みたのは八月一日であることが、ウォルコットの記述からうかがわれる。「冷たい風雨がわれわれをキャンプに追いやった午後四時まで、全員、バージェス累層で化石採集。バージェス累層の断面測定——厚さ一二八センチなり。シドニーが私といっしょ。スチュアートは母親とヘレンといっしょにキャンプで待機」この記述中にある〝断面測定〟とは地質学の専門用語で、地層の垂直方向の重なりぐあいを調べ、岩石の種類と化石の有無を書きとめることである。ころがり落ちてきた板石の出所を見つけたいとしたら、もっとも可能性のある層とその板石を照らし合わせるために、上方での断面測定をするはずである。

私の考えでは、チャールズとシドニーのウォルコット父子はこの第一日めに葉脚類化石層の場所を探り当てたのだ。その証拠に、ウォルコットは翌日の八月二日の日記にこう書いている。「ヘレナ、スチュアート、シドニーといっしょに採集に出る。たくさんのみごとな〝レースガニ〟と雑多なものを発見」ウォルコットはフィールドノートのなかでは、葉脚類化石層の主要な住人であるマルレラを〝レースガニ〟と呼んでいた。〝正伝〟にとって有利に解釈し、八月二日の〝レースガニ〟は母岩から剝がれ落ちた石から見つかったのだと主張したくても、主鉱脈を求めての一週間にわたる奮闘努力があったとは認めがたい。そのわずか二日後の八月四日、ウォルコットは「ヘレナが、〝レースガニ〟層から甲殻綱葉脚類を多数発見」と書いているからである。

〝正伝〟のほうがロマンチックだし感動的ではあるが、日記に記された単純な事実のほうが意味がある。登山道は、バージェス化石層の主脈の九〇〇メートルほど下方にある。斜面は急で障害物もなく、途中の地層はきれいに露出している。落ちていた板石の出所を突きとめることなど、さして難しくなかったはずである。ウォルコットは、ただの優秀な地質学者ではなかった。彼は大地質学者だったのだ。彼ならば、一九〇九年に最初の軟体性化石を発見してから一週間のうちに化石層の主脈を正確に突きとめたはずである。一九〇九年度に発掘を行なう機会はなかった――ただただ時間がなかったため――ものの、ウォルコットはすばらしい化石をたくさん見つけたし、おそらく化石層の主脈そのものも見つけていたのだ。一九一〇年度は、どこに行けばいいかは正確にわかっていた。だから雪が解《と》けるとすぐに、正しい場所で店開きしたのである。

ウォルコットはバージェス頁岩の中の葉脚類化石層を発掘対象とし、ハンマー、たがね、鉄棒を手に、小規模な発破《はっぱ》も実行しながら、一九一〇年から一九一三年まで、毎年一カ月かそこらにわたって発掘作業を行なった。彼が五〇日間にわたる最後の発掘に戻ってきたのは、一九一七年、六七歳のときのことである。ウォルコットは、総計八万個あまりにおよぶ化石標本を首都ワシントンに持ち帰った。それらの標本は、わが国最大の貴重な化石コレクションであり、いまもスミソニアン研究所の国立自然史博物館に保管されている。

ウォルコットは、情熱的かつ徹底的に化石を集めた。彼は大陸西部が好きだったし、毎年の遠征は、ワシントンにおける行政官としての生活が与える重圧から逃《のが》れて正気を保《たも》つために欠かせないと考えていた。しかし、行政官として君臨する巨大な帝国に立ち戻った彼には、化石を調べ、熟考し、反芻《はんすう》し、再び手に取って調べ、再考し、そのうえで公表するための時間をたっぷりととることができなかった。そうした一連の手順は、このように複雑でしかも貴重な化石を正しく研究するうえで欠かすことのできない（そして切り詰めることのできない）作業である（こうした手順の一部を省《はぶ》いたことのつけを論ずることが、4章の重要なテーマである）。

ウォルコットは、バージェス化石の記載論文を「予備的な論文」とことわったうえで何篇も発表した。そうした論文の大半の部分は、自分が発見した化石生物に公式の分類名を授《さず》けるという、伝統的に認められた権利を行使することに割《さ》かれている。一九一一年と一九一二年に発表された四篇の論文（文献目録を参照）を例にとろう。第一の論文は彼がカブトガニの近縁と（まちがって）見なした節足動物に関するもので、第二の論文は棘皮《きょくひ》動物とクラゲ類に関するもの（おそらくすべてまちがった門に分類されている）、第三の論文は環形動物に関するもの、第四の論文は節足動物に関するいちばん長い論文である。彼はそれ以後、バージェス化石に関して重要な論文は発表しなかった。

ちなみに三葉虫の付属肢に関する一九一八年の論文は、おもにバージェス化石をもとにしたものである。バージェス産藻類《そうるい》に関する一九一九年の論文と、バージェス産海綿類《かいめんるい》に関する一九二〇年のモノグラフは、異なる分類グループを扱ってはいるが、体腔《たいこう》動物の解剖学的デザインにおける異質性という重要な問題に取り組んだものではない。海綿類は他の動物との類縁関係はなく、おそらく単細胞の祖先から他とは独立に生じたグループである。バージェス化石の記載を補遺《ほい》した一九三一年の概説は、ウォルコットの名前で発表されてはいるが、彼の研究を助けていたチャールズ・E・レッサーがウォルコットの死後にまとめたものである。その内容のもとになったのは、磨きをかけて公表する時間がないままウォルコットの研究ノートに眠っていた資料だった。

一九三〇年、ハーヴァード大学教授の古生物学者パーシー・レイモンドが三人の学生をバージェスに連れていき、ウォルコットと同じ場所で発掘を再開した。レイモンドはまた、ウォルコットの発掘場の上方二〇メートルの場所に、ずっと小規模な新しい発掘場を開いた。彼が見つけた新種は数種にすぎなかったが、規模は小さいながらすばらしいコレクションをつくった。

ほとんどはウォルコットが集めたもので、それにレイモンドのものが少しだけ混ざった標本群。それが、ウィッティントンとその仲間たちが一九六〇年代後半に見直し作業を開始する以前にバージェス動物群についてなされたすべての研究を支えた唯一の基盤だった。これらの化石の重要性はとびぬけていることを考えると、なされた研究の量はかなり控《ひか》えめといわざるをえない。しかも、バージェスの生物はみな、成功を収めている現生の門という分類学の枠組のなかにすっかり納まりうる、というウォルコットの見解と根本的に異なる解釈をわずかなりともほのめかした論文は、一篇もなかった。

私は、自分自身のバージェス動物群との最初の出会いを鮮明に覚えている。それは一九六〇年代なかば、コロンビア大学の大学院生だったときのことである。私は、ウォルコットはこの貴重な化石群に対してじつに上《うわ》すべりな記載しかしていないことを理解した。しかも、ほとんどの種類については再調査もされていないことを知った。自分には行政的な手腕《しゅわん》や野心がまったく欠けていることをまだ悟っていなかった私は、バージェス動物群が振り分けられているすべての門について、その分類を専門とするそうそうたる学者を一堂にそろえた国際会議を召集《しょうしゅう》することを夢見たものである。それが実現したなら、アミスクウィアは毛顎《もうがく》動物の世界的権威に、アユシェアイアは有爪類《ゆうそうるい》の専門家の長老に、エルドニアは海鼠《なまこ》学者にそれぞれ委託するつもりだった。しかし、このような分類学的な帰属のうちで、その後なされた見直し作業に合格したものは一つもなかった。まちがいなく私の夢は、ウォルコットが広め、異議を唱えられることのなかった伝統的な見解をそのまま反映したものだった。それは、バージェス動物群の奇妙な生物たちは、現生するグループにすべて納まりうるという見解である。

人は、予期しないものを見つける作業に意図的に着手することはできない。われわれに過激な修正を促《うなが》すことになった仕事のきっかけも、どうということのないものだった。カナダ地質調査所は、大規模な地質図作成計画の一環として、一九六〇年代の中ごろにアルバータ州とブリティッシュ・コロンビア州のロッキー山脈南部での調査を実施していた。そのように総括《そうかつ》的な計画を進めるからには、その地区ではいちばん有名な場所であるバージェス頁岩の再調査もしないわけにいかない。ただし、新しい重要な発見があるとは、誰一人予想していなかった。ハリー・ウィッティントンが古生物学的調査の責任者として選ばれたのは、彼が化石節足動物の世界的権威の一人だったからである。誰もが、バージェス動物群の奇妙な生物のほとんどは節足動物門という大グループのメンバーだと考えていたのだ。

これは私の友人で、当時は地質調査所長の任にあり、バージェス再調査の実施を画策《かくさく》した張本人であるディグビー・マクラーレンから一九八八年二月に聞いた話なのだが、マクラーレンがこの計画を推進したのは主《しゅ》として熱狂的な愛国心からであって、知識面での見返りを期待してのことではなかったという（しごく当然の話である）。アメリカ人であるウォルコットは、カナダでもっとも有名な化石群を発見し、戦利品をすべてワシントンに持ち帰った。カナダの博物館の多くは、自分たちの地質学的遺産であるその標本を一個も所有していない。マクラーレンはこの状況を「国の恥」と呼び、「バージェス頁岩の本国送還」命令（彼のちょっとおどけた表現）を発したのだ。

一九六六年と一九六七年の夏の六週間、ハリー・ウィッティントンと地質学者J・D・エイトキンに率いられた一〇人から一五人の科学者の一隊が、ウォルコットとレイモンドが開いた発掘場で発掘作業を行なった。彼らはウォルコットの発掘場を北へ一五メートルほど拡張し、そこで七〇〇立方メートルほどの岩石を砕いたほか、レイモンドの発掘場では一七立方メートルの岩石を砕いた。そして馬をヘリコプターに替えたほか、発破《はっぱ》の規模も小さくした（化石を含んだ岩石が遠くまで飛び散って正しい同定ができなくなると、層序学的《そうじょがく》な情報がごちゃまぜになってしまうため）。そのおかげで、今回の近代的調査はウォルコットに負けないほど貴重な成果を上げた。ウィッティントン（1985 b, p.20）によれば、ウォルコットの時代以後にもたらされた最大の発明品はフェルトペンだという。フェルトペンは、採集した化石の一個一個にただちに識別用の記号を書きつけることができる、天の賜物《たまもの》なのだそうだ。

一九七五年、ロイヤル・オンタリオ博物館のデズ・コリンズが二つの発掘場とその周囲に散らばる岩屑《いわくず》の山から化石を採集するための調査隊を送りこんだ。彼は発掘場そのものを発破したり発掘したりする許可は受けていなかったが、彼の調査隊は貴重な化石を多数発見した。バージェス頁岩層はウォルコットが捨てた石の山からでも驚くほど珍しいものが見つけられるほど化石が豊富なのだ。

コリンズは一九八一年と一九八二年には周辺の地域を調査し、ほぼ同時代の岩石中に軟体性生物の化石を含んでいる場所を新たに一〇カ所以上も見つけた。いずれも化石の豊富さにおいてはバージェスには比べるべくもなかったが、コリンズはいくつかの注目すべき発見をした。そのなかには、最初の鋏角類《きょうかくるい》節足動物であるサンクタカリスの発見も含まれていた。ウォルコットの葉脚類化石層は混濁流が引き金となった泥流によって生じたものだとしたら、ほぼ同じ時期に似たような泥流がほかにも多数あったにちがいない。そうであれば、ラーゲルシュテッテンがほかにもたくさんあるはずである。私がこの本を執筆していた一九八八年の夏、デズ・コリンズはそういう場所を求めてカナディアン・ロッキーに入山していた。

古生物学は、狭いうえにいささか近親相姦《きんしんそうかん》的な学問分野である。バージェス頁岩は私の世界の頭上に巨人のようにいつもそびえている。レイモンドが組織した一九三〇年の調査隊最後の存命者であり、その後、鯨類のたいへんな専門家となったビル・シェヴィルは、世間話をしにときどき私の研究室に立ち寄っていく。奇妙な生物であるアユシェアイアと、やはり謎に満ちたオパビニアの記載を一九三一年に行ない（一方に関しては基本的に正しく理解したが、もう一方に関しては同じくらいまちがっていた）、その後、世界的な生態学者となり、私自身の知性面での導師となったG・イヴリン・ハチンソンは、若輩者《じゃくはいもの》の動物学者として化石というおかしな世界に束《つか》の間《ま》介入した話で私を楽しませてくれた。パーシー・レイモンドのコレクションは、私の研究室のすぐ前に置かれた二つの大きな標本棚に納まっている。私がはじめてハーヴァード大学に着任したときの職責は、ケンブリッジ大学で地質学を教えることになったハリー・ウィッティントンのきわめて若い後任というものだった（ウィッティントンは、その後二〇年間、大西洋横断シャトル便を利用してバージェス化石の研究にあたった）。私は、古い岩石や節足動物形態学の専門家ではないが、バージェス頁岩から逃れることはできないのだ。バージェス頁岩は、私の専門分野のイコンであり象徴である。私がこの本を書くのは、バージェス動物群が湧き起こしうるぞくぞくするような興奮に対して敬意を払うと同時に、知的な借りを返すためである。なにしろバージェス化石は、「ああ、なんでこういう石像に生まれてこなかったんだろう」という、ノートルダム大聖堂の鐘突き男カジモドの悲哀に別の意味を付加しかねないのだ。

3章　バージェス頁岩の復元――新しい生命観の構築

静かなる革命

芝居がかったあからさまな改革もあれば、展開は波乱もなく静かだが、もたらされる結果の重要性ではいささかもひけをとらない改革もある。有名な話だが、カール・マルクスはみずから提唱する社会革命を老いたモグラの仕事にたとえている。それは、長いあいだ人に知られることなく地下トンネルが掘りめぐらされ、気づいたときには突然ひっくり返っていたというほど徹底的に伝統的秩序の土台を崩しているというのだ。しかし知的改革は、往々《おうおう》にして水面下にとどまったままである。知的改革は科学意識に流出して拡散し、人々は武装蜂起のかけ声も聞かないまま、それまでとは正反対の極《きょく》へとゆっくりと移行することがある。バージェス頁岩《けつがん》をめぐる新解釈は、二つの根本的な理由のせいでもっとも見えにくい改革の一つなのだが、われわれの生命観を変えるほどの影響力をもつものでこれに匹敵《ひってき》する古生物学上の発見はありえない。

まず第一に、バージェスの見直しはとてつもなく知的なドラマである。それは、野外における発見や、死も辞さないといわんばかりにノーベル賞レースに邁進《まいしん》する学者たちの個人的闘争などといった派手な物語ではない。新しい観点が少しずつ、最初は自信なげに、その後はもっと自信をもって漏らされたのは、きわめて専門的でしかも長い分類学と解剖学の一連のモノグラフの中においてだった。それらの論文のほとんどは、《ロンドン・ロイヤル・ソサエティ哲学紀要《きよう》》という、英文のものとしては最古の歴史を誇る（一六六〇年代まで遡《さかのぼ》る）学術誌に発表された。それは街角の雑誌売り場はもちろん、公共図書館でもお目にかかれないような雑誌であり、科学者の活動のほんの一端を取捨選択《しゅしゃせんたく》して一般大衆に知らせる役目をもつジャーナリストが常に目を通すような刊行物でもない。

第二に、科学的発見に関する標準的なイメージのすべてが、バージェス頁岩の見直しによって崩されてしまった。野外調査《フィールドワーク》にまつわるロマンチックな伝説のすべて、新しい機械の開発で可能となった新技術にまつわるテクノクラートの神話のすべてが、粉砕されるかあっさりと無視されてしまったのだ。

たとえばフィールドワークにまつわる神話によれば、考えかたの大変革は先入観に毒されていない新発見によってもたらされることになっている。勇敢な科学者が血と汗と涙にまみれながら数週間におよぶたいへんな踏査《とうさ》の果てに地図上のもっとも近づきがたい場所にたどり着いて採取した岩を割り、世界を揺さぶるような化石を見つけ出した瞬間に〝やった《ユリーカ》！〟

と叫ぶというわけである。じつは、バージェスが見直される以前の一九六六年と一九六七年のシーズンに二回のフィールドワークが行なわれている。このことを聞けば、この発掘調査における発見が再解釈をうながしたのだろうと誰もが思うだろう。たしかに、ウィッティントン一行はすばらしい標本をいくつかとわずかながらの新種を見つけた。しかし、熱狂的な収集家である老ウォルコットが最初にそこを発掘し、すでに発掘調査を五シーズンもこなしていたのである。したがって、めぼしいものはあらかたウォルコットが手に入れていた。一九六六年と一九六七年の発掘調査は、ウィッティントンを行動に駆りたてはした。しかし、最大の発見はワシントンにある博物館の標本棚の中、きれいに整形されたウォルコットの標本を調べなおすことでなされた。もっとも成果の上がった〝フィールドワーク〟は、後で述べるように一九七三年の春にワシントンで行なわれたものである。ウィッティントンの秘蔵《ひぞう》っ子《こ》であるサイモン・コンウェイ・モリスが、ウォルコットの標本が収められているすべての棚を体系的に調べたのだ。そのときの彼の頭の中には、バージェスの異質性をめぐる重大な洞察がおぼろげながら浮かんでいたため、彼はとにかく奇妙な生物を意識的に探した。

研究室をめぐる神話は、屋外が屋内に移し替えられただけであとは似たような誤解を生んでいる。すなわち、新しい考えかたは先入観に毒されていない発見によってもたらされるにちがいないという誤解である。このような〝開拓者精神〟によれば、〝見えないものを見る〟こと、すなわちそれまでは原則として目に入りようのなかったものをはっきりと目にするための新しい方法を開発することによってしか、人は前進できないことになる。そうなると、進歩がなされるためには複雑で高価な装置の限界能力が拡張されねばならない。そして新知見《しんちけん》は、ずらりと並んだ実験器具、一群のコンピュータ、膨大な数字、超高速の遠心分離器、そして金のかかる大所帯《おおじょたい》の研究チームと必ず結びついていることになる。たしかにわれわれは、フランケンシュタイン男爵が稲妻のエネルギーを使って怪物に魂を吹きこんだ、アール・デコ調のみごとな実験室からずいぶん遠いところまで来た。しかし、最新研究設備の点滅する光やダイアルやボタンが、昔から育《はぐく》まれてきた神話をみごとに継承したのだ。

バージェスの見直しには、一連のきわめて特殊な手法が必要だった。しかしそのための特別な道具は、ふつうの光学顕微鏡、カメラ、歯科用ドリルにすぎない。ウォルコットは、そうした道具を使わなかったがために、決定的に重要な観察をいくつかしそこなった。しかしウィッティントンが使用した手法はどれもみなウォルコットにも利用できたものである。ただ、熟考する時間と、そうした方法の重要さを認識する時間をつくることさえできればよかったのだ。ウィッティントンが観察の精度を高めるために行なったすべてのことは、ウォルコットの時代にも実行できたことばかりだった。

バージェスをめぐる実際の物語は科学がどのように営《いとな》まれるかをよく映し出しはするが、そのように基本的に事実に即して語るというのは、語り手としての私の仕事をちっとも楽にはしてくれない。神話という形式は、物語にとっては力強い味方である。しかし私は、さまざまな構成案を検討した結果、情報提供のしかたは一通りしかないという結論に達した。バージェス頁岩の見直しという話は派手さに欠けてはいるが、一つのドラマである。そしてドラマというものは、年代記風に語るのがいちばんである。したがって本書の中心をなしている本章は、時間的順序にしたがった物語として進行する。ただし、その前に研究手法を紹介し、最後ではより一般的な問題について議論する。

では、どのようにして年代記を確定すべきだろう。主な登場人物たちに思い出してもらうという単純明快な方法では不十分である。もちろん私は、この方法については義務を果たしたた。鉛筆とメモ帳を手に、彼らを訪問したのだ。しかし実際にやってみて、かなりばかばかしい気分になった。私は前から彼らをよく知っているし、もうかれこれ二〇年近く、コーヒーやビールを片手にバージェス頁岩について論じあってきたからである。

そのうえ、ハリー・ウィッティントンがマルレラに関する最初のモノグラフを発表した一九七一年に彼が考えていたことを聞く相手として、およそ考えられるかぎり最悪なのが一九八八年時点のハリー・ウィッティントンである。心の中に最初に芽生えた考えを、その後二〇年近くにわたって頭の中で日々闘わせてきた思考の影響を受けないかたちで再生するために、そのあいだに築き上げた全思考体系をはぎ取るなどということがはたして可能だろうか。事件が起きた日時は、振り返って見るとごちゃ混ぜになっているものである。人は、自分にとって意味をもつ論理的ないし心理的順序で思考を配置するもので、時間的な順序で配置したりはしないからだ。*

（＊）私はこのことを、個人的な経験からよく知っている。いつも私は、一九七〇年代初頭にナイルズ・エルドリッジといっしょに断続平衡説《だんぞくへいこう》を発展させたとき、どういうことを考えていたのかと聞かれる。そんなとき私は、元の論文を読んでほしいと答えている。私は何も覚えていないからである（あるいは少なくとも、その後の人生のなかでごちゃ混ぜになってしまった記憶のなかに、そのときの記憶を見つけることはできない）。

私はこれを、〝おや、ずいぶん大きくなったな〟現象と呼びたい。子供にとって、親戚が自分について述べるそうした寸評ほどいやな意見はない。それでも、親戚の言《げん》はやはり正しいのだ。長いあいだ会わずにいた親戚は、はるか以前に最後に会ったときのことを正確に覚えているが、子供自身は自分の過去の記憶はその間に起こったさまざまな出来事にまぎれておぼろげになっているからである。フロイトに言わせると、人間の心は、二つの物体が同時に同じ場所を占めることはできないという物理法則を犯す超自然的なローマのようなものだという。建物はいっさい破壊されておらず、ローマ式浴場の上に場末のレストランが積み重なるという混乱のなかで、ロムルスとレムスの時代からの建造物と復元されたシスティナ礼拝堂とがいっしょに建っているというわけである。年代どおりの順序を復元するには、個々の時代の証言が必要なのだ。

そこでおもに私は、公表されている記録から取りかかることにした。私のやりかたは単純そのものである。専門的なモノグラフを、解剖学的記載が行なわれている一次文献にほぼ的《まと》を絞り、二次的な解釈がなされている少数の文献は無視して、厳密に年代順に読んでいったのだ。私はお粗末なレポーターかもしれないが、少なくともどんなジャーナリストや〝サイエンスライター〟よりもこの仕事はうまくこなせる。なにしろ、バージェス頁岩の見直しを行なったのは私の仲間であり、単なる取材対象ではない。彼らの論文は私の文献であり、別世界の縁遠い証拠書類ではない。私は、一〇〇〇ページを超える解剖学的な記載を読み通した。しかも、一語一語とまではいかないにしても、少なくとも大半の語を慈《いつく》しみながら、そしてその研究が具体的にどのように行なわれたのかを経験的に知ったうえで読んだ。私は、マルレラに関するウィッティントンの最初のモノグラフ（Whittington, 1971）から読みはじめ、アノマロカリス（Whittington and Briggs, 1985）、ウィワクシア（Conway Morris, 1985）、サンクタカリス（Briggs and Collins, 1988）まで読み進んだところで作業を終えた。これまで私は、この作業に没頭した二ヵ月間以上に大きな愉《たの》しみを味わったり、これほどみごとにまとめられた完璧な仕事を賞味したことはない。

このようなやりかたは、科学の記述を歪《ゆが》めたり制限したりするものだろうか。もちろん、それはそうである。研究活動のほとんど、とくにまちがいや誤った出発点などが、公表された論文には書かれていないことは、科学者なら誰もが知っている。そして、科学論文を研究活動の年代記として読むという愚を犯せば、科学で使われる客観的な文体のせいで、誤った科学観を実像として伝えることになるということもまた周知のことである。私はこの自明の理を頭に入れたうえで、以後、さまざまな情報源を頼りにするつもりである。それでも、ほとんど個人的な特別の理由により、モノグラフという記録に焦点を絞りたいと思っている。

発見にまつわる心理はとても魅力的な問題であり、無視するつもりはない。しかし、公表された論文のなかで展開されている議論の論理展開は、独自の魅力を秘めている。議論だけをひきはがして、社会的、心理的、経験的情報源に入れることもできるが、一貫した芸術作品として論文そのものを丸ごと愛《め》でることもできる。私は、前者の方針を学問を支える大黒柱として尊重してきたが、後者の方針もぜひとも実践したいものだと思っている（地質学による時間の発見に決定的な役割を果たした三冊のテクストを貫く論理を分析した『時間の矢・時間の環』では、それを実践した）。一つひとつをとればその瞬間において一貫している一連の議論において、個々の時点では一貫しているものの時間的に見ると変化している論旨《ろんし》が、考えかたの発展を物語るいちばんの記録となっているものなのだ。

バージェス頁岩の見直しには、何百人という人々が関わっている。その内訳《うちわけ》も、バージェスのベースキャンプへの資材の運搬にあたったヘリコプターの操縦士から、論文のための図表を用意したデザイナーや画家、研究の支援、助言、批評を提供した古生物学者の多国籍グループまでとさまざまである。しかし、モノグラフによる見直しという研究プログラムは、一貫して一つのチームが中心となって実行された。焦点となる役割を演じたのは三人だった。その一人は、この企《くわだ》ての創始者で、終始一貫《しゅうしいっかん》その影響力を行使した、ケンブリッジ大学の地質学の教授《プロフェッサー》――イギリスの大学機構でいうプロフェッサーとは、アメリカでいうディパートメントの長《ちょう》という権威ある地位に相当する――であるハリー・ウィッティントンだった。あとの二人は、一九七〇年代初期にウィッティントンのもとで大学院生として研究を開始して以来、バージェス頁岩の研究で輝かしいキャリアを積んできたサイモン・コンウェイ・モリス（現在の所属はやはりケンブリッジ大学）とデレク・ブリッグス（現在の所属はブリストル大学）だった。ウィッティントンは、この二人の大学院生がやって来るまえから、クリス・ヒューズとデイヴィッド・ブルートンという年下の二人の同僚とも共同研究を行なっていた。

型どおりのドラマならば、これらの人々、それもとくにウィッティントンとコンウェイ・モリスとの関係が中心になる。しかし、私はそのようなお話を語るつもりはない。ウィッティントンは、細心にして保守的で、古生物学の正道を堅実に歩み、憶測は慎《つつし》み、あくまでも岩石に意識を集中する人物である。知的変革の主役として誰もが思い浮かべるイメージとはまさに逆なのだ。コンウェイ・モリスは、年齢相応に丸くなるまえはかっかしやすいやんちゃ坊主で、一九七〇年代の社会的急進主義者だった。彼は気性《きしょう》的には着想の人なのだが、幸いにも岩のしみを何時間もぶっ続けで凝視できるだけの忍耐力と長《なが》っ尻《ちり》の持ち主でもある。伝説によれば、バージェスの再解釈は、この二人の緊密な共同作業によってもたらされた。ハリーが指示を飛ばし、注意を喚起し、岩石への集中を強《し》いた。一方のサイモンは、熱弁をふるい、考えかたの自由を要求し、渋《しぶ》る師を新しい光の方向へと押しやった。二人のあいだで交わされた議論も目に浮かぶ。議論の白熱化、恫喝《どうかつ》、決裂寸前、決別、放蕩息子《ほうとうむすこ》の帰還、そして和解。

しかし、実際にはこんなことは一つもなかったと思う。少なくとも公然とはなかっただろう。イギリスの大学のシステムを知っていれば、その理由はすぐにわかる。イギリスの博士課程の大学院生は、ほとんどまったく独立に研究を進める。受講はせずに、博士論文のためする。運がよければ、一カ月に一度かそこら、指導教授と面会できるかもしれない。一年に一度というほうが可能性は高い。ハリー・ウィッティントンは、物静かで保守的で、しかも途方もなく多忙であり、イギリスの大学のこの特異な伝統をあえて破るような人物ではない。サイモンは、「ハリーはじゃまされるのがきらいだった」と私に語ったことがある。それは彼が、「自分の研究にあてられない時間を、たとえそれが一瞬でも惜しんでいた」からだという。しかし彼は「すばらしい指導教授だった。なにしろわれわれに好きなようにやらせておいて、それでいてわれわれを支援してくれたのだから」とサイモンは強調した。

私は当初の疑惑を質そうと、ハリーとサイモンとデレクに何度も質問した。彼らは全員、自分たちは一貫した目的や一つの意見で結ばれたチームだと思ったことなどないと言い張っている。彼らは、基本的な解釈をいっしょに発展させようと積極的に努力したりはしなかった。定期的に会っていたわけでもない。実際のところ、三人いっしょに集まったことは一度たりともなかったという。彼らは、イギリスのどこの学門の府にもある集会の場、すなわちまず欠かされることのない毎日の儀式であるモーニング・コーヒーの席で顔を合わせたことすらなかった。それというのも、社会的急進主義者だったサイモンは自分の部屋で残留派を決めこみ、顔を出すことはなかったし、常に物事の本質を見抜いていたハリー（結局のところこれがバージェス動物を解読するための鍵だった）は、いかなる種類の服従も強制しなかったからである。もちろん、全員が複雑な交流を行なってはいた。それも私がにらむところ、計画的あるいは定期的にもたれるどんな討議にもひけをとらない交流を、たがいの論文を読むことによって行なっていたのだ。この三人組の一人からなんとか引き出せた最高の証言は、自分たちは「毎日の交流によってではないにしろ、なんらかの一致した認識」を発展させたというデレク・ブリッグスの言葉である。

私が語らなければならないドラマは、濃密で知的なものである。それは、登場人物の個性とか演じられる舞台というはかないテーマを超越している。この挑戦でもたらされるのは、生物進化史の新解釈という、どんな物質的報償《ほうしょう》よりも大きく、はるかに抽象的なものなのだ。この目標が達成されても、現世における特別な恩典はもたらされない。古生物学にノーベル賞はない。ただし私ならば、ウィッティントン、ブリッグス、コンウェイ・モリスの三人にためらうことなく最高の賞を贈るだろう。そして古い言いぐさだが、新しい生命観では飯《めし》は食えない。切符も買わなくては地下鉄にも乗れない。たしかに同僚の古生物学者たちの感謝の念は得られるし、そのことで先々の仕事が妨《さまた》げられることはない。しかし、いちばんの報償は満足であるにちがいない。すなわち、わくわくするような仕事をしたという名誉、あることを成し遂げたという心の平安、人生を変えてしまうようなことを知るという類《たぐ》い稀《まれ》な喜びである。人にとって、絶対的で恒久的なものとして敬意を払っている対象から、おまえの人生は有益だったよという最終確認を聞くこと以上の望みがあるだろうか。〝よくやった、善良にして忠実なる僕《しもべ》よ〟という言葉こそ最高の報償なのではないだろうか。

研究の方法論

一般に、軟体性動物の化石は岩石表面の薄い炭素の膜として保存されているのがふつうだという誤解がある。バージェス生物は、当然のごとく極度に押しつぶされている。硬組織を欠く動物の体の上にものすごい重量の水と堆積物がのしかかっているのに、立体構造がなおも保存されているなどということはとうてい望めないことである。それでも、バージェス化石のすべてが完全にぺちゃんこになっているわけではない。この発見が、化石の構造を明らかにしうる方法の土台をウィッティントンにもたらした。

ちなみにバージェス生物の軟組織は、炭素として保存されているわけではない。まだよくわかっていない化学作用により、もとの体を構成していた炭素はアルミニウムとカルシウムの珪酸塩《けいさんえん》に置き換わり、薄黒く輝く層が形成されている。そういう置換《ちかん》が起こっているのに、解剖学的特徴は細部までみごとに保存されている。

ウォルコットは、立体構造が一部保持されていることに気づかなかったか、おぼろげにしかわかっていなかった。彼は、バージェス化石を平たいシートとして扱った。そのため彼は、方向性がもっともはっきりした（あるいはいちばんまぎらわしくない）かたちで保存された標本をコレクションの中に探し求めた。つまり左右相称《そうしょう》動物でいえば、真横か真上からぺしゃんこになった標本を探し求めたのである（図3‐1がウォルコットが好んで示した典型的な図版）。彼は、傾いていたり正面を向いた標本は無視した。そういう角度で化石化した標本では、本来は別々になっている器官や体表面が地層面上でぺちゃんこにされ、わけのわからない一枚の薄膜になっていると考えたからである。それにひきかえ、真横や真上からの概観ならば、別個の形状が最大限に分離されたかたちになっている。

　ウォルコットは、ひどい修整が加えられたものも多い写真をもとに標本の作図を行なった。ウィッティントンのグループも写真を多用しているが、それは基本的な研究道具としてというより、たいていは公表する論文に載せるためだった。バージェスの化石標本を鮮明な写真に撮るのはたいへんである（図３－２はすばらしい例外）。実際の標本そのものからではなく、標本の押し型から、しかも拡大操作やフィルターを使うことで良好な写真がわずかながら得られるにすぎない。珪酸アルミに覆われた表面が、照明の角度によって光をさまざまな方向に反射させるからだ。そこで考案されたのが、高い位置から照明を当てて撮影したコントラストの弱い写真と、低い位置から照明を当てて撮影したコントラストの強い写真を比較するという方法だった。

　そのためウィッティントンは、基本的な作図法としてもっとも古くからある方法を用いた。標本を忍耐強く細かい線画に描くという方法である。そのために使用する基本的な装置であるカメラルシダは、ウォルコットが使用したタイプと今も変わっていないし、鉱物学者のＷ・Ｈ・ウォラストンが一八〇七年に発明したものからもそれほど改良されていない。カメラルシダというのは、原理的には物体の像を平面上に投影するための鏡を組み合わせた装置で

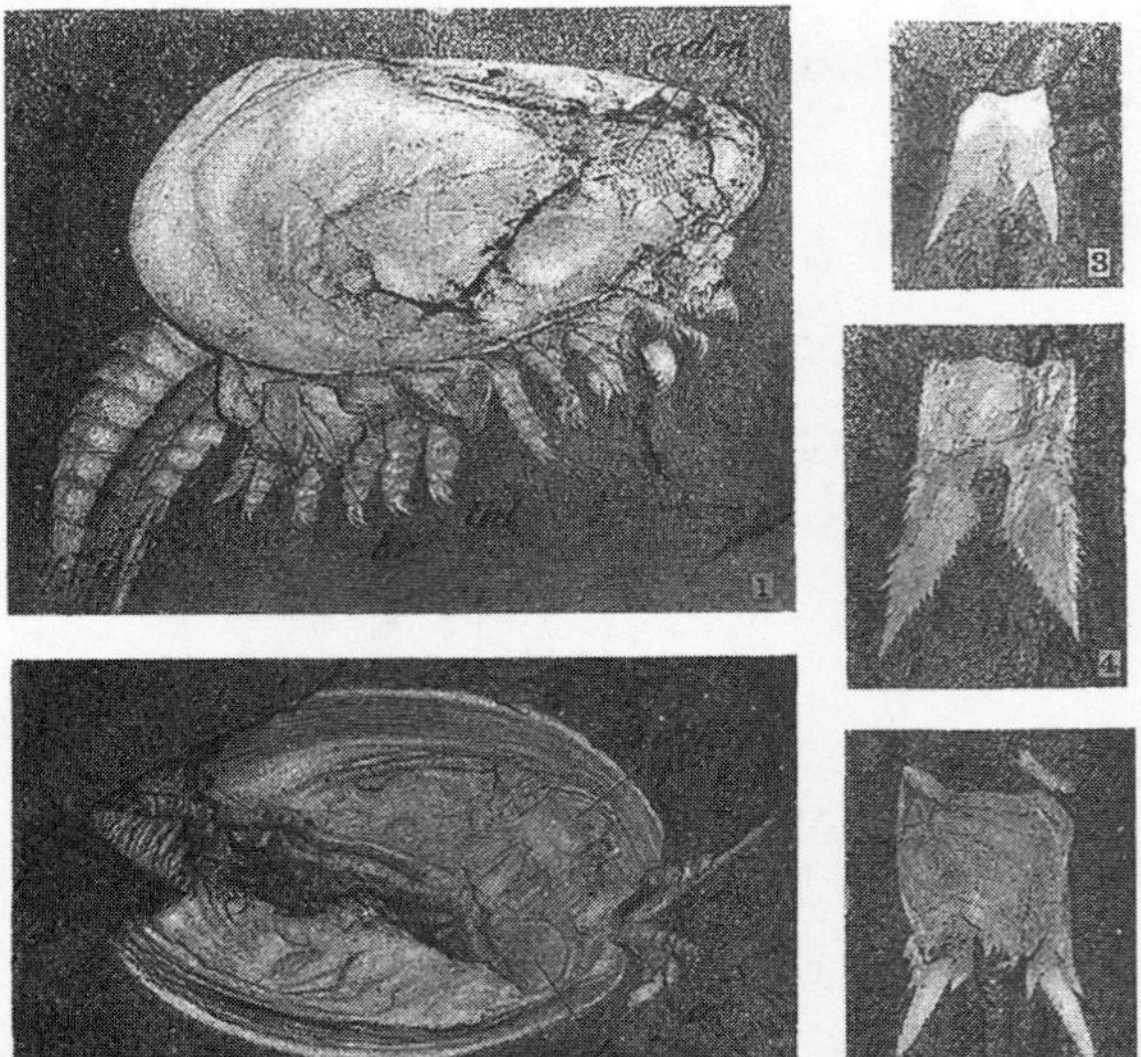

図 3-1 ／バージェス化石を写した魅力的な写真。ウォルコットの節足動物に関する 1912 年のモノグラフに載ったもの。これらの写真は大幅に修整されている。左上がカナダスピスで，いちばん下がレアンコイリア。

図3-2／バージェス頁岩の生物を写した未修整写真としては最高の一枚。デズ・コリンズによって撮影された，横向きに保存されたナラオイア。この標本はウォルコットの発掘場で見つかったものではなく，最近になってコリンズが同じ地域で発見した軟体性化石のたくさんの出土場所のうちの一つで見つかったもの。ウォルコットの発掘場で見つかった標本は写真のうつりがよくない。

ある。カメラルシダを顕微鏡に取り付ければ、レンズを通過した像を紙の上に投影することができる。そして、顕微鏡下の標本と紙の上の投影像を同時に見ながら、顕微鏡からいちいち目を離さずに標本画を描くことができる。ウィッティントンとそのチームは、研究対象としたすべての種《しゅ》について、この方法で標本画を大きく拡大して描くことにした。何枚もの標本画を同時に研究することはできるが、拡大しなければ見えない小さな標本を同時にたくさん観察することは容易ではないからだ。

ウィッティントンは、バージェス化石は立体構造をいくらか保持しており、堆積面上でぺちゃんこになった薄膜ではないという重要な認識と結びついた方法として、カメラルシダその他の標本画作成技術を利用した。この単純な手法がもつ威力のほどを、バージェス節足動物中最大の種に関する研究を例に紹介しよう。それは、この標本を最初に発見した息子シドニーにちなんでウォルコットがシドネユイア・インエクスペクタンスと命名した種である。私がシドネユイアをモデルケースとして選んだのは、ウィッテイントンとその共同研究者が発表した全論文のなかで、この属に関するデイヴィッド・ブルートンの一九八一年のモノグラフが技術的にいちばん洗練されているうえに、もっとも魅力的な論文であると思うからである。三つの基本的な作業を順に見ていこう。

（一）**発掘と解剖**　仮にウォルコットの判断が正しいとしたら、すべての構造は一枚の薄膜に押しつぶされているはずで、復元作業は、スチームローラーでぺしゃんこにされた漫画の主人公を元通りにする作業と似たものとなる。しかし、アニメの世界ならいざしらず、頁岩の板石ではそんな芸当はできない。

幸いにも、バージェス化石が一枚の堆積面にのっていることは稀《まれ》である。動物たちは泥に巻きこまれて埋葬される際に、さまざまな方向を向いて墓に納まった。そしてしばしば体の各部に泥が浸透し、それらを別々の薄い層に分断している。つまり、堆積物の薄膜によって、肢の上に鰓《えら》があり、鰓の上に甲皮があるというふうに層別化されており、その後堆積した泥の重みで押しつぶされていても、立体構造がいくらかは保存されているのだ。

小さなのみや、とても細い電動式振動針——歯科医の診療室にあるあれとさして変わらない道具——を使って上層を注意深くはがせば、その下の内部構造を露出させせられる。一つの

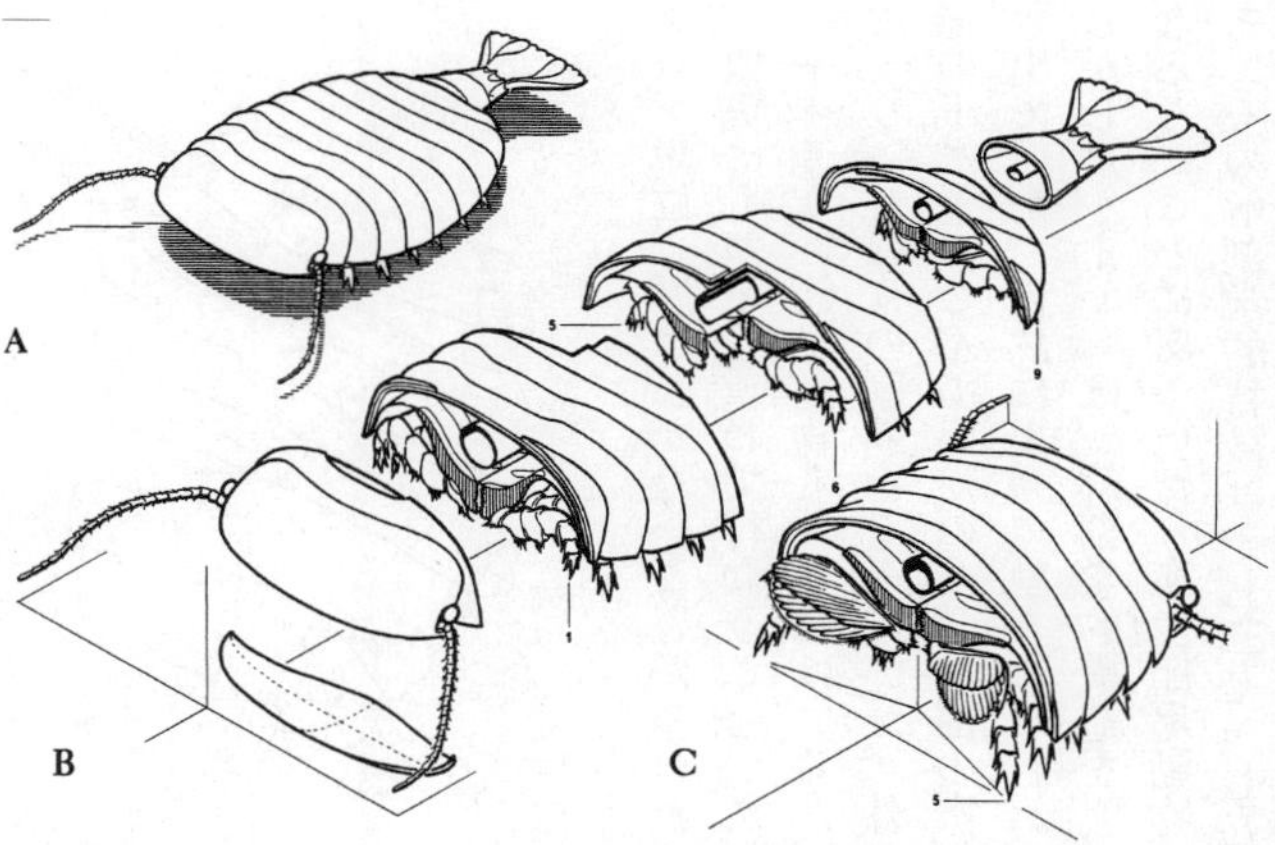

図3-3／ブルートンが切断して構築した三次元模型から復元されたシドネユイア。（A）全体像。（B）六つに切断された模型。左下から順に，頭部とその下面の覆い，三つに切断された胴体部，尾部。（C）右奥を向いている頭部と，それと接続する胴体前部の後ろ側。下側に歩脚，上側に鰓脚がついた二枝型付属肢に注目のこと。

層はミクロン単位の厚さしかないことが多いため、この微妙な作業は、機械は使わずに針だけでも、慎重にも慎重を重ねて行なうことができる。

かなり平べったい節足動物もいるにはいるが、シドネユイアは復元図（図3－3）を見ればわかるようにかなりの厚みをもっていた。外側を覆う甲皮が湾曲《わんきょく》した半円筒状となり、軟組織をその下に包みこんでいたのだ。*一部の標本では、甲皮の下の鰓と肢が、甲皮の割れ目から突き出ていた。自然によって執《と》り行なわれた標本の圧縮や破砕《はさい》のしかたは一様ではないのだ。しかしブルートンは、解剖学的構造を完全に解明するためには、どんどん掘り進めなければならないことに気づいた。海生節足動物の多くでは、付属肢が枝分かれして二枝《にし》になっている（その解剖学的特徴は一七三～一七五ページを参照）。外枝（鰓脚《さいきゃく》）には鰓《えら》がつい

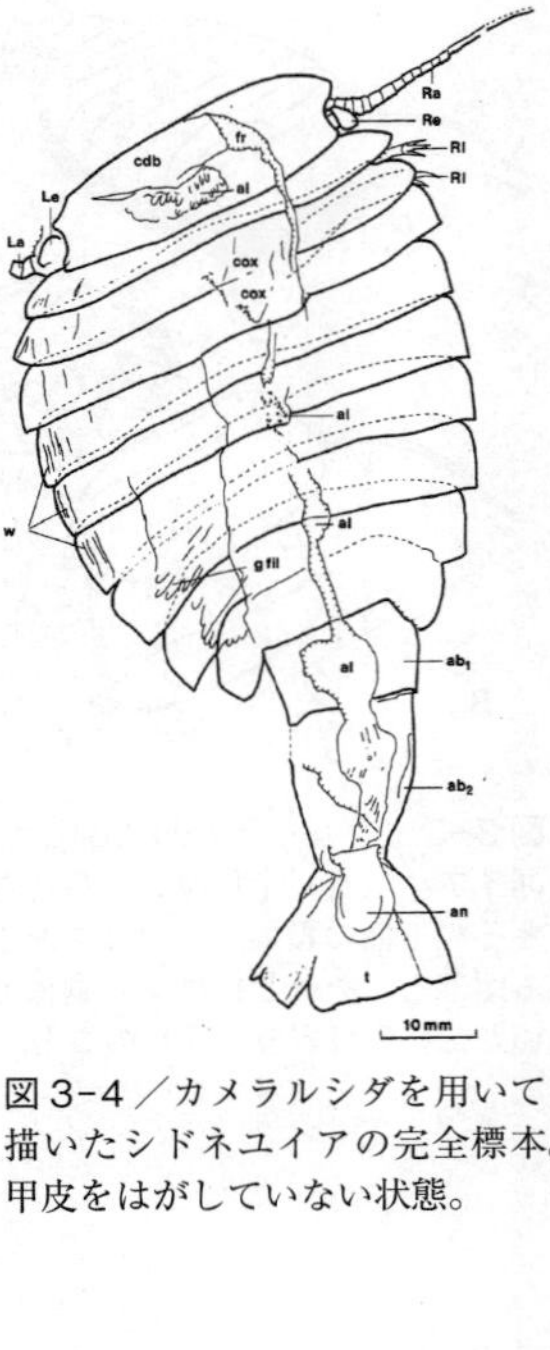

図3-4／カメラルシダを用いて描いたシドネユイアの完全標本。甲皮をはがしていない状態。

図3-5／カメラルシダを用いて描いたシドネユイアの標本の一部。甲皮の下に収まっている付属肢のうち，おもに鰓脚（外枝）だけが見えている。不完全なトレースしかされていない消化管（中央）は斜線で示されている。記号g（番号は鰓脚が何番めの体節に付着しているかを示す）が付けられた指状の構造物が鰓脚。

ていて、これは呼吸と遊泳に使われる。もう一方の内枝が歩脚《ほきやく》だが、これは摂食《せっしょく》に用いられている場合も多い。したがって胴体のまん中の甲皮を輪切りにすると、最初に出会うのが鰓脚であり、その次に出会うのが歩脚である。ブルートンは、完璧な甲皮（図3－4）から出発し、それを解剖すると鰓の層（図3－5）が露出し、次には一群の歩脚（図3－6）が出現することを発見した（これらの図はカメラルシダを装着した双眼顕微鏡を用いて、いずれも化石そのものから直接的に描かれたものである）。ブルートンは、専門的なモノグラフの伝統ともいえる受動態の文章で、彼が用いた手法を次のように記述している。

標本の整形作業によって、諸形質は岩石の中に層状に重なっていることがわかる。それらの形質は、重なっている形質を慎重に次々と除去したり、形質と形質を隔てている薄い堆積層を除去することで露出させることができる。……研究手法は、まず最初に外骨格を除去して羽枝状の鰓が見えるようにし、次に脚を露出するというものだった。肢が付着している中心線に沿って、隣接する三つの層のすべて、すなわち背部外骨格－鰓－脚が、順に直接的に重なりあっている。要は、物質のごくごく薄い層を振動針の助けを借りてうまく除去すればいいのである。（Bruton, 1981, pp. 623-24）

（＊）この甲皮は、いうまでもなくその下の軟組織よりも硬いものだった。しかし、ほとんどのバージェス生物の甲皮には生体鉱物が沈着していなかった。したがってそれらは、たやすく化石化されるふつうの意味での〝硬組織〟でできていたわけではない。これらの甲皮は、現生昆虫類の外骨格のようなもので、固くなっては

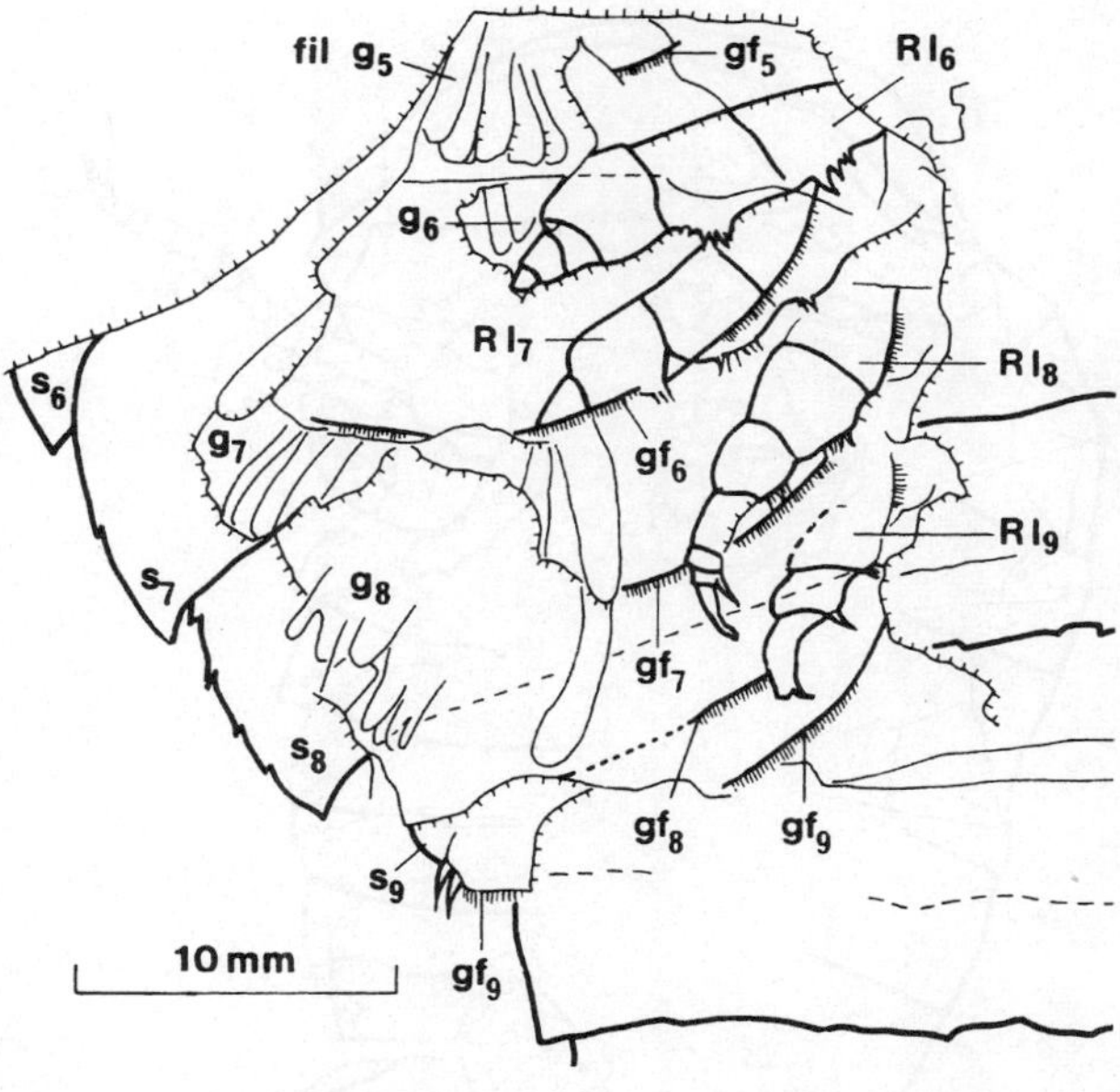

図3-6／鰓脚の下から現われた歩脚。これもカメラルシダを用いて描いた図で，*Rl* は「右脚」を示している（番号はそれが何番めの体節に付着しているかを示す)。

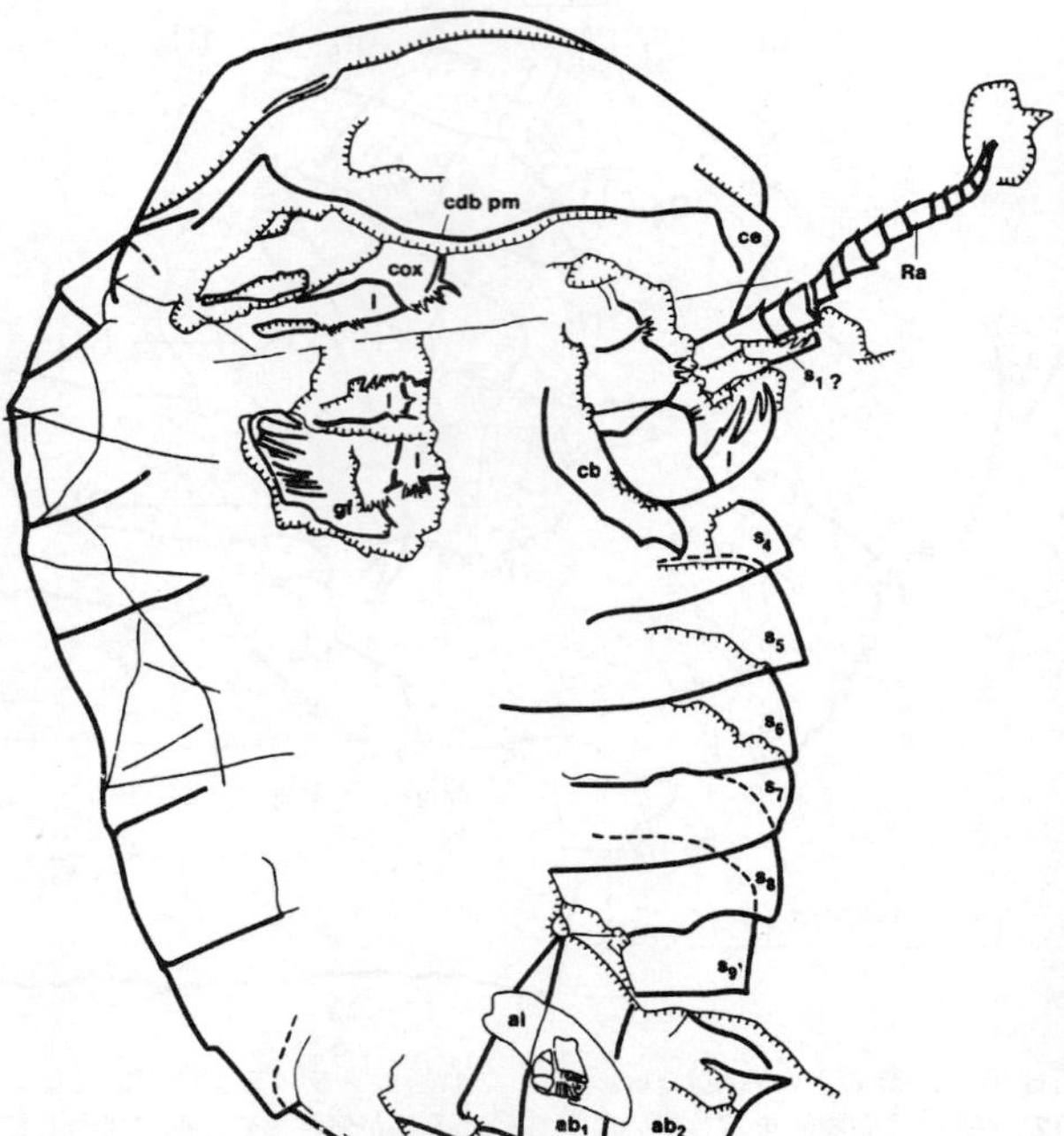

図3-7／このシドネユイアの標本では，最後に食べた食物が見られる。消化管の末端近くから一匹の小さな三葉虫が見つかったのだ。その三葉虫は，第一腹節（記号 ab_1 で表示）のすぐ上のところで一部だけ露出させられた消化管（*al*）の中にある。

いるものの鉱物を含むものではなかったのだろう。そうなると、〝軟体性〟という言いかたよりは〝軽く硬化した〟動物という言いかたのほうがいいのかもしれない。しかしいずれにしろ、通常の化石化作用を受ける可能性はほとんどない。

甲皮をめくると、別のごほうびも見つかる。甲皮の下には、中心線に沿って消化管が走っているのだ。掘り出された標本の一つ（図３－７）の消化管の末端近くからは、一匹の小さな三葉虫が見つかった。それは、大規模な泥流にのみこまれる前にそのシドネユイアがとった最後の食事の名残りである。

（二）奇妙な向き　葉脚類化石層は化石化した何度もの泥流によって形成されたため、そこに埋葬された動物はさまざまな方向を向いている。大部分の化石は、流体力学的にいちばん安定な姿勢で埋められている。泥が少しずつ動くにしたがって、動物は底に沈んでいったかららである。しかしなかには横を向いたり斜めになったものもある。さまざまなしかたでねじられたり、ひっくり返されたのだ。ウィッティントンは、謎めいた動物アユシェアイアに関するモノグラフのなかで、動物が付属肢を横に広げて水平に横たわっている〝通常〟の向きの例のほかに、横向きにねじれ、そのせいで左右両側の付属肢が押しつぶされてごちゃ混ぜになっている稀《まれ》な姿勢の例を一つ紹介している（図３－８）。

ウォルコットは奇妙な方向を向いた標本を収集したが、情報量の少ない例として、さらには同一堆積面上で別々の異なる表面が重なっていることを説明できない例として、それらを

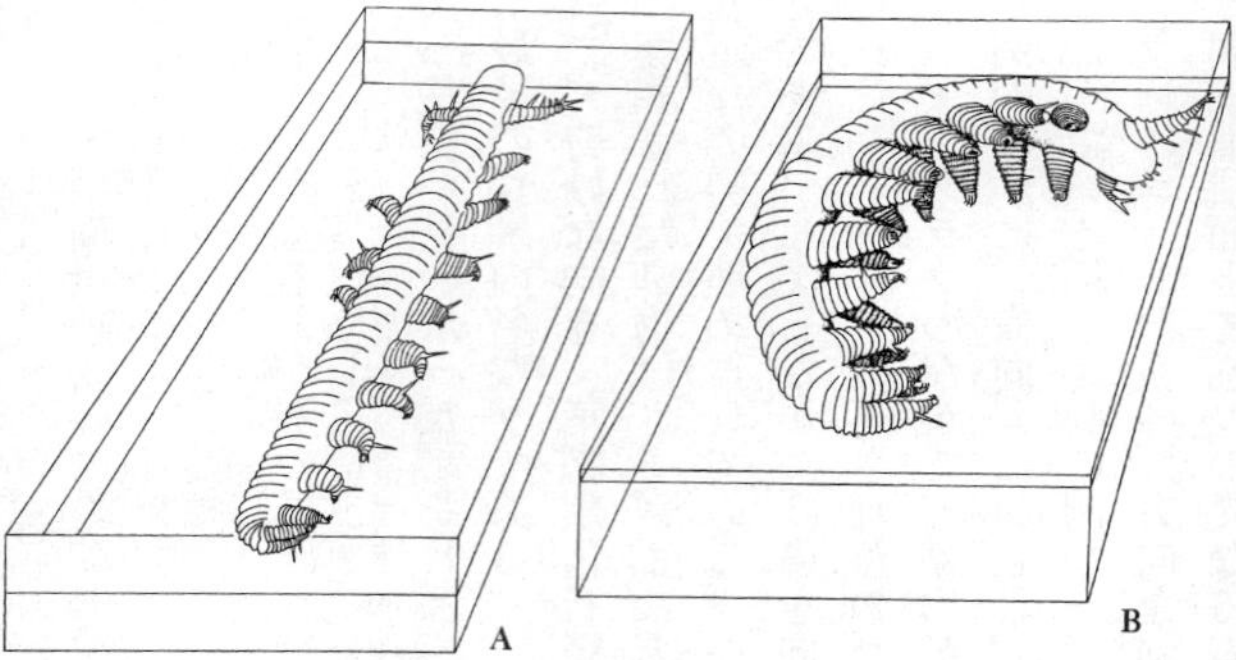

図3-8／アユシェアイアがさまざまな姿勢で保存されている例。ウィッティントンのモノグラフ（Whittington, 1978）に載せられた図。（A）通常の向き。背面や上部，側面が見える。付属肢は左右両方向に広がっている。（B）はるかに稀な向き。動物は横向きの状態で埋められたため，化石では横腹が見えており，左右両側の付属肢はごちゃ混ぜに押しつぶされている。

無視する傾向があった。しかしウィッティントンには、異例な向きの標本は〝標準的〟な姿勢で化石化した標本ともども生物の形態を完全に復元するうえで欠かせないものであることがわかっていた。見通しのいい一点から撮った写真ばかりでは一軒の家を完全に復元することはできないように、バージェス生物を復元するにはいろいろな角度から撮った〝スナップショット〟をつきあわせて検討しなければならないのだ。

コンウェイ・モリスが、奇妙な動物ウィワクシアを復元したときの苦労話をしてくれた。それは現生する類縁種が存在しないため、手本として使えるような祖型も知られていない動物である。彼はさまざまな向きで見つかった標本を図に描いたあとで、それぞれの図が表わしてい

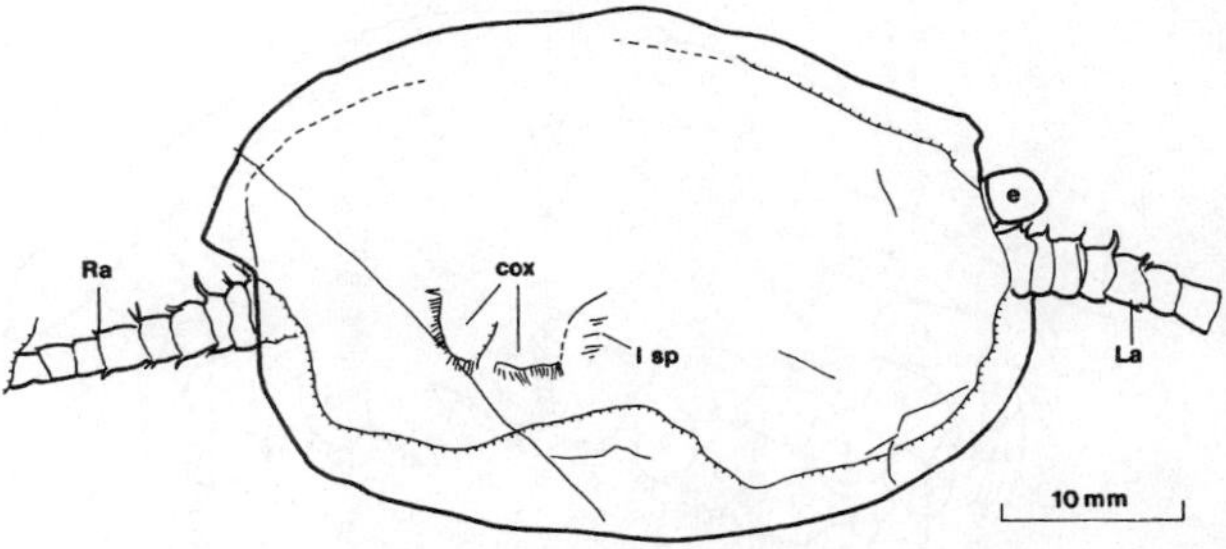

図3-9／異例な向きで保存されたシドネユイアの標本図。カメラルシダを用いて描いたもの。これは頭部の正面図である。この標本からは，この動物は丸みを帯びていたことがわかる。これは通常の向きで保存された標本からは得られない情報である。とくに触角（記号 *Ra* と *La* で表示）と眼（*e*）が付着している位置に注目。

るある角度から別の角度へと「このとんでもない動物を頭の中で回転させる」ことに途方もない時間を費やし、最終的にどの角度から眺めても矛盾の生じない立体的なイメージを得た。そうやってはじめて、その復元には重大な欠落も不適当な点もないことを確認したというのだ。

シドネユイアの標本のほとんどは、完全につぶれた状態で保存されている。それはちょうど、生物を真上から見ているようなものである（図3-5のように）。この向きは、他のどんな向きよりも正しく体各部の基本的な寸法を教えてくれる。しかし、いくつかの疑問点が残ってしまう向きでもある。とくに、体がどのくらいでっぱっていたか、あるいはどのくらいの丸みを帯びていたかがまったくわからない。つまりこの向きでは、シドネユイアがホットケーキ状だったか、それとも管状だったか決められないのである。基本的な形状を復元するためと、〝上

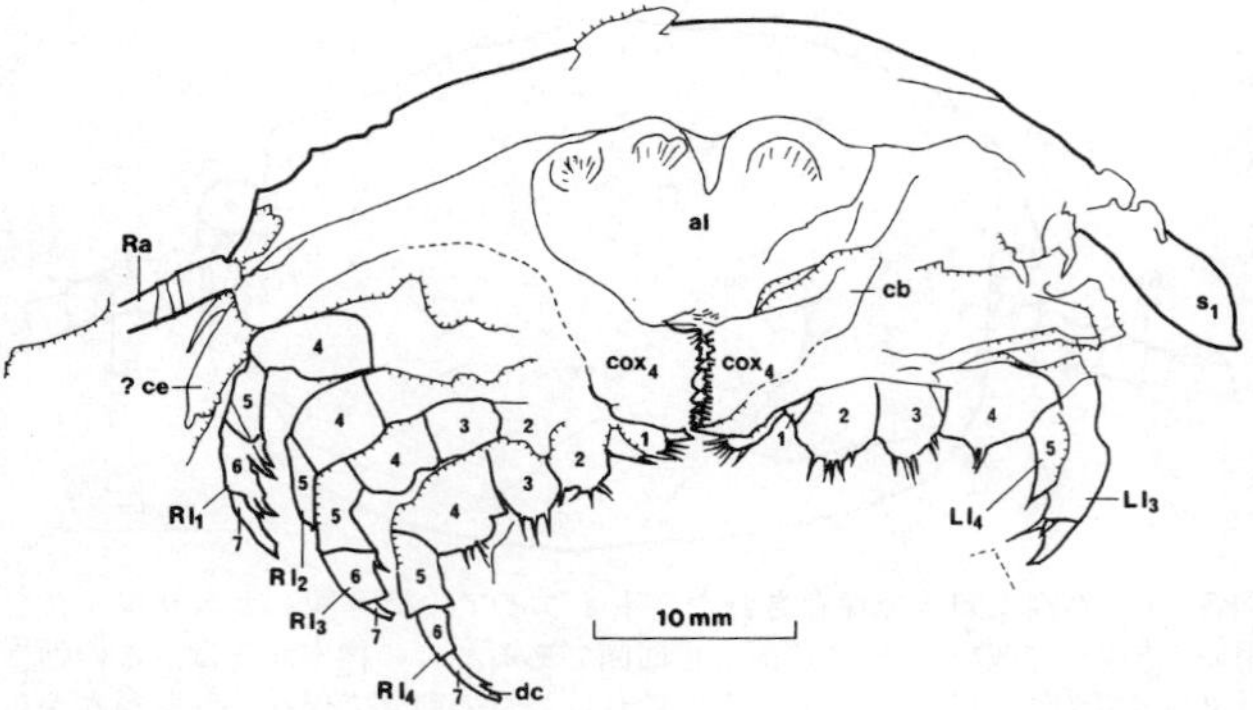

図3-10／肢の配置が確認できる向きで保存されたシドネユイアの標本。胴体部の前端，すなわち頭部のすぐ後ろの切断面を正面から見た図。動物の右側についている脚のうちの前から四本（記号 Rl_1 ～ Rl_4 で表示）がつぶされて重なった状態で見える。胴体部の中央には消化管（*al*）も見える。

から〟ではよくわからない解剖学上の決定的な面、たとえばとくに脚の形状などを決定するためには、ぜひとも正面図が必要である。

正面図である図3-9を見ると、頭部の形状は丸かったことと、それぞれ一対ずつの触角と眼が付着していた位置がわかる。頭の後ろの部分を正面から見た図3-10は、体も丸みを帯びていたことと、脚の付きかたを教えてくれる。この標本では、鋭い突起がたくさんついた脚の節もきれいに保存されている。そのほか、左右の底節（脚の第一節）のあいだを通っている食溝《しょっこう》の寸法もわかる。底節の食溝に面した部分は鋭いぎざぎざ（顎基《がっき》）になっていることから、このバージェス最大の節足動物は捕食性か死肉食性だった可能性がうかがわれる。食物は大きな

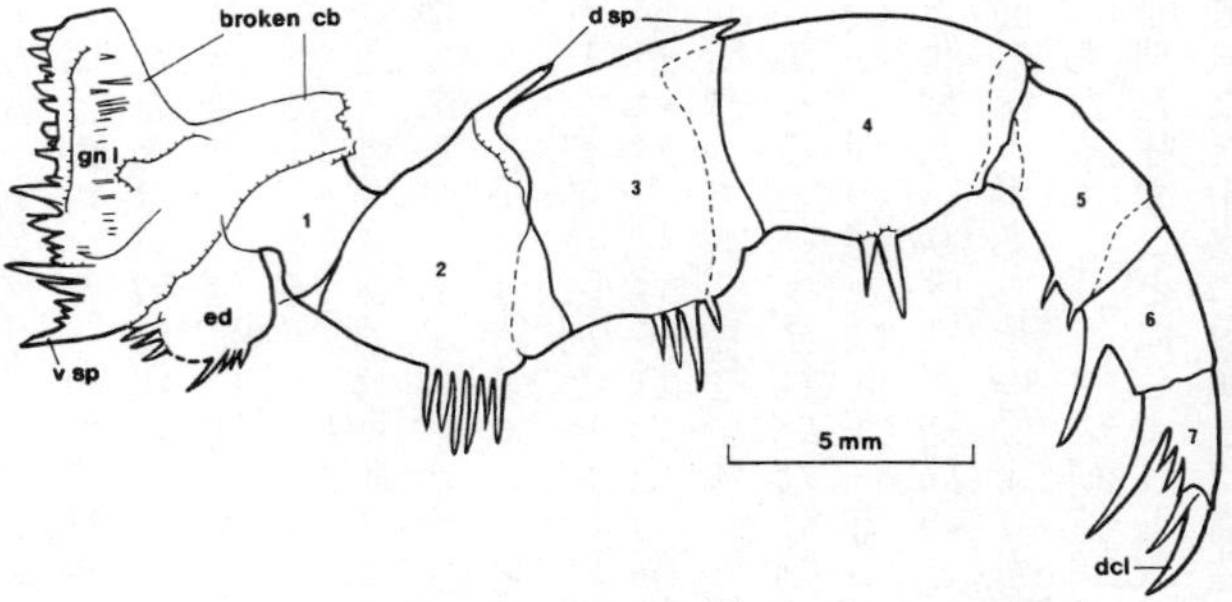

図3-11／シドネユイアの歩脚。カメラルシダを用いて描いた図。肢が体に付着する部分のギザギザの突起（記号 *gn* で示した部分が基節）に注目。消化管と境を接するこのギザギザ突起は，この動物が捕食者だったことを示している。この肢は，節の数がわかり，生きていたときの移動方向を推定できるほど保存状態がいい。

塊《かたまり》のままで、この口に送りこまれたと考えなければなるまい。この生きものは、弱虫な濾過食者《ろかしょくしゃ》などではなかったのだ。図3-11は、正面から見た歩脚の拡大図である。

(三)　雄型《おがた》と雌型《めがた》　化石を見つけるために岩を割ると、一個の岩から二個の化石を得ることになる。すなわち、化石そのもの（これを雄型と呼ぶ）と生物の外形が堆積層に残した印象（これを雌型と呼ぶ）、あるいはいうなれば親指そのものと親指が物体の表面に残した指紋である。科学者やコレクターたちは、実際の生物の形状をした化石である雄型を歓迎してきた。押し型である雌型に対する従来の評価は低かったのだ。ウォルコットはほとんど雄型だけを研究したし、雌型は保存することさえしなかった場合が多い。彼は雌型を収集しても、それと対応する雄型といっしょにカタログに載せないことが多かった。雌型は雄型とは別の引き出しにしまわれるか、あまり興味のわかない化石の屑として廃棄されてしまうかだった。ほかの博物館との交換トレードに出されたものさえあった。

たとえば貝殻の化石のように、ひとかたまりになったいかにも化石らしいものならば、雄型と雌型との区別は明らかである。そういう標本は雄型であり、反対側についたくぼんだ鋳型が雌型である。バージェス生物を一枚の薄膜と見ていたウォルコットの立場から見れば、雄型と雌型の区別は明瞭である。薄膜それ自体が雄型で、その押し型が、興味のわかない雌型である。

ところがウィッティントンがバージェス化石の三次元的な特性を明らかにした時点で、そうした安易な区別と格付けは消失した。節足動物には何百という体節がある。そうした体節構造はバージェス頁岩中の隣接する複数の層にまたがって保存されているため、岩石を堆積面で割っても、生物全体（雄型）は一つの表面にのり、別の表面にはその押し型（雌型）だけが残るというきれいな分割は得られない。どのように割っても、生物の一部は片側の岩に残り、別の部分はもう一方の岩に残ってしまう。要するにバージェス化石に関しては、雄型と雌型という区別が結局のところ効力を失ってしまうわけである。そうなると、こちらの表面のほうがあちらの面よりも興味深い構造を保存しているという言いかたしかできない。

ちなみにバージェス研究に携《たずさ》わる科学者たちは、最終的に生物の表面図は雄型、裏面図は雌型と呼ぶことにしようと取り決めた。そうすると、シドネユイアのような動物では、眼や触角など甲皮に付属した構造は雌型に保存され、脚や内部構造は雄型に保存されていることが多い。

一九六六年から現在にいたるすべての発掘調査では、雄型も雌型（保存されていた場合）もきちんと収集し、両者をいっしょに保管してカタログに記載してきた。バージェスに関してここ二〇年間になされた最大級の発見のうちのいくつかは、スミソニアン研究所においてなされたものだった。ウォルコットが収集した雌型のうち、カタログに載っていなかったり別の門に分類されていたものが見つけられ、それらと対応する雄型と再会させられたのだ。この心温まる話は、ロングフェローが謳《うた》いあげたゲイブリアルとエヴァンジェリンのあの世での再会以上に満足すべきものとして最上位にランクできるのではないだろうか（なぜならこちらのほうが実現の可能性は小さいのだから）。

一九三〇年にレイモンド調査隊は、ブランキオカリス・プレティオサの標本を発見した。これは、見つかっている標本を全部合わせても一〇個に満たないほど稀少な節足動物である。そして一九七五年（この時点でデレク・ブリッグスは、この種に関するモノグラフをすでに投稿しおわっていた）に、ロイヤル・オンタリオ博物館の調査隊が、まさにその標本の雌型を発見した。それは、四五年前にレイモンドの調査隊が相手にしなかった急傾斜地《テイラス》に横たわったままだった。

あたりまえのことだが、雄型にも雌型にも重要な構造の断片が含まれているとしたら、復元に際してできるかぎりの完璧さを目指す以上はそれらをいっしょに調べねばならない（ウィッティントンとその同僚たちはカメラルシダを用いた図を描くにあたって、雄型と雌型双方からの情報を同じ一つの図に盛りこむという申し合わせを順守してきた）。雄型と雌型の再会によって、シドネユイア研究における一つの謎が解明されてきた。ウォルコットは雄型だけを基に、シドネユイアの鰓に関して奇妙な復元を行なっていた。ところがブルートンは、ウォルコットが調べた雄型と「ウォルコット・コレクション中のカタログ未記載化石のなかからD・E・G・ブリッグス博士が注意深く見つけ出したその雌型」（Bruton, 1981, p. 640）とを合わせて検討することで、それまで鰓とされていたものはシドネユイアの体の一部などではないことをつきとめた。後にコンウェイ・モリスは、その化石は鰓曳虫類《えらひきむしるい》のオットイア・プロリフィカの腐って折り重なった標本であると同定した。

発掘、奇妙な向き、雄型と雌型という三つの手法が、ねじれてつぶれた化石を立体的に蘇生させるための指針である。これらの手法では、バージェス生物が送っていた生活の他の側面、たとえば移動方法、摂食方法、成長様式などについてはあまりわからない。バージェス頁岩は、解剖学的構造の保存という点では価値が高いのだが、泥流に押し流されて埋められた生物群集であるため、もっと平凡な動物群からはもたらされることの多い別の類《たぐ》いの証拠を残念ながら提供してくれない。動物が這った跡もなければ掘った穴もないし、捕食動物に捕らえられた生物も見つからない。要するに、生物が活動していた痕跡がほとんど何も残っていないのだ。しかもバージェス頁岩には、よくわかっていない何らかの理由により（なんとも残念なことだが）、幼生段階の生物がほとんど含まれていない。

すでに説明した手法以外にも、個々の特定のケースで有効だった手法はある。そういうものについては、その手法が有効性を発揮した生物を話題にするたびに順次紹介するつもりである。シドネユイアの消化管内容物についてはすでに触れた。消化管を調べることで肉食動物と断定された生物はほかにもいる。たとえばコンウェイ・モリスは、鰓曳虫類の消化管内から、同じ種の小さな個体——世界最古の共食いの例——とたくさんのヒオリテス類を発見した。コンウェイ・モリスはまた、鰓曳虫類のオットイア・プロリフィカの解剖学的構造を解明するために、さまざまな腐敗段階を利用した。ブルートン（シドネユイア、レアンコイリア、エメラルデラに関して）とブリッグス（オダライアに関して）は、標本図と写真を合成することで立体模型を作成した。コンウェイ・モリスは謎めいた動物であるウィワクシアの習性を理解するために、傷や成長パターンを利用している。バージェス動物のなかで、まさに成長しつつある現場を押さえられためずらしい例として、脱皮の最中に埋設された標本が一つあると彼は述べている（Conway Morris, 1985）。

変革の年代記

幸運にもバージェス頁岩のようなすばらしい発見をした科学者は、その発見に関して〝何をする〟だろうか。まず最初にしなければならないことは、背景を確定するための基本的な雑用である。地質学的な舞台設定（年代、環境、地理）、保存状態、埋まっている化石の目録作成などといった仕事をこなすのである。そうした予備調査が終わったならば、多様性こそが自然の主要テーマであることから、解剖学的記載や分類学的な位置づけが古生物学のいちばん重要な仕事となる。進化は、一本の樹木のように統合されている分岐パターンを生んでいる。われわれが行なっている分類は、その系図的順序を反映するものである。つまり分《タク》類学《ソノミー》とは、進化的な配列の表現なのである。

そうした努力を発表するための伝統的メディアがモノグラフである。モノグラフとは、写真、図版、正式な分類名などが記載された論文である。たいていのモノグラフは、通常の学術誌に発表するには長すぎる。そこで博物館、大学、学会は、そうした長い論文を載せるための特別な定期刊行物を用意してきた。ちなみにバージェス動物を記載した論文のほとんどは、前述したようにロイヤル・ソサエティが長い論文を載せるために刊行している《哲学紀要》に載ったモノグラフとして登場してきた。そうしたモノグラフは出版に金がかかるうえに、定期購入先はほぼ図書館に限られている。

こうした事情のせいで、他の学問分野の多くの科学者がモノグラフやその著者に対して慇《いん》懃《ぎん》無《ぶ》礼《れい》な態度をとるという状況が生まれてきた。そのような研究は、〝単なる記載〟、事務員や怠け者にもできる一種のカタログ製作としてかたづけられているのだ。よくてもせいぜい、細部へのこだわりと心づかいに対していくらかの賞賛が与えられるくらいだろう。モノグラフが斬新で創造的な前衛として浮上することはない。

たしかに、たいくつなモノグラフもある。腕足類《わんそくるい》が繁栄をきわめていた時代に堆積した有名な累層で見つかった腕足類の新種に関する記載などという代物《しろもの》に驚く人はまずいないだろう。しかし物理学や化学にしても、日常的な研究のかなりの部分は、あたりまえのことを繰り返すためにつまみを調整するような仕事である。最上のモノグラフとは、われわれの関心に火をつけるような問題に対するわれわれの見かたを変革しうる天才の仕事である。ルーシー（エチオピアの発掘現場に流されていたビートルズの曲名にちなんで命名された猿人化石）やジャワ原人、われわれのいとこともいうべきネアンデルタール人、クロマニョン人などの化石は、宇宙船アポロの月面着陸にも負けず劣らずわれわれの想像力をかきたてる話題である。しかし、もしも分類学的なモノグラフがなかったとしたら、それらについてはどうやって知ればいいのだろう（もっともこれらの例のように〝ニュースとしての価値〟のある話題は、学術的な報告が公表されるずっと以前に、予備的な報告が鳴り物入りで提供されるのがふつうである）。

モノグラフ的な仕事は単なる記載にすぎないと否定的な評価をする態度には、人間の狭量《きょうりょう》さのいちばん悪い面が露呈《ろてい》している。科学の才能とはすなわち、知的活動のうちでも異常に限定された一部の能力、それもおもに分析能力と定量化の能力にほかならないというわけである。これではまるで、化石の記載は誰にでもできるが物理学の逆二乗則を思いつけるのは偉大な頭脳だけだとでもいわんばかりではないか。こんな評価を続けていたら、その直線的で遺伝決定論的な解釈においていつかＩＱ決定論という最悪の遺物の上をいってしまうのではないだろうか。知能は一つの数値で表わすことが可能であり、人間は愚鈍からアインシュタインまで単純に順位づけることができるという考えかたが、ＩＱ決定論である。

才能は、心そのものと同じくらいたくさんの要素で構成されている。バージェス生物の復元は、〝単なる〟記載とはほど遠いたいへんな業績である。たとえるならそれは、希代《きたい》のテノール歌手カルーソの歌声と凡人がシャワーを浴びながらがなっている歌声とのちがい、当代随一のバッターであるウェイド・ボッグズと大リーグ史上最低のバッターと思われるマーヴ・スローンベリーとのちがいほどもある。バージェス生物の復元は、キャッシュ・レジスターのレシートに打ち出された数字を帳簿に書き写す作業とはわけがちがう。バージェス頁岩の板石上の黒い染みのようなものを調べ、頭はぜんぜん使わずに単にそれを写しとるだけで、複雑な形態をした節足動物の姿が生き生きとよみがえるというわけにはいかないのだ。私は、バージェス生物を蘇生させること以上に、単純な記載という行為からほど遠いものはないのではないかと思っている。なにしろ、ぺしゃんこになったうえにひどくねじ曲がった塊《かたまり》から出発して、生き生きとした生物の姿を組みたててあげるのだからたいへんである。

そういうことを行なうには、視覚的あるいは空間的な把握力という、ざらにはない特殊な才能が必要である。私は、どのように作業を進めるかは理解できる。しかし、そんなことは私にはできそうにない。だからこそ私は、バージェス頁岩をめぐる物語の書き手の役を引き受けているわけである。ぺしゃんこにつぶれた物体から立体的な形態を復元する能力、さまざまな向きで化石化した二〇個もの標本から一個の実体を完成させる能力、雄型と雌型に分かれていた断片を結合させて機能を有する全体像を作りあげる能力、これらはどれもみな得がたい技量である。分析的で定量的な業績は誉め讃《たた》えられるのに、こうした統合的で定性的な能力が過小評価されるのはどういうわけなのだろう。一方の能力のほうが良質で難解で重要だというのだろうか。

科学者は自分の限界を学ぶものであり、共同研究が必要な時期を知っている。断片から全体像を組みたてる能力は誰もが持っているものではない。かつて私はリチャード・リーキーとともに彼の人類化石発掘現場で一週間過ごしたことがある。そのとき私は、リーキーのいらいらと誇りを感じとることができた。彼の妻であるミーヴと彼らの共同研究者のアラン・ウォーカーの二人は、まるで立体ジグソーパズルを組みたてるように、小さな骨のかけらがたくさん入った箱から適切なかけらを選び出して頭骨を完成させることができた。ところがリチャードにはその作業が不完全にしかできなかったのだ（私にいたっては箱の中の骨のかけらを呆然とながめているだけだった）。ミーヴもアランも、おもにジグソーパズルにかける情熱を通じて、幼いころからこの技量を発揮していたらしい（不思議なことに、二人ともすべてのピースを裏返しに置き、絵は頼りにせずにピースの形だけでジグソーパズルを完成するのが好きな子供だったという）。

やはりそうした稀有《けう》な視覚的才能の持ち主であるハリー・ウィッティントンも、その才能を幼いころから発揮していた。ハリーは、階級的文化的な特権に恵まれた家庭の出身ではない。彼は、鉄砲鍛冶《かじ》の息子（父親はハリーがわずか二歳のときに亡くなった）として生まれ、仕立屋の孫（父親の死後、祖父が父親代わりとなった）としてバーミンガムで育った。彼の興味が地質学へと向かったのは、おもに（イギリスでは大学進学をひかえた学年にあたる）中等学校第六学年の地理の教師から受けた感化のせいだった。ただしハリーは、自分が三次元的知覚能力をそなえていることをいつも意識し、それを利用してきた。子供時代の彼は模型作りが大好きで、自動車や飛行機の模型をよく作った。そして好きなおもちゃはメッカーノ（金属片をボルトでつないでいろいろなものを組みたてるイギリス製の玩具キット）だった。地質学の入門課程の授業では地図の解釈、それと特に地殻の構造を模式的に描くブロックダイヤグラムの作図能力に秀《ひい》でていた。以上の逸話で一貫しているのは、平面的なものから立体的な構造を組みたてる才覚と、それとは逆に立体的な物体を平面的に表現する才覚に恵まれているということである。二次元から三次元へ、そしてその逆へと自在に像を復元するこの能力が、バージェス動物群を復元するための鍵を提供した。

　ハリー・ウィッティントンは、明らかにバージェス計画にとって望みうる最高の人物だった。彼は三葉虫化石（バージェスの化石記録のなかでいちばん目につく節足動物）の世界的権威であるだけでなく、無水珪酸《むすいけいさん》の中に保存されている稀有な立体標本に関するきわめて精妙な研究（たとえば Whittington and Evitt, 1953）を行なってもいた。そういう標本では、もともとは炭酸カルシウムだった部分が無水珪酸に置き換わる一方で、周囲を取り囲む石灰岩には炭酸塩がそのまま残っている。炭酸塩は塩酸に溶けるが無水珪酸は溶けないため、母岩だけを溶かすことで、立体構造が保存されている化石を母岩から完全に分離することができる。そういうわけでウィッティントンは、何年も後にバージェス頁岩を研究するための理想的な準備を、意図的にではないにしろ終えていた。彼は岩石の中の立体構造を調べたうえで母岩を溶かして化石を無傷のまま取り出し、自分の予感と仮説が当たっていたかどうかを確かめるという研究を実際に行なっていたのだ。進化生物学で好まれる専門用語を使うなら、バージェス頁岩化石において立体構造を発見しそれを活用することにウィッティントンは〝前適応《ぜんてきおう》〟していたといえる。

バージェス頁岩の再研究にとられることになる時間と果たすべき義務をあらかじめ知っていたとしたら、おそらくハリー・ウィッティントンはその研究に着手していなかっただろう。彼は五〇歳で一九六六年の最初の発掘シーズンを迎えたのだが、残りの人生で果たすべき義務をすでに十分すぎるくらい抱えこんでいた。そのうえ彼は、ケンブリッジ大学の地質学教授として、他人には任《まか》せられない行政上の責任をうんざりするほど抱えていた。しかしバージェスは、拒絶するにはあまりにも美しく、あまりにも変化に富んだ果実だった。しかもバージェスの節足動物——ウィッティントンに申し出があった仕事の中心テーマ——が分類学上の重大なジレンマを提起するものでないことは衆目《しゅうもく》の一致するところだった。私がハリーから聞いた話では、彼がバージェスの仕事を引き受けることにしたときは、「一年か二年のあいだにいくつかの節足動物を記載してそれで終止符をうつつもりだった」という。

しかしそうはならなかった。ハリー・ウィッティントンは、マルレラ属に関する最初のモノグラフを書くだけでも四年半の歳月を費やした。最初に、はたしてこれはある種の節足動物と同一のものなのかどうかという疑念が少しずつ膨《ふく》らみ、一九七〇年代中ほどになって新しい解釈が固まるまで、まさに驚きの連続だった。その観点はみごとに花開き、初期の生命史に関する新しい考えかたに向けてその後のすべての研究を導いた。私は分類学のモノグラフを発表年代順に読むうちに、この物語を五幕からなる古典的な劇《ドラマ》として見るようになった。誰も殺されないし、怒りを爆発させる者すらいない。しかし、まさにダーウィンが自説を思いついてから公表するまで二一年間ほとんど沈黙を守りとおしながらそれを熟成させたように、バージェス頁岩の再評価にも同等の時間がかかるなかで、穏やかな水面の下では最高の知的ドラマが進行していたのである。

●分類学と門の地位

この世はこんなに物でいっぱいだ、
ぼくらはみんな王様みたいに幸せだ。

――ロバート・ルイス・スティーヴンソン

『子供のための詩の庭園』に収められているこの有名な二行連句は、われわれがすむ自然界の最高の歓びと進化がもたらした重要な成果――切り詰めることのできない信じられないほどの多様性――を表現している。人間の心は（少なくとも大人にかぎっては）秩序というものをありがたがるため、われわれはこの多様性を分類体系によって意味づけている。分類学は、整理作業を仰々《ぎょうぎょう》しく形式化したものとして往々にして軽視されている。切手を切手帳の中の決められた場所に整理するように、個々の種《しゅ》を所定の整理棚に収めるものだというのだ。しかし分類学は、生物間に相互関係や類似性が見られる原因を探ることを目的とするダイナミックで重要な科学である。分類とは、自然界の秩序の根幹に関する理論であって、混沌状態を避けるだけのための無味乾燥なカタログ作りではない。

生物間の関係や秩序をもたらした大本《おおもと》は進化である。したがって、それらを必然なこととしている原因を体系化した分類がわれわれの目標である。階層分類がこの目的にかなうのは、何重もの入れ子構造という体系で生命樹という根源的な構図を表現できるからである。先端の小枝から枝、枝から太枝、太枝から幹へと集束する樹状図で種の共通祖先を過去へ過去へとたどることができるのだ。

たとえば人間は類人猿やサルといっしょになって霊長類を構成し、霊長類はイヌ類と哺乳類を構成し、哺乳類は爬虫類と脊椎動物を構成し、脊椎動物は昆虫と動物界を構成するというふうに祖先の共有関係をたどることができる。ダーウィン以前にもリンネウスそのほかの博物学者たちが階層的な分類体系を使用していた。したがって進化だけが、こうした形式で表現できる秩序の唯一考えうる原因というわけではない。しかし、多様化による進化は共通祖先からの分岐という意味を含んでおり、そのような構図を表わすには階層分類が最適である。

近代分類学は、種（これ以上は分解できない進化の根本的な単位とみなされている）から界（もっとも大まかなグループ分け）にまで拡大される入れ子構造に七つの基本レベルを認めている。すなわち種、属、科、目《もく》、綱《こう》、門、界の七つである。

最高位のレベルである界は、古くからの民俗的な分けかたでは植物と動物、昔流の生物教育では植物と動物と単細胞原生生物に分けられていたが、現在はもっと正確でつごうのいい五界構造がほとんど大勢を占めている。それは多細胞生物としては植物界、動物界、菌界の三つ、構造の複雑な細胞をそなえた単細胞生物としては原生生物界《プロティスタ》、核やミトコンドリアなどの細胞小器官を欠く単純な細胞からなる単細胞生物としてはモネラ界（バクテリアと藍色《らんしょく》植物）という五つの界を設定する。

次のレベルである門は、界のなかの基本的な分割単位である。門は、解剖学的構造の基本設計プランの枠組といっていい。たとえば動物界では、もっとも大きな基本グループがそれぞれ一つずつの門を構成している。すなわち海綿《かいめん》動物、刺胞《しほう》動物（サンゴやイソギンチャク、クラゲなど）、環形《かんけい》動物（ミミズ、ヒル、ゴカイなど）、節足動物（昆虫、クモ、エビ、カニなど）、軟体動物（貝類、イカ、タコなど）、棘皮《きょくひ》動物（ヒトデ、ウニ、ナマコなど）、脊索《せきさく》動物（脊椎動物とその仲間）などである。別の言いかたをするなら、門は生命樹の太い幹に相当する。

この本では、動物界の初期の歴史を論じる。門の起源、初期の門の数、分化の程度などに焦点を合わせるなかで、われわれは地球の動物界の組成《そせい》に関する疑問のなかでもっともその根幹にかかわる問いを発することになる。

現在の地球は、どれだけの数の動物門を抱えているのだろうか。その答はまちまちである。なぜならこの問題にはいささか主観的な要素が含まれるからだ（末端の小枝というのは客観的なものであり、種は自然界に実在する単位ではあるが、枝がどの程度大きくなった段階で大枝と呼べばいいのだろうか）。それでも、ある程度の了解事項はある。門はどちらかといえば大きくて個別的である。たいていの教科書は二〇から三〇くらいの動物門を認めている。

一冊丸ごとを門の名称と解説にあてている最良の総目録ともいうべき本（Margulis and Schwartz, 1982）は、三二の動物門を列挙している。この数値は、大方《おおかた》の見解と比べると多めである。すでに名をあげた七つの門のほかにも有櫛《ゆうしつ》動物（クシクラゲなど）、扁形《へんけい》動物（ウズムシ、プラナリアなど）、腕足《わんそく》動物（古生代の化石としてはおなじみの二枚貝のような無脊椎動物なのだが、現代では稀な生物）、線形《せんけい》動物（微小な土壌動物や寄生虫としてびっくりするくらいたくさん生息している体節のない細長い〝虫〟）といった動物門がある。

長い前口上はこれくらいにして、バージェス頁岩に関連してこんな講話をお聞かせする主《しゅ》旨《し》を手短に述べておこう。じつは、ブリティッシュ・コロンビア州にある小さな化石発掘場であるバージェス頁岩から見つかる一五から二〇種類あまりの化石動物は、どれもみなたがいにはなはだしく異なっているうえに現生生物のどれとも似ていないため、それぞれ独立の門として位置づけなければならない。門がその個別性を獲得するのは、何百もの種分化という事件を繰り返し、そのたびに種が少しずつ変わっていくことによってであるというのがわれわれの伝統的な考えかたである。つまり、種分化を繰り返すことで大幅な多様性が蓄積された後でなければ、生物グループの解剖学的構造が別個の門として位置づけられるほど個別的なものとなることはないはずなのだ。したがってわれわれは、単一の種に門という〝高位〟の称号を授けるのを躊躇《ちゅうちょ》する。このような従来の見解――バージェスがもたらす証拠によれば明らかにまちがっているか不完全な見解――によれば、一種かせいぜい数種からなる系統が門として位置づけられるほどまでに多様化できるはずがない。さて、いかがしたものだろう。バージェスから見つかる一五から二〇種類あまりのユニークなデザインは、解剖学上の独自性からいえば独立した門に相当する。正規の命名手続に関して最終的にどういう決断を下すにしろ、バージェスをめぐるこの注目すべき事実については、そこに含まれるすべての意味とともに承認されねばならないのだ。

●節足動物の分類と解剖学的特徴

われわれが生きている新生代を哺乳類の時代と呼ぶ熱狂的な身びいきを受け入れてはいけない。今は節足動物の時代である。種数、個体数、進化的に存続する見込みなどどういう基準をとろうとも、節足動物は哺乳類をしのいでいる。命名されている動物種のうちの八割方《がた》は節足動物であり、その大部分は昆虫である。

そこで、節足動物の高次分類が大きな関心を払わねばならない重要な問題となる。これまでに多くの分類様式が提案され、それぞれのちがいが論争をあおりたてている。それでも、節足動物門内の基本的なサブグループの数と構成に関しては、多くの見解からおおよその合意事項をひねり出すことができる。ちなみにサブグループ間の進化的関係については問題が多いのだが、この本ではその問題には深入りしない。

私がここで採用する分類様式は保守的で伝統的なものであり、いずれ見解の一致が得られるとしたらそれにもっとも近いものである。私は、大きなグループとして三つの現生グループと一つの化石グループからなる四グループ（図1）を認めることとし、それらのあいだの進化的関係についてはいっさい触れない。

（一）**単枝類**《たんしるい》　昆虫類、ムカデ類、ヤスデ類のほか、おそらく有爪類《ゆうそうるい》（かなり変わっているもののとても魅惑的な小グループであり、バージェス頁岩からはこのメンバーと思われる化石が見つかっているので、これについては後ほど詳述）を含む。

（二）**鋏角類**《きょうかくるい》　クモ類、ダニ類、サソリ類、カブトガニ類と、絶滅したウミサソリ類を含む。

（三）**甲殻類**《こうかくるい》　おもに海生（陸生のダンゴムシなどの等脚類《とうきゃくるい》は例外）で、小さな二枚貝のような甲をもついくつかのグループ（たとえば橈脚類《かいあしるい》や貝形類《かいけいるい》——専門家以外にはあまり知られていないがすばらしい遊泳動物で海にはたくさんいる）やフジツボ類、十脚類《じっきゃくるい》（カニ、エビ——われわれはこれがあの昆虫のいとこだとも知らずにおいしいおいしいと言いながら食べている）などを含む。

（四）**三葉虫類**　みんなが大好きな化石無脊椎動物。二億二五〇〇万年前に絶滅したが、古生代の岩石からはよく見つかる。

バージェス動物群の解明は、この驚くほど多様で異質な節足動物を深く理解することにかかっているため、節足動物の解剖学的特徴についてある程度詳しく言及しなければならない。ただしここでひるまれてはこまるので、専門用語の使用は最小限に控えることを約束する。一〇〇〇語以上はある専門用語のうちの二一〇語くらいを使用するにとどめるつもりである

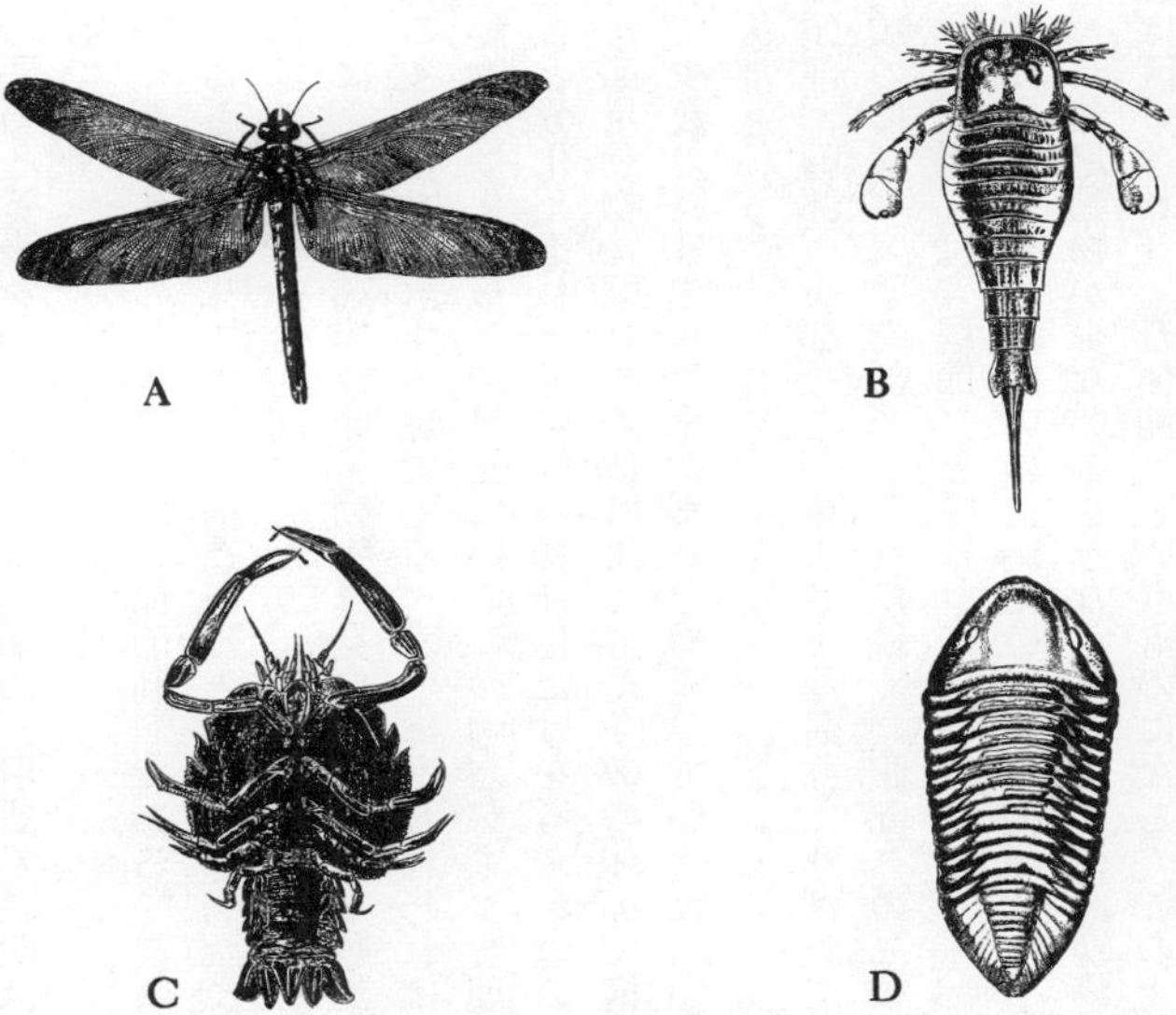

図1／節足動物の四大グループを代表する化石種。古生物学の歴史のなかでもっともよく使用された，19世紀末に著されたツィッテルの教科書からとった図。（A）石炭紀の巨大なトンボ。単枝類の代表。（B）ウミサソリ（広翼類）の化石種。鋏角類の代表。頭部付属肢の最初の一対は小さく，甲皮の下に隠れている。残りの五対はこの図でも見えている。（C）カニの化石種。甲殻類の代表。（D）三葉虫。

（それらの語の一覧表をつくったりはせずに、用語の説明は文中で行なう。鍵となる用語は、初出の段階で〈ヤマカギかっこ〉に入れる）。

節足動物のデザインの基本原則は〈体節制《たいせつ》〉である。これは体節構造の繰り返しで体がつくられているという意味である。構造がほとんど等しいたくさんの体節でできた初期の節足動物は、体節の減少や癒合《ゆごう》を起こしたり、当初はみな似ていた体節を別々の体節へと特殊化させることによって、高等な節足動物に見られる多様な解剖学的構造を進化させた。これが節足動物の多様化を理解する鍵である。幸いにもわれわれはたった二つの現象を考えるだけで、節足動物の進化を複雑に見せているこの中心テーマを理解することができる。体節そのものの癒合と分化、それと付属肢の特殊化だけを考えればいいのだ。

原始的な節足動物（図2）の体はよく似た多数の体節で構成されていたが、体節はしだいに癒合して少数の特殊化したまとまりを構成していった。いちばんありふれた構成は頭部、中央部、後部という三つの部分（三葉虫類ではそれぞれ〈頭〉、〈胸〉、〈尾〉、昆虫類や甲殻類では頭部、胸部、腹部など、さまざまな名称で呼ばれている）からなるものである。大半の鋏角類の体は、〈頭胸部〉とそれに続く〈腹部〉の二つの部分でできている。甲殻類の多くの癒合した尾部は〈尾節〉と呼ばれている。

節足動物は〈外骨格〉（硬いのだがたいていの種類では生体鉱物を含んでおらず、そのため化石化した節足動物が少ない）をそなえている。体節が癒合すると、外骨格の一部が合体して他とは区分され、〈合体節《ごうたいせつ》〉というものになる。このような癒合作用は〈合体節化〉と

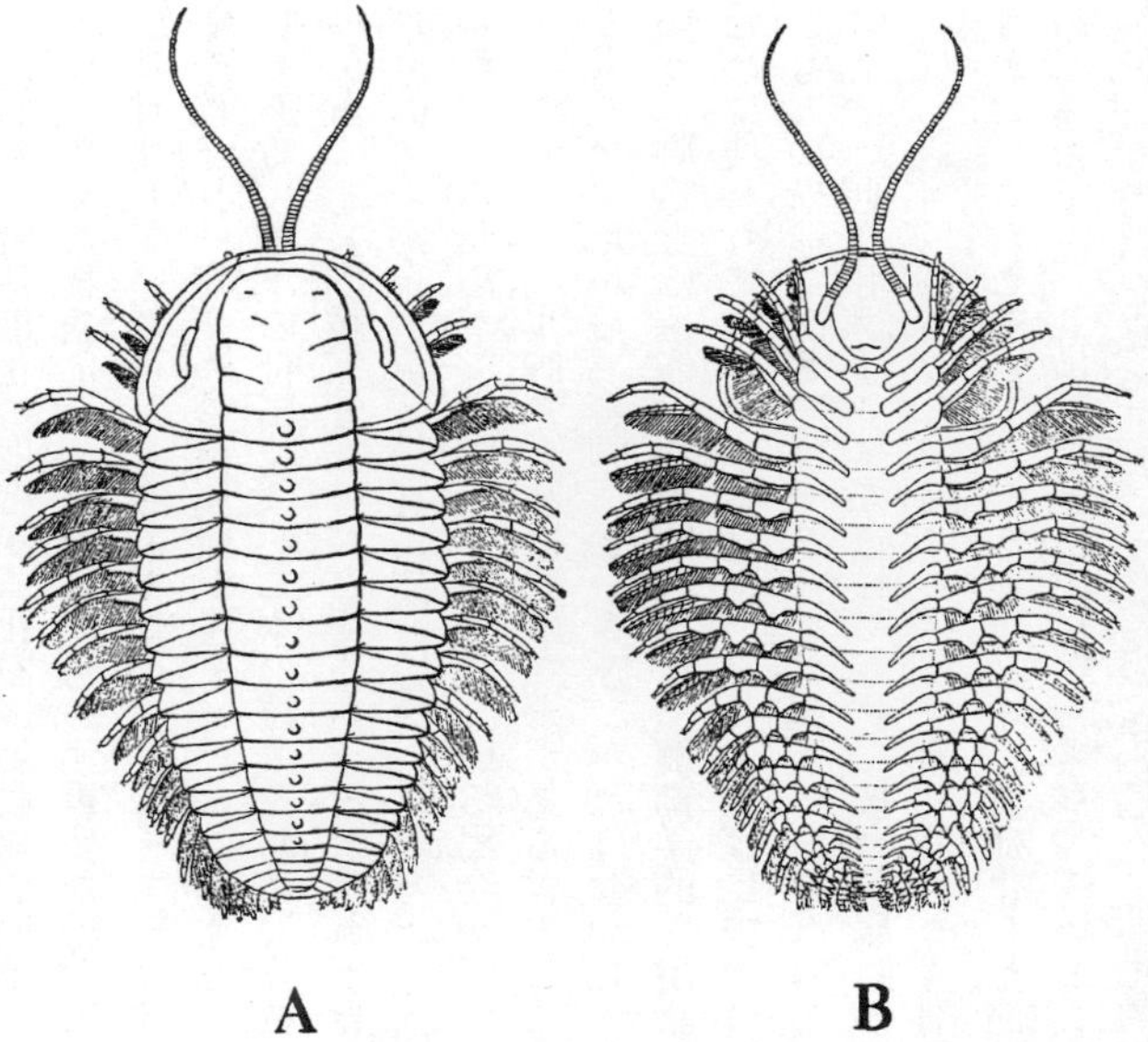

図2／原始的な節足動物はたくさんのよく似た体節をそなえている。これはトリアルトルス属の三葉虫。先端部に生えている触角を除けば，対をなすすべての付属肢もよく似た二枝型である。すべての体節に一対ずつの付属肢が生えている。（A）背面図。（B）腹面図。出典はツィッテルの教科書。

呼ばれる。外骨格の合体節化の度合が、化石節足動物を同定するための重要な基準となる。

バージェスをめぐる物語にとってそれに劣らず重要な鍵を握るのが、付属肢の特殊化と分化である。特殊化していないたくさんの体節をそなえていた原始的な節足動物では、一つの体節ごとにそれぞれ一対ずつの付属肢が生えていた。つまり、一つの体節につき左右一本ずつの付属肢である。個々の付属肢は、二本の枝すなわち〈分枝《ぶんし》〉からできている。個々の分枝は、その位置――〈内枝《ないし》〉と〈外枝《がいし》〉――か、それぞれがはたしている機能に応じた名称がつけられている。多くの場合、外枝には鰓《えら》が付着していて呼吸か遊泳（あるいはその両方）に使われているため、〈鰓脚《さいきゃく》〉と呼ばれている場合が多い。内枝は移動のために使われているのがふつうで、〈歩脚《ほきゃく》〉と呼ばれることがある。ここで読者は、〝脚〟といえば〝歩く〟ためのものなのだから〝歩脚〟という呼びかたはおかしいと感じるかもしれない。しかしここでいう〝脚〟とは機能的な用語ではなく解剖学的な用語であり、すべての節足動物の脚が歩くために使われているわけではない。たとえば昆虫の口器《こうき》は脚が変形したものである。

このもともとの構造（図3）は〈二枝《にし》型《がた》付属肢〉と呼ばれる。ここで一つお願いがある。この欄で紹介した他の用語はすべて忘れても、二枝型付属肢の定義だけは覚えておいていただきたい。バージェスをめぐる議論において、節足動物の解剖学的特徴で一つだけ重要な点があるとすれば、これこそがそれだからである。特殊化した節足動物は、往々《おうおう》にしてこの二枝のうちの一つを失い、付属肢は〈単枝《たんし》型《がた》〉となっている（〝二枝型〟といっしょにこの〝単枝型〟という用語を覚えておいていただきたい）。節足動物の高次分類では、単枝型付

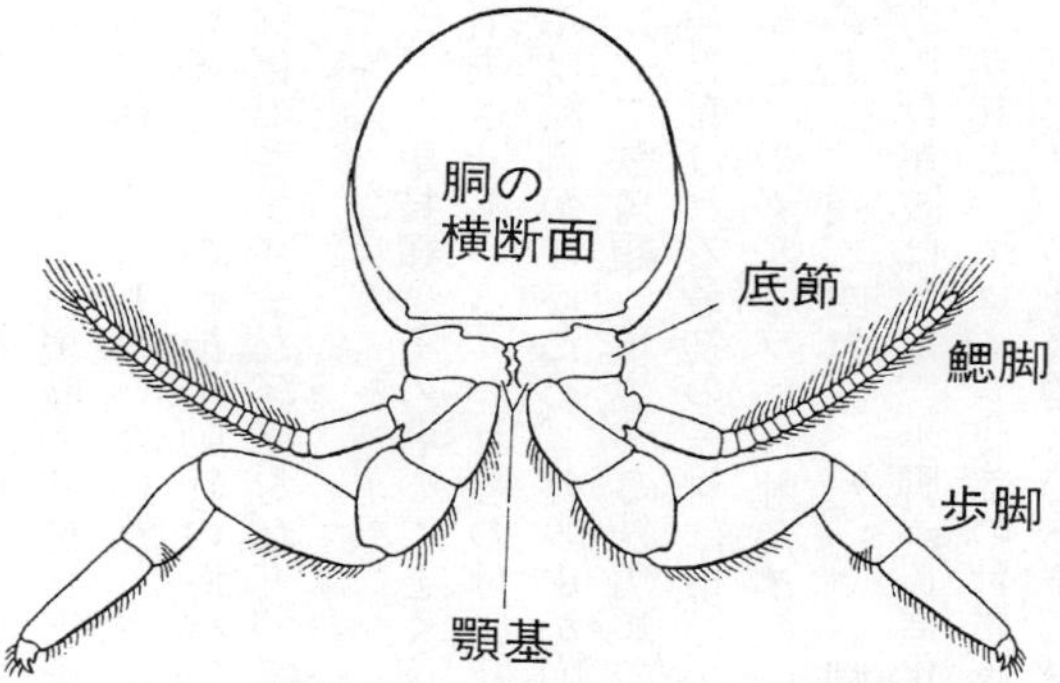

図3／節足動物を体節の関節部分で切断した図。付属肢は典型的な二枝型。作図はラズロ・メゾリーによる。

属肢と二枝型付属肢が体のどの部位にどう配置されているかを重視する。

ほとんどの海生節足動物の歩脚は、脊椎動物を中心に考えるわれわれの目には奇異に映る特別な機能を果たしている。海生節足動物のなかにも、われわれと同じように頭の前で食物をつかみ、それを口に直接運んで摂食するものがいる。しかしたいていの節足動物は、食物粒子をつかみ、それを脚のあいだの〈腹面〉（下面）中央にある〈食《しょっ》溝《こう》〉に沿って口器のほうへ送るために歩脚を使う（動物の体の上面は〈背面〉と呼ぶ）。〈節足動物〉とは文字どおり〝足に節《ふし》がある〟動物という意味であり、付属肢はいくつかの〈肢節《しせつ》〉でできている。体近くに位置している付属肢の肢節が〈基節〉である。それに対して付属肢の先端にある肢節が〈指節《しせつ》〉である。歩脚のいちばん付け根にある肢節は〈底節《ていせつ》〉と呼ばれる。食溝に境を接する底節の縁には、〈顎基《がくき》〉と呼ばれるぎざぎざの歯がついている場合が多く、これで食物をつかまえて前方に送る（図3を参照）。

以上のような二つの原則、すなわち合体節化（体節の癒合）と一方の消失に伴《ともな》うもう一方の分化による付属肢の特殊化とを総合することで、節足動物の高次分類が組みたてられている。体は癒合していないたくさんの体節で構成され、個々の体節には二枝型付属肢が生えているというのが節足動物の原型だった。そこから出発して、大半のグループは合体節化と特殊化のさまざまな経路をたどって進化してきた。では節足動物の四大グループについて考えてみよう。

（一）**単枝類**　その名のごとく、昆虫類とその仲間はすべて、原型の二枝型付属肢の鰓脚を消失させている。かれらの付属肢（触角、肢、口器）は歩脚だけでできているのだ。昆虫類には鰓脚がないため、外表皮が陥入《かんにゅう》した気管で呼吸している。

（二）**鋏角類**　現生する鋏角類の大半は、頭胸部に六対の単枝型付属肢をそなえている。鋏角と呼ばれる最初の一対は指節があごのようになっていて、食物をつかむために使われている（このグループには触角がない）。脚鬚《きゃくしゅ》と呼ばれる二番めの一対には、ふつうは感覚機能がある。残る四対は、たいてい脚のようになっている（クモの八本の脚がこれ）。これら前方の付属肢はみな、歩脚から進化したものである。ところが後方の体節では、これと逆のことが起こっている。腹部の付属肢も単枝型ではあるのだが、こちらは鰓脚だけでできているのだ（クモの呼吸器官である〝書肺〟は腹部にある）。

（三）**甲殻類**　フジツボからロブスターまでと形態上の多様性は大きいものの、すべての甲殻類は頭部に五対の付属肢があるという定型化したパターンで区別できる（ということは、頭部は少なくとも五つの体節の合体節によって形成されていることになる）。それぞれ第一触角、第二触角と呼ばれる最初の二対は単枝型である。それらは〈口前《こうぜん》〉すなわち口の前に位置し、感覚機能をそなえている。残りの三対は〈口後《こうご》〉すなわち口の後方に位置し、通常は口器として摂食に使われる。胴体部の付属肢は、原型である二枝型の形状をとどめている場合が多い。

（四）**三葉虫類**　三葉虫の頭部には、一対の口前付属肢（触角）と三対の口後付属肢が生えている。そして各体節には、祖先型とされる形状からほとんど変わっていない一対の二枝型付属肢が生えているのがふつうである。

おそらく以上のような定型化したパターンこそが、現生する節足動物（ただし三葉虫類だけは絶滅）においてもっとも注目すべき現象である。これまでに命名記載されている一〇〇万種あまりの昆虫で二枝型付属肢をもつものは一種もおらず、ほとんどすべての種が胸部にちょうど三対の肢をもっている。海生甲殻類はその形態において信じられないくらいの多様性を示しているが、頭部における合体節のパターンはすべて同じで、二対の口前付属肢と三対の口後付属肢をそなえている。どうやら進化は、節足動物に関してはごく少数の基本設計プランだけを用意し、一貫してそれを押しとおすことで動物界全体のなかで最大の多様化を達成したようである。

ところがブリティッシュ・コロンビア州にあるバージェス頁岩という発掘場からは、後に繁栄した節足動物の四大グループすべての原始的な代表種の化石が見つかるほかに、二〇種類を超す節足動物の基本デザインをそなえた化石種が見つかっている。つまり、節足動物の基本設計プランは、スタート後しばらくたってから種類数が四つに限定されたのである。おもにこのこととの関連で考えるとき、バージェス頁岩をめぐる物語は生命史のなかでおそらくもっとも特筆されるべき物語となる。どのようにしてそれほどの異質性がそんなにも急速に起源したのだろうか。そしてそのうちの四種類の基本デザインだけが存続したのはなぜなのだろうか。この二つの疑問が本書の主題である。

バージェス劇

第一幕　マルレラとヨホイア——疑念の芽生えと生長《せいちょう》

一九七一〜一九七四年

ウィッティントンが直面した概念の世界

本来、ハリー・ウィッティントンは、慎重で保守的な人である。彼は思考の大変革をもたらす産婆《さんば》役を演じてきたわけだが、今に至っても彼自身は、自分のことを節足動物化石を詳細に記載する技量をそなえた経験主義者だと思っている。彼が若い仲間たちに強く言い聞かせるお気に入りのモットーは、理論よりも事実と記載を、である。〝歩けもしないのに走れるはずがない〟というのだ。

ゆっくりと慎重にことを起こすことをよしとする古生物学者らしく、ウィッティントンはバージェス頁岩《けつがん》でもっともよく見つかるマルレラ属の研究から着手した。バージェスで見つかる化石としては、マルレラ・スプレンデンスが量で断然他を圧倒している。ウォルコットは一万二〇〇〇個以上の標本を発掘していた。ウィッティントンの調査隊は新たに八〇〇個の標本を集めたし、この私はパーシー・レイモンドが一九三〇年に発掘した二〇〇個以上の標本の管理責任者である。バージェスから出土した化石種は、標本が一〇個に満たないものが多く、一個しか見つかっていないものもある。しかし一万三〇〇〇個もあれば、解剖する過程でただ一つの貴重な証拠を破壊してしまうとか、決定的な部分の構造がわからないといった心配は無用である。

マルレラ・スプレンデンスは、ウォルコットがいちばんはじめに見つけてスケッチしたバージェス生物である。バージェス動物群そのものといってもいいくらいの生物なのだ。ウォルコットは一九一二年にマルレラを正式に記載しているが、この〝レースガニ〟が通常の三葉虫とちがうことは認めたものの、三葉虫綱の新発見の目《もく》としてマルレラを位置づけた。ウォルコットには、バージェス生物は後に繁栄するグループの原始的なメンバーであるという見かたをする必要があった。そのため、「マルレラに三葉虫が予示されている」（Walcott, 1912, p. 163）と書いている。

ウォルコットの同僚のすべてがその見解に納得したわけではなかった。私はスミソニアン研究所のアーカイヴズ（文書庫）で、チャールズ・シュッカートとウォルコットとのあいだで交わされた興味深い書簡を何通か見つけた。シュッカートはイェール大学の著名な古生物学者であり、ウォルコットのバージェス頁岩発見にまつわる公式の伝説を成文化した張本人である。友人であるウォルコットがバージェスの節足動物についてまとめた論文を読んだシュッカートは、一九一二年三月二六日に次のような手紙を書いた。

これはここだけの話ですが、私はマルレラをひと目見たときから、そしてあなたがお描きになったたくさんのすばらしい図版を見たいまも、この動物が三葉虫だとはどうしても思えません。……これがどうして三葉虫なのか、私にはわかりません。こんな鰓《えら》は、どんな三葉虫でも見つかってはいないのではないですか。ただ、これはまだ未消化の考えです。したがって、マルレラは三葉虫ではないということをあなたに納得させるためというよりは、そういう考えかたがあることも考慮に入れていただきたいと思い、お伝えしたしだいです。

ただしシュッカートもウォルコット同様、すべてのバージェス生物は既知のグループに属しているという大テーマに執着していたため、マルレラの特異さについては言及していない。単に、よく知られている節足動物のなかの別の場所に位置づけたほうがいいのではないかとほのめかしているだけである。

ウィッティントンがバージェス頁岩の節足動物の再記載に着手したときに直面した概念上の障壁がいかなるものだったかをいくらかでもわかってもらうために、私はここで、本書では〝ウォルコットの靴べら〟と呼ぶことにしたウォルコットの決断について述べなくてはならない。ウォルコットは、バージェス動物群のすべての属を既知の主要なグループに無理にでも押しこむことに決めたのだ。ほとんどの読者にとってここからの話は、分類学と節足動物の解剖学的特徴について説明した記事（一六五ページから一七八ページ）と結びつけて理解する必要があるだろう。無脊椎動物の生物学的特徴に関する知識をほとんど持ちあわせていない読者には、少々骨がおれるかもしれない。しかし、決して難しい話ではないし、概念上の見返りは莫大である。必要な基礎知識と指針を提供するにあたって、私は最善をつくすつもりでいる。題材は、概念的にはぜんぜん難しくはないし、その詳細は美しくもあり魅惑的でもある。しかも、分類学上のあれやこれやを完全に頭に入れていなくても、話の筋は簡単に追えるはずである。ただし、ウォルコット、それとウィッティントン以前にバージェスを研究したすべての研究者たちは、バージェス生物を既知の動物グループに位置づけていたということと、ウィッティントンはそうした伝統からしだいに離れ、生物の多様化の歴史に関する過激な見解へと向かったという事実だけは常に頭に入れておいてほしい。

　バージェスの節足動物に関するウォルコットの完全な分類は、一九一二年の論文の一五四ページに載《の》っている（本書の表3－1がそれ）。ウォルコットは、バージェスのすべての属を四つの亜綱《あこう》にばらばらに振り分けている。しかもその四つの亜綱は、彼が甲殻類としてひとくくりにした綱に納められている。ウォルコットは、今日《こんにち》のわれわれの定義よりもはるかに広く甲殻類を定義していた。海生と淡水生の節足動物の事実上すべて、すなわち今日の定

甲殻綱（Crustacea）
1　鰓脚亜綱（Branchiopoda）
　無甲目（Anostraca）
　　オパビニア（*Opabinia*）
　　レアンコイリア（*Leanchoilia*）
　　ヨホイア（*Yohoia*）
　　ビデンティア（*Bidentia*）
　背甲目（Notostraca）
　　ナラオイア（*Naraoia*）
　　ブルゲッシア（*Burgessia*）
　　アノマロカリス（*Anomalocaris*）
　　ワプティア（*Waptia*）

2　軟甲亜綱（Malacostraca）
　　ヒメノカリス［カナダスピス］（*Hymenocaris*［*Canadaspis*］）
　　ヒュルディア（*Hurdia*）
　　トゥーゾイア（*Tuzoia*）
　　オダライア（*Odaraia*）
　　フィエルディア（*Fieldia*）
　　カルナルヴォニア（*Carnarvonia*）

3　三葉虫亜綱（Trilobita）
　　マルレラ（*Marrella*）
　　ナトルスティア［オレノイデス・セルラトゥス］
　　　（*Nathorstia*［*Olenoides serratus*］）
　　モリソニア（*Mollisonia*）
　　トントイア（*Tontoia*）

4　節口亜綱（Merostomata）
　　モラリア（*Molaria*）
　　ハベリア（*Habelia*）
　　エメラルデラ（*Emeraldella*）
　　シドネユイア（*Sidneyia*）

表3-1／ウォルコットが1912年に発表したバージェス産節足動物の分類

義でいう節足動物門全体におよぶ生物を甲殻類にひっくるめていたのだ。彼が四つの亜綱としたものを順に見てみよう。鰓脚類《さいきゃくるい》（1）に含まれる現生種のほとんどは淡水生の甲殻類で、ブライン・シュリンプ（アルテミア）やミジンコ類がその代表である。軟甲類《なんこうるい》（2）は海生甲殻類の大グループで、カニやエビはここに含まれる。三葉虫類（3）は、いうまでもなくもっとも有名な化石節足動物のグループである。化石生物であるウミサソリや現生するカブトガニを含む節口類《せっこうるい》（4）は、陸生のサソリ、ダニ、クモなどに近縁なグループである。

ウォルコットが一九一二年に発表したこのチャートがその後たどった運命は、バージェス物語全体の注目すべき縮図となっている。彼が列挙した二二属のうち、正しいグループに配属されていたのはわずか二つの属でしかない。ナトルスティア（現在の呼称はオレノイデス・セルラトゥス）は、まぎれもない三葉虫である（Whittington, 1975 b）。ヒメノカリス（現在の呼称はカナダスピス）は、軟甲類の系統に属する真の甲殻類である（第三幕を参照）。ヒュルディア、トゥーゾイア、カルナルヴォニアという三つの属は、二枚貝に似た殻をもつ節足動物の背甲《はいこう》をもとに記載されたもので、軟組織は保存されておらず、いまもって節足動物のどのサブグループにも分類されていない。バージェス産節足動物をめぐる物語とは関係のない属も三つある。すなわち、トントイアはバージェス頁岩ではなくグランド・キャニオンで見つかったものであり、分類学上の位置はいまだに不明で、生物化石ではない可能性が高い。ビデンティアという属名はまちがいで、正しくはレアンコイリア属に属している。フィエルディアが節足動物としたのはウォルコットの同定ミスで、これは鰓曳動物《えらひき》の一員である。

残る一四の属のうちの二つ（オパビニアとアノマロカリス）は、それぞれ現生動物のグループとは関係がわかっていない二つの独自の門に分類されている。この二つの門と、同じような立場にある少なくとも一〇あまりの門（ウォルコットはそれらを、たいていは環形動物《かんけい》として分類していた）が、私が語る物語の中心を占めている。それ以外の一一の属も、ウォルコットが配属した心安らぐ既知のグループからはずされ、他の現生グループや化石グループの枠内には納まりきらない独自の解剖学的特徴をそなえた節足動物として分類しなおされている。ウォルコットが鰓脚類の甲殻類として分類したナラオイアだけは、既知のグループに属している。ただしウォルコットは、ここでも過ちを犯している。ナラオイアは、実際にはきわめて奇妙な三葉虫なのだ（Whittington, 1977）。

私は、ウィッティントンとその仲間たちがバージェス動物群の記載のしなおしをするまで、〝ウォルコットの靴べら〟に対する異議は唱えられなかったと書いた。しかし、すべての古生物学者がウォルコットの独特な分類をそのまま受け入れていたわけではない。ウォルコットが最初の記載を発表してからウィッティントンの最初のモノグラフが発表されるまでの六〇年間、この動物群の重要性はすべての古生物学者が認めていたにもかかわらず、バージェス生物に関する論文はぽつぽつとしか発表されなかった。*しかし、ウォルコットとは著《いちじる》しく意見を異《こと》にする分類体系もいくつか提案されていた。

（＊）私は、ウォルコットが集めた標本はスミソニアンへ行けばいつでも見ることができたのに、ウィッティントンの見直しが発表される前に発表された論文はなぜあんなにも少なかったのかとウィッティントンに尋ねてみた。ウィッティントンはたくさんの理由をあげた。その理由のすべてが関与したことは疑いないが、それら全部を合わせても、この奇妙な事実を完全に説明することはできない。ウィッティントンは、ウォルコットの三番めの妻は独占欲の強い女性で、標本に対する所有権はなかったにもかかわらず、他人の研究のじゃまをしたという理由もあげた。彼女は、一九二七年に夫が死んですぐにバージェスを再調査したパーシー・レイモンドを憎んでいた。レイモンドはといえば、ウォルコットの熱心な支持者ではなかったし、行政の仕事にすべての時間をとられていたためにバージェス化石の適切な研究ができなかったウォルコットのことを〝偉大な古生物学行政官〟と呼んでけなしていたという。ただしこれは、きわめて物腰穏やかな人物だったレイモンドにしては異例なほど辛辣《しんらつ》な評価である。レイモンドのことをよく知っていたアル・ローマーからかつて私が聞いた話では、レイモンドの家庭内の順位は彼の妻、子供たち、飼いイヌの順で、彼の地位はそのイヌの下、つまり最下位だったという。レイモンドの趣味は白目《しろめ》細工の収集だったが、この点をとっても彼のイメージはマッチョとはほど遠い。とにかくウォルコットが生きているあいだ、彼以外の人間がバージェス標本を研究することはありえなかった。彼は、その研究は自分でやるつもりだったし、アメリカの科学界で最高の権力をそなえた男をあえて舞台の袖に追いやるような人間などいなかったからである。このような所有権の主張は、古生物学では、学界における地位の高くない研究者に対してであっても伝統的に尊重されている。化石の発見は記載権の獲得を意味しており、その権利を行使する猶予《ゆうよ》期間はしばしば一生涯に及ぶと解されている。ウォルコットの妻と、ウォルコットは絶大な権力を握っていたという記憶が、ウォルコットが墓に入った後においてさえもバージェス標本に関する研究へのためらいを引き延ばした。そのうえ、ウィッティントンが報告しているように、〝模式〟標本を調べることは可能だったが（種の原記載にはごく少数の標本が使用されていた）、ほとんどすべての標本は保管キャビネットの上のほうの引き出しにしまわれていた。したがって、気軽にひとあたり目を通すというわけにはいかなかった。古生物学の研究は、往々にして運よく見つかったことをきっかけに開始されるものなのだ。それらの標本はまた、エアコンのない建物に保管されていた（いまは改善された）。たいていの古生物学者は大学に籍《せき》を置いており、実質的な自由時間がもてるのは夏期休暇中だけである。七月か八月にスミソニアンのあるワシントンDCを訪れてその地の快適さを味わったことのある方には、これ以上何も言う必要はないだろう。

しかしそうした代案は、それぞれに異なっているにもかかわらず、ウォルコットの大前提への忠節を放棄してはいなかった。その大前提とは、化石は限られた数の既知の大グループにすべて納まるものであり、生物の歴史は一般に複雑さと多様性を増大する方向に向かうという、古生物学者が共有するほとんど暗黙の了解である。

レイフ・ステルマーは、『古無脊椎動物学精鋭』という集成に寄稿するためにバージェス産節足動物の大半を記載した仕事を引っぱりだし、おもに三葉虫を扱っている大部な巻にその結果を発表した（Størmer, 1959)。ステルマーの見解は、ウォルコットのそれとはまったく相容《あいい》れないものだった。バージェス産節足動物をさまざまなグループに振り分ける代わりに、そのほとんどを三葉虫そのものに忠誠を尽くすかたちでひとまとめにしたのだ。もちろん彼は、大半は三葉虫とは似ても似つかない多様な動物のすべてがほんとうに三葉虫綱に属しているなどとは主張できなかった。しかし彼は主要な属のすべてを、緊密に進化したとする一つのグループにまとめ、それを三葉虫綱のすぐ隣に位置づけることで、バージェスにおける節足動物の異質性という問題をうまく（ただし誤って）解決した。彼はそのグループを、三葉虫様綱《さんようちゅうようこう》と命名した。

　この解決法は、あまりにも御都合主義的、あまりにも独断的すぎてちょっと信じがたいものに見えるかもしれない。しかしステルマーにはそれなりの理由があった（後ほど見るように、その後の分類理論の進展によってその正当性は否定された）。もちろん彼は、バージェス産節足動物にはたいへんな形態の幅があることを認めていた。それなのにすべての種類が頭部よりも後ろの体節に同じ種類の〝原始的〟な付属肢――歩脚《ほきやく》の上部に鰓脚《さいきやく》がついている二枝型付属肢（一七四ページの解説を参照）――をそなえているという理由で、一つの分類学的集合《ユニオン》をでっちあげたのだ。三葉虫類もこれと同じ型の付属肢をそなえていた。そのため三葉虫綱そのものと三葉虫様綱（バージェスのさまざまな妙ちくりんたち）を三葉虫型亜門という大きな分類群にひとまとめにすることができた。ステルマーは、次のような理由を述べている。

　三葉虫型亜門は、付属肢の外見上の基本構造が共通していることによってひとまとめにされる。三葉虫の肢は特徴的で変わりにくい構造であろう。したがって化石節足

三葉虫型亜門（Trilobitomorpha）
　三葉虫綱（Trilobita）
　三葉虫様綱（Trilobitoidea）

1　マルレラ亜綱（Marrellomorpha）
　　マルレラ（*Marrella*）

2　節口様亜綱（Merostomoidea）
　　シドネユイア（*Sidneyia*）
　　アミエラ（*Amiella*）
　　エメラルデラ（*Emeraldella*）
　　ナラオイア（*Naraoia*）
　　モラリア（*Molaria*）
　　ハベリア（*Habelia*）
　　レアンコイリア（*Leanchoilia*）

3　擬背甲亜綱（Pseudonotostraca）
　　ブルゲッシア（*Burgessia*）
　　ワプティア（*Waptia*）

4　亜綱　不明（Uncertain）
　　オパビニア（*Opabinia*）
　　ケロニエロン（*Cheloniellon*）
　　ヨホイア（*Yohoia*）
　　ヘルメティア（*Helmetia*）
　　モリソニア（*Mollisonia*）
　　トントイア（*Tontoia*）

表3-2／ステルマーが1959年に発表した三葉虫様綱の分類

動物にそれが存在することは、それをそなえている多くのさまざまな種類は近縁であることの証拠と考えていいのではないだろうか。（1959, p. 27）

ステルマーによる三葉虫様綱の分類は、表3-2のとおりである。彼があげた一六属のうちの二つを除く残りのすべては、バージェス頁岩からしか見つかっていない（トントイアは前述したようにグランド・キャニオンから、クエロニエロンはフンスリュック頁岩というデボン系のラーゲルシュテッテンから）。ステルマーは、バージェス産の属を三つのグループに分けている。すなわち、（1）マルレラただ一属だけ、（2）ウォルコットは節口類《せっこうるい》すなわちカブトガニの仲間とした集団で、ステルマーも節口様類と名づけることでその外見上の類似を認めていたグループ、（3）ウォルコットは背甲類《はいこうるい》すなわち甲殻綱鰓脚類の一グループに位置づけていた属（外見上の類似を尊重してステルマーは擬《ぎ》背甲類と名づけた）の三つである。しかし努力したにもかかわらず、ステルマーはすべてのバージェス動物を三葉虫様類にすっきりと押しこむことはできなかった。四つの属が彼を悩ませたのだ。そこで彼は分類表の最後に〝亜綱　不明（Uncertain）〟というぶざまな欄（ラテン語すら使っていない）をもうけ、そこに四つの属を放りこんでしまった。

ウォルコットが最初に行なった分類とステルマーの分類方式をあえて事細《ことこま》かに対照させたのには、二つの理由がある。第一に、すべての分類は、細部のちがいは多々あるものの、微《み》塵《じん》も疑われていない大前提のもとでなされていることを示すことで、〝靴べら〟の威力のほどをはっきりと示すことができるからである。バージェスの属のすべてを広い範囲の既知のグループに振り分けたウォルコットにしても、三葉虫様類という一つのグループにまとめたステルマーにしても、バージェス動物はすべて既存のグループに属しているという〝靴べら〟の規則に完全に忠実だったのだ。第二の理由は、ウィッティントンが自らの仕事に着手した時点では、国際的な見解を集成した重要な文献に発表されたステルマーの解釈こそが、バージェス産節足動物に関して規範となるいちばん新しい分類方式だったことである。ウィッティントンがマルレラに関するモノグラフの執筆を開始したときに彼の手元にあったのが、ステルマーの三葉虫様綱だったのだ。

マルレラ――疑念の芽生え

ハリー・ウィッティントンがまとめたマルレラに関する最初のモノグラフ（Whittington, 1971）は、ちょっと見ただけではおよそ革命的な代物《しろもの》らしくない。そのモノグラフは、カナダ地質調査所の所長であるY・O・フォーティアーの序言で始まっている。フォーティアーは、ウォルコットの〝靴べら〟と多様性は逆円錐形状に増大するという伝統的な前提をおうむ返ししたうえで、この大事業を次のような調子で世に送り出した。

ブリティッシュ・コロンビア州のヨーホー国立公園にあるバージェス頁岩は、世界的

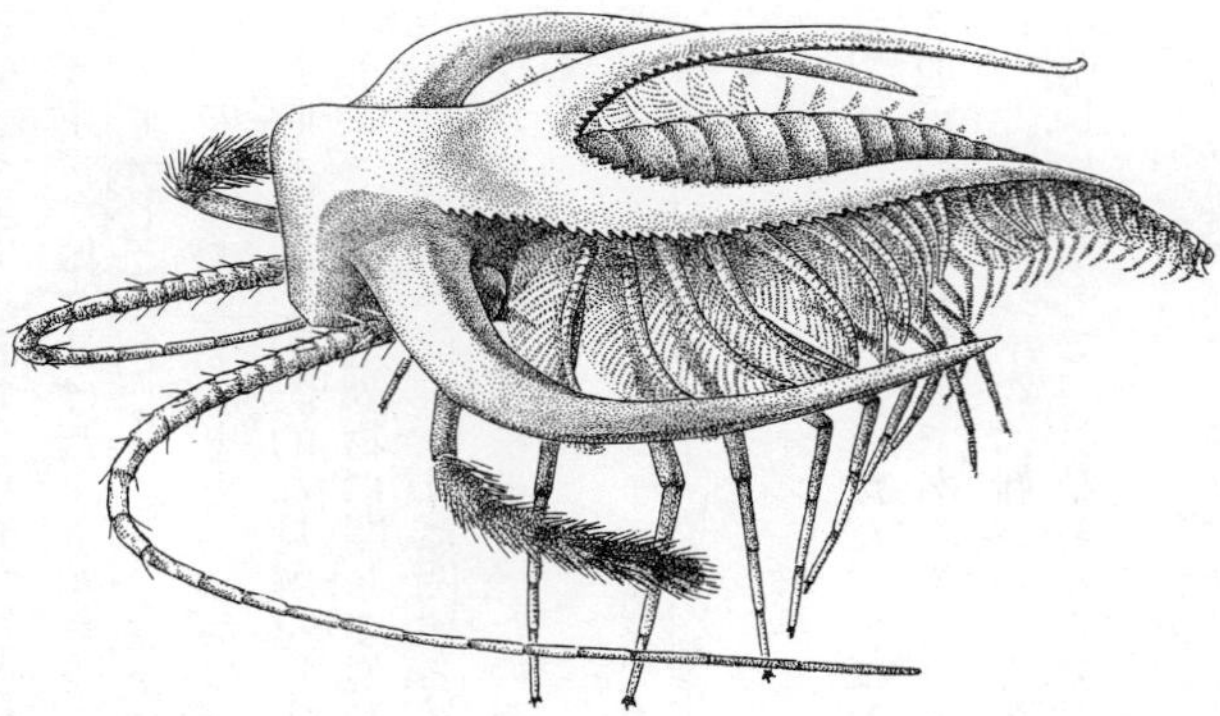

図3-12／マルレラの側面図。マリアン・コリンズによる復元画。

に有名であると同時に他に類例を見ない存在である。チャールズ・D・ウォルコットが節足動物門に属するほとんどすべての綱の原始的な祖先とそのほかいくつもの動物門の多様な注目すべき化石グループを採集して記載した場所こそ、カンブリア系のこの化石層だった。［傍点は引用者］

ウィッティントンがそのモノグラフに付したタイトルには、来《きた》るべき事態の輪郭を予感させるヒントは何も含まれていない。彼は、時代と場所と分類群を羅列するという標準的な様式——私の学生だったウォーレン・アルモンはこれを「X時代のY地点から発見されたZグループ」と呼んでいる——を踏襲《とうしゅう》しているのだ。しかも、ステルマーが命名した三葉虫様綱という名称まで使用している。これ一度きりなのだが、彼は後にこのことを大いに悔やむことになる。そのモノグラフのタイ

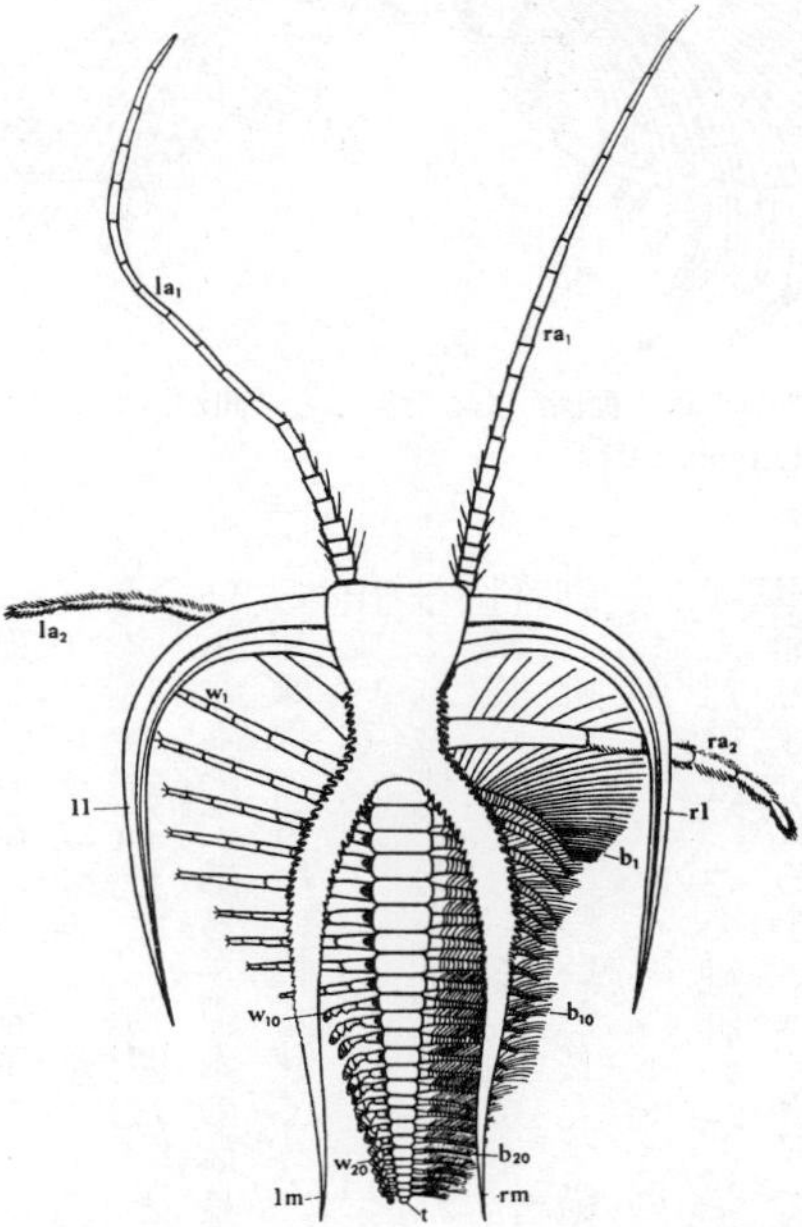

図3-13／ウィッティントンによるマルレラの復元図。1971年のモノグラフに載った上面図。頭部にある二対の付属肢と二対の棘に注意してほしい。二番めの棘は体全体を覆うかたちで後方に伸びている。この図では，体の左側は鰓脚，右側は歩脚が省かれており，そのおかげでそれぞれの構造がわかりやすくなっている。こういう省略のしかたは科学的な標本図ではふつうのことなのだが，そういう伝統を知らないと混乱させられるかもしれない。

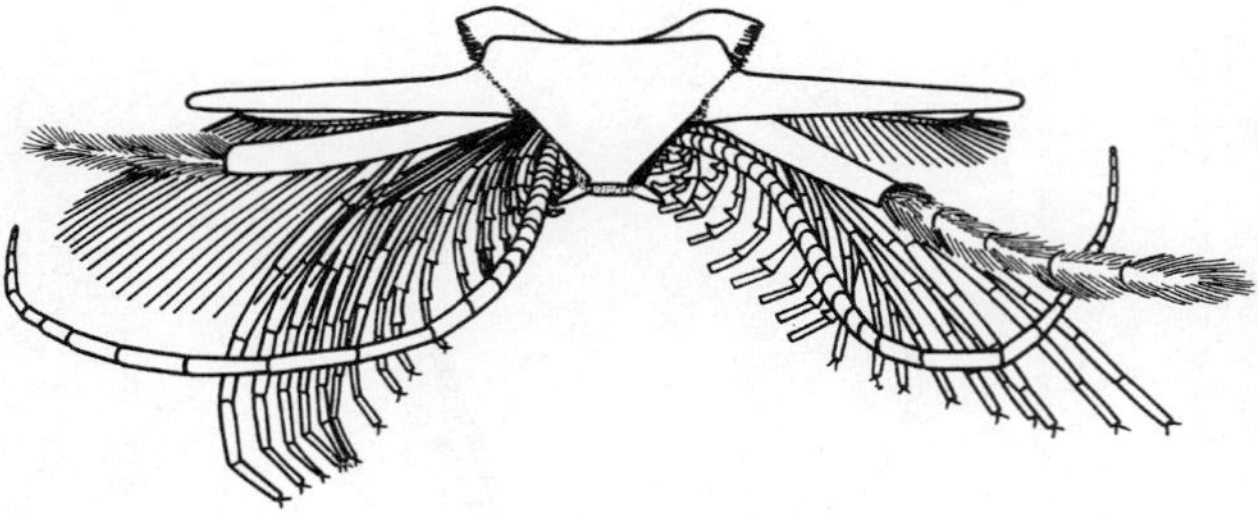

図3-14／マルレラの正面図。まるで見る者に向かって歩いて来るように見える。（Whittington, 1971）

トルは、「ブリティッシュ・コロンビア州、中部カンブリア系［カンブリア紀中期の地層という意味］、バージェス頁岩から発見されたマルレラ・スプレンデンス（三葉虫様綱）の再記載」というものだった。

マルレラは優雅な小動物であり（図3－12）、ウォルコットが命名した〝華麗な《スプレンデント》〟という意味の種名に恥じない生きものである。標本の体長は二・五～一九ミリである。頭部の背甲は幅が狭く、二対の長い棘《きょく》が後方に突き出ている（図3－13と3－14）。頭部の後方には二四から二六の体節があり、それぞれの体節には一対の二枝型付属肢が生えている（図3－15）。個々の付属肢は、歩脚とその上部についた長くて繊細な鰓脚で構成されている（当初、ウォルコットがこの動物を〝レースガニ〟と呼んだのは、この鰓脚のせいである）。体節の最後は、尾節《テルソン》と呼ばれる小さなボタンで終わっている。一部の標本には、消化管の痕跡が保存されている。化石そのものに隣接している岩石の表面には、しばしば特徴的な暗色のしみが見られる。おそらくそれは、死後に体内から漏

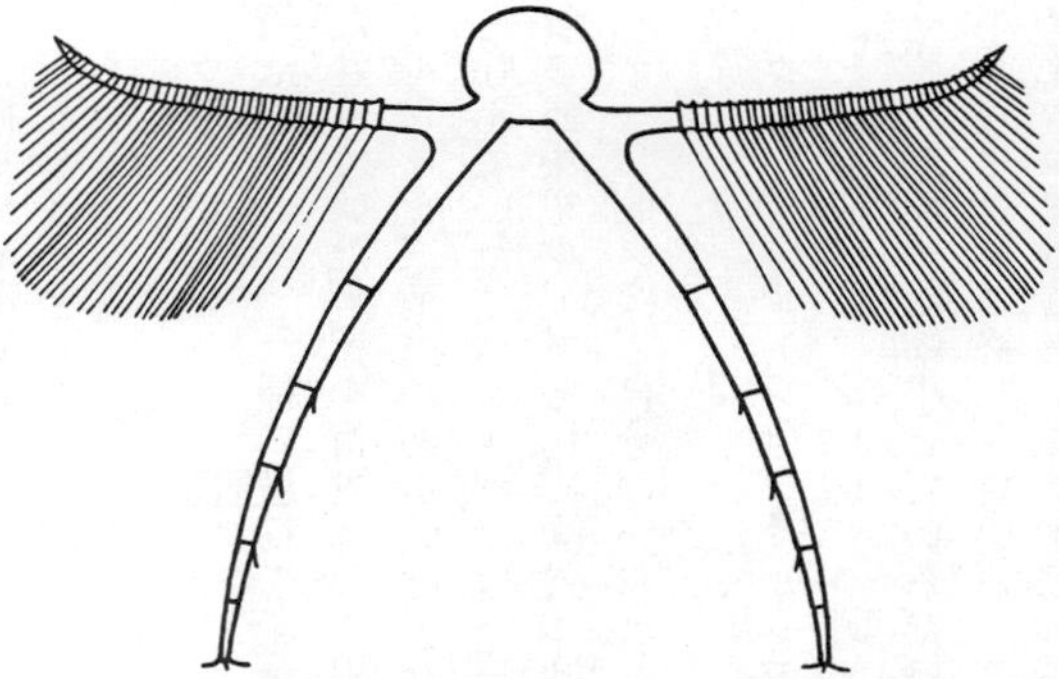

図3-15／マルレラの一対の二枝型付属肢。左右の上が鰓脚で，下が歩脚。（Whittington, 1971）

れ出した体液の名残りだろう。

ハリーは四年半にわたってマルレラを研究した。その間、自分で標本の整形をし、細かく調べあげ、さまざまな方向からたくさんの標本画を描いた。そのようなことはふつうならば助手の仕事なのだが、ウィッティントンは、バージェスの保存状態とそれがもたらす問題について正しい〝感じ〟をつかみたいなら、基本作業も自分の手で繰り返し何度も行なうべきだということを心得ていた。そうした仕事はときにはめんどうで手間がかかったが、やる気を奮《ふる》いたたせるだけのすばらしい興奮をもたらしてくれた。研究に貴重な歳月をかけるあいだ、すべての作業は自分の手でやろうと決めたことについて、ハリーは次のように私に語った。

> ぜったいにそうする必要があると思ったのさ。もちろん、時間はかかるよ。でも、自分の目ですべて確認できるし、いろいろなこと

がだんだんわかってくるんだ。私は整形［岩石から化石を取り出し、岩のかけらを取り除いてきれいにすること］が好きなんだ。岩の中に隠れている構造を見つけ出すことほどどきどきすることはないよ。

ウィッティントンと彼のチームが行なったバージェス研究は、その大半が見直しであって、新たに見つかった種の最初の記載というわけではない。したがってそれらの研究は、以前になされていた解釈を背景にして提出されており、過去の仕事の評価である。ウォルコットは、マルレラを三葉虫類あるいは少なくとも三葉虫類と解剖学的特徴を共有するほど近縁な動物と呼んでいた。ステルマーは、三葉虫型亜門という大グループを創設し、そのなかで三葉虫類の姉妹グループとして位置づけた三葉虫様綱の代表格をマルレラとした。したがってウィッティントンは、自分のいちばんの専門である三葉虫との関連を主眼としてマルレラの研究を行なった。

ウィッティントンは、マルレラの一般的特徴には三葉虫との全般的な類似はほとんどないことを確証した。マルレラの頭部は二対の棘《きょく》が長く突き出た一枚の背板からなり、胴部は、サイズが徐々に縮小しているだけで形状はそっくりなたくさんの体節で構成され、末端部は小さなボタンで終わっている。これは、外骨格はたいていがぞうり型で、基本的に頭、胸、尾という三つの部分に分けられる〝標準的〟な三葉虫とは似ても似つかない。

しかしその時点ではまだ、マルレラと三葉虫との類縁関係に疑問を唱えるために全体的な形状のちがいを問題にした学者はいなかった。ステルマーは、三葉虫様綱を設定する正当な理由として、体節に生えている二枝型付属肢に著《いちじる》しい類似が見られる点をあげていた。ところがウィッティントンは、何百という数の標本を調べるうちに、知られているすべての三葉虫類の付属肢とマルレラの付属肢とのあいだには、おそらく根本的ともいえる一貫したちがいが存在することにしだいに気づいていった。もちろんウィッティントンも、二枝型という基本構造が似ていることは認めた。その全般的な類似性は疑いなかった。ウィッティントンは、その点を強調するためにステルマー自身の言葉を引用している。「これらの付属肢は、関節のある歩脚と微細な繊維の生えた鰓脚があるという一般的な意味では『多少とも三葉虫様《よう》』(Størmer, 1959, P. 21) である」(Whittington, 1971, p. 21) しかし両者のちがいが、ウィッティントンに強い印象を与えるようになった。六つの肢節と先端のとげからなるマルレラの歩脚（図3－15参照）は、三葉虫類のほとんど変異のない標準的な歩脚よりも肢節の数が一つか二つ少ないのだ。ウィッティントンは次のように結論している。「歩脚は三葉虫類よりも肢節が一つ（あるいは二つ？）少ないほか、微細な繊維の生えた鰓脚は構造が異なっており、いずれの脚も既知のどの三葉虫とも似ていない」(1971, p. 7)

頭部の背板とその付属肢に関するウォルコットの解釈 (1912, 1931) が、マルレラを三葉虫類として分類することの最強の論拠となっていた。三葉虫類（一七七ページの記事を参照）の頭部の付属肢は、ほぼ決まりきった特徴的な配置がなされている。すなわち口の前に一対（触角)、口の後ろに三対である（古い研究では口の後ろの頭部体節は四つとされていたが、その後の研究、とくにウィッティントンのバージェス産三葉虫類に関する一九七五年のモノグラフによって三つである可能性のほうが高いとされた）。ウォルコットは、マルレラの頭部を三葉虫類の様式と完全に一致するかたちで復元した。すなわち一対の触角とその後方の三対――それぞれ大顎、第一小顎《マキシラ》、第二小顎《マキシルーラ》と名づけられた――である（1931, p. 31）。ウォルコットは、この配置の複雑な細部をはっきりと見せるために写真（一九三一年の論文の図版22）まで発表した。この復元が、マルレラと三葉虫類とを結びつけるための強力な根拠を提供したのだ。

　しかしウィッティントンはすぐに疑念を膨《ふく》らませ、何百もの標本を調べるうちにその疑念はしだいに反証へと成長した。ちなみにウォルコットよりも後の研究者たちは、ウォルコットの復元を受け入れてはいなかった。たとえばステルマーは、マルレラと三葉虫類は類縁関係があると主張してはいたが、ウォルコットが行なった頭部の復元は否定し、体節の付属肢における類似性を重視していた。

　ウィッティントンはまず最初に、ウォルコットの写真は修整の産物であって、岩石に埋まっている構造を忠実に再現したものではないことを発見した。ウィッティントンはモノグラフの一三ページで、自分が描いたウォルコット標本の図と、ウォルコットが一九三一年に発表した写真とがどうしてそんなにちがっているのかを説明している。「標本を見ると、ウォルコットの写真はかなり修整されていることがわかる」ここではまだ慎重な表現がなされているものの、二〇ページまで進むと、ウィッティントンの全著作を通じてもいくつもないくらいの辛辣《しんらつ》な表現が登場する。「何点かは、ある特徴を変造しているといっていいほどのひどい修整が加えられている。とくに大顎、第一小顎、第二小顎とされているものがひどい」

ウィッティントンは、マルレラの頭部背板では二対の付属肢しか見つけなかった。しかもそのいずれもが口の前についていた。長くてたくさんの関節からなる第一の触角（ウォルコットも〝触角〟と呼び、同じ解釈をしたもの）と、それよりも短くて太い第二の触角（ウォルコットの〝大顎〟）である。第二の触角は六つの節からなり、それぞれの節が何本もの剛毛で覆われていた。ウォルコットが第一小顎とか第二小顎と呼んだものの痕跡は、ウィッティントンには見つからなかった。そこでウィッティントンは、前部の体節に生えている付属肢のつぶれたり曲がったものをウォルコットは頭部の付属肢と見誤ったのだと結論した。ウォルコット自身も、この付属肢らしきものはたいていの標本では見つからないことを認めていた。「第一小顎と第二小顎はとても細く、頑強な大顎［ウィッティントンは第二の触角としたもの］と胸部の肢のあいだでつぶれるか切れるかしたせいで、たいていは消失している」（Walcott, 1931, pp. 31-32）

しかし、マルレラの頭部背板には口の前に二対の付属肢（第一および第二触角）があるだけで口の後ろに付属肢はないことがわかっても、解剖学上の疑問に完全に答えたことにはならない。その二対の付属肢はさまざまなかたちで関係づけられるし、分類学上の類縁関係をめぐる決定はそれをどう解釈するかにかかっているからである。ウィッティントンは三通りの重要な選択肢に直面した。そのいずれもが、以前すでにそれぞれちがった意味合いで提出されていたものである。第一の解釈は、二種類の触角はもともと祖先では一つだった付属肢の外枝と内枝なのではというものである。第一触角は外枝すなわち鰓脚から（繊維は消失し、たくさんの関節からなる細い軸だけが残ることで）進化し、太くて短い第二触角は内枝すなわち歩脚から進化したと考えるのだ。第二の解釈は、二種類の触角は祖先においても別々で、もともとは二つの体節の二対の肢が進化的に変形して生じたのではというものである。第三の解釈は、見かけが歩脚とよく似ている第二触角は、実際には頭部後方一番めの体節から生えているもので、頭部背板から生えているわけではないのではというものである。この解釈では、頭部には一対の付属肢すなわち第一触角しか生えていないことになる。

ウィッティントンは、マルレラの解剖学的特徴を解決するため、まっさきにこの問題に取り組んだ。しかしそこで、技術上の問題に直面した。頭部の付属肢と背板そのものとが付着している決定的な箇所を確認できる標本は、あるにはあってもごくわずかでしかなかったのだ。問題の付属肢の先端部分は、たいてい保存状態もよく、体軸から遠い場所に突き出ているため識別も容易である。ところが体に付着している根元の部分は、体軸の下側に入りこんで体の中心近くにあるたくさんの器官とごちゃ混ぜ状態になっているため、付着点の識別がほとんど不可能になっていることが多いのだ。

この問題を解決するために、ウィッティントンはあらゆる手段を用いなければならなかった。その下に隠れている肢の付着点を探し出すために頭部背板を解剖したり、おかしな向きで化石化しているおかげで問題の付属肢の根元のありかを明かしてくれそうな標本を探し求めたりしたのだ。図3‐16は、最終的にウィッティントンに第二の解釈――二種類の触角は別々の付属肢であり、いずれも頭部背板に付着している――を採用させる決め手となった標本をカメラルシダ装置を用いて描いた図である。両方の触角の基部がいずれも背板の下側に別々に付着していることをはっきりと確認できる標本は、これ一つだけである。

次に、マルレラに関するモノグラフを書きはじめた際にウィッティントンが直面したジレンマについて考えてみよう。彼は、化石はすべて主要なグループ内に納まるし、生物の歴史は構造の複雑さと分化の程度を増加させる方向に向かうという古い見解を当然のことと見なしていた。しかし、マルレラはどんなグループにも属していそうになかった。ウィッティントンは、体節から生えている肢は、マルレラを三葉虫類に分類する正当な理由とするほどには三葉虫のそれと似てはいないことを発見していた。頭部付属肢の配列を確かめていたのだ。口前《こうぜん》に二対あるだけで口後《こうご》には一対もないというその様式は、口前に一対、口後に三対という三葉虫類とちがうどころか、節足動物ではまったく知られていないものだった。では、彼はマルレラをどうするつもりだったのだろう。

現在なら、こんなことがわかっても何の問題もない。ハリーはにやっと笑ってこうつぶやくだろう。ああ、こいつも現生グループの枠を越えた節足動物なんだな。こいつも、異質性はしょっぱなで頂点に達し、生物のその後の歴史はデザインの種類の増加ではなく非運多数死の物語だったという証《あか》しというわけだ。しかしこの解釈は、一九七一年の時点では思いもよらないものだった。この解釈を馬車に見立て、マルレラという先導馬を後押しすることは

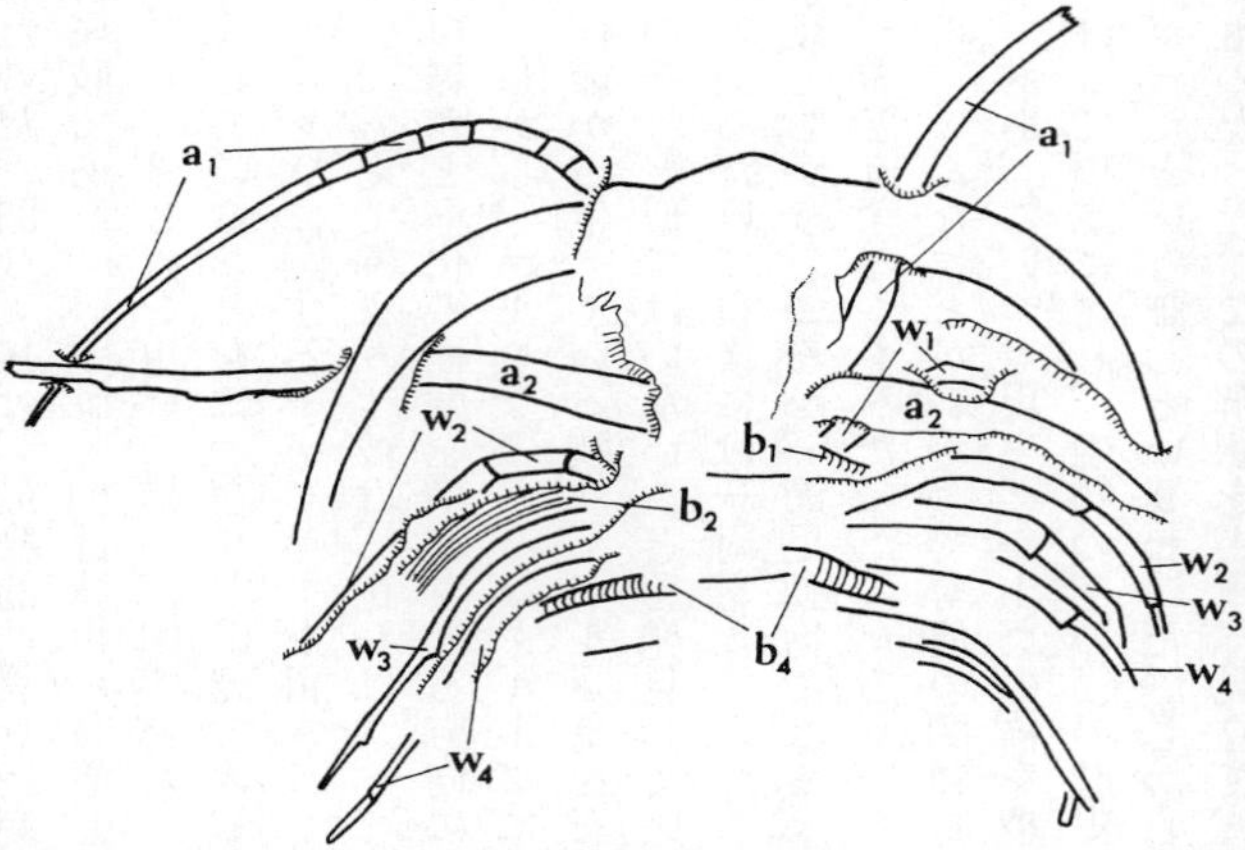

図 3-16／頭部の構造を復元するうえで重要な問題に決着をつける決定的な証拠を提供したマルレラの標本をカメラルシダ装置を用いて描いた図。二対の付属肢（記号では a_1 と a_2）は頭部背板に別々に付着していることがはっきりと確認できるのはこの標本だけ。

できなかった。というよりは、そんな馬車はまだ作られてさえいなかった。

ハリーは一九七一年の時点ではまだ、バージェス化石は古いのだから原始的であるにちがいないという考えかたに捕らわれていた。後にもっと特殊化した種類へと発展した大きなグループのまだ特殊化していないメンバーか、あるいはいくつかのグループの特徴をあわせもつ遠い遠い先駆者で、すべてのグループの祖先と解釈することさえできる存在だろうと考えていたのだ。そのため彼は、マルレラは三葉虫類と甲殻類双方——三葉虫類とは肢の構造が漠然《ばくぜん》と似ており、甲殻類とは頭部背板の口前に二対の付属肢が生えている点が同じ——の先駆者の一種かもしれないという考えをもてあそんでいる。しかしこれは、論拠に乏《とぼ》しい類似点である。なぜなら、ウィッティントンはマルレラの肢と三葉虫類の肢には細かい点で重要なちがいがあることを示していたわけだし、甲殻類の頭部背板でも口の後方には三対の付属肢があるのにマルレラではそれがないからである。

それでもウィッティントンは、バージェス化石は原始的な生物だとする従来の考えかたから離れられず、マルレラの扱いについては何も提案できなかった。彼は次のように書いている。「マルレラは、すべて一様で全体的には三葉虫に似た肢、食物粒子や浮泥《デトリタス》を食べることと関連した形質であるあごの欠如などによって特徴づけられる初期の節足動物群が存在したことを示す化石の一つである」（1971, p. 21）

しかし、ウィッティントンはマルレラを分類しないわけにはいかなかった。マルレラは節足動物のあらゆるグループがそなえている鍵形質のどれにもあてはまらない特異な形質をそなえているのだから、またもや困惑である。ハリーは見かたを変更する寸前で踏みとどまり、その時点での伝統と戒《いまし》めを採用した。モノグラフのタイトルが示すとおり、ステルマーが創設した三葉虫様綱にマルレラを位置づけたのである。ただしそのような選択をしたことで、彼は独自のよりよい判断にそむいたという心の痛みを感じた。「私は何かを前面《トップ》にたてなければならなかったんだ」と、彼は私に語ってくれた。「そこで〝三葉虫様綱〟を前面にたてたんだ」と。しかしウィッティントンは、原稿を入稿してから雑誌が刷り上がるまでのあいだに、三葉虫様綱は人為グループ、すなわち節足動物のもっとも興味深い進化史を隠してしまう屑籠《くずかご》であり、放棄したほうがよいことに気づいた。彼はこうも話してくれた。「マルレラが〝三葉虫様綱〟という文字といっしょに表題《トップ》に印刷されているのを見て、これは失敗だったとわかったよ」しかし、マルレラは実際には事態急転の始まりだった。このような解剖学的デザインの爆発的急増が立証されたことで、われわれの生命観はまもなく変更させられることになるのだ。

ヨホイア——膨《ふく》らむ疑念

ウィッティントンは、バージェス節足動物をめぐる慎重な旅を続けるにあたって、標本数の多い順に着手していくつもりだった。そうすると次はカナダスピスの順番だったのだが、ハリーは、二枚貝に似た甲皮をもつ節足動物を一括して研究する大学院生が一人ほしかった

（この仕事にはデレク・ブリッグスがあたり、みごとな成果を収めるのだが、その話は第三幕で）。そういうことで次の順番は、ステルマーが擬背甲亜綱《ぎはいこうあこう》を設定してそこに入れたブルゲッシア属とワプティア属だった。しかしウィッティントンは、この二つの属は同僚のクリス・ヒューズに割り当てた（ブルゲッシア属に関するクリスの研究は一九七五年に発表されたが、ワプティア属に関する研究はまだ終わっていない）。そこでウィッティントンは、その次に標本数の多い節足動物（およそ四〇〇個）に取り組んだ。それが、バージェス頁岩を擁《よう》する国立公園の名称にちなんで命名されたヨホイアという興味深い属だった。

ウィッティントンの二番めのモノグラフ、すなわち一九七四年に発表されたヨホイアに関する研究では、彼自身の考えかたがわずかではあるが興味深い変更を見せていたことがわかる。それは、来《きた》るべき大々的な変更に向けて踏み出さねばならない一歩だった。ウィッティントンは、マルレラとの格闘を終え、その経験から正しい結論に達していた。バージェスでもっとも数の多いマルレラ属は節足動物の既知のグループには納まらないという結論である。しかし彼はまだ、バージェス生物は現生動物グループの原始的な祖先ではないと考えるための概念的な枠組を手にしていなかった。それに、典型的ではないかもしれないたった一例のために新しい道標をしつらえる気などなかった。それでも、一例ならば変わりものだが、二例ならば一般法則となる可能性がある。ウィッティントンは、ヨホイアの研究により、新しい生命観へ向けて最初の一歩を踏み出した。

ヨホイアはとても風変わりな動物である。ちょっと見には、〝原始的〟で構造の単純な動

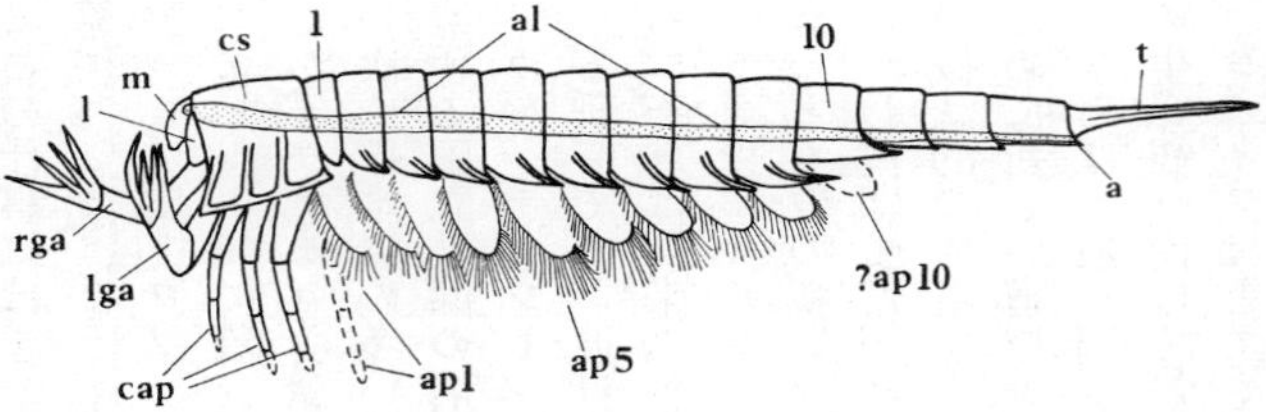

図3-17／ヨホイアの復元図。ウィッティントンが1974年のモノグラフに載せた図。頭部についている大付属肢（記号 *rga* と *lga*）のユニークな構造に注目。

物に見える（図3-17）。細長い体に単純な頭部背板をもち、体部には奇妙な棘《きょく》や突起物はいっさいない。ウォルコットはヨホイアを鰓脚《さいきゃく》亜綱に入れ、ステルマーは三葉虫様綱の末尾に補足した正体不明の属とした。しかしウィッティントンは、研究を進めるにつれてますます困惑の度を深めていった。既知のグループに入れる決め手となるものがヨホイアには何もなかったのだ。

　ヨホイアの保存状態は、バージェスの標準に照らすと決して良くはなかった。ウィッティントンは、節足動物の分類では決定的に重要な要因である付属肢の配列とその順序の決定に苦労した。最終的に彼は、頭部にはおそらく単枝型の歩脚が三対生えていたとの決定を下した。この決定自体はとっぴなものではない。これは三葉虫類では標準的なパターンだし、三葉虫様綱に入れたステルマーの判断とも一致していたからである。しかし、その三対の歩脚のすぐ前に、あらゆる基準から見てこれ以上はないほど奇妙な構造物がついていた。それは物をつかむことのできる一対の大きな付属肢で、二つのがっしりした節が基部を構成し、

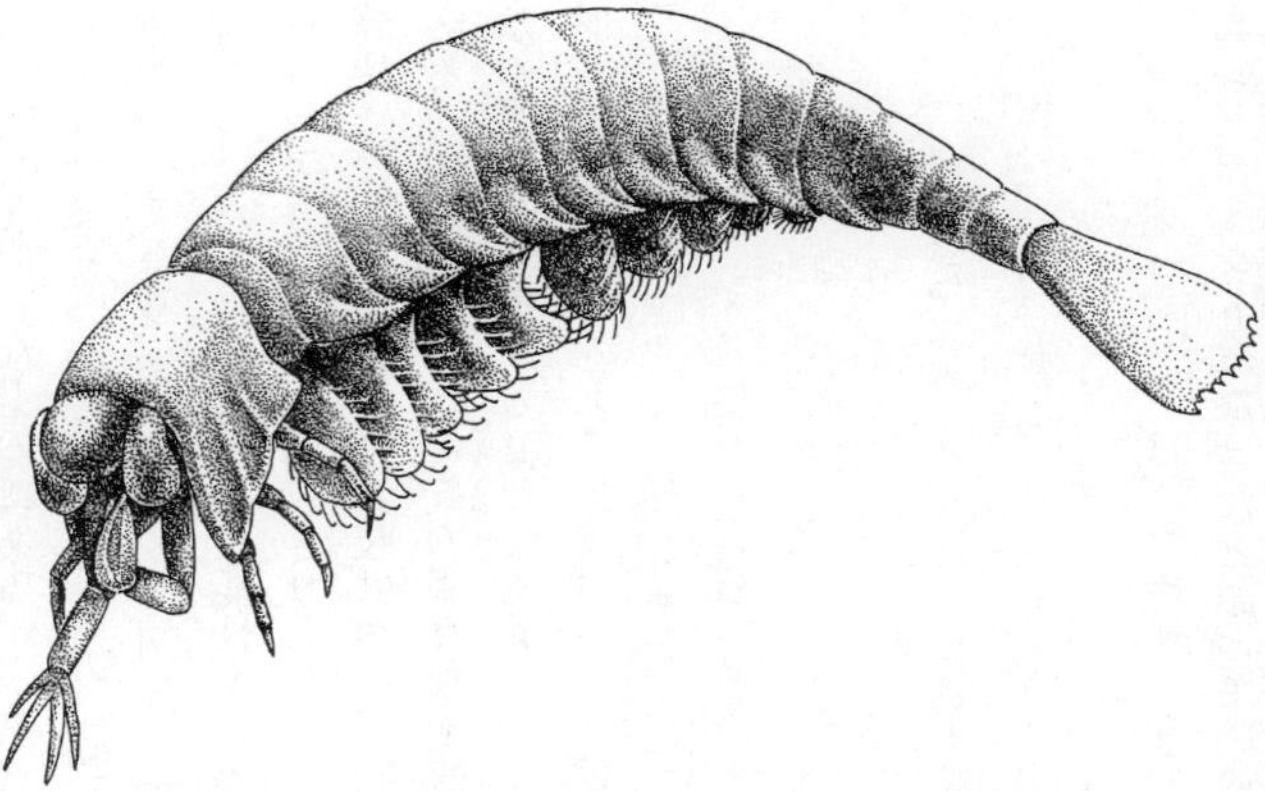

図3-18／ヨホイア。マリアン・コリンズによる復元画。

その先に四つの棘《きょく》がついているのだ。このデザインは節足動物では類例のないもので、ウィッティントンは既存の専門用語をその構造に割り振ることができなかった。そこで彼は、〝大付属肢〟というそっけない呼び名を選んだ。*

（*）もちろんウォルコットも、この突出した器官を見誤りはしなかったし、他に類例がないこの器官が、ヨホイアは鰓脚類だという彼の結論に問題を投げかけた。ウォルコットは、大付属肢は交尾の際に雄が雌をつかまえるための〝捕握器〟（鰓脚類の多くにもある）であると説明することでこのジレンマから逃れた。しかしウィッティントンは、大付属肢はすべての標本にあることを確認し、ウォルコットの説明を否定した。

ヨホイアの頭部背板にそれ以外の付属肢はない。触角も、摂食器もないのだ*（昆虫その他の節足動物であごとか口器と呼ばれているものは付属肢が変形したものである――摂食中の昆虫を大写しにした映像を見て気味が悪いと感じるのはそのせいかも)。頭部後方(胸腹部)の最初の一〇節には、剛毛が生えた葉状の付属肢がついている(図3-18と図3-17も参照)。胸腹部第一体節についている付属肢は、歩脚もついた二枝型だった可能性もあるが、保存状態が悪いせいでそれらの付属肢についてはウィッティントンもはっきりしたことは言えなかった。第一一体節から第一三体節までは円筒状になっていて、付属肢はついていない。そして最後の第一四体節は偏平な尾節となっている。体節と付属肢のこのような配置も、すべての体節に二枝型付属肢がついている三葉虫類の標準的な様式と著《いちじる》しく異なっている。頭部の先端には大付属肢があり、胸腹部の付属肢も奇妙な配置をしているヨホイアは、節足動物のなかの孤児だった。

(*)ウォルコットは、ヨホイア属に二種(ヨホイア・テヌイスとヨホイア・プレナ)を配属していた。ウィッティントンは、この二種類の動物ははっきりと異なっており、別属であると考えた。触角をもつヨホイア・プレナは、コノハエビ類――二枚貝のような甲皮をもつ節足動物の一つで、デレク・ブリッグスが研究することになるグループ――である。ウィッティントンはこの種をヨホイア属からはずし、新たにプレノカリス属を創設した。ヨホイア・テヌイスは妙ちくりん生物の一つで、これが一九七四年に発表されたモノグラフの研究対象である。

ウィッティントンは、ヨホイアを研究したことがバージェス生物に対する考えかたのターニングポイントになったと語っている(一九八八年四月八日のインタビュー)。彼は、マル

SYSTEMATIC DESCRIPTIONS

Class TRILOBITOIDEA Størmer, 1959?
Family YOHOIIDAE Henriksen, 1928
Genus *Yohoia* Walcott, 1912

図3-19／予言的ともいえるはじめての疑念の表明。ウィッティントン（1974, p. 4）は依然としてヨホイアを三葉虫様綱に分類したが，ステルマーが創設したこのグループの地位については疑念を表明した（？マークに注目）。

レラは特異な生きものではあるがしょせんは〝原始的〟な〝先駆け〟だと片づけていた。しかしヨホイアは、別の考えかたを彼に迫った。基本的にはたくさんの体節からなる細長くて単純な構造をしたこの動物は、ある点では原始的な容貌をそなえていた。「この動物は消化管が体長全体にわたって伸びている点で、スノッドグラスが想像した仮想的な原始節足動物とよく似ている」と彼は書いている（Whittington, 1974, p. 1）。しかしウィッティントンは、ヨホイアのユニークさ、それもとくに大付属肢の構造から目をそむけなかった。彼は、ヨホイアの活動中の姿を復元しようとした。剛毛に縁《ふち》どられた葉状の付属肢を遊泳や呼吸（すなわち鰓《えら》として）、食物粒子の運搬などに使用していた様子や、大付属肢の先端にある棘で獲物を捕らえ、ちょうど腕を折り曲げるようにして食物を口に運んでいた様子を示そうとしたのだ。

　これらの形質はみな、解剖学的デザイン上の独特な特殊化であり、ヨホイアが十分に適応した生活を営むうえでおそらくはおおいに役立っていたのだろう。この動物は、奇妙な点をいくつかそなえた、現生生物の先駆けではなかった。この動物は、原始的な形質と派生的な形質をあわせもった、それ自身で独立した存在だったのだ。「外骨格と付属肢において、ヨホイア・テヌイスは明らかに特殊化している」とウィッティントンは書いている（1974, p. 1）。

このようにウィッティントンは、一九七五年という決定的な年を迎えるにあたって、二種類のバージェス節足動物に関するモノグラフを完成させ、似たような奇妙な結論を引き出していた。マルレラとヨホイアは、どんなグループにもそぐわなかった。この二種類の動物は特殊化した動物であり、いずれもそのユニークな形質を使って立派に生きていたのであって、それらよりも体のつくりが複雑で競争能力の高い子孫にとって替わられて滅んだ、大昔の特殊化していなかった単純な動物などではなかったのだ。

それでもウィッティントンは慎重な態度をとりつづけ、このような疑念をかちっとした分類体系に移し変えようとはしなかった。彼はまだ、ヨホイアを三葉虫様綱に位置づけていた（ただしこれが最後となった）。もっとも、以前とは決定的に異なる点が二つあった。モノグラフのタイトルにステルマーの分類群名を使わなくなったことと、公式の分類表（1974, p. 4）の名称の後ろに予言的なクエスチョンマークを挿入したことである。このクエスチョンマークは、旧来の秩序に対する最初の公然たる挑戦だった（図3－19）。「私は、ヨホイアを三葉虫様綱に分類すべきかどうか迷っている」と彼は書いている（1974, p. 2）。クエスチョンマークがもつ威力は疑いようがない。

第二幕　新しい観点の確立——オパビニアへの敬意
一九七五年

ハリー・ウィッティントンは、オパビニアに関する一九七五年のモノグラフを次のような一節で始めている。「オックスフォード大学で開かれた古生物学会において、図82［本書の図3‐20］の初期の下絵が披露《ひろう》された際、それは大笑いで迎えられた。おそらくその笑いは、この動物の不思議な姿に向けられたものだったのだろう」(1975a, p.1) 私は、この一節は科学史上もっとも注目すべき言葉の一つとして後世に伝えられるべきだと考えているのだが、そんなことを言われたら読者諸氏はまごつかれるだろうか。科学論文の伝統的文体である受動態が踏襲《とうしゅう》されているこの無害な文章の、どこがそれほど異例なのだろうか。それを理解するためには、まずハリー・ウィッティントンという人物を知らなければならないし、専門的なモノグラフの伝統様式にどっぷりとつからなければならない。何度も書いたように、ハリーは保守的な男である。*それまで彼は、すでに発表した何千ページにもおよぶ文書のなかで、個人的なことはおろか、ちょっとした出来事をめぐる逸話さえ、書いたことはないだろう（この問題の文章では、受動態のかたちを借りることでやっとそういう事柄を書く気になったわけである）。では、そんなハリー・ウィッティントンが、お堅《かた》いことで有名なロイヤル・ソサエティの《哲学紀要》に発表した専門的なモノグラフの冒頭を、ガリバーの小人国に迷いこんだ巨人バスケットボール選手カリーム・アブドルジャバーの話にも似た個人的な冒険談で飾る気になったのはどうしてなのだろうか。尋常ならざる何事かが起ころうとしていたのだ。

（＊）私はこの事実を、本書で語られる物語全体にとって都合のいい、重要な特徴と見ている。なぜならこの事実によって、ウィッティントンがバージェスをめぐる独自の新解釈に到達したのはたくさんの証拠が集まったからであって、過激な改革者として後世に語り伝えられたいという野望を当初から持っていたゆえではなかったことを、読者にもわかっていただけると思うからである。

ウォルコットは、一九一二年に鰓脚類《さいきゃくるい》の甲殻類としてオパビニアを記載していた。その奇妙な姿、とくに前頭部から伸びるおかしなノズル（図3-21）のせいで、オパビニアは注目すべきバージェス生物の筆頭にあげられていた。その後もさまざまな復元が試みられていたが、いずれの研究者も、オパビニアを節足動物の主要なグループの枠内に位置づけていた。標本数の多い属（マルレラ属とヨホイア属）に関する二つのモノグラフと三葉虫類の肢の構造に関する一つのモノグラフ（1975 b）を仕上げていたハリー・ウィッティントンが当然次に取り組むべき対象として立ちはだかっていたのが、バージェス産節足動物中最大の謎であるオパビニアだった。

ウィッティントンは、オパビニアは節足動物であることに微塵《みじん》の疑いも抱《いだ》かぬままその研究に着手した。バージェス生物にびっくりさせられることには、珍妙さではやや劣るマルレ

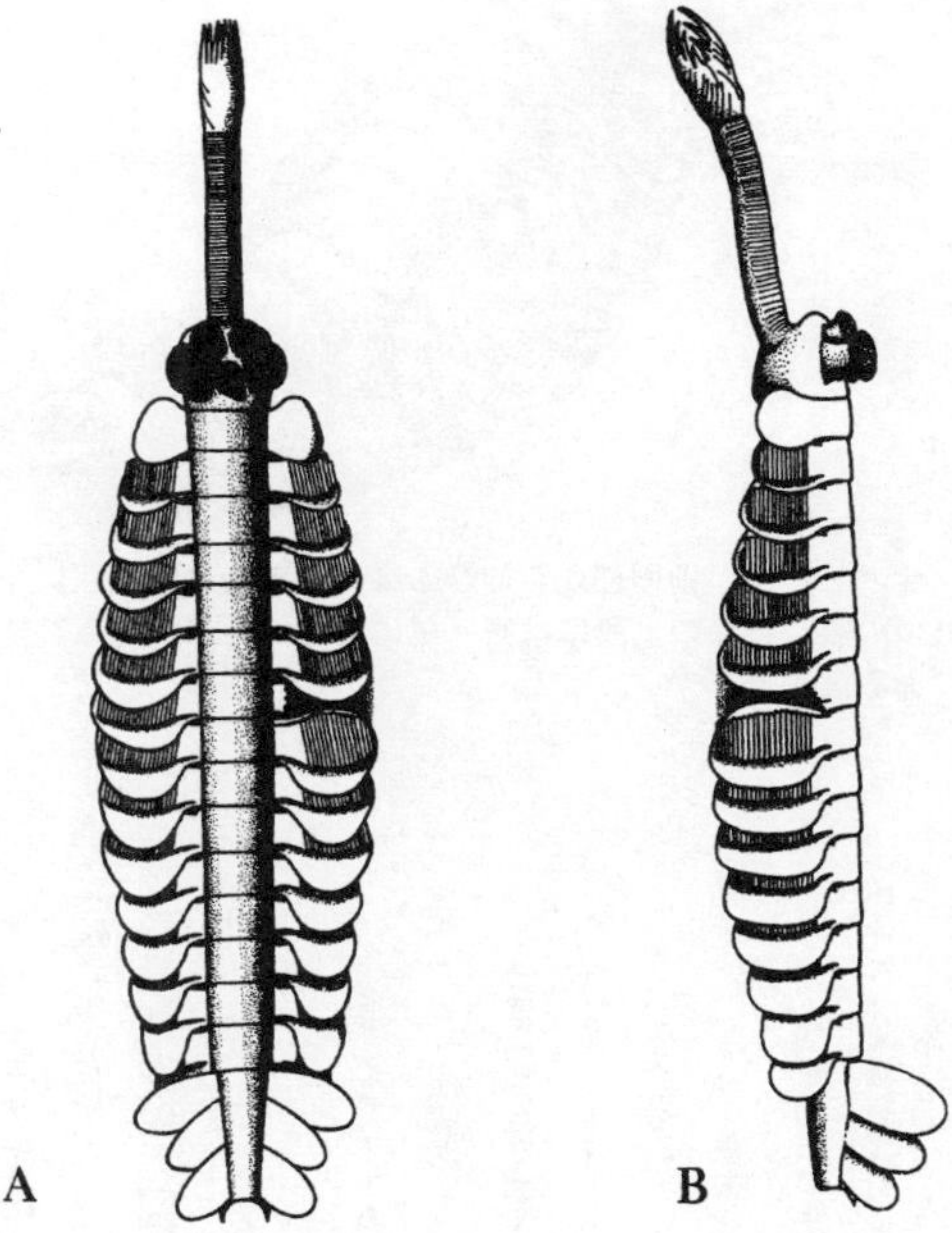

図 3-20／オパビニアの復元図。ウィッティントンの 1975 年のモノグラフに載ったもの。（A）背面図——頭部の背面に五個の眼が見える。（B）側面図——尾びれがついている角度に注意。向かって右側が背面にあたる。

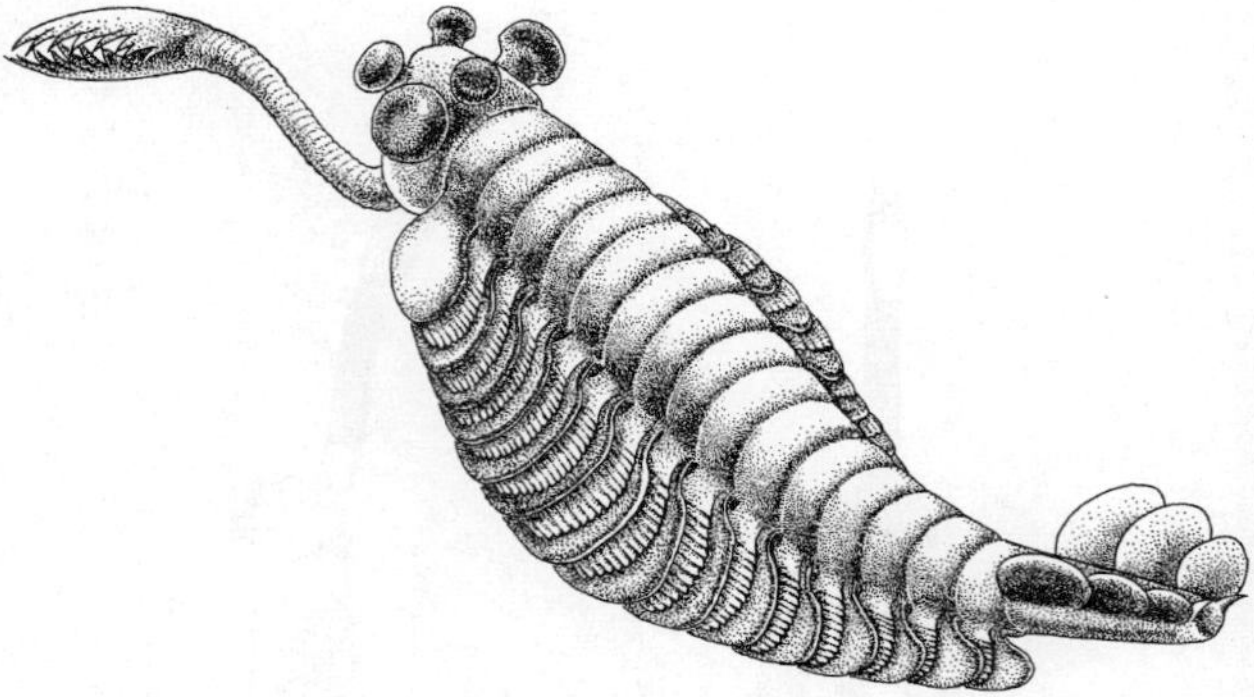

図3-21／オパビニア。前頭部から伸びるノズルの先端は爪状になっており，頭部には五つの眼，体節の上面には鰓，尾には三つの節がある。マリアン・コリンズによる復元画。

ラとヨホイアを研究することで心の準備ができていたはずのウィッティントンではあったが、オパビニアでは生涯最大の驚きを味わうことになった。ウィッティントンは、オパビニアの最初の復元図を一九七二年にオックスフォード大学で開かれた古生物学会*で発表した。

（*）イギリスのプロの古生物学者が組織するもっとも権威ある学会。ちなみにこの古生物学会（the Paleontological Association）の内輪《うちわ》での略称は pale ass という、アメリカ人ならば笑ってしまう名称である。この略称はイギリスでは〝青いロバ〟という意味でしかないが、アメリカの俗語では〝青いけつ〟という意味になるからだ（ちなみにイギリスでは arse がアメリカの ass に相当する）。

笑いは、矛盾する二つの意味をもちうるた

め、人間の感情表現としてはもっともあいまいなものである。ハリーには、オックスフォードでの同業者たちの笑いは困惑の表われであってあざけりの笑いではないことがわかっていた。それでも彼は、わき起こった笑い声に動揺させられた。彼の優秀な学生だったサイモン・コンウェイ・モリスとデレク・ブリッグスも、このオックスフォードでの反応がバージェス頁岩《けつがん》に関するハリーの研究のターニングポイントとなったことを認めている。とにかく彼は、予期していなかった不条理な笑いを蹴散《けち》らさなければならなかった。オパビニアの復元画がいかに奇妙であろうとも、あくまでもこれが事実なんだということを、反論の余地がないくらいに同業者たちに納得させなければならなかった。神聖なる科学の場が、ミルトンの『快活な人』が謳《うた》う精神でかき乱されることなど二度とあってはならない。

急いで持っておいで、
冗談と若々しい陽気さを、
……
しわがよった心配を笑いものにするたねを、
両方のわき腹をかかえた笑い声を。

オパビニアは良質な標本が一〇個しかない（ウォルコットが九個発見し、カナダ地質調査所の調査隊が一九六〇年代にさらに一個見つけた）稀少な動物なのだが、ウォルコットは、バージェス動物群を解釈するための鍵を握るのはオパビニアであると考えていた。彼は、オパビニア属をバージェス産節足動物の筆頭にすえることで、この属に高い地位を付与したのだ（表3－1を参照）。ウォルコットがオパビニアを分類表の筆頭に置いたのは、突出した複雑な付属肢を欠くたくさんの体節からなる細長い体が「環形《かんけい》動物の祖先を大いに連想させる」（1912, p. 163）と考えたからだった。環形動物（ミミズやゴカイ）は節足動物の姉妹群であると想定されている。そのため両方の動物門の形質をあわせもつ動物は両者の祖先に近い位置にあり、無脊椎動物のなかのこの二大グループをつなぐ環《わ》としての役を演じてくれるかもしれない。ウォルコットにとって、オパビニアはもっとも原始的なバージェス産節足動物であり、後に登場したすべての節足動物の真の祖先にもっとも近いモデルだった。

それではウォルコットは、オパビニアに節足動物のどのような特徴を認めたのだろうか。彼は、頭部についてはほとんど言及していない。そこに付属肢を見つけることができなかったからである。前頭部の〝ノズル〟は、一対の触角が癒合したものとして解釈することもできたし、眼は節足動物のデザインと矛盾していなかった（ウォルコットは二個の眼しか記録していないが、ウィッティントンは五個の眼――対になったものが二組とまん中に一個――を見つけている）。ウォルコットは次のように記している。「頭部に第一触角、第二触角、大顎、小顎などの痕跡はいっさい見あたらない。これらの付属肢が大きいものだったとしたらちぎれてしまったのだろうし、小さいものだったとしたらつぶれて平たくなってしまっている大きな頭部後端部の下に隠れて見えないのかもしれない」（1912, p. 168）私に言わせれば、この記述は、科学にも一見無意識の偏見が存在することの好例である。ウォルコットは、オパビニアが節足動物であることを〝知っていた〟。だからこの動物の頭部には付属肢がなければならなかったのだ。しかし何も見つからなかったため、頭部に付属肢がないのは、大きいために化石化する際に必ずちぎれてしまったせいか、小さいためにでかい頭の下に隠れて見えないせいだと説明したのである。彼は、付属肢などはじめから存在しないから見つからないのだという、当然考えてしかるべき第三の可能性には言及すらしていない。

ところでウォルコットは、次のパラグラフで検討するように誤りをもう一つ犯している。それは単なる愉快な誤りで本題とは関係ないようにも見えるが、われわれはあらかじめ設定したカテゴリーにしたがって観察するとき、まさに目の前にあるものが〝見えない〟ことがしばしばあるという重大な事実を教えてくれる。経験的に見て異常な一群の特徴が、ウィッティントンたちをバージェスの見直しに駆りたてたということはあるかもしれない。しかし、以下で検討するように、一九七五年から一九七八年のあいだに形をなした新しい観点という概念的枠組が、さらにより多くの発見を可能とする斬新《ざんしん》な状況を設定したのである。私は相対主義を説くつもりはない。バージェス動物は、どういう見かたをしてもバージェス動物である。しかし、概念上の目隠しが観察を妨《さまた》げるということはある。一方、正確さで勝《まさ》る一般性は特定の解剖学的特徴を正しく解釈することを保証しはしないが、実り多い認識につながる道へと確実に導いてくれる。

ウォルコットが犯したもう一つの誤りは、ジェンダーに関してわれわれが抱いているもっ

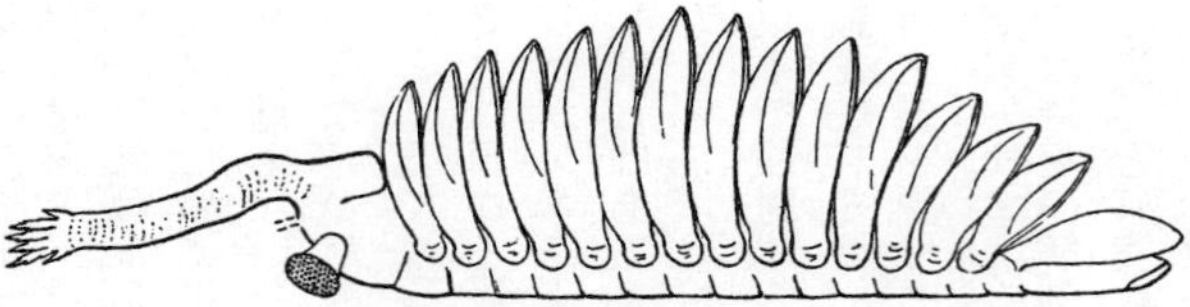

図3-22／ハチンソンが1931年に発表したオパビニアの復元図。無甲類として現生種と同じようにあおむけになって遊泳する姿に描かれている。

とも基本的な偏見に引きずられたものだった。前頭部のノズルがなさそうに見える標本を二つ見つけたのだ（ウォルコットはそれらの標本にはほんとうにノズルがないと思っていたのだが、ウィッティントンがその標本のうちの一つを切断したところ、ちぎれたノズルのぎざぎざの端が見つかり、もともとはノズルがあったことが証明された）。ウォルコットは、一つの標本の本来ならばノズルがあるはずの場所に、二叉《ふたまた》になった細い突起物を見つけた（その後これは、類縁関係のない環形動物の断片であることが判明したのだが、ウォルコットはそれを、ほかの標本ではノズルがあるはずの場所にある別の器官であると解釈した）。そこでウォルコットは、オパビニアの性的二型を発見したものと結論した。太くてがっしりしたノズルは（当然のごとく）雄のもので、細い突起はきゃしゃな雌のものだというのである。彼は、雌と判断した標本について次のように記している。「がっしりした付属肢を前頭部にそなえた雄とはちがい……細くて二叉になった付属肢をそなえている」そのうえ彼は、そのノズルは「おそらく雄が雌を捕握するために使用されたものだろう」（1912, p. 169）と説明することで、自分で作りあげた性差に、雄は積極的で雌は受け身という類型化まで押しつけている。

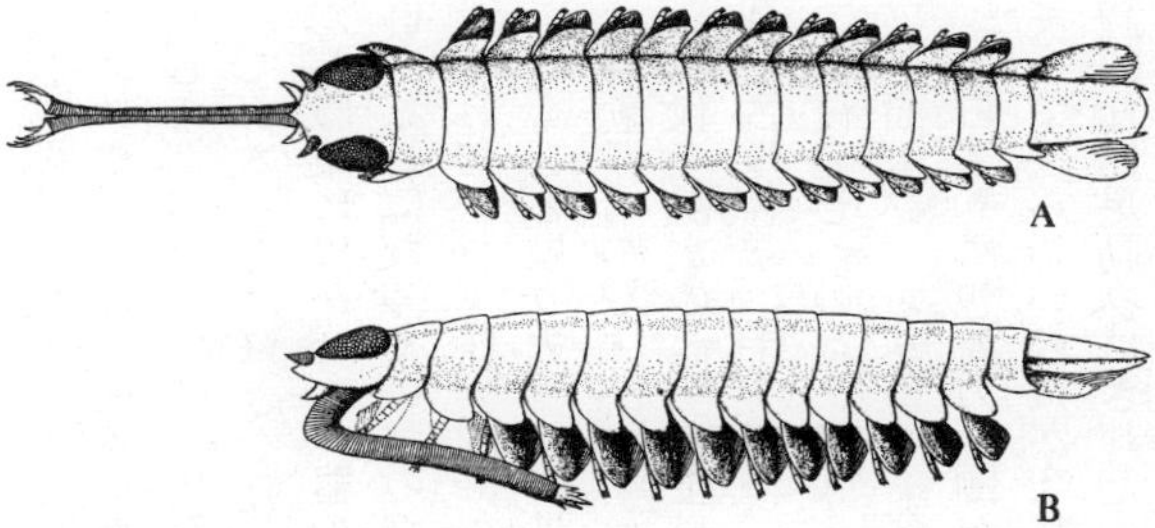

図3-23／魅惑的ではあるが誤ったオパビニアの復元図。シモネッタ（1970）は節足動物として復元している。（A）背面図。（B）側面図。シモネッタは，前頭部のノズルを癒合した触角によって形成されたものとして表現し，体節とされるものそれぞれに二枝型付属肢を描きこんでいる。

ウォルコットがオパビニアを節足動物であると判断したのは、体節の左右両側についているびらびらした構造に関する自らの解釈を主《しゅ》たる根拠としてのことだった。彼はそのびらびらを、祖先では二枝型だった付属肢の鰓脚《さいきゃく》と解釈したのだ。各びらびらの基部には二つか三つの「かなり短くて頑丈《がんじょう》な関節」（1912, p. 168）があり、その先に葉状に広がった鰓《えら》がついているのを確認したと彼は考えた。そのほかに彼は内枝（歩脚《ほきゃく》）も見つけたかったのだが、完全に納得できるだけの証拠は得られず、結局、歩脚はおそらく「微小であるか痕跡的」な状態（1912, p. 163）で存在しているのだろうと結論した。

もちろんウォルコットは、オパビニアが節足動物との類縁関係を示す決定的な証拠が保存されていないことに頭を悩ませた。彼はバージェス化石の保存状態を再現してみるために、無甲類《むこうるい》の現生種をガラス板のあいだにはさんでつぶすという実験まで試みている。この破壊実験は、いくらかの慰めをもたらした。多くの場合、繊細な付属肢に関する証拠いっさいが破壊されたからである。彼は次のように記している。「ブラキネクタやブランキプス（ホウネンエビモドキ）の標本をガラス板のあいだにはさんで押しつぶして調べた後では、化石では、付属肢の個々の形質がはっきりそれとわかる状態で保存されていることに驚きを覚えた」（1912, p. 169）ウォルコットは、行政職というみずから選んだ職業に欠かせない器量《きりょう》を見せ、逆境にも平静を装った。オパビニアは節足動物のままでいることになっていたのだ。

それでもウォルコットの復元は、節足動物の特徴をもっともっとつけ加え、ためらいをもっともっと取り去った後世のいくつかの復元と比べるとずいぶん慎重だった。一九三一年、大生態学者のG・イヴリン・ハチンソンは、無甲類はどのようにしてカンブリア紀の海洋から現代の淡水の池へと生息環境を変えることができたのかという魅惑的な問題に引き寄せられて古生物学に手を染め、現生無甲類の標準的な遊泳姿勢である裏返しのかたちでオパビニアを復元したのだ（図3-22）。ハチンソンの復元では、側面のびらびらが、節足動物の甲皮側面にぴっちりと並ぶ葉片状の付属肢に変形させられている。

このように想像力を働かせた復元は、シモネッタ（Simonetta, 1970）による、均整がとれていて愛らしいのだが空想でしかない復元で頂点に達した。* この復元では、オパビニアは理想的な節足動物にされた（図3-23）。前頭部のノズルには、縦方向の縫合線《ほうごうせん》（完全に想像の産物）が見える。これは、ノズルは一対の触角が癒合して起源したものであることを意味している。シモネッタは、オパビニアの頭部に、節足動物の短い付属肢をさらに二対〝発見〟した。一つは一対の眼から、もう一つは甲皮のこぶからつくられたものだった。シモネッタは、個々の体節には完全に二枝型の頑丈な付属肢――小さいがしっかりした歩脚の上に葉片状の鰓脚のついた肢――を復元させた。ウィッティントンがわずか一〇個しかないオパビニアの貴重な標本の研究に着手したときの状況は、このような野放し状態がまかり通るものだったのだ。

（＊）イタリア人古生物学者のA・M・シモネッタは、本書が彼に割《さ》けるスペース以上の栄誉を受けている。ウォルコット以降、ウィッティントン以前にバージェス産節足動物に関する見直しを包括的に試みたのは彼一人だった。彼はウォルコットの標本を、ウォルコットと同じやりかたで研究した。つまり、本質的に岩石表面に張りついた薄膜として化石を取り扱い、標本の整形を行なおうとはしなかったのだ。そのため彼は、一九六〇年代から一九七〇年代にかけて発表した一連の長大な論文においてたくさんの誤りを犯した。しかし彼は、以前になされていたいくつかの研究に対する実質的な改善を提供したし、その包括的な試みを通じて、バージェス頁岩の豊饒《ほうじょう》さを古生物学者たちに思い出させた。科学とは誤りを訂正する作業であるから、シモネッタの犯した誤りも、ウィッティントンらに重要な刺激を与えた。

ここで私は、本書を支える地点へとさしかかった。本来ならばここから一ページか二ページを、大文字活字かちょっとしゃれた活字、あるいは赤インクに変えてみたいところである。しかし、本作りの美的伝統を重んじてやめることにする。伝説に惑わされたくないというのも、それをやめる理由の一つである（バージェス頁岩発見にまつわる伝説はすでに一掃した）。私の感情と願望は混乱している。私はいま、このドラマの鍵を握る瞬間について書こうとしているわけだが、そのような瞬間は存在しない、少なくともわれわれがありがたがっている伝説が語るようなかたちでの決定的瞬間など存在しないという歴史原理を認めるのが私の信条である。

決定的瞬間などというものは子供だましである。この物語のように、たくさんの人間が複雑な知的闘争にかかわっている場合に、ある瞬間こそがただ一つの震源だとかいちばん重要だなどということがいえるだろうか。私はあらゆる細部に通じ、それらを正しい順序に並べるべく努力した。そうした努力のすべてを、すべての謎が氷解した一瞬があったという神話のためにここで無駄にしてしまうことなどできはしない。ある特定の瞬間にある一つの品物——たとえばおよそ四四カラットで曰《いわ》く因縁つきのブルー・ダイアモンド〝ホープ〟——を発見することはできるだろう。しかし、そんな単純素朴な出来事でさえ、地質学の習得、政治的陰謀、個人的関係、幸運などの必要条件がからみあっているものなのだ。まして私が語っているのは、生物進化のパターンをめぐる抽象的で広範囲な影響力を有する見直しと歴史の意味についてである。そのように複雑な変化に、それ以前は存在せず、それ以後は存在した瞬間などあるだろうか。自然淘汰説、自由放任主義経済学、構造主義、聖母マリアの無原罪懐胎に関する合理的論拠、そのほか何らかの複雑な倫理的ないし知性的立場の形成を、たった一人の人間、たった一つの場所、特定の一日のせいにすることなどできるだろうか。*

（＊）カトリック教徒である私の友人たちならば、私があげたリストのうちの聖母マリアに関する項目については教皇ピウス九世と一八五四年一二月八日という人物と期日を指摘するかもしれない。しかし、ピウス九世が宣言した〝無原罪懐胎〟は、カトリック教会の諸規則の下での公式な決議であって、それ以前に一〇〇〇年にわたって繰り広げられてきた論争が最高に盛り上がった瞬間を指摘できる者はいないだろう。ダーウィンが自然淘汰説を発展させるにあたって長いあいださまざまな苦闘を重ねたことについては、ハワード・グルーバーの『ダーウィンの人間論』（New York : Dutton, 1974――講談社、一九七七）を参照してほしい。

それでも、オーウェルがロシアを動物農場にたとえて皮肉ったように、一部の動物は他の動物よりも、もっと平等である。われわれは、焦点を定めるための誇張された品物なり瞬間を必要としている。ニュートンに当たったリンゴとか、ガリレオがピサの斜塔から落とさなかった物体などである。時は淡々と刻まれているのに、われわれはそのなかから突出した一点を見分けてしまうのだ。

バージェス頁岩をめぐる変革には、少なくとも象徴的な意味でルビコン川を渡った瞬間のようなもの、すなわちそれ以前とそれ以後とを分かちうる決定的な発見があったと私は信じている。

オパビニアに対して提出されたさまざまな解釈を前にしたハリー・ウィッティントンに話を戻そう。この動物は節足動物であると誰もが見なしていたが、決定的証拠となるはずの、関節のある付属肢を見つけた研究者はそれまで一人もいなかった。しかし、ウィッティントン以前には、外骨格の下に隠れている小さな付属肢を見つけ出すために必要な手法をそなえている研究者はいなかった。ハリーはその数年前に、バージェス頁岩の化石は（どんなにつぶれていても）立体構造をそなえた物体であり、上層をはぎとればその下の構造が顔を出すという、方法論上のとても重要な発見をしていた。ハリーはすでに、この方法でマルレラ、ヨホイア、バージェス産三葉虫に決着をつけていたのだ。

オパビニアは、その新手法を使って決定的な実験をやってくれと叫ばんばかりの状態にあった。背甲を切り開いてその下にある付属肢とその体節へのつきかたを確認してくれ、頭部背板を切り開いて前頭部の付属肢を確認してくれと。そこでハリーは、節足動物特有の関節をもつ付属肢が見つかるものと確信して背甲を切り開いた。しかし、背甲を切り開いても、驚いたことにその下には何も見つからなかった。

オパビニアは節足動物ではなかったのだ。しかもそれは、誰かが特定できるような節足動物以外の何物かでも断じてなかった。詳しく調べてみると、バージェス頁岩から見つかった動物で、現生グループのうちのどれかにすんなりと納まりそうなものはなかった。それでもマルレラとヨホイアは、節足動物門という巨大な門のなかの孤児ではあるにしろ、少なくとも節足動物にはちがいなかった。では、オパビニアは何物だったのか。

ウィッティントンの結論は混乱していたかもしれないが、偏見から解き放たれたものではあった。節足動物、あるいはそれ以外の生物のデザインが満たすべき必要条件に、オパビニアが一致している必要はなかった。ウィッティントンは、過去のどの古生物学者よりも、高徳の円卓の騎士パージヴァルの達成しがたい理想に近づくことができた。それは、先入観をもたないまったくの無垢《むく》という理想である。いかに奇妙なことであろうとも、観察したままを記載することがウィッティントンにはできたのだ。

オパビニアはたしかに奇妙ではあるが、不可解というわけではない。たいていの動物と同じような機能を有している。オパビニアの体は左右相称である。頭と尾と眼があり、消化管は前頭部から末端まで走っている。意欲的な科学者にとって、オパビニアは理想的な生物である。手に負えないほど奇抜というわけではないし、好奇心旺盛な人をどきどきさせるほどには風変わりだからである。

ウィッティントンは、オパビニアに関するモノグラフを始めるにあたって、まず先人たちに文句をつけている。節足動物説を無条件に擁護し、その結果として標本を観察することよりも節足動物説からの予想に頼りきったことに対してである。「連綿《れんめん》とオパビニアに向けられてきた関心には、標本を批判的に研究する態度がともなっていなかった。そのせいで、空想が事実によって押しとどめられることがなかったのだ。本研究の目的は、推測を行なうためのより堅固《けんご》な基盤を提供することにある」(1975 a, p. 3) 続けてウィッティントンは、彼特有の控えめな表現(彼の個人的な性格にイギリス的な規範がつけ加わったもの)で次のように書いている。「形態に関する私の結論は、これまでになされたどの研究とも多くの重要な点で異なる復元をもたらした」(1975 a, p. 3)

この「多くの重要な点」が、この動物を、四三ミリから七〇ミリという実際の体長をはるかに拡大すればSF映画のセットを迫力満点にしそうな姿にした。ウィッティントンによる復元の主要な特徴を見てみよう。

（一）オパビニアの眼は二個ではなく、なんと全部で五個である。その配置は、二対の眼は短い柄《え》の先につき、おそらく柄のない五番めの眼は体の中心軸上に位置している（図3－20参照）。

（二）前頭部のノズルは、伸縮自在の吻《ふん》でもないし、触角が癒合《がっち》してできたものでもない（ノズルが吻か触角だとすれば、節足動物のデザインとうまく合致する）。ノズルは、頭部下面の最前部に付着し、そこから前方に伸びている。柔軟な器官で、細い溝のついた円筒状の管になっている。いうなれば掃除機のホースのようなもので、おそらくそれと同じ原理で自由に曲げることができただろう。ノズルの末端は縦方向に二分されており、その内側に長いとげが前方に向かって生えている。その管の内部には、十分な柔軟性と堅牢《けんろう》さをあわせもつよう、液体のつまった導管が通っていたかもしれない。

（三）消化管は、ほぼ全体長にわたって体の中心をまっすぐに貫く一本の管である（図3－24参照）。ただし、その消化管も頭部ではU字型にぐいと折れ曲がり、先端は後方を向いて開いた口になっている。おもしろいことに、前頭部のノズルは先端がちょうど口にとどく長さと柔軟性をそなえており、食物を口に運べるようになっている。ウィッティントンの考えによれば、オパビニアはおもに、ノズル先端のとげの生えた部分が形成する〝はさみ〟で食物をはさみ、ノズルを曲げてそれを口まで運んで食べていたのではないかという。

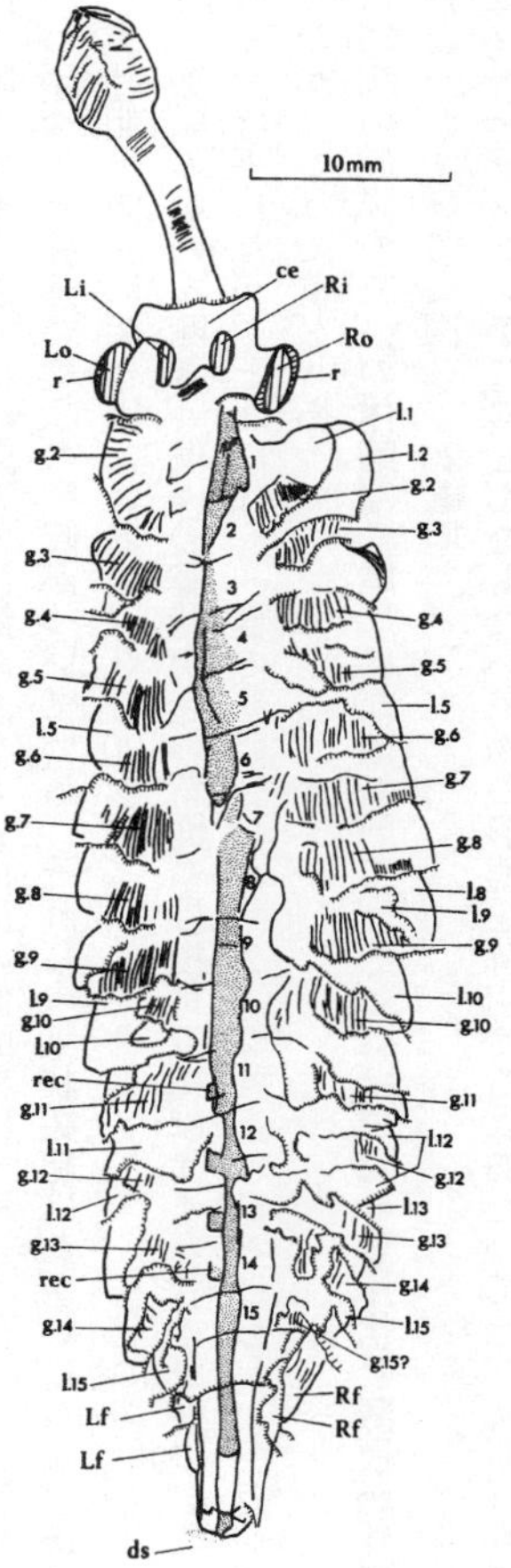

図3-24／オパビニアを背面から見たカメラルシダ図。体の左右の側面に，鰓（*g*）と葉状突起物（*l*）がはっきりと見分けられるほか，消化管の痕跡が体の中心軸上をまっすぐに通っている。二対の眼と，頭の先端から前方に伸びるノズルが見える。

（四）胴の主要な部分には一五の体節があり、各体節の側面には一対――体の中心軸の左右に一つずつ――の薄い葉状の突起がついている。それらの葉状突起はたがいに重なりあっており、外側下向きに突き出ている（図3－20参照）。

（五）先頭のものを除き、上面には、個々の葉状突起の背面つけ根付近にはオール状の鰓《えら》がついている。鰓の下面は平らだが、上面には、一群の薄いひだが、テーブル上にひろげられたトランプのようなかっこうで重なりあってついている。

（六）胴の最後の三つの体節は〝尾〟になっていて、そこには三対の葉片状の薄板が外側上向きについている（図3－20参照）。

ウィッティントンがこのとんでもない動物の形態を解明するにあたっては、切断、さまざまな向きの標本、雄型《おがた》と雌型《めがた》など、あらゆる特殊手法をくりだす必要があった。彼はまた、こうした手法の威力を認識しそこねたことが節足動物説を支持する一つの有力な論拠を与えることになったという事実も発見した。ウォルコットは、一つの重要な標本について雄型と雌型を混同していた。その標本を彼はオパビニアの下面と思って観察していたが、実際には上面を上から観察していたのだ。レイモンドはこの上下をとりちがえた解釈を鵜呑《うの》みにし、オパビニアの鰓は背甲の下側についているという、しごくもっともな主張をした。節足動物における付属肢の標準的な配置では、まさに背甲の下に位置する二枝型付属肢の外枝（上側）が鰓脚なのだ。ところがオパビニアの正しい復元では、鰓がついていたのはもっとも非節足動物的というべき位置で、体側《たいそく》から張り出した葉状突起の上だった。

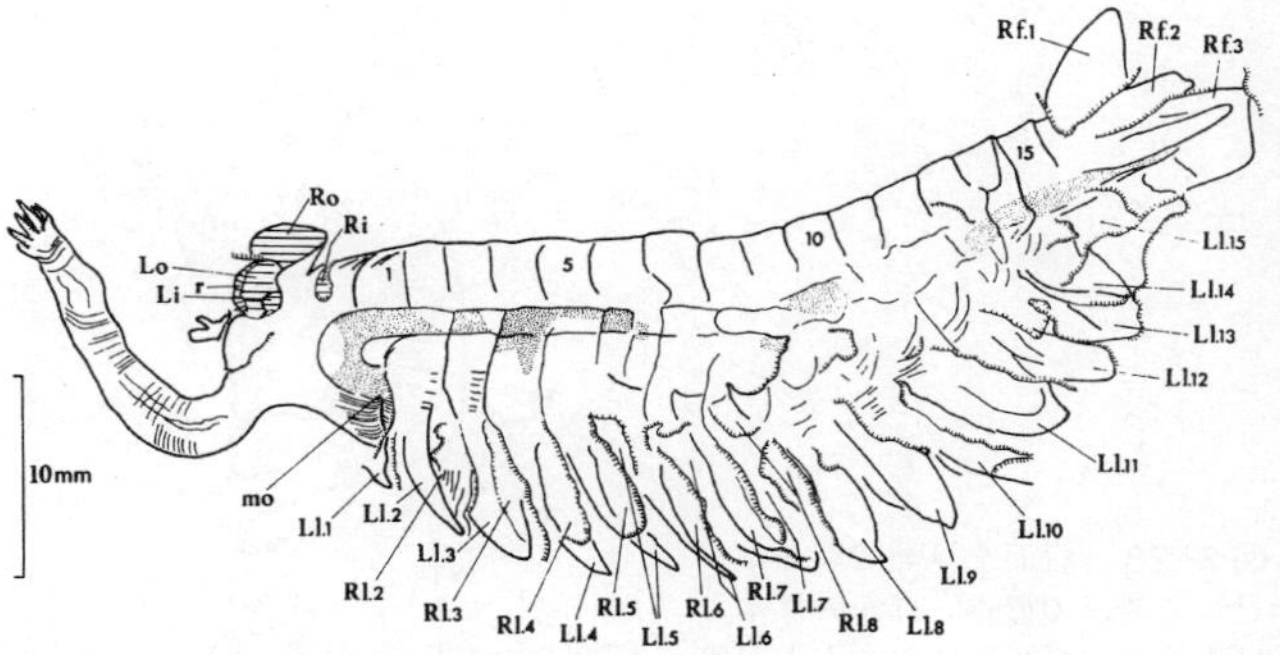

図3-25／側面を見せて保存されたオパビニアの標本。こういう向きはちょっとめずらしい。この図では，左右の葉状突起と鰓がごちゃまぜになり，識別困難になっている。ただ，図3 - 24の背面図では確認できない多くの形質が，この図では確認できる。すなわち，体側の葉状突起に対する尾びれ（$Rf._1$～$Rf._3$）の向き，ノズルの付着位置，消化管の先端が後方に屈曲していることなどである。

図３‐24、25、26が、ウィッティントンが駆使した手法の成果を如実に示している。これらの図は、それぞれ異なる体の面を見せている三つの標本について、雄型と雌型で確認できる形質を組み合わせて描いたカメラルシダ図である。図３‐24は、上（背面）から見た図である。眼とノズルの位置、体側の葉状突起の完全な配列、そしてその葉状突起の上についている鰓が確認できる。消化管は、まっすぐな管として体のまん中を通っている。図３‐25は側面図で、上から見たのではわからないいくつかの形質が見えている。これでノズルが付着している位置も確認できるし、消化管が頭部でＵ字型に曲がることで後ろ向きの口を形成していることもわかる。ところが背面図では、この屈曲部は直線部分の下になってつぶ

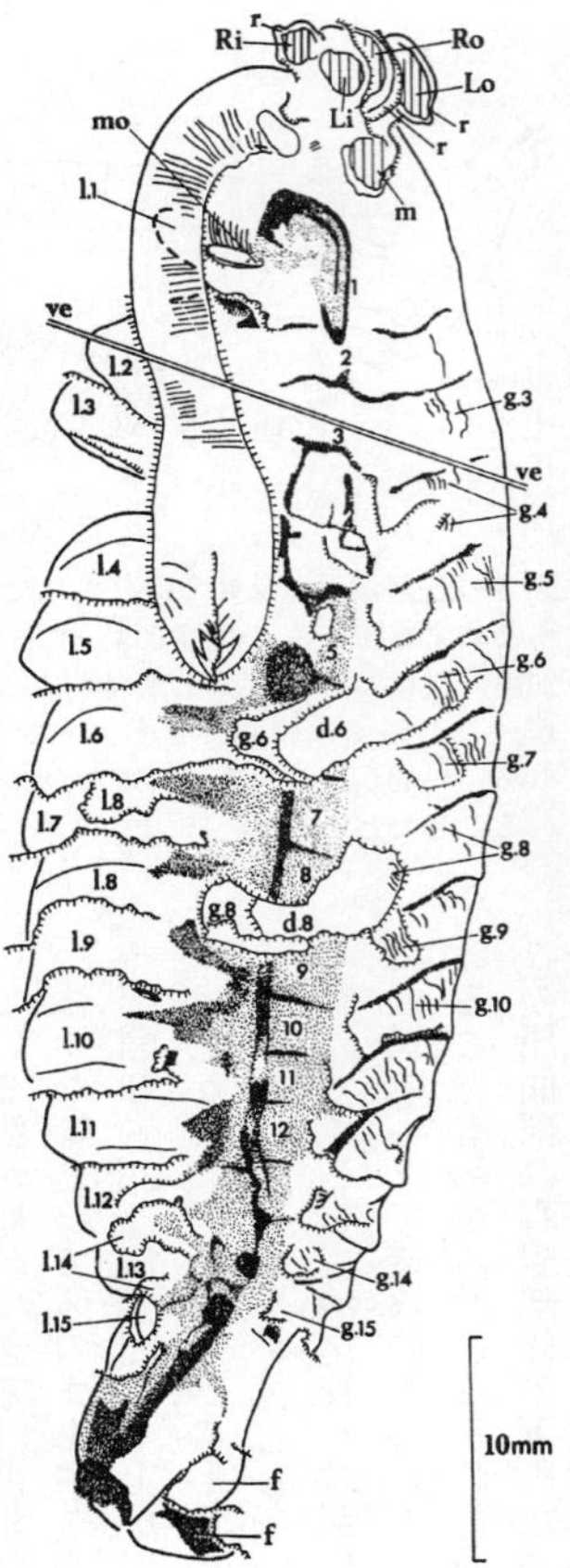

図3-26／腹面を見せているオパビニア第三の標本。ほかの標本ではよくわからないいくつかの形質が確認できる。五番めのまん中（ミドル）の眼（*m*）が右上に見えるほか，ノズルは口の位置まで曲がることもわかる。

れており、まったく確認できない。背面図は、体側の葉状突起と尾びれとの相対的な位置関係についても何も語っていない。ところが図3-25の側面図を見ると、体側の葉状突起は胴部から離れて下向きについているのに対し、尾びれは上向きに立ち上がっていることがわかる。この尾びれのつきかたは、オールとしても舵《かじ》としても機能的である。

図3-24と図3-25は、二つの基本的な向きではあるが、これらだけからでは、いくつかの疑問が残る。別の向きの標本が必要なのだ。たとえば、どちらの図を見ても五個の眼全部は確認できない（眼は繊細な構造をしているため、つぶれてくっつきあってしまっている場合が多い）。図3-26が、決定的な欠落のうちのいくつかを埋めている。五個の眼が個別に確認できるし、前頭部のノズルが口のあたりまで曲がっているのもわかる。

すでにマルレラとヨホイアがウォルコットの〝靴べら〟に対する疑問を提出していた。しかしこの二属は、節足動物という枠組のなかの孤児でしかなかった。それがオパビニアに至って、ゲームは別の段階へと進み、永遠に変更できないかたちへと変化した。オパビニアは、現在そして過去の地球においてこれまで知られていた動物グループのどれにも属していなかったのだ。ウィッティントンがこの動物を公式の分類体系の枠内にあえて位置づけようとしたなら（賢明にも彼はその任を辞退した）、このたった一つの属のために新しい門を創設するしかなかっただろう。なにしろ、五つの眼、前頭部のノズル、体側のびらびら上についた鰓をそなえているのだ。ウォルコットの〝靴べら〟は粉々《こなごな》に砕けてしまっていた。ウィッティントンは、彼特有の控えめかつ簡潔な表現で「オパビニア・レガリスは三葉虫様節足動物とは考えられないし、環形動物とも見なされない」(1975, p. 2) と書いている。ハリーは熟慮型の人間ではあるが、さすがにオパビニアがバージェス動物群の他の生物に対してもつ意味は知っていた。彼は、「バージェス頁岩は……類縁関係のわからない、体節構造をもつ未記載の動物をほかにも含んでいる」(1975, p. 41) と簡潔に記している。

ウィッティントンが一九七五年に発表したオパビニアの復元は、人類の知識獲得の歴史においてなされた最大級の成果として語り伝えられるものと私は信じている。生命の歴史をめぐる観点に根底から修正を迫るような経験的研究が、ほかにいくつあっただろう。われわれは、ティラノサウルスの威容《いよう》に畏怖《いふ》の念をおぼえる。アルカエオプテリクス(始祖鳥)の羽毛に驚きもする。アフリカで人類化石が見つかるたびに大騒ぎをする。しかし、体長わずか五センチほどのカンブリア紀の妙ちくりんな無脊椎動物オパビニアほど進化の本質に迫ったものは一つもなかった。

第三幕　見直しの拡大——研究チームの成功
一九七五～一九七八年

一般化のための戦略を設定する

古くからイギリスに伝わる童謡を思い出してほしい。数え歌に登場する最初の品物は、決して多量ではない。ナシ《ピアー》の木にいる一羽のヤマウズラ《パートリッジ》とか、ピンの刺さった一枚の紙《ペイパー》とかである。「灯心草生えた、ホー」などその最たるものだろう。「一つは一つ、それはそれだけ、いくらあってもやっぱり一つ」

オパビニアは、バージェスに込められた新しい生命観のメッセージの重みをすべて背負っている。この動物は、バージェス動物群のほかのすべての動物と同じように奇妙な生きものであり、どの現生生物とも異なっている。しかし、一つは一つにすぎず、それがいくら集まってもやっぱり一つである。化石記録中には、ほかにも変わりものはいくらでもいる。たとえばメゾンクリークで見つかったタリー・モンスターもその一つである（九八〜九九ページ参照）。その一例にすぎないオパビニアは、思わず肩をすくめるような存在ではあっても、生命一般の謎を解き明かす大発見ではない。この例が、議論の余地のない新解釈を確立したわけではなかった。実際はそれとはまるで逆で、探ってみる価値のある可能性をほのめかしたにすぎない。つまり、とくにマルレラやヨホイアとあわせて考えると、どうやら下等なレベルにある何か似たような生きものがバージェス産節足動物のあいだであばれまわっていたらしい、というわけである。

自然史学において関心が払われるのは、ただ一つしかない例ではなく、その例の相対的な頻度《ひんど》はどれくらいかである。豊饒《ほうじょう》な自然のなかでは、どんなことでも一度は起きる。しかし、予期せぬ現象が何度も何度も起き、ついには期待されるほどになると、理論がくつがえる。オパビニアが新しい生命観の火付け役にして代表格としての地位を得るには、分類学的にユニークな存在だったのはオパビニアに限ったことではなく、後世でいかに稀《まれ》であろうともバージェス頁岩では珍しいことではなかったという事実が判明しなければならなかった。

そのためには例数を重ね、バージェス動物群全体中には妙ちくりんな生物がどれくらいの割合で含まれているかを推定する必要がある。しかしこのことが、原則としてこの物語にふさわしくないB級西部劇的な英雄神話を生む。ハリー・ウィッティントンが、酒場何軒分ものならず者をたった一人でやっつける保安官になれるはずはなかった。マルレラの研究には四年以上の歳月がかかった。バージェス産節足動物だけでも、すべての研究を終えるには何人分もの人生が必要である。ウィッティントンにできることは、メルセデス・ベンツ並みの馬力を誇りつつも「やるべきことはこんなにあるのに、時間がない」と愚痴をこぼすか、援軍を要請するかだった。彼は後者を選んだ。どのみち科学とは共同事業なのだ。

ウィッティントンは、自分が直接手を下す属を選んだ後で、残りの節足動物を三つのグループに分けた。それは、それぞれ一人の共同研究者が発展性のある研究プロジェクトとして取り組めるようなグループ分けだった。それ以外には、オパビニアを既成の動物門に納まりきらない妙ちくりんな生物と同定して以来困惑と重要性の度をいっそう増していたものとして、ウォルコットは環形動物として分類していた（1911 c）たくさんの属があった。ウォルコットの〝靴べら〟が、バージェス頁岩には分類学的に見て孤児とでもいうべき生物がたくさん含まれているという一般的なテーマを隠していたのだとしたら、節足動物よりは環形動物からのほうがより明確な物語が（噴出するということはないにしろ）浮上しそうだった。節足動物は、明確ではあるが複雑な形質で定義されている。なるほどウォルコットは、まちがって節足動物と見なしたものを節足動物門のなかの既知のグループに〝靴べら〟を使ってむりやり押しこんだかもしれない。しかし、少なくともそのほとんどはまぎれもない節足動物だった（オパビニアと、後でとりあげるアノマロカリスは例外）。ところが、左右相称形で柔軟な体に体節構造をもつ動物は、総じて蠕虫《ワーム》と呼ぶことができる。ウォルコットが〝環形動物〟としたもののなかから、とんでもなく妙ちくりんな生物が飛び出してくる可能性があった。

ウィッティントンは、三つに分けた節足動物のグループがそれぞれ分類学的に緊密なまとまりをもつ集合である可能性は少ないと考えていた。個々のグループの構成員は、見かけ上よく似た形質をいくつか共有していたが、マルレラとヨホイアから得た経験が、そのような外見には注意するようにと教えていた。それでもその三グループは、研究をするうえでは都合のいい分けかただったし、緊密なグループだという仮定自体が、検証すべき疑問となりえるものだった。ちなみにこの三グループはどれもみな緊密なまとまりを欠く集合であることが後に判明したのだが、まさにこの結論によって、バージェス産節足動物群は後世のどの動物群と比べても驚くほど異質であるという位置づけが立証された。

その三グループとは、いずれもバージェス動物の分類体系においてウォルコットからステルマーまでが大筋で認めていた次のような集まりである。（一）二枚貝のような背甲をもつ節足動物の大集合で、ずっと軟甲亜綱《なんこうあこう》の甲殻類にまちがいないとされてきた。（二）〝節口様類《せっこうようるい》〟とされた種で、一般に楕円形をしており、現生していないオオサソリ類とそのいとこにあたるカブトガニ類からなる大グループ（節口類）を思い出させる、頭部が他とは分離した大きな背板で覆われている。（三）見るからに甲殻類で、二つに分離した貝殻のようにはなっていない単純な背甲をそなえている。

　ウィッティントンが一九六〇年代後半にバージェスの仕事に着手した際、彼よりも若い二人の仲間が、このリストのなかの小さいほうの二グループの研究を手がけることに同意した。オスロ大学のデイヴィッド・ブルートンは、〝節口様類〟を引き受けた（シドネユイアに関するブルートンの研究については、3章のはじめのほうで研究手法を論じた際にすでに言及したが、彼が引き出した結論については、年代記としての正しい順序にしたがい、第五幕で報告するつもりである）。ケンブリッジ大学のクリス・ヒューズは、ブルゲッシアとワプティアに取り組んだ。この二つの属は、バージェス産節足動物のなかでは三番めと四番めに数の多い種類で、単純な背甲をもつ、見た目には甲殻類といえるグループを形成している。ワプティアに関するモノグラフはまだ発表されていないが、一九七五年に発表されたブルゲッシアに関するヒューズのモノグラフは、マルレラとヨホイアで発展させられたパターンに対する重大な確証を提供している。楕円形の背甲と長い尾剣（胴体部の長さのほぼ二倍）をもつブルゲッシアは、ウォルコットが主張した背甲目《はいこうもく》の鰓脚類《さいきゃくるい》ではなく、やはり独自のデザインをそなえた節足動物の孤児だった（図3-27）。ヒューズは、ブルゲッシアのために分類学上の正式な地位をつくることは辞退した。彼はこの属を、一般には数多くの別個の節足動物グループのものとされる形質をあわせもった、奇妙ながらくた箱と見なしたからである。彼は次のように結論している。

　バージェス頁岩のすべての節足動物を研究しなおす作業により、これらの種類の細かい形態的特徴は、以前に考えられていたとおりではないことが判明しつつある。したがって筆者は、ブルゲッシアの類縁関係についてこれ以上論じることは時期尚早《じきしょうそう》と考える。……本研究から明らかなことは、ブルゲッシアは混合した形質をそなえており、その多

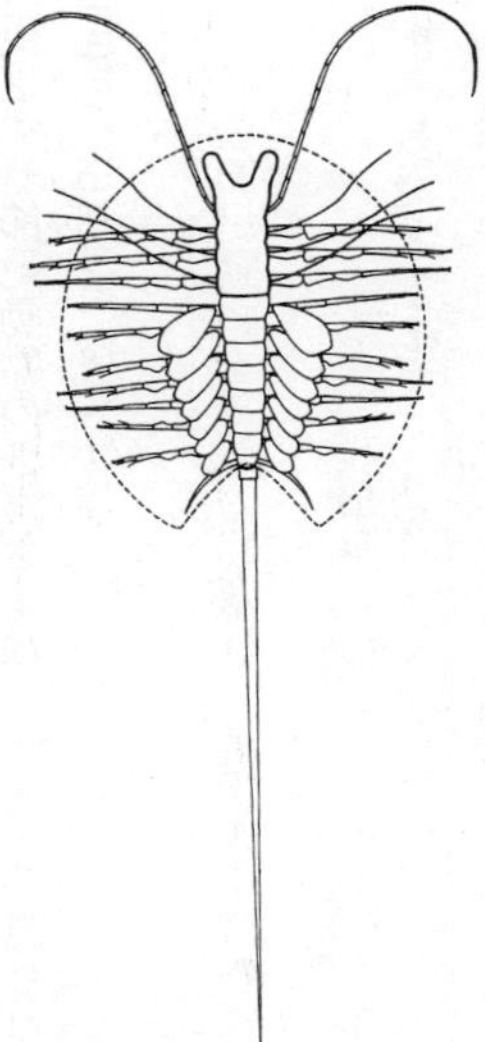

図3-27／ブルゲッシアの復元図。ヒューズが1975年に発表したもの。

くは現生する節足動物のさまざまなグループで見られるべき形質だということである。(Hughes, 1975, p. 434)

バージェス産節足動物をめぐる物語は、ますます奇妙なものとなりつつあった。

指導教授と学生

大学というところは、博士号を授与するためのプログラムにおいて、旧態依然とした徒弟《とてい》制度の数少ない名残りを機能させている。この異常さについて考えてみよう。人は、幼稚園から大学までの全学歴を、個々の教師が及ぼす影響力からの独立度をどんどん増しながら終えていく。小学校一年のときに先生に逆らえば、一年間、あなたの人生はさんざんなものになりうるが、大学の学部の教授を不愉快にさせても、せいぜい履修単位を一つ落とすくらいですむ。そして成人し、大学院に進んで博士号をとろうと決心したとする。そこであなたはどうするか。興味をそそる研究をしている教授を見つけ、チームの一員として入門することになる(ただしその教授に入門を認められ、支援の約束をとりつけられたらのこと)。一部の分野、とくに大きな研究室が一丸《いちがん》となり、多額の研究費をつぎこんで特定の問題に取り組むような研究分野では、独立性などという考えはいっさい捨て去り、博士論文のために割り当てられた課題に従事しなければならない(研究題目選択の自由は、博士号取得後に獲得した地位に許されるぜいたくである)。もっと拘束がゆるくて個人主義的な色彩の濃い古生物学のような分野では、研究課題の選択に関しては公正な自由が与えられるのがふつうであり、自分だけのプロジェクトが浮上することもありうる。しかしいずれにせよ、あなたは徒弟であり、指導教授のいいなりである。小学校低学年以後のどの時点よりもがんじがらめの状態にある。もし指導教授とけんかでもしようものなら、研究生活を断念するか、荷物をまとめてよそに移るかである。指導教授とうまくやり、指導教授の地位も安泰《あんたい》ならば、博士号もとれ、指導教授の影響力とあなたが証明してみせた実績とによって、最初の悪くない職が得られるだろう。

これは批判も多い不思議な制度であるが、独特の奇妙なしかたで機能している。あなたは、ある段階から先は、授業と教科書だけでは一歩もすすめなくなってしまう。研究を進めている誰かにつきまとうしかなくなるのだ(そうなればあなたは毎日、四六時中待機し、修得の準備を整えていなければならない。木曜日の午後二時に顔を出し、化石の雄型と雌型を分離する方法を習うというわけにはいかないのだ)。この制度は悲惨な状態ももたらす。搾取《さくしゅ》的な教授が、自分自身の涸《か》れた井戸を潤《うるお》すために若い情熱と輝きが満ちる泉から水を盗《と》り、見返りはいっさい与えないということもあるからだ。しかしこの制度がうまく機能している場合は(権力の抑制と均衡が存在しないにもかかわらず、皮肉家が予想する以上にうまくいっていることが多い)、私にはこれ以上のいい訓練方法は考えられない。

多くの学生は、この制度を理解していない。学生たちは、世間での評判がいいからとか、住んでみたい都市にあるからという理由で出願する大学院を選ぶ。これはとんでもないまちがいである。あなたたちは、特定の人物といっしょに研究をするために出願するのだ。職人組合《ギルド》の古くさい徒弟制度と同じように、指導教授と学生はたがいの義務によって結ばれている。これは一方通行の関係ではない。指導教授は、最優先の仕事として、学生のための奨学金を見つけ、それを受けられるようにしてやらなければならない。もちろん知的な面での指導のほうが、いうまでもなく重要ではあるが、それはゲームの楽しい面である。いちばん肝心なのは、教育研究費探しなのだ。著名な教授たちの多くは、仕事時間の少なくとも半分を、学生への奨学金を値上げしてやるために割《さ》いている。では、指導教授はその見返りに何を得るのか。このお返しは、だいぶ微妙なものであり、学者というギルドに属さない人間には理解できない場合も多い。奇妙に聞こえるかもしれないが、その答は、系図的な意味での忠誠である。

大学院生が行なった研究は、その師の評判の一部となって永遠に記憶される。なぜならわれわれは、知的系図をこの方法でたどるからである。私はノーマン・ニューウェルの院生だった。私が死ぬまでになすすべてのことが、ニューウェルの遺産として解釈されるだろう（もし私がへまをやれば、それはニューウェルの不利となって跳ね返る——もっとも、失敗は個人のもので成功は系図に組み入れられるという、なくては困る非対称が認められているので、師が深刻な打撃をこうむることはない）。私はこの伝統を喜んで受け入れており、忠誠を誓っている。ただしそれは、抽象的な賛同の気持ちからそうしているわけではなく、これも昔の徒弟制度と同じく、次世代では今度は私が利益を受ける番になるという即物的な気持ちからである。ハーヴァード大学に職を得て二〇年間における私の最大の歓《よろこ》びは、何人ものほんとうにすばらしい学生に恵まれたことである。さしあたって受けられる最大の恩恵は、研究室の刺激的な雰囲気である。もっとも私とて、学生たちが将来勝ち取る成功が、たとえわずかなりとも私の成功としても解釈されるという風習に無関心なわけではない。

　ところで、研究に力を入れている主要な総合大学の多くでは遺憾《いかん》なことに学部生に対する教育がそまつにされているという現状には、この制度が大きく関与している。学生は、大学院の指導教官の系統に属し、学部課程の教師には属していない。自分の評判をいつも意識している研究者にとって、学部生を教えることにはいかなるうま味もない。それは、愛情があるか義務ででもないかぎりできない仕事である。大学院生は自分の延長だが、学部生は自分の名声にとってはゼロなのだ。私は、こうした状況が変わりうることを願ってはいるが、こう改善すべきだという提言はもちあわせていない。

　ともかく、この制度はイギリスではもっと徹底している。合衆国では、学生はある指導教官《アドバイザー》につきたいという願書をディパートメントを通じて提出する。ところがイギリスでは、指導教授《メントール》になってもらえそうな人に直接提出する。そして教師は、たいていは特定のプロジェクトのためにとってある研究費を奨学金にあてる。ハリー・ウィッティントンは、バージェス・プロジェクトの最終的な成功——少数の奇妙な動物の詳細な記載から始めて全動物群の理解へと拡大すること——は、大学院生しだいであることを知っていた。大学院生にまつわる二つの構成要素のうちの一つ――研究費集め――については、影響力を行使できた。もう一つのほう――すばらしい学生の所有権――については、幸運の女神に祈るしかなかった。

ハリーは第一の点に関しては職務を果たした。彼は、未解決のすばらしいプロジェクトを二つかかえていた。二枚貝に似た殻をもつ節足動物と〝蠕虫類《ぜんちゅうるい》〟の問題である。彼は二人の学生のための奨学金を確保した。一人には政府支給の研究費から、もう一人には、彼が属するシドニー・サセックス・カレッジが管理するプライベートな資金から調達したのだ。第二の点に関しては幸運の女神が微笑んだ。この幸運には、ハリー自身の成功も大きく作用した。優秀な学生というのは目配りもよく、もっとも刺激的な研究をしている指導教授のもとに引き寄せられるものだからである。それはともかく、一九七二年、バージェス問題が快調に進みだしたまさにその段階で、学問上の時間間隔に関する私の持論――すばらしい学生は五年に一人の割《わり》で現われる（五年という期間は博士課程の通常の研究期間であるから、同時に二人以上の優秀な学生を長期にわたってかかえることはない）――をくつがえす出来事が起こった。その年、ハリー・ウィッティントンというすこぶる幸運なこの男は、二人のすばらしい学生からの願書を受け取ったのだ。一人は、ダブリンのトリニティ・カレッジで卒業研究を終えたアイルランド人デレク・ブリッグス。もう一人は、ブリストル大学を最優秀の成績で卒業したばかりのロンドンっ子サイモン・コンウェイ・モリスだった（ハリーは、学外審査員としてコンウェイ・モリスの卒業論文の審査にあたっていた）。このときから、バージェスに関する研究は三人の共同作業となった。もっとも、毎日のように顔をあわせるわけでもなく、研究姿勢が個人主義的であるため、まとまりのある研究グループではなかった。教師と院生という関係から同等のパートナーという関係にしだいに変わっていたブリッグスとコンウェイ・モリスとウィッティントン（アルファベット順）の三人は、共通の目的と共通の研究手法で結ばれてはいるが、年齢も、科学と人生に対する一般的な姿勢もこれ以上はないほど異なっている。

ハリー・ウィッティントンは、ゲームのルールと得点を心得ている。私との会話のなかで彼は、バージェスの見直しは、ブリッグスとコンウェイ・モリスが専念できるようになった時点で（単なるモノグラフの羅列《られつ》ではなく）完全で一貫したプロジェクトとなったということを、偽りの謙遜《けんそん》ではなくいちばん力を込めて強調していた。それというのも、その時点で彼は、大聖堂の設計図を引いて基礎を築くだけで、完成した建物の全容を目にする見込みはなかった中世の建築家とはちがい、生きているあいだに完成できそうな目標を立てることができたからである。

ウォルコットの標本棚におけるコンウェイ・モリスの実地調査シーズン
――手がかりが一般性となり、変革が堅牢《けんろう》なものとなる

ドラマやコメディには珍妙なコンビが欠かせない。保守的ではあるが高い知性の持ち主は、

才気の輝きを見抜くだけでそれ以外の要素はいっさい考慮しないため、風変わりなライフスタイルをもつ過激な学生をしばしば受け入れる。ハーヴァード大学の古生物学者、バーニー・クンメル教授は、一九七〇年代の過激な学生に対してはゴムホースを振るって脅《おど》し、とっぴなマナーや洋服をひどくきらっていた（そして恐れた）人物だが、その彼が、髪は肩まで伸ばし、およそありとあらゆるものに対して過激な考えかたをとるボブ・バッカー（当時はハーヴァード大学の院生で、今は新しい恐竜観の急先鋒《きゅうせんぽう》）を息子のようにかわいがった。もっとも、バーニーの判断はいつも正しいというわけではなかった。ひところ、バーニーとハリー・ウィッティントンはハーヴァード大学で古無脊椎動物学研究グループを形成していた。バーニーは、ハリーは伝統にこだわりすぎだと見ていたため、ハリーがケンブリッジ大学に移ることにしたときは大喜びした。そしてバーニーは、ハリーのとても若い代役として私を雇ったのである。対等なトレードではなかった。

みずから「十代のころは血の気《け》の多いつむじ曲がりで、おおむね反社会的だった」と語るサイモン・コンウェイ・モリスが、ウィッティントンの目には、バージェスのあまたある難問のなかでも最高にクレイジーなウォルコットの〝蠕虫類〟をまかせる最適任者に映った。ブリストル大学時代のサイモンの教師は、「図書館の閲覧室の隅にすわり、マントをはおっている」男というサイモン評をハリーに伝えていた。ハリーは、この情報を聞いたときに最初に頭に浮かんだことを覚えている。「それじゃあアナーキストじゃないか……なんてこった」しかしハリーは、ほとばしる才気も見抜いた。そして先程も述べたように、それ以外のことには頓着《とんちゃく》しない人間だった。

蠕虫類は最大の頭痛のたねであると同時に、オパビニアに決着がついて以来、いまやはっきりと妙ちくりんな生物探しに的《まと》が絞られたプロジェクトにとっていちばんの有望株だった。妙ちくりんが大量に存在するとしたら、以前の研究者たちは、どのグループにもあてはまらないものを十把《じっぱ》一絡《ひとから》げにして蠕虫類という昔からのカテゴリーに放りこんでいたはずだからである。蠕虫類というのは、しまい場所がはっきりしないのだが、それでもきちんと整理しておきたいときにひとまず放りこんでおくがらくた箱として昔から重宝《ちょうほう》されてきた分類グループなのだ。蠕虫類は、びっくりするくらい雑多な生きもののグループをあのリンネウスがこの名のもとに押しこんで以来、がらくた箱としての役目を果たしてきた。たいていの動物は、基本的に長細くて左右相称である。そのため、そういう形状を示す生物で、その正体がわからない場合、それは蠕虫《ワーム》と呼ばれる。

驚くほど心の優しい男であるハリーは、青二才にこんなやっかいな研究課題をあたえることで、約束されたキャリアにしょっぱなから終止符を打つことになるのではあるまいかと思い悩んだ。今に至っても彼は、そのことを思い出しては自分を責めさいなんでいるようにも見える。結果的にそれがすばらしい成果をもたらしたにもかかわらずである。彼は私に、当時の思い出を次のように語った。「恐れと不安をいだきながら、私はこの件をサイモンに話してみたんだ。……よりにもよってこんなおぞましいことを学生に研究させようとしていることが私はこわかった。ああ、なんで自分はこんなことを誰かにさせようなんて思ったんだろうってね。だけど私には、彼ならできるだろうという乱暴な予感もあった」

サイモンは大喜びをした。それ以来、彼は走りつづけてきた。この研究課題を支える二本の大黒柱は彼がまとめた二篇のすばらしいモノグラフ——いずれも、ほんとうは現生する門である鰓曳動物門《えらひきどうぶつもん》（1977 d）と環形動物門の多毛類《たもうるい》（1979）に属するバージェス蠕虫類について論じたもの——である。それらの研究内容については、語るべき順番がきたら説明するつもりである。しかしサイモンは、この平凡な材料から取りかかったわけではなかった。読者のみなさんも、マントをはおり、モーニング・コーヒーの席にも顔を出さないような男に、そんな陳腐なスタートの切りかたを期待したりはしないだろう。

一九七三年の春、ウィッティントンはブリッグスとコンウェイ・モリスの二人をワシントンに送り、ウォルコットの模式標本（種の原記載に使われた標本で、学名の末尾にウォルコットの名が付されたもの）の図を描かせると同時に、ケンブリッジに借り出す標本を選ばせることにした。パストゥールが語ったとされる有名な言葉に、幸運は備えのある心に微笑むというものがある。着想に富んだ男であるサイモンは、ハリーといっしょに研究することを選び、研究課題として蠕虫類を授けられたことを喜んでいた。それは彼が、もっと大きなメッセージをバージェスから引き出せる見込みは、妙ちくりんな生物に関する証拠固め——解剖学的特徴と全体のなかで占める割合の両側での——に集中していることを嗅ぎつけたからである。ハリーはオパビニアに縛りつけられていた。まるっきり身軽だったサイモンは、バージェス産の妙ちくりん生物漁《あさ》りに出かけた。「ぼくには生まれつき異常なものを強調したがる衝動があるのさ」と、サイモンは私に語っている。「北アイルランドから出土した腕足《わんそく》類《るい》の新種では新しい門は獲《と》れないからね」

そのときの状況と、願ってもない好機について想像していただきたい。サイモンは、ウォルコットのコレクションに納められた八万個あまりの標本を前にしていた。その大半は記載されておらず、きちんと調べられてさえいなかった。この宝の山を、分類学上の妙ちくりんがたくさん埋もれているかもしれないと予想しつつ調べた者は一人もいなかったのだ。そこでサイモンは、考えてみれば単純で明白なことなのだが、バージェスに対するそれまでのアプローチとはぜんぜん異なること、つまり勇気のいることをやった。彼は、バージェス標本を収納したスミソニアン国立自然史博物館の引き出しを漁る長い遠征に出た。すべての標本棚を開け、もっとも稀少でもっとも奇妙に見える化石を探すつもりですべての板石を調べたのだ。その見返りは大きく、その成果は目もくらまんばかりだった。それは、最初はやったとばかりに跳び上がるが、しばらくするとそのすごさに呆然としてしまう類《たぐ》いの成功だった。それでもオドントグリフス（二五四ページ参照）を見つけたころには、「やったぜ、また新しい門だ」とつぶやけるぐらいにはなっていた。

私は、ウィッティントンとコンウェイ・モリスのスタイルのちがいほど対照的なもの（つまり、これほどのドラマのたね）はないと思っている。ハリーは、生涯最大の研究プロジェクトに取り組まんとしていた老練《ろうれん》で保守的な分類学者だったし、片やサイモンは、既成の見解をひっくり返してやろうとたくらむ過激な青二才だった。その研究手続も、これ以上ちがいようのないほどちがっていた。ハリーはこのうえないほど慎重に、バージェスでいちばん数の多い動物を選ぶことから始めた。そして、属を一つずつ取り上げたモノグラフを、それぞれ数年の準備期間をかけながら次々に発表していった。マルレラ（1971）、ヨホイア（1974）、三葉虫類の付属肢（1975b）、オパビニア（1975a）、そして後ほど紹介するナラオイア（1977）、アユシェアイア（1978）という順にである。しかも彼は、研究対象を、自分がいちばんよく知っているグループである節足動物（と少なくとも当初は予想されていたもの）に限定していた。彼は、バージェス生物の分類に関しては従来どおりの見解を胸に研究を開始し、予想もしていなかった証拠が彼の心に見解の変更を強《し》いた時点ではじめて考えを変えた。それにひきかえサイモンは、バージェスに見られる解剖学的デザインに関するもっとも過激な解釈を提供する生物探しをはっきりと目標に掲《かか》げて研究を開始した。雪のように白いまっさらな心と無骨《ぶこつ》な手並みを、まだカシアス・クレイと名乗っていたころのモハメド・アリの高慢さで武装して乗り出したのだ。稀な化石ほどいい化石というべきか、サイモンが復元した奇妙奇天烈《きみょうきてれつ》な生物のいくつかは、たった一個の標本に基づくものだった。コンウェイ・モリスは、一九七六年と一九七七年の二年間に、独自の解剖学的特徴をもつ新しい動物門に属する五種類の生物に関する五篇の短報を発表することでその経歴を開始した。*

（*）サイモンとデレクは、オックスフォードでの学会でオパビニアが笑いものにされた年である一九七二年に、ハリー・ウィッティントンとの研究を開始した。そのため私は、オパビニアは独自の門を立てるに値《あたい》するほどユニークな解剖学的特徴をそなえているという劇的な声明の公表をハリーに踏み切らせたのはサイモンとデレクの突き上げであるにちがいないと思いこんでいた。やんちゃ坊主たちがいやがる老いぼれの役立たずを心ときめく新時代の日差しのなかに無理やり引きずり出したという筋書きを考えていたのだ。しかし、これはひどい台本だった。人生はもっと複雑だったのだ。サイモンは、イデオロギー的には過激かもしれないが、途方もなくすばらしい記載解剖学者である。それに、外見にだまされてハリーを老いぼれの役立たず扱いするような愚か者には、天才の多面性ということが何もわかっていない。それはともかく、ハリーがオパビニアの解釈を導くにあたっては、まわりの過激な連中からいかなる励《はげ》ましやいじめも受けなかった。三人の主人公のいずれもが、私にそう確言している。そしてその逆もまた真で、こちらも安易な台本とはくいちがう。ハリーは、サイモンが五篇の短報を書くのをやめさせようとはしなかったし、頻繁に相談にのって手助けするということもなかった。ハリーは、サイモンが最初から挑戦的な短報を発表したときも、事実上いかなる役割も演じなかった。彼が覚えている介入はただ一回、サイモンに、ハルキゲニアのとげが体のどの部位に付着しているかを明らかにするために、ハリー方式の解剖技術を使うよう強要したことだけである。これはとんでもなくいい助言だが、一般的なガイダンスのやりかたではない。

そのようなちがいは、本来ならば不和やあからさまな衝突を生むはずである。ところが、そのようなことはいっさい起こらなかった。最高の知的ドラマという意味でならそれはあったが、派手なけんかという生臭い話はなかったのである。ただし、皆無《かいむ》だったかといえばそうでもない。デレクは、歩きかたを学ぶまえに走り出すような人間についてハリーがぶつぶついったことがあるのを覚えている。それに、まだ語られたことのない個人的な感情もあるだろう。たった一個の標本に基づいて新しい動物門を創設したものも含む五篇の短報を、博士論文をまとめるまえに発表した学生についてどう思ったかと、私はハリーに聞いてみた。「私はただ笑って傍観《ぼうかん》していたよ。学生のじゃまをしようとは夢にも思わないね」これが彼の答だった。

バージェスをめぐる変革の最終的合意は、こんなにも異なる二つのアプローチの麗《うるわ》しき相助作用から生じたものだった。こんな言いかたは陳腐だということはわかっているが、陳腐さの根本には往々にして真実が横たわっているものである。おそらく解釈という作業は、どんな場合でもそれなりの最終結論に達するはずである。記載的なモノグラフを悠然《ゆうぜん》と出しつづけようと、過激な主張をもつ短報を立て続けに出そうと、最後にはおのずと承認を迫ることになっていたかもしれない。しかし、否定されようのないほど慎重に練りあげた記載と、反発しか買わないほど——ただし注目は浴びる——立証は粗雑で伝統からもはずれた声高《こわだか》な主張とからなるワンツーパンチを繰り出すことは不可能である。ところがまさにその組み合わせが、奇抜で予測しようのない人生航路の一つで〝実際に起こった〟ことを私は知っている。ただし、知識の進歩を天国で操っているものがいるとしても、若さと経験、慎重さと大胆さというこの例のような相助作用を用意する以外に、もっといい結果を意図的に仕組むことはできないだろう。

私はすでに一度（オパビニアのところで）、特別に強調する価値のある決定的瞬間を告げるために物語を一時中断させた。そしていま一度私は（アノマロカリスのために）、物語を一時的に中断させることになる。ただし、サイモンがスミソニアン国立自然史博物館の標本棚で化石発掘を行なったシーズンは、私が見るに、バージェスをめぐる物語における三つの重要な節目《ふしめ》のうちの二番めにあたる。サイモンが調査を開始した時点では、オパビニアが奇妙なメッセージをほのめかしつつあったものの、この現象の本質や広がりについては誰一人としてわかっていなかった。私の考えでは、当時のハリーはまだ、バージェスの妙ちくりんな生物たちを主幹《ステム》グループとして解釈する立場をとっていた。それらは現生する別々の動物門へとやがては分かれていくことになる形質を原始的な組み合わせでそなえた生物なのであって、多細胞動物のデザインに関してただ一度だけなされた特殊な実験によって生まれた別個の系統（子孫を残さなかった）とは考えていなかったと思える。サイモンが珍品に関する五篇の短報を完成させた時点では、バージェスでは仮説と異様さがすでにあたりまえのこととなっており、現存するデザインの枠組を超えた別個の系統という考えかたが、〝原始的〟とか〝先駆的〟といった従来の逃げ口上に取ってかわっていた。ウィッティントンは、サイモンの発見に込められた事の重大さを自分がしだいに理解していった経緯を次のように語っている。「全体的な空気が変わったのさ。われわれは、既知のグループの祖先を調べているだけじゃなかったんだ。全体の事実関係が一つの像を結びつつあったね」

サイモンが報告した五種類の妙ちくりんな生物の解剖学的特徴と生活様式は、驚くほどの幅にわたっている。それらに共通する唯一のテーマは、異様さである。

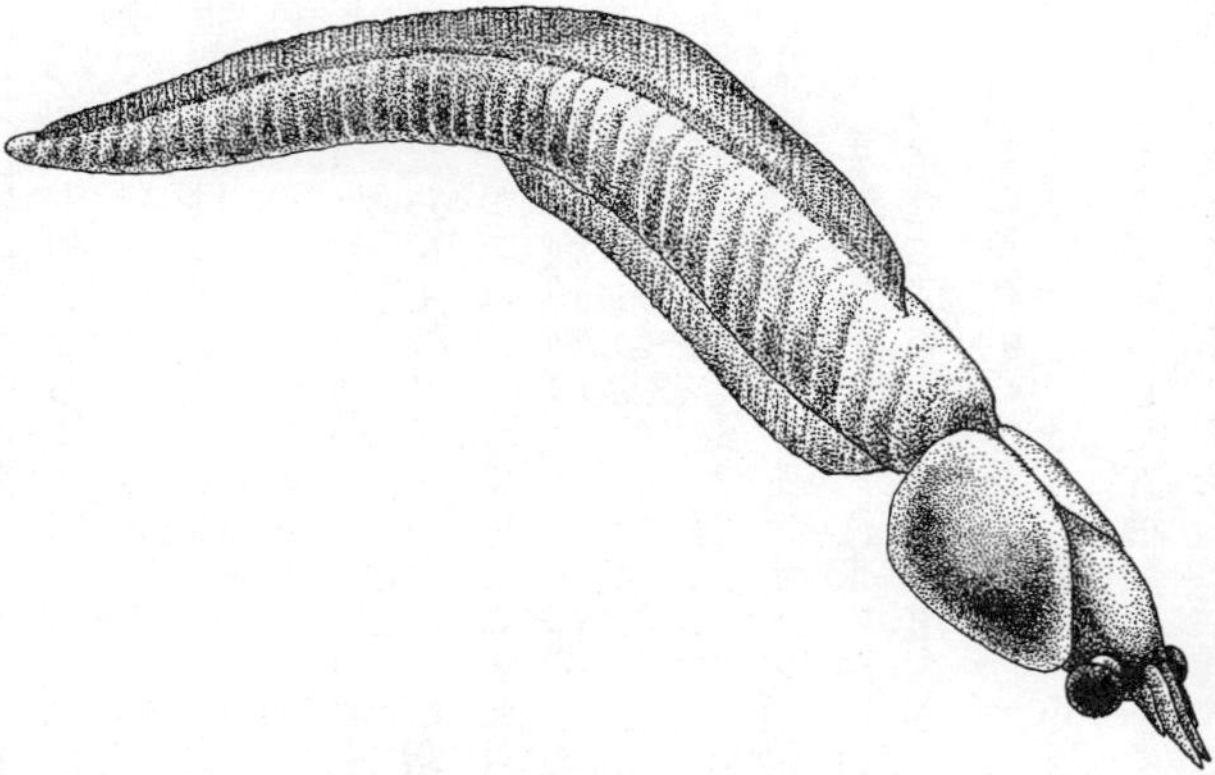

図3-28／謎に満ちた生物ネクトカリス。体の前部はほとんど節足動物に，後部は尾びれをもつ脊索動物に見える。マリアン・コリンズによる復元画。

(一)ネクトカリス　ウォルコットも、ただ一つの雄型《おがた》しかないこの異様な動物に目をつけていた。コンウェイ・モリスは、保存状態のよい標本と並んで、例によって修整が施《ほどこ》された一枚の写真を見つけたのである。しかしウォルコットは何も発表せず、覚え書きも残していなかった。コンウェイ・モリスは、こんなにも乏《とぼ》しい情報に基づいて短報を発表したことを次のように正当化している。「すばらしい保存状態と異常な解剖学的特徴が、他に類例を見ないこの標本に関心を寄せる正当な理由である」(1976 a, p. 705)

　ネクトカリスは、前部にある〝くび〟のおかげで、ほとんど節足動物のような見かけをしている(図3-28)。頭部からは、一対か二対の短い付属肢(関節は見当たらないので節足動物のものとはちがう)が前方に突き出ている。そしてそのすぐ後ろには、おそらく柄《え》の先についていた一対の大きな眼がある。頭部の後半は、長円形の平たい背板で囲まれている。その背板は、もしかしたら二枚貝の殻のような形状だったかもしれない。しかし、体の残りの部分には節足動物を思わせるような手がかりはなく、それどころか、驚くことにわれわれと同じ脊索《せきさく》動物門に属することをにおわすような雰囲気を漂わせている。胴体部は縦に偏平《へんぺい》で、四〇あまりの体節（節足動物のほか、脊索動物も含むいくつかの門に共通した特徴）からできている。コンウェイ・モリスは、節足動物を定義する形質である関節をもった付属肢という手がかりは見つけなかった。そのかわりに、体表の背面と腹面に、驚くなかれ少なくとも見かけ上は鰭条《きじょう》によって支持された脊索動物のひれのような帯状の構造物がついていた（たった一つの標本しかないため表面的な調査にとどまるしかなく、このきわめて重要な問題は、じれったいことに未解決のままである）。

このひれと鰭条をめぐる三つの特徴が、節足動物との類縁関係を否定し、脊索動物との類縁をうかがわせる。第一に、岩石上に暗色の薄膜として保存されているひと続きの薄い構造は、平行に並ぶ短くて硬い鰭条をつなぎ合わせて緊密なひれを構成しているように見える。これは一つひとつが分離している節足動物の肢とは対照的な構造である。第二に、問題のひれは、初期の脊索動物と同じように、体の上面と下面の縁にそってついている。節足動物の付属肢は、一般に体の側面に付着している。第三に、ネクトカリスのひれには、ひれを硬化するための鰭条が体の一区分あたりおよそ三本ずつある。癒《ゆ》合《ごう》していない体節一つにつき一対ずつの付属肢というのが、節足動物の定義形質である（合体節《ごうたいせつ》化、すなわち節足動物における体節の癒合は、体の一区分あたり二対以上の付属肢の存在により見分けられるのだが、ネクトカリスの体節は、祖先の体の何区分かが癒合したものと解釈するにはあまりに細く、あまりに数が多い）。

このように前部はほとんど節足動物で（ただし付属肢には関節がありそうにないことがいささかの疑問を投げかける）、後部はほとんど脊索動物（あるいは未知のデザインをそなえた生物）に見えるキメラ生物に対して、どんなことができるだろうか。たった一つの標本しか手元にない場合、たいしたことはできない。そこでコンウェイ・モリスは挑発的な短報を書き、分類学のどでかい一時保管所である〝不明〟門にネクトカリスを放りこんだ。分類学の論文の題名には、記載する動物の大まかな類縁関係を盛りこむのが伝統である。しかしコンウェイ・モリスは、奇妙なくらいどっちつかずの題名を選んだ。「ブリティッシュ・コロンビア州の中部カンブリア系バージェス頁岩から発見された新しい生物ネクトカリス・プテリクス」というのがその題名である。この論文の最後の文章では、この異様な動物への驚きが表明されるかわりに、形をなしつつある一般性がほのめかされている。「この生物の類縁関係をはっきりと解決できないことは驚くにあたらない。現在進められている研究によって、バージェス頁岩から出土した多くの種は、現存するどの門にもうまくあてはまらないことが明らかになりつつある」(1976 a, p. 712)

（二）**オドントグリフス**　コンウェイ・モリスは、一九七六年に公表した二番めの稀少種で、証拠の梯子《はしご》をさらに一段上がった。またもや標本は一個だけだったが、今回は雄型と雌型《めがた》が見つかった。ウォルコットは、少なくともネクトカリスを選り分け、その重要性を伝えるために写真を撮っていた。しかし、オドントグリフス――コンウェイ・モリスが授けた学名で、〝歯の生えた謎〟というまさにぴったりの意味――は、ほんとうの意味で新発見だった。それはまったく注目されていなかった標本で、雄型と雌型がウォルコットの収集物中の別々の部門に分けて保管されていたほどである。コンウェイ・モリスは慣例の受動態でその論文を始めているが、文体という仮面の下には彼の自負と熱情があふれている。

バージェス頁岩化石の多岐にわたる収集品が調べられる過程で、……本論文において記載される標本を含む板石が目にとまり、後の研究のために選り分けられた。するとまもなく、その雌型が別の収集品のなかから見つけられた。この標本が、以前に他の研究者の目を逃れていたことは明らかであった。これ以外の標本は見つかっていない。(1976 b, p. 199)

オドントグリフスの保存状態はそれほどよくはなく、はっきりと識別できる構造もほとんどないが、その構造はじつに奇妙なものである。きわめて偏平で細長いぞうり型のこの動物は、体長六〇ミリほどで、前部を除く胴部にはおよそ一ミリ間隔で細い横線が平行に並んでいる。コンウェイ・モリスは、この横線は環状構造であって、真の体節を区切るつなぎめではないと考えた。付属肢も、硬組織が存在した跡も見つからなかったため、コンウェイ・モ

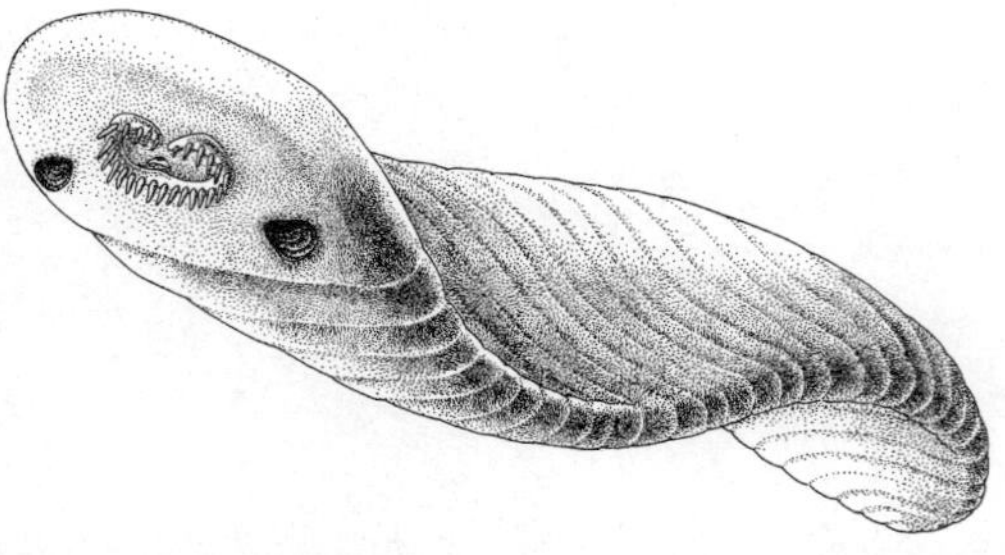

図3-29／遊泳する偏平な動物オドントグリフス。頭部の下面に，触手に囲まれた口と一対の触鬚が見える。マリアン・コリンズによる復元画。

リスは、オドントグリフスの体はゼラチン状だったと仮定している。

　体には、それとわかる構造が二つだけある。それは、いずれも頭部末端の腹面にある構造である（図3－29）。一対の〝鬚《しゅ》〟（おそらく感覚器官）は、この動物の先端部の隅に位置している。それは、体表と平行な、最高六枚の皿状の組織で形成された丸くて浅いくぼみである。それ以上に興味深い形質が、この鬚の前方、正中線《しょうちゅうせん》上に位置する、ある種の摂食《せっしょく》装置に囲まれた口とおぼしき器官である。この器官は、Uの字を上下に押しつぶし、開口部が前方に向くようにすえつけたような形状をしている。そしてそのUの字の輪郭に沿って、およそ二五本の〝歯〟があることをコンウェイ・モリスは確認した。その歯は、長さが〇・五ミリほどの、先の尖《とが》った円錐形状のものだった。しかし、すりつぶしたり噛むための歯としてはあまりに小さく、あまりにもろそうだった。そこでコンウェイ・モリスは、それらの機能は触手の基部を支えることであり、食物集めの装置である触手が口のまわりを環状に取り囲んでいたという理にかなった推測を行なった。

そのような触手の環は、総担《ふさかつぎ》にとてもよく似たものだったと考えられる。総担とは、現生するいくつかの動物門に属する生物、とくに苔虫類《こけむしるい》や鰓脚類《さいきゃくるい》などがそなえている摂食器官である。そこでコンウェイ・モリスは、オドントグリフスを仮の措置《そち》として、いわゆる触手冠《しょくしゅかん》動物門に位置づけることにした。しかし、現生する触手冠動物で触手を支持するためにその内側に歯を発達させる種類はいないし、その他の点で、その形状や構造がオドントグリフスに似ているような触手冠動物もいない。この生物は、依然として〝歯の生えた謎〟という名称がふさわしい存在なのだ。

高いリスクをともなう戦略を採《と》る者は、あてにならない勝利を味わう喜びとともに誤りを犯すことによる当惑も覚悟しなければならない。標本数は少ないうえに奇妙きわまりない種類について発表し、その解釈の幅を広げることをサイモンが決心した時点で、何らかの重大な誤りを犯すことはほぼ確実だった。そうしたことはこの分野につきものであり、不名誉の烙印《らくいん》が押されることはない。サイモンは、オドントグリフスがもつ幅広い意味を判断するにあたってうまくやった。彼は、この生物の〝歯〟にはコノドント（錐歯《すいし》）、すなわち化石記録のなかでもっとも謎に満ちた物体になんとなく似た点があるということを指摘しないではいられなかった。コノドントは、カンブリア紀から三畳紀といぅすさまじく広い地質年代（図2－1参照）にわたる岩石中から豊富に出現する化石で、その多くはじつに複雑な形状をした歯のような物体である。コノドントは、化石を手がかりに地層の年代を対応させる地質学的対比に使用される化石としてきわめて重要なものなのだが、それがどういう動物のどの部分なのかということは昔から謎のままだった。あまたある古生物学上の謎のうちでもっとも有名でもっとも長いあいだ未解決の謎ともいえる。コノドントが、軟体性動物の唯一の硬組織であることは明らかである。ところが、動物そのものは見つかっていなかった。だいたい、ばらばらになった歯のようなものから、どんなことが言えるだろう。

コンウェイ・モリスは、オドントグリフスの〝歯〟こそがコノドントかもしれない、もしかしたら自分は、これまで逃げまわっていたコノドント動物をついに発見したのではないかと考えた。そして彼は、いちかばちか、この〝歯の生えた謎〟を有錐歯綱《コノドントフォリダ》に位置づけることまでした。謎のなかの謎を発見し、一世紀におよぶ論争を解決するとは、新参者《しんざんもの》にとってはなんという大成功だろう。しかし、サイモンはまちがっていた。その後、軟体性のコノドント動物が見つかったのだ。それらは、消化管の前端という正しい場所にまぎれもないコノドントをそなえた動物である。そしてこの生物もまた、博物館の標本棚の中から発見された。グラントン砂岩と呼ばれるスコットランドの石炭系ラーゲルシュテッテンから一九二〇年代に採取された標本の中に隠れていたのである。このコノドント動物は、いまやバージェス後の数少ない妙ちくりんな生物の一つとして位置づけられているが、オドントグリフスとは似ても似つかない。その原記載に携《たずさ》わったデレク・ブリッグス（私は納得していないが）、コノドント動物はわれわれと同じ脊索動物門の動物なのではないかと考えている（Briggs, Clarkson, and Aldridge, 1983）。

らにもう一段登らせた。この標本についても、ウォルコットは選り分けて標本写真を撮っただけで、発表はせずに覚え書きも残していなかった。しかし今回のコンウェイ・モリスは、証拠の海の中でもがく自分を発見した。標本が三個もあったのだ。一個はワシントンに保管されていたウォルコットの収集品から、もう一個はハーヴァード大学に保管されている収集品から、そして第三の標本はウォルコットが採掘した崖の斜面からロイヤル・オンタリオ博物館チームが一九七五年に発掘したものだった。

(三) ディノミスクス　サイモンが取り上げた第三の謎めいた動物は、彼に証拠の梯子をさ

ここまで紹介してきた動物は、運動能力があって左右相称形のものばかりだった。ディノミスクスは、それらとは別の機能を果たす重要なデザインをそなえていた。それは固着性で、あらゆる方向から来る食物を受け取ることに適した放射相称形をしているのだ。現生するものとしては、多くの海綿類、サンゴ類、有柄《ゆうへい》ウミユリ類などと同じデザインである。ディノミスクスは、細長い脚のついた酒杯《ゴブレット》そっくりである。ただしその脚のつけ根は台ではなく、体を基質にしっかりとつなぎとめておくための球根状の固着部になっている（図3－30）。全長は二・五センチ前後である。

正式には萼部《がくぶ》と呼ばれるゴブレットには、その外側の縁にそって、葉状体《ようじょうたい》と呼ばれるおよそ二〇個の細長い葉片がずらりと並んでいる。萼部の上面には、中心と中心をはずれた位置に一個ずつの開口部がある（図3－31）。同じような習性をもつ現生生物とのアナロジーから判断すると、これはおそらく口と肛門だろう。萼部の内部には、この二つの開口部を結ぶ

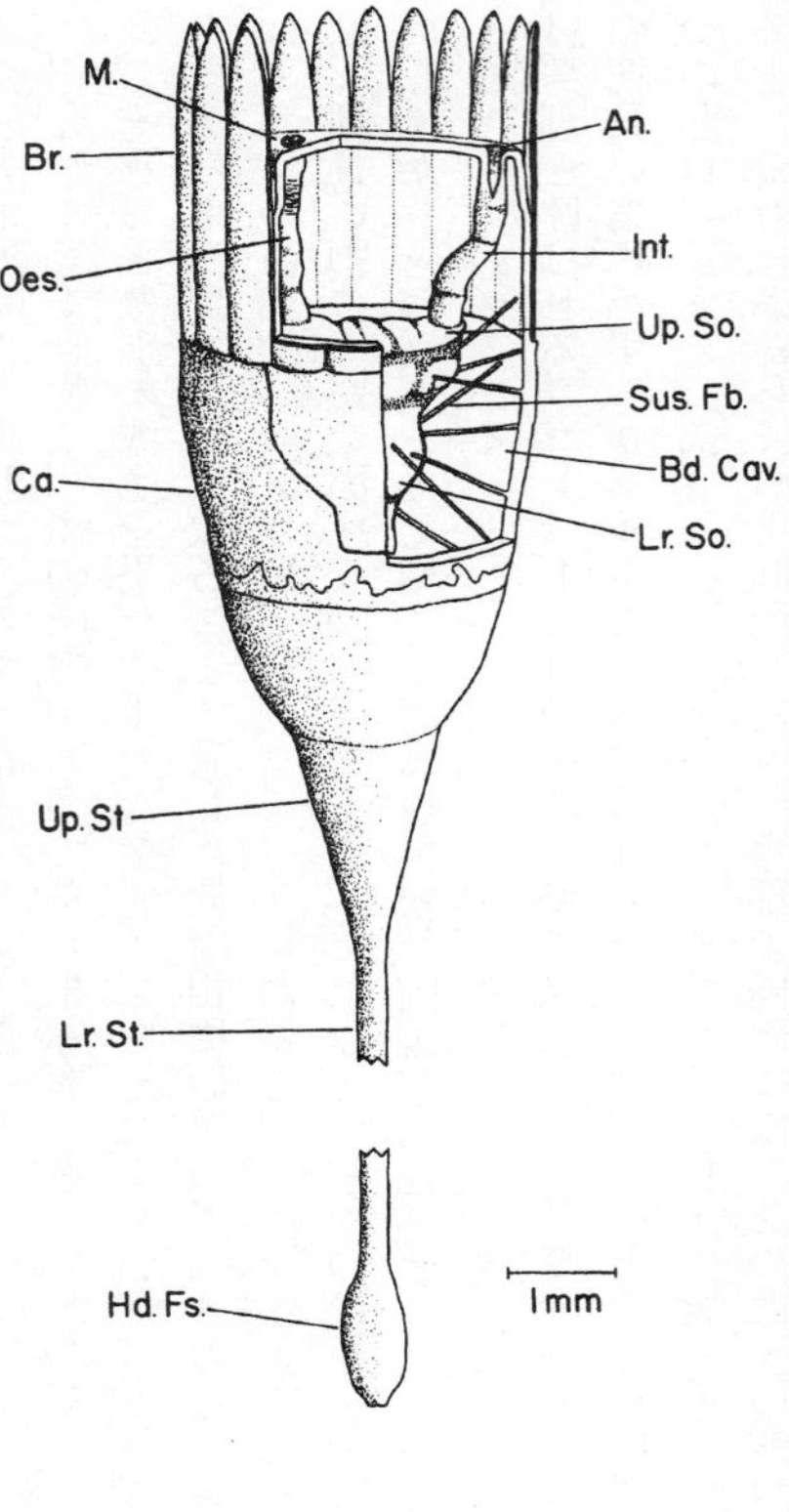

図3-30／ディノミスクスの最初の復元図。コンウェイ・モリス（1977a）が記載論文に載せたもの。内部の構造を見せるために，萼部の一部が切りとられている。U字型をした消化管が口（*M.*）と肛門（*An.*）をつなぎ，筋肉の靭帯（*Sus. Fb.*）がその消化管を萼部の壁から吊していることがわかる。

かたちで、底部が膨《ふく》れて胃を形成しているU字型の消化管が埋設《まいせつ》されている。その胃から蕚部の内面に向かって放射状に伸びている紐のようなものは、消化管を吊り下げるための提靭《ていじん》繊維すなわち筋肉の靭帯《じんたい》だったかもしれない。

現生するさまざまな動物との表面上の類似点がたくさん見られるにしても、それらはたぶん、似たような機能を果たすためのデザインとの大まかな相似現象（鳥の翼と昆虫の翅のような関係）であり、祖先と子孫という関係による細部の相同現象ではないだろう。コンウェイ・モリスは、内肛《ないこう》動物（昔の分類では苔虫類《こけむしるい》といっしょにまとめられていた）という小さな動物門との緊密な平行現象を発見したが、基本的にディノミスクスは独自のとっぴな生物である。コンウェイ・モリスは、最初の論文（1977 a, p. 843）ではいささかのためらいを見せたものの、最新の論文でははっきりと意見を固めている。「ディノミスクスには、他の後生動物との明らかな類縁関係はなく、おそらく、絶滅した動物門に属している」（Briggs and Conway Morris, 1986, p. 172）

（四）**アミスクウィア**　アミスクウィアを取り上げることで、ついにサイモンは、標本数は少ないもののバージェスの主流をなす生物に取り組むことになった。見つかっていた標本は五個で、ウォルコットはこの属を、ヤムシ（矢虫）類の仲間である毛顎《もうがく》動物として一九一一年に正式に記載していた。アミスクウィアも公《おおやけ》の場で論争の的《まと》となっていたが、現存する動物門という容認された枠組からはみ出す立場をとる論者はいなかった。一九六〇年代に発表された二篇の論文は、毛顎動物から紐形《ひもがた》動物に移すべきだという立場をとっていた。い

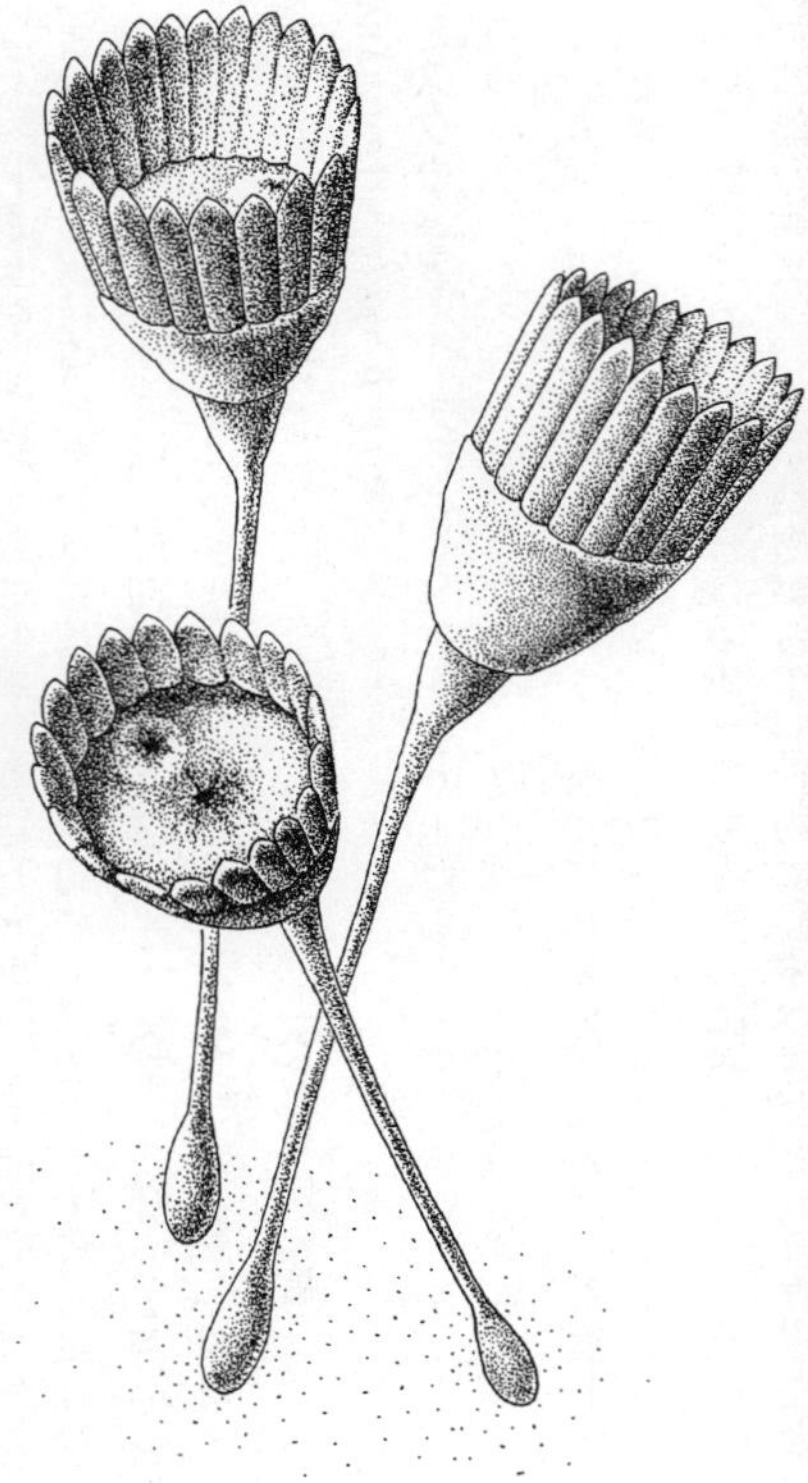

図 3-31／柄をもつ動物ディノミスクスの三つの標本。萼部の上面をこちらに向けている標本では，そこに口と肛門が開口していることがわかる。マリアン・コリンズによる復元画。

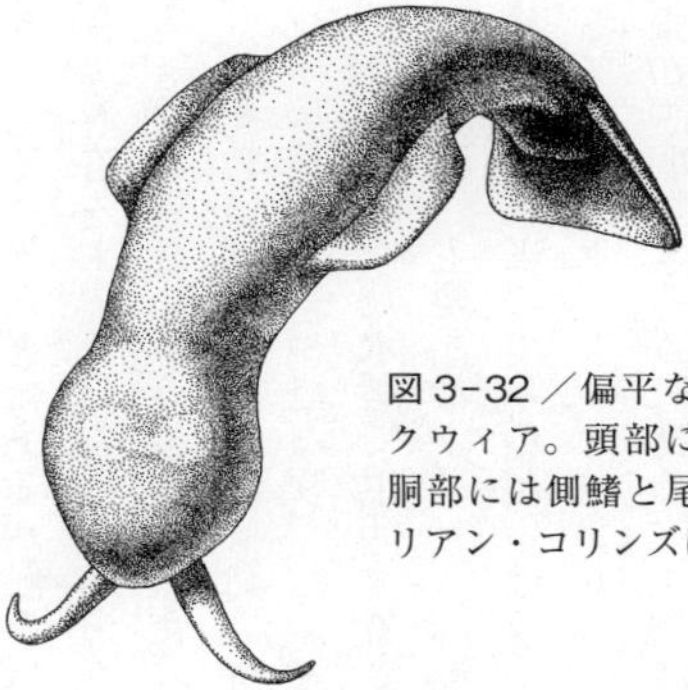

図3-32／偏平な遊泳動物アミスクウィア。頭部には一対の触手, 胴部には側鰭と尾びれをもつ。マリアン・コリンズによる復元画。

ずれにしてもなじみのない名前ではあるが、現生生物の分類では主要な動物門である。

　アミスクウィアは偏平で、おそらくは背甲をもたないゼラチン状の動物であったらしく、バージェスの岩石の表面にぺちゃんこになっていた。つまりこの化石は、ウォルコットがすべてのバージェス動物の生きた姿はそういうふうだったと誤って思いこんでいたまさにその形状——平たい薄膜——として保存されていた。ウィッティントンは節足動物において立体構造を見つけていたし、サイモンは節足動物以外のいくつかの妙ちくりんな生物の立体構造を復元していた。アミスクウィアに関しても立体構造を考えないことには、その解剖学的特徴についてはほとんど何も解明できない。アミスクウィアが現存する動物門のどれかに位置づけられていなかったのは、それを妨《さまた》げるだけの証拠をもたらすくらいの数の標本が保存されていたからである。

　頭部には、腹面前部の表面から突き出た一対の触手がある（図3-32）。胴部には、偏平な体と同一平面をなすように二種類のひれがついている。それは胴部の両側面にある一対の側鰭《そくき》と末端部の尾びれなのだが、いずれのひれにも、鰭条《きじょう》あるいはそれに代わる支持構造はない。ちなみに毛顎動物の多くも、これとほぼ同じような位置にひれをそなえている。ウォルコットがこの動物を毛顎動物としたのはそのためだった。しかし真の毛顎動物の頭部には、歯、顎毛《フック》、でっぱりのある頭被などはあるが触手はない。ひれ以外に、アミスクウィアと毛顎動物との類縁関係の存在をおぼろげながらもうかがわせる特徴は存在しない。ひれに関する大まかな類似点も、同じ遊泳という機能を果たすために別々に進化したものである。

おそらくアミスクウィアは、泥流がのみこんだ海底群集の一員ではなかった数少ないバージェス動物の一つだろう。たぶんこの動物は、泥流が覆いかぶさった淀《よど》んだ海底ではなく、その上の開《ひら》けた水層で生活する漂泳生物《ひょうえい》（遊泳生物）だった。そうした生活様式のちがいを考えれば、主要なバージェス群集がその本来のすみかから泥流によって運ばれて埋設された墓場——本来のすみかからは遠く離れた場所——の上の開けた水層で生活していたと思われるアミスクウィア、オドントグリフス、そのほか数種類の生物の標本数がきわめて少ない理由が説明できそうである。上層にすむ動物のうちで、水の淀んだ海底に泥流が覆いかぶさった短時間のあいだにたまたま死んで海底に沈んだ漂泳動物のほんのわずかな死体だけが、バージェス化石として保存されたというわけである。

頭の内部にある双葉状の器官は脳神経節と考えられるがはっきりしない。それにひきかえ消化管ははっきりと確認できる。頭部では拡大し、そこから胴部末端、尾びれ直前に位置す

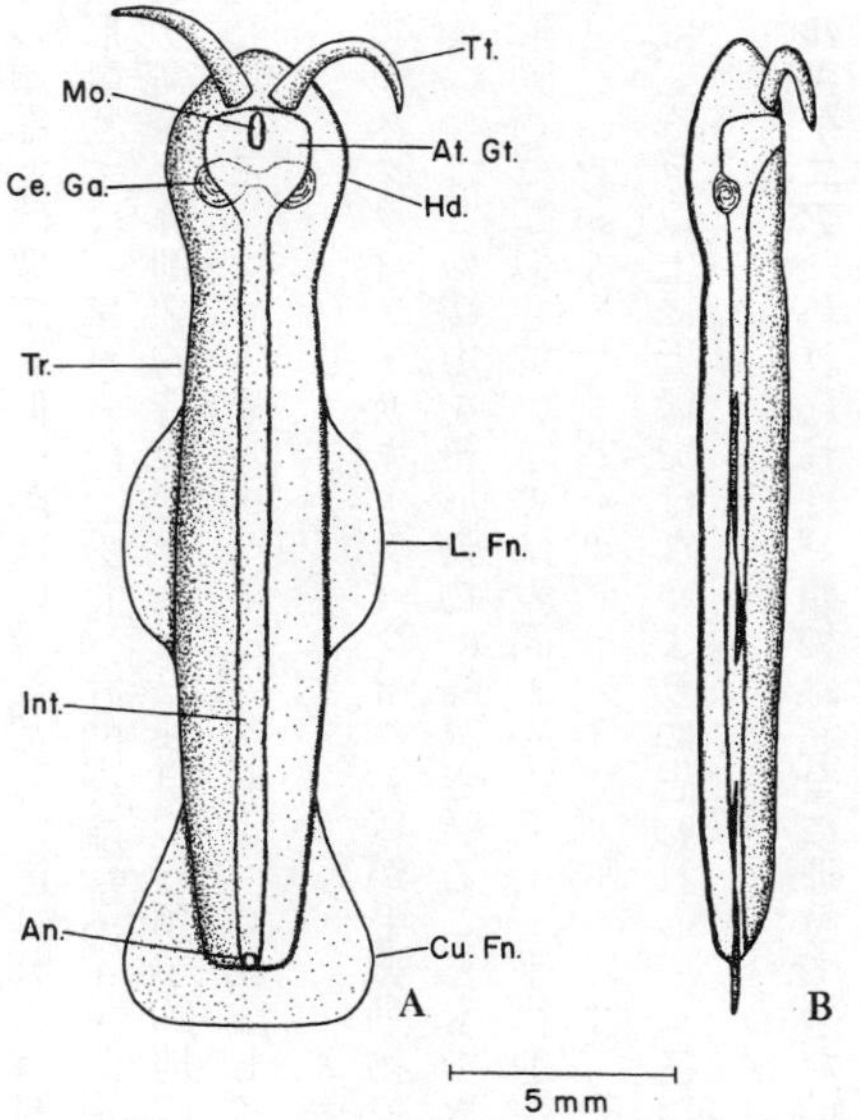

図3-33／コンウェイ・モリス（1977b）によるアミスクウィアの復元図。（A）腹面図。触手（*Tt.*）の付着点，口（*Mo.*）の位置，肛門（*An.*）まで伸びる消化管（*Int.*）の配置，脳神経節（*Ce. Ga.*）とおぼしき構造が示されている。（B）側面図。

る肛門にまでまっすぐに走っている管がそれである（図3―33）。伝統的な分類学の枠組内では紐形動物も帰属先の候補としてあげられてはいるが、そのグループでは典型的な形質である、筋肉質の壁をそなえ、顕著な吻腔《ふんこう》に液体を満たした吻を欠くアミスクウィアの頭部は、紐形動物の頭部とは似ても似つかない。ただし、尾びれには見かけ上の類似点がないことも ない（紐形動物では、尾びれは二裂し、肛門は胴部のまさに末端に開口している）。この動物はかなり高等な解剖学的特徴をそなえた独自の分類学的地位にあるという見解にいまや大いに満足しているコンウェイ・モリスは、次のように結論している。

> アミスクウィア・サギッティフォルミスが毛顎動物でないことはまちがいないが、かといってこの蠕虫《ぜんちゅう》を紐形動物に帰属させることもできない。……どちらかといえば紐形動物に類似しているのは表面上のことで、平行進化の所産にすぎないと考えられる。……アミスクウィア・サギッティフォルミスは、それ以外の既知の動物門に対しては、それ以上に近縁ではないように思われる。（1977 b, p. 281）

（五）**ハルキゲニア**　われわれは、頭では完全に理解できない多様性を身をもって表わす象徴を必要としている。現生する多細胞生物の進化史ではそのごく初期に驚くほどのすばやさで、解剖学的デザインの呆然とするような異質性と独自性が生み出されたというのが、バージェス頁岩が伝えるメッセージである。そのメッセージを一身に背負いこんでいる生物を一つ選ばなければならないとしたら、マニアの圧倒的多数が選ぶ生物は、まずまちがいなくハルキゲニアだろう（ただし私は、あくまでもオパビニアかアノマロカリスを支持するかもしれない）。この属が人気投票で選ばれるとしたら、その理由は二つある。第一に、とにかく変なのである。第二に、象徴について語る場合にはその名称が問題となるせいである。サイモンは、きわめて異例ではあるがとても愛らしい名前を、彼が発見したものとしてはいちばん奇妙なこの生物のために選んだのだ。彼がこの生物を〝幻覚が生んだ動物〟と名づけたのは、「この動物の奇っ怪で非現実的な姿」（1977 c, p. 624）に栄誉を与えるためであり、また、おそらくはドラッグを介在させた社会実験を思う存分実践した、惜しまれることのない時代の記念碑としてだった。

ウォルコットは、多毛類《たもうるい》の重要な属としてカナディア属を創設し、そこに七種のバージェス生物を入れた。ちなみに多毛類というのは環形《かんけい》動物門の一綱《いっこう》で、陸生のミミズに対応する、環状構造をもつ多数の海生蠕虫類を含んでおり、全動物グループのなかでももっとも多種多様な種類からなるグループの一つである。その後コンウェイ・モリス（1979）は、このカナディア属はいうなれば広げすぎた傘であり、その下に驚くほどの異質性が押しこめられた属であることを示した。最終的にコンウェイ・モリスは、ウォルコットの七つの〝種〟を、真の多毛類の三属、それとはまったく異なる鰓曳動物門《えらひきどうぶつ》に属する蠕虫の一属（レクユティオスコパ属）、そしてハルキゲニア属の五属として独立させたのだ。ウォルコットは、あらゆるバージェス生物のなかでもっとも奇妙な生物であるハルキゲニアをふつうの蠕虫と見誤り、

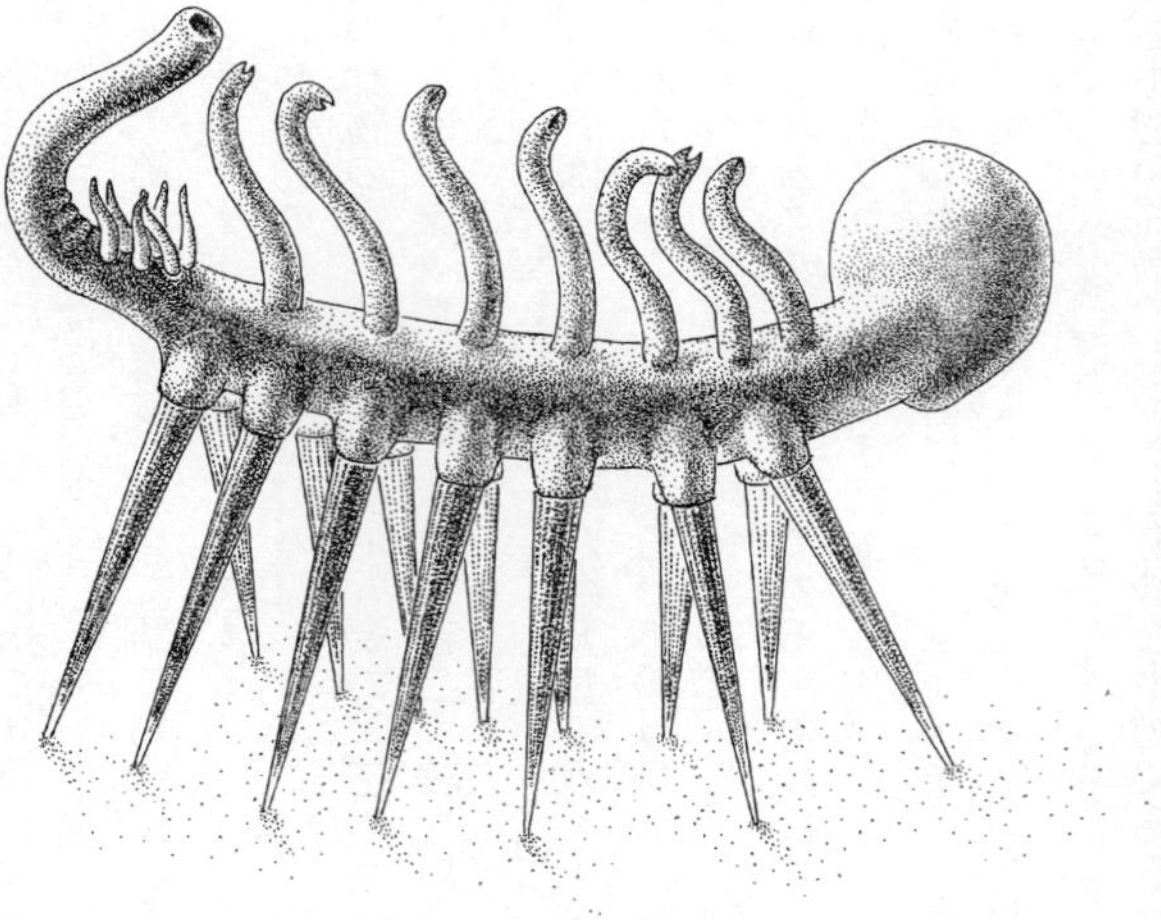

図3-34／七対の支柱に支えられ，海底に立っているハルキゲニア。マリアン・コリンズによる復元画。

カナディア・スパルサと命名していた。

どっちが上でどっちが下か、どっちが前でどっちが後ろかもわからないような動物を記載するにはどうすればいいのだろうか。ハルキゲニアは、運動能力をもったたいていの動物と同じように左右相称形で、しかも一群の反復構造——多くの動物門の標準的なデザイン様式——をそなえている。最大の標本は、全長が二・五センチくらいである。こうした特徴は、きわめてあいまいなものではあるが、それでもほかの動物でもおなじみのものである。しかしここから先われわれは、まさに失われた世界《ロストワールド》へと足を踏みこまされることになる（図3-34）。大ざっぱな外観からいうと、ハルキゲニアの体の一端には球根のように膨《ふく》らんだ〝頭〟がある。しかしこの部分は、およそ三〇個あまり見つかっているどの標本でも保存状態が悪いため、細かい構造はわかっていない。この構造が、はたしてハルキゲニアの先端部なのかどうかさえ不明である。これを〝頭〟と呼ぶのは、単に便宜《べんぎ》的な理由からである。この〝頭〟（図3-35）は、基本的には円筒状の細長い胴に付着している。

胴の下面に近い側面には鋭く尖《とが》った七対のとげ——節足動物の付属肢のような関節はなく、明瞭な単一構造をもつ——が付着し、ずらりと並んだ支柱のように下方に伸びている。それらのとげは、関節によって胴と接合されているわけではなく、各とげの基部にそって短い鞘《さや》を形成している体壁の中に埋めこまれているように見える。胴部の背面、すなわちとげが伸びている方向とは正反対の面の中心軸上からは、先端が二叉に分かれた七本の触手が上向きに伸びている。この七本の触手は、先頭の（〝頭〟にいちばん近い）触手を除いて、七対の

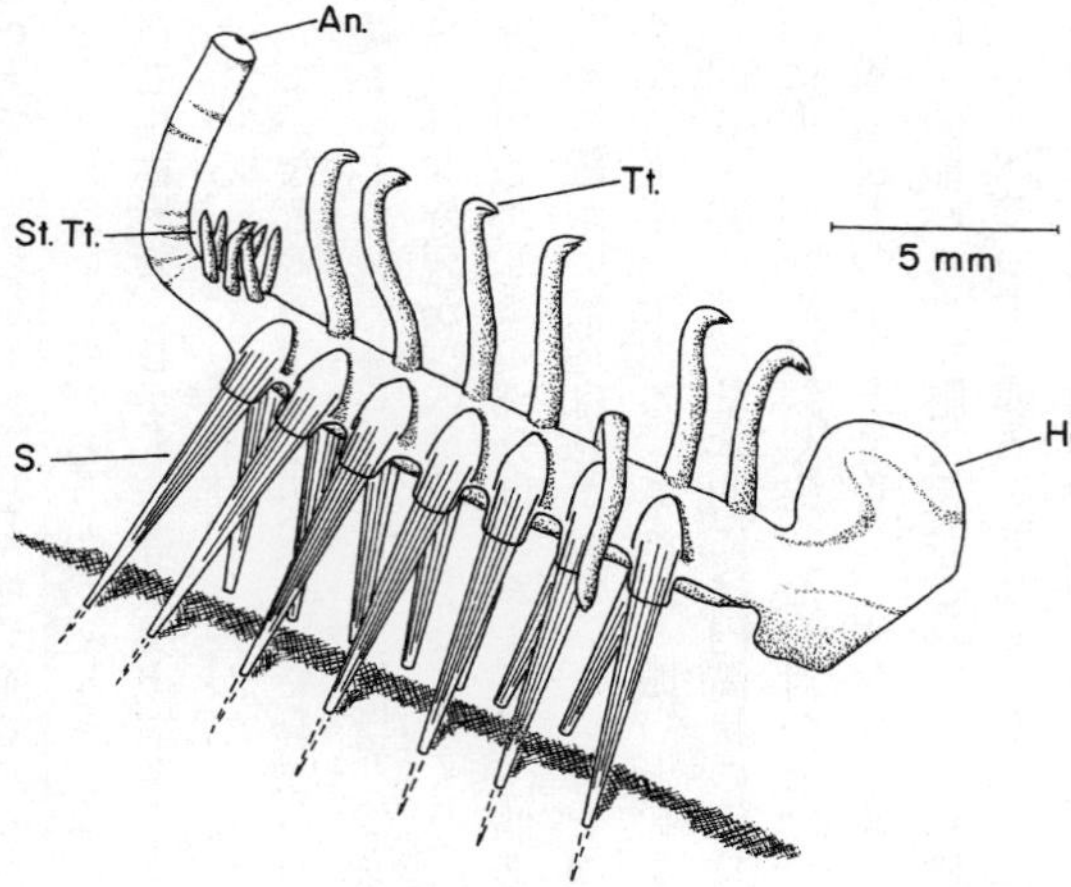

図 3-35／コンウェイ・モリス（1977c）によるハルキゲニアのオリジナル復元図。

とげとちょうど対応するかたちで規則正しく並んでいたようである。先頭の一本の下だけにはとげが生えていないが、残る六本の触手は、それぞれ対《つい》をなして生えているとげの真上《まうえ》に位置しているのだ。ただ、必然的に最後の一対のとげの真上には、対応する触手がない。七本の長い触手が並んでいるすぐ後ろの背面には、それらよりもずっと短い六本（おそらく三対と考えたほうがいい）の触手がかたまってついている。その後ろに続く胴の後端部はしだいに細くなって一本の管となり、上方、そして前方へと曲がっている。

このようなデザインを説明するにあたって、分類学者はどのように事を進めるのだろうか。サイモンは、このような動物がどのようにして活動できたのかをまず最初に理解しなくてはと決意した。そうすれば、その解剖学的特徴をさらに探るための手がかりが得られるかもしれないと考えたのだ。サイモンは、相似現象を漁《あさ》ることにより、現生する動物のなかには、体の下面に付着しているとげで体を支えたり、それを使って移動したりさえするものがいることに思いあたった。深海にすむ〝三脚魚〟は、胸《きょく》びれにある二本の長いとげと尾びれの一本のとげで体を支えている。深海生ナマコ類（棘皮《かんそく》動物門ナマコ綱）の奇妙なグループである板足類《ばんそくるい》（板足目）は、長いとげ状の管足を使って海底を集団で移動する（Briggs and Conway Morris, 1986, p. 173）。ハルキゲニアでは、対をなす二本のとげは七〇度ほどの角度をなしている。これは、並んだ支柱によって体を安定よく支えるためのすばらしい配置である。そこでコンウェイ・モリスは、ハルキゲニアは七対のとげによって泥の上で体を支えることができたと想定することから出発した。この前提は、生活様式と体の向きの両方を定義している。「とげは海底堆積物に埋めこまれていたという前提により、背面と腹面が特定できる」(Conway Morris, 1977 c, p. 625)

ここまではまあいい。ハルキゲニアは、海底で安定性よく立つことができただろう。しかしこの動物は、銅像のようにそこで永遠に立ちすくんでいるわけにはいかなかった。頭と尾をもつ左右相称動物は、ほとんど必ず運動能力をそなえている。そういう動物は、感覚器官を最前部に集中させ、肛門は最後尾に位置させている。進む先のことを知り、後ろに残すものから離れる必要があるからである。では、体壁にしっかりと固定されたひと並びのとげを使い、ハルキゲニアはいったいどうやって移動することができたのだろうか。コンウェイ・モリスが考えだしたもっともらしい案は、とげの基部末端は複数の筋肉の靭帯《じんたい》によって体壁の内面につながれていたというものである。それらの靭帯の伸び縮みかげんをちがえることで、とげを前後に動かすことができたのではないかというのだ。七対のとげをうまく連動させて波が伝わるように動かせば、ぎこちない歩きかたではあるにしても移動できたかもしれない。彼は、そのような移動様式については多くを期待せず、次のような意見を述べている。「ハルキゲニア・スパルサは、おそらく岩や泥の上をすばやく進むことはできなかったはずで、多くの時間をじっとしたまま過ごしていたものと思われる」(1977 c, p. 634)

とげは難問だとして、背面についている触手のほうはどうだろう。こちらのほうが、現生生物から類推できる見込みはもっと薄い。触手先端にあるピンセットの先のような構造で、食物をつかむことはできただろう。しかし、触手は頭部まではとどかないし、前方の触手へと食物を受け渡していって口まで運ぶというやりかたでは、摂食効率がおそろしく悪い。コンウェイ・モリスは、各触手内部の中空《ちゅうくう》の管と胴体中の消化管がつながっている可能性（どちらの構造も保存状態が悪く、確信はもてない）に着目し、魅力的な別の説を提出した。もしかしたらハルキゲニアの先端部には、口などなかったかもしれない。もしかしたら個々の触手は独立に食物を集め、集めた食物粒子は独自の食道を通過させて共同の消化管に送っていたのかもしれない。読者諸氏も、こんなに奇妙な動物を自分で研究するとなれば、突拍子《とっぴょうし》もない解釈を考えなければなるまい。

ただ、ハルキゲニアはすさまじく異様であり、ちゃんと活動していた姿は想像できないほどの代物《しろもの》であるため、まったく別の解釈を考えねばならないかもしれない。もしかしたらハルキゲニアは、完全な動物ではなく、まだ見つかっていないもっと大きな動物の複雑な付属肢かもしれない。ハルキゲニアの〝頭〟の先は、見つかっているどの化石でも、輪郭がはっきりしない状態にある。もしかしたらそれは、頭などではなくて単にちぎれやすいだけの場所であり、その箇所で（ハルキゲニアと呼ばれている）付属肢がもっと大きな（まだ見つかっていない）本体から離脱するのかもしれない。しかしこれは、人をがっかりさせる予測である。なぜなら、ハルキゲニアが完全な生物体であるとすれば、それは想像力をかきたててくれるすばらしい怪物だからである。したがって私は、コンウェイ・モリスの解釈を応援している（ただし、どちらかに賭けろといわれたら、付属肢説のほうに金を積むしかないだろう）。それでもまあ、ハルキゲニアは一個の付属肢にすぎないかもしれないという見かたのほうが、もっとわくわくさせられる解釈かもしれない。こんな付属肢をもつ動物が発見されてその全体像が復元されれば、それは一個の生物に見立てたハルキゲニアよりもさらに異様な生物かもしれないからだ。実際、バージェスをめぐる物語ではそういうことが以前に起こっている。かつてアノマロカリス（第五幕を参照）は、完全な節足動物、それもぜんぜんさえない甲殻類と見られていた。それがその後、ウィッティントンとブリッグス（1985）によって、バージェスでは妙ちくりんさにおいてハルキゲニアの次にランクされる動物の摂食用付属肢であることが明らかにされたのだ。まちがいなくわれわれは、次々と驚きをもたらすバージェスの底を、よもや最大の驚愕ではないにしろ、まだ見ていないのだ。

デレク・ブリッグスと二枚貝のような背甲をもつ節足動物
――派手ではないがまさに必要な最後の一ピース

私はまず、自分の無知と軽率さから、それとなくデレク・ブリッグスを軽視していたことについて彼にあやまらねばならない。本書のこのような年代順の項目設定を最初に立てた時点、すなわちモノグラフ類を詳細に読む以前の時点で、私はひどい誤りを犯したのだ。私はバージェスの変革を、すべてを開始した保守的な分類学者ハリー・ウィッティントンと、革命的な解釈を発展させてほかのみんなを引っ張った、発想に富む若き急進主義者サイモン・

コンウェイ・モリスとの丁々発止《ちょうちょうはっし》のやりとりと見ていた。関係者間の相互作用を私がそのように読みまちがえたのは、伝統的な筋書きにしたがってしまったせいであることはすでに指摘したとおりである。

ここでは、犯すべきではなかったもう一つの誤りを告白させてもらう。これは、科学者の日々の研究活動がどういうものかを直感的に知らないまま科学について書く人が犯す古典的な誤り、科学について書くならば十分に用心すべき誤りである。ジャーナリズムの伝統的なやりかたでは、斬新さや派手な発見ばかりがニュースとして報道する価値のあるものとして重んじられすぎている。そのせいで、大衆に提供される解説では科学の通常の活動が見落とされているだけでなく、さらに不幸なことに、研究に駆りたてるものについて誤った印象が伝えられがちである。*

（*）私は、批評家や預言者や醜聞暴露家などを気どってこんなことを言っているわけではない。ジャーナリストの流儀は、彼らに課された役割にかなっている。私はただ、アプローチがちがっても全体像のうちのほんの一部分しか見えないということ（いわゆる木と森についての使い古された教訓）、人は歪《ゆが》んだ小断面を全体と見誤ることでとんでもない過ちを犯しうるということを指摘しているにすぎない。

バージェスの見直しのようなプロジェクトには、派手な色彩を帯びうる一面と、あまり人目をひかなくて当然と思える一面とがあり、その両面が必要である。従来のレポーターなら、最新のアイデアと驚くべき事実だけを伝えるところだろう。ハルキゲニアは報道するが、バージェスの三葉虫類は無視するといったように。しかし、バージェスの妙ちくりん生物たちは、他と引き離したのでは何の意味もない。平凡な構成員がいっぱい入っている動物群全体のなかに位置づけられることで、それらは新しい生命観を語るのだ。平凡な生物についても、変わらぬ愛情を込めて証拠を積み上げねばならない。全体像を構築するうえではそれらもみな同じくらい重要なのだ。

デレク・ブリッグスは、二枚貝の殻に似た背甲《はいこう》をもつ節足動物（二枚貝様節足動物《にまいがいようせっそくどうぶつ》）を自らの研究対象にした。それは、バージェス動物群では見るからにもっとも平凡なグループである。彼は、それらの動物に関するみごとなモノグラフを次々と送り出した。それらのモノグラフでは、いくつかの驚くべき発見も報告されているが、いくつかの予想も確かめられている。私は、バージェス変革において二枚貝様節足動物に関するブリッグスの研究が果たした重大な役割を理解していなかった。デレクのモノグラフを読んだことで、恥ずかしながら私は自分が犯していた過ちを知り、ハリー、デレク、サイモンはたがいに同等な三人組であり、このドラマ全体のなかでそれぞれ欠かすことのできない別々の役割を演じたことを理解するようになった。

ブリッグス以前にはウォルコットそのほかの研究者たちが、二枚貝に似た背甲（たいていは頭部全体と胴の前部を覆っている）をもつ節足動物を一〇属ほど記載していた。そうした属のうちのいくつかは、背甲が見つかっているだけで軟組織の部分は見つかっていないため、確実な分類ができない状態にある。それ以外の属は、いささかの疑問もためらいもなく、すべて甲殻類と同定されてきた。二枚貝様の背甲をもつ現生節足動物も、すべて甲殻類である。デレク・ブリッグスは、意識的な疑問はいっさいもたずにその研究課題に着手した。「記載のやり直しをしなければならないものがいくつかあったんですよ。自分は甲殻類の山を相手にすることになるんだとばかり思ってましたね」

ブリッグスは、バージェス産の二枚貝様節足動物に関する最初のモノグラフで、新たに発見した二つのとんでもない種類を記載している。この二つを、サイモンの妙ちくりん生物たち、ハリーの節足動物の孤児たちといっしょにすると、一九七八年までの時点で、多細胞動物はどのようにして進化したかに関する十分に組み立てられたまったく新しい説明を手にしたことになる。

（一）最初の発見ブランキオカリス　甲殻類（甲殻綱）は多種多様なグループである。小は体全体をハマグリの殻《から》のような二枚貝様の背甲ですっぽりと覆った微小な貝形類《かいけいるい》（貝虫類《かいちゅうるい》）から、大は脚を広げると三メートルを越える巨大なカニまでいるのだ。それでもすべての種類が、頭部の構造を見ればはっきりそれとわかる、ステレオタイプな基本設計に基づいた体をしている。甲殻類の頭部は、もともとは五つの体節と眼の結合体である。したがって五対の付属肢（一節に一対ずつ）が頭部に存在する。それも、口の前方に二対（ふつうは触角）、口の後方に三対（ふつうは口器《こうき》）という決まった配置をしている。*現生する二枚貝様節足動物はすべて甲殻類であるため、ブリッグスも、バージェスの同類たちの頭部にもこれと同じ甲殻類の印《しるし》が見つかるものと思っていた。ところがバージェスは、ここでもやはり驚くような事実を明かすことになった。

（＊）節足動物の口器は、脊椎動物の口器と機能的に対照できる構造に対して似たような名前が与えられてきた。大顎、小顎といったぐあいにである。それと同じで、昆虫の肢《あし》についても、腿節《たいせつ》、脛節《けいせつ》といったぐあいに脊椎動物の肢骨《しこつ》と似た名前がつけられている。しかしこれは、不幸な混乱を招く命名法である。機能がいかに似ていようとも、それらの構造に進化的な関連はないからだ。昆虫の口器は肢から進化したものであり、脊椎動物のあごは鰓弓《さいきゅう》から進化したものである。

話を一九二九年に戻そう。その年に、スミソニアン国立自然史博物館でウォルコットの右腕を務めていたチャールズ・E・レッサーは、バージェス標本の一つを甲殻類と同定し、プロトカリス・プレティオサと命名した。このプロトカリス属は、ほかならぬチャールズ・ドゥーリトル・ウォルコットがバージェス頁岩《けつがん》発見前の一八八四年に、ヴァーモント州のパーカー粘板岩《ねんばんがん》から出土したカンブリア紀の節足動物に対して創設したものだった。レッサーは、バージェス産の問題の動物も同属に含めていいほど近縁な種類だと考えた。しかしブリッグスはその考えには同意せず、ブランキオカリスという新属を創設した。

ブリッグスは、全部で五個の標本を集めることができた。一個はレッサーが記載した模式標本、三個はウォルコットの収集品のなかから見つかった。そして第五の標本は、本章の最初のほうで紹介した心温《あたた》まる話の主《ぬし》である。雄型《おがた》はレイモンドが一九三〇年に発見したもので、雌型《めがた》は一九七五年にロイヤル・オンタリオ博物館の調査隊が収集して涙の再会を果たす

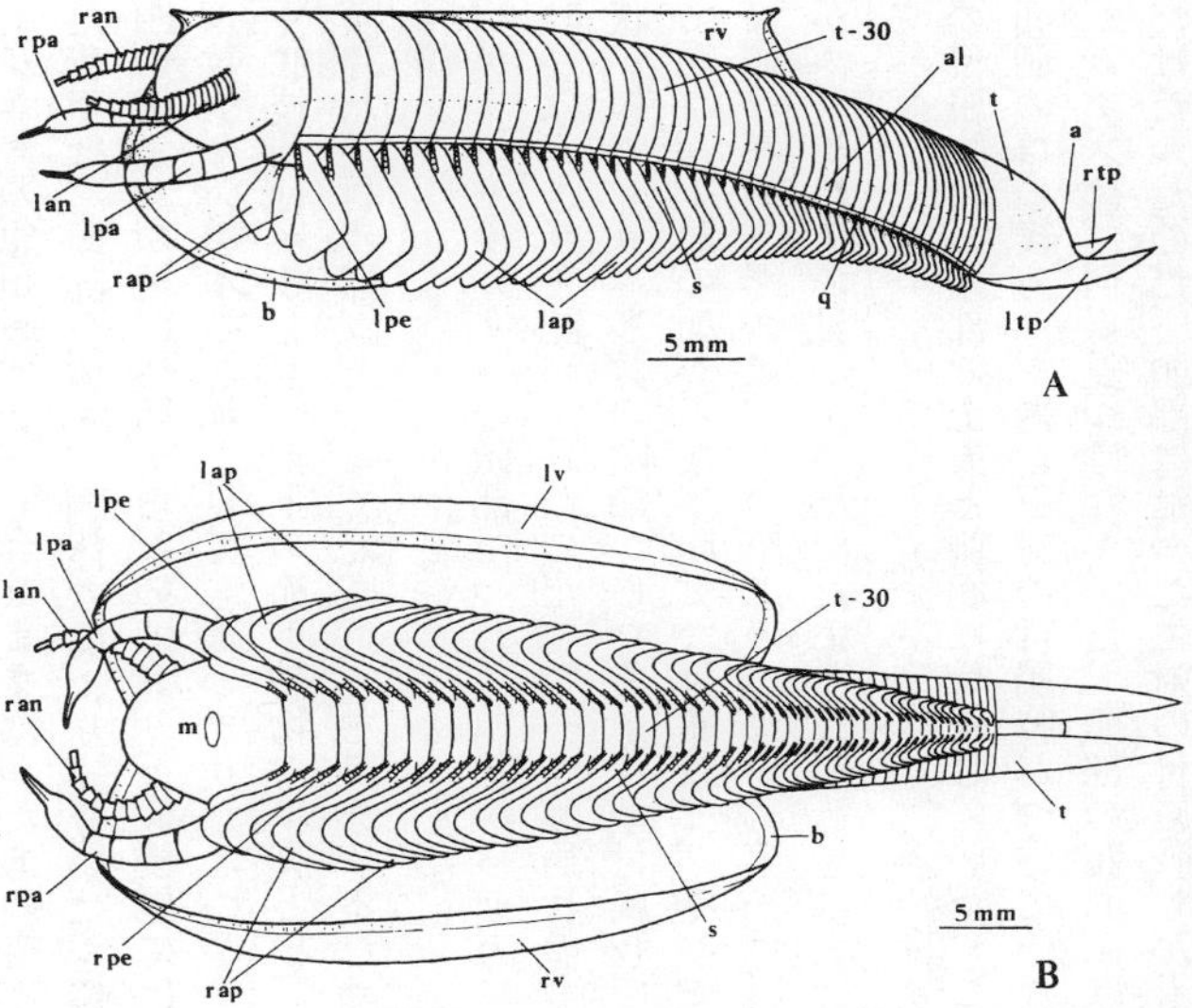

図3-36／ブリッグス（1976）によるブランキオカリスの復元図。（A）側面図。（B）腹面図。二枚貝のような背甲に囲まれた体の腹面が見える。ことに対をなす単枝型付属肢，それもとくに他に類例を見ない第一付属肢（*lpa*と*rpa*）に注目。そして，頭部の口の後ろには付属肢がいっさいないことにも注目。このような配置は，現生する節足動物のグループでは知られていない。

まで、バージェスの急傾斜地に埋もれたままだったあの標本なのだ。ブランキオカリスの二枚貝に似た背甲は、頭部全体と、胴体の前より三分の二を覆っている（図3-36）。胴体そのものは四六あまりの短い体節からなっており、最後尾には二つの長い尾節《びせつ》がついている。付属肢は、数少ない標本のどれを見てもはっきりしないが二枝型《にしがた》だったらしく、短い関節肢（おそらく二枝型付属肢をもつ大半の節足動物の歩脚《ほきゃく》と相同《そうどう》関係にある器官）と、それよりも大きい葉片状の付属器（おそらく海底近くを遊泳するために使われた器官）からなっている。

問題は、ブランキオカリスの頭部だった。頭部から前方に突き出た、二対の短い触角のような付属肢がはっきりと認められたのだ。第一の触角状のものはどちらかといえば甲殻類の触角に形状が似ており、多数の関節からなる単枝型付属肢である。ところが第二のそれはもっと異様であり、少数の節からなる頑丈《がんじょう》な付属肢で、その先端には爪かはさみがついていたかもしれない。ブリッグスは、この第二のそれを〝第一付属肢〟と呼んだ。まさにウィッティントンが、ヨホイアで見つかった似たような構造を〝大付属肢〟と呼んだのにならってのことである。

それらの付属肢は、頭部の上方と側面に付着していた。この生物が甲殻類であるならば、頭部の腹面側の口の後方に、あと三対の付属肢がついていなければならないはずだった。ところがブリッグスは、何も見つけなかった。頭部の腹面には、何の飾りもない口がぽつんと存在するだけだったのだ。頭部にたった二対の付属肢しかもっていないブランキオカリスは、甲殻類ではなかった。「それは、現世の節足動物のグループに分類されることを明らかに拒《こば》んでいる」と、ブリッグスは結論している（1976, p. 13）。

つまり、構成員はたがいに進化上の類縁関係にある緊密《きんみつ》な集団を構成しているものとばかり思われていた二枚貝様節足動物というグループも、予想もしていなかった解剖学上の異質性を隠した人為的な分類カテゴリーだったのだ。バージェス産節足動物ではいったいどのような秩序が見つかるというのだろうか。どの種類も、それぞれに雑多な形質を寄せ集めて組みたてられているとしか思えなかった。まるでバージェス動物群の設計者は、およそ考えうる節足動物のあらゆる構造を手元のずだ袋に用意しており、新しい生物を創《つく》りたくなると、必要な部品ごとに変異をつけ加えるためにその袋からでたらめに部品を取り出したかのようである。三葉虫型の二枝型付属肢は、どんな種類の節足動物にもくっつけられるものなのだろうか。どんな特徴をもつ体でも、二枚貝に似た背甲で覆えるものなのだろうか。秩序はどこに、礼節はどこにあったのだろう。

（二）**第二の発見カナダスピス**　一九七六年末の時点で発表されていた、バージェス産節足動物をめぐる物語を考えてみよう。三葉虫類と近縁だと想定されていたマルレラは節足動物の孤児だった。大付属肢をそなえたヨホイアは、他との類縁関係なしに独自の特殊化をとげた生物であり、何物かの先駆者ではなかった。バージェス頁岩の名にちなんで（ラテン語読みにして）命名されたブルゲッシアも、やはり孤児的な存在だった。甲殻類にまちがいないと目《もく》されていたブランキオカリスまでが、二枚貝に似た背甲の下に独自の解剖学的特徴を隠していた。そのうえこれら四種類の孤児たちは、おたがいどうしは緊密な関係にあるというふうでもなかった。それぞれがてんでに、自らの異様さを楽しんでいたのだ。バージェス産節足動物のなかに、かつてウォルコットがその〝靴べら〟を駆使してすべてを押しこもうとした現生グループへの恭順《きょうじゅん》を示すものは、はたしているのだろうか。

カナダスピスは、バージェス頁岩から二番めに多く見つかる動物である。これはバージェスの標準からいえば大型で（最長七・五センチ）、よく目立つ赤みがかった色を帯びているものが多かった。やはりこれも二枚貝に似た背甲をそなえているが、ブリッグスがすぐに発見したように、背甲の下の解剖学的特徴はブランキオカリスとはずいぶんちがっていた。

ブリッグスは、一九七七年に発表した短い論文で、二枚貝様節足動物の二種を新属ペルスピカリスとして分類した。彼が復元したその姿は、何かすごいものを予想させたが、標本の数が少ないことと、その保存状態が悪いせいで、確かな結論を下すことはできなかった。ブリッグスはその類縁関係を証明することができなかったが、この二種は甲殻類の一員ではないという証拠は何もなかった。では、現生するグループの枠内にすんなりと納まる生物がついに見つかったということなのだろうか。

一九七八年、ブリッグスはこの問題にみごとな手並みで最終的な決着をつけた。保存状態がよく標本数もずぬけて多いカナダスピス・ペルフェクタについて論じた長大なモノグラフにおいて、ついにバージェス動物の一つが現在も繁栄しているグループに位置づけられたのだ。カナダスピスは甲殻類であることが判明しただけでなく、甲殻綱内におけるその帰属場所も確定されたのである。カナダスピスは、初期の軟甲類《なんこうるい》だったのだ。軟甲類（軟甲亜綱）とは、カニやエビからなる大グループである。ブリッグスは、カナダスピスの解剖学的特徴に、軟甲類のステレオタイプである複雑な特徴のすべてを見つけた。五対の付属肢が生えている頭部は、五つの体節に眼がついたものだった。胸部は八つの体節、腹部は七つの体節に一つの尾節という構成だった。そのほかに頭部付属肢の配置も適切だった。口の前方に二対の短い単枝型の触角があり、口の後方の腹面に三対の付属肢がついていたのだ。*腹節《ふくせつ》には付属肢がないが、胸節《きょうせつ》には一つにつき一対ずつの標準的な二枝型付属肢――内側は歩脚で外側は幅広の鰓脚――がついていた（図3-37と3-38）。

（*）ここではこんなふうに結論だけを手短に書いてしまったが、この結論を引き出すにあたってどれほどの艱難辛苦《かんなんしんく》があったことか。そのことを少しでも知ってもらうために、本書の原稿をブリッグスに送ったところ、この部分の記述に関する感想としてブリッグスが書き寄こした手紙の一節を披露《ひろう》する。「カナダスピスに関する仕事が、最初の甲殻類探しとなりました。……それまでの予想では、節足動物化石のどれかが現生グループに分類される確率はとても低かったのです。カナダスピスで問題だったのは、頭部後方の付属肢という決定的な証拠を見つけることでした。USNM189017［スミソニアン国立自然史博物館に保管されている模式標本のカタログ番号］は、総数数千個のうちで、それらの付属肢が側面から確認できるたった三個の標本のなかでも最上のものです（ほとんどの標本では、付属肢が背甲に隠されていたりくっつきあっていたりで、ぜんぜん見分けがつかないのです）。それに、図版5（Briggs, 1978）をご覧《らん》いただければおわかりのように、付属

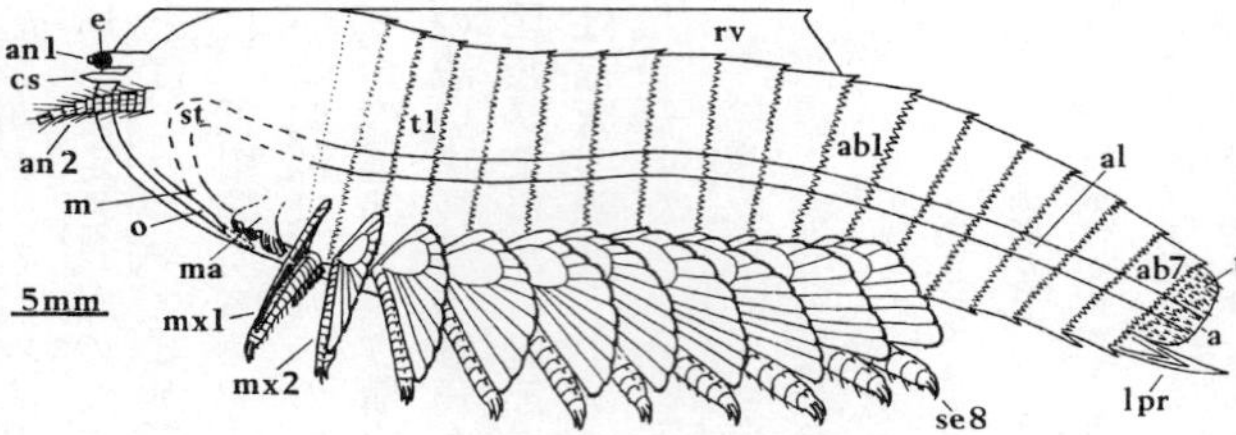

図3-37／ブリッグス（1978）によるカナダスピスの復元図。この動物は，真の甲殻類のなかの軟甲類の系統に連なる典型的な構造をそなえている。口の前方にある二対の付属肢（*an1, an2*），口の後方にある三対の付属肢（*ma, mx1, mx2*），八つの体節からなる胸部（*t1* から始まっている節），七つの体節からなる腹部（*ab1* 〜 *ab7*）である。各胸節には，二枝型付属肢が一対ずつ生えている。

肢が見えるように標本を整形するのはたいへんな仕事でした。私見《しけん》では、このモノグラフの図66〜69が、雄型と雌型を対《つい》にした整形作業によって達成しうる極致です。そして私には、たしかに決定的な証拠を手に入れたということをシドニー・マントン（節足動物におけるハリーの師）に納得させるというたいへんな仕事がありました。その仕事が終わった瞬間です、自分はたいへんなことをやり遂げたと思えたのは［マントンは、節足動物の高次分類に関する世界最高の権威で、しかもタフな女性だった］。たいへんだったのは、標本という証拠の件だけではありませんでした。ずらっと並んでいるどれもよく似た一〇対の二枝型付属肢のうちの最初の二対は、後ろに並んでいる八対の付属肢とはっきり区別できないほど原始的な状態にあるものの、他とはちがって頭部についているということを論証する必要があったのです」

手短に結論を並べただけだが、バージェスを再定式化するにあたってカナダスピスが果たした重要性

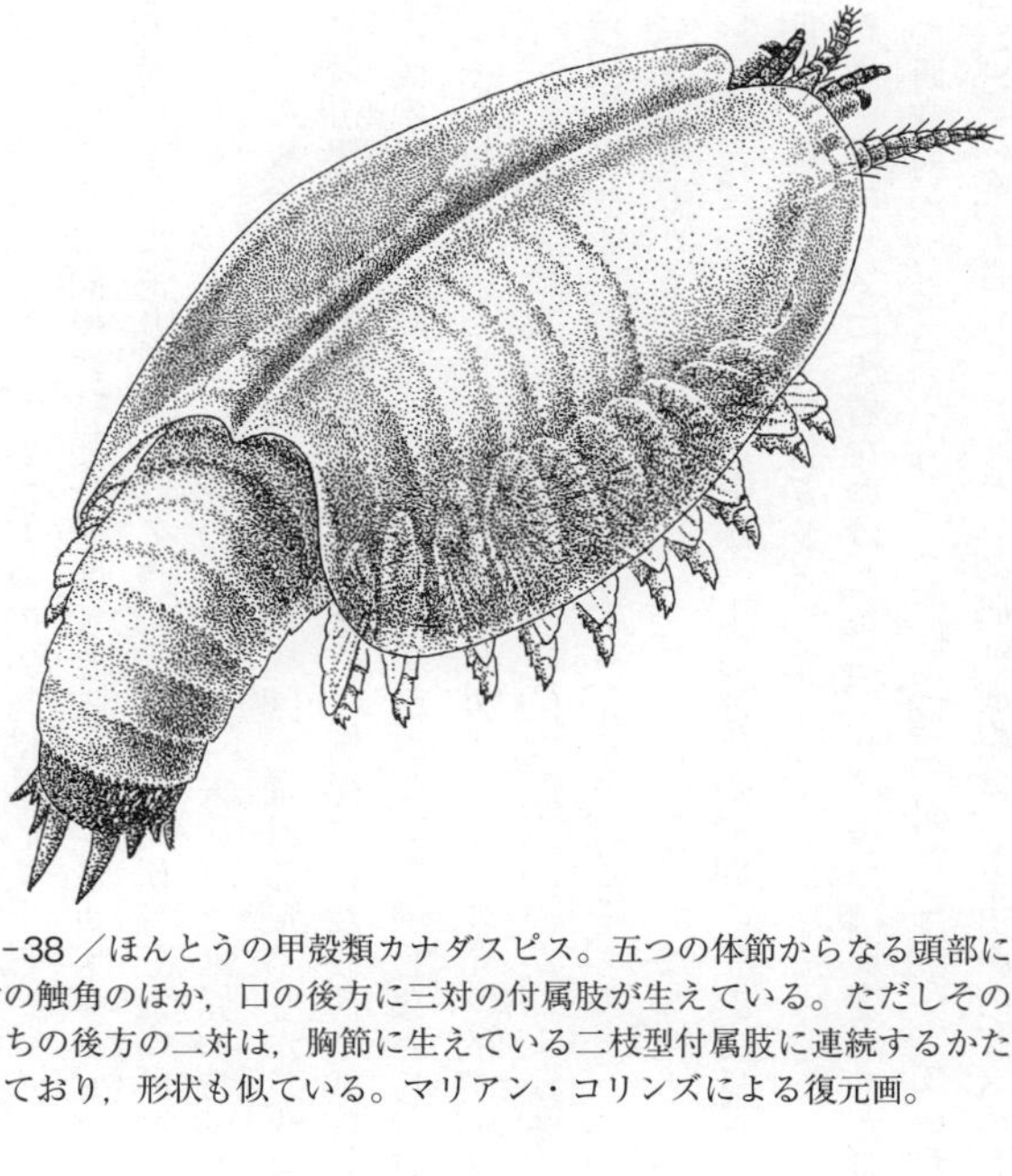

図3-38／ほんとうの甲殻類カナダスピス。五つの体節からなる頭部には，二対の触角のほか，口の後方に三対の付属肢が生えている。ただしその三対のうちの後方の二対は，胸節に生えている二枝型付属肢に連続するかたちで生えており，形状も似ている。マリアン・コリンズによる復元画。

を軽視しているわけではない。風変わりな動物のユニークさを説明するには長々と書きたてる必要がある。それに対して、おなじみの生物についてなら、〝みんなが知っているジョーに似た〟というふうに簡単に特徴を説明できる。しかしカナダスピスはバージェス物語の要《かなめ》であると同時に重しであり、あらゆる点でサイモンが研究した奇妙奇天烈《きみょうきてれつ》生物と同じくらい重要な存在である。バージェス動物のすべてが、失われた世界の奇妙な住人たちだったとしてみよう。その場合、この集団からどんな構図が描けるだろうか。失敗に終わった実験、脱落者、その後再建された現生動物群には完全に無視された最初の試みということになってしまい、その後の生命の起源については何の手がかりも提供しないし、何の関連もないことになる。ところがカナダスピス、そしてそれ以外の現生グループ的デザインをそなえた種類がいるおかげで、それとは異なる、もっと啓発的な観点が浮かび上がる。すなわち、バージェス動物群は現生グループの祖型を含んでおり、なればこそ、カンブリア紀のありきたりな動物群なのである。しかしそれと同時に、その後消失してしまったとてつもなく広い幅にわたるデザインを含んでいるということが、生命進化の初期の歴史に見られたもっとも重要なパターンを明らかにしている可能性があるのだ。

デレクがカナダスピスに決着をつけたころ、サイモンは風変わりな動物たちを後に残し、自分の真の研究対象であるバージェス産蠕虫類《ぜんちゅうるい》の研究にあたっていた。二つのモノグラフ（1977, 1979）に発表されたサイモンの研究成果は、カナダスピスの教えをみごとに追認していた。バージェス生物の一部は、動物群中の軟体性の種類までもが、現生するグループにすっきりと納まる。そしてそのことが、正常な生物に加えて妙ちくりんな生物がいたことの重要性を強調し、高めているのだ。一九七七年にコンウェイ・モリスは、ウォルコットが三つの動物門（環形動物門の多毛類、節足動物門の甲殻類、棘皮《きょくひ》動物門）に振り分けていた種類のなかに鰓曳虫類《えらひきむしるい》（鰓曳動物門）の蠕虫が六属か七属ほど混ざっていることに気づいた。鰓曳動物門は、今日《こんにち》の海には一〇属かそこらしか生息していない小さな動物門だが、バージェス頁岩の蠕虫類動物群では主流を占めていたのだ（バージェス産の鰓曳虫類は、5章で語る物語で重要な役を演じる）。

コンウェイ・モリスは一九七九年に、ウォルコットがいちばんの混乱を見せた動物グループの一つであるバージェス産の多毛類《たもうるい》をふるいにかけた。ウォルコットは、バージェスの珍奇な生物のゴミ捨て場として多毛綱（環形動物門の海生グループの一つ）を利用していた。コンウェイ・モリスは、ウォルコットが多毛類としていたもののなかに鰓曳虫類の二属と、奇妙奇天烈生物を四属見つけた。しかしウォルコットは、ほんとうの多毛類も見つけていた。こうした混ざりもののなかから、コンウェイ・モリスは六属のバージェス産多毛類を分類した。今日の海では主流派である多毛類も、バージェスの時代には鰓曳虫類（属の数こそ同じだが、標本数はだんぜん多い）の前で影の薄い存在だったのである。それでも、いずれのグループも同じ一般的メッセージを発している。バージェス動物群は、ありきたりなデザインもユニークなデザインもたくさん含んでいたのだ。

第四幕　論拠の完成と成文化——ナラオイアとアユシェアイア

一九七七〜一九七八年

第三幕は長くなってしまったので、第四幕はもっと簡潔なほうがいいだろう。ここではおもに、バージェス産の二つの重要な属が解明されたことが象徴する点を指摘する。その二つの属は、母音《ぼいん》が重なった属名をもつため、英語圏の人間にはきわめて発音しにくい種類であることでもきわだっている。

ハリー・ウィッティントンは、それまではみな既存のグループに入れられていた節足動物を孤児にすることから、このドラマをスタートさせた（第一幕）。彼は、オパビニアは節足動物などではなく、他に類例のない奇妙な解剖学的特徴をもつ生物であることを示すことで、賭金をつり上げていた（第二幕）。そして彼の学生と助手たちは、それと同じパターンはバージェス動物群の全グループに見られるという証拠を固めることで、当初は異常な事態と思われたものをバージェスとその時代の通則へとかえた（第三幕）。ハリー・ウィッティントンがついに新しい解釈を受け入れ、解剖学的特徴の奇妙さを苦肉の策《さく》ではなく筋の通った好ましい仮説と見なしはじめた時点で、物語は論理的にたどり着くべきところへと到達していた。すなわち、バージェスの変革は完成していたのだ（第四幕）。あえていうなら、残りの仕事は後かたづけということになるわけだが、ただ、とっておきの話はまだ話していない

（第五幕）。

ナラオイアは、新しい生命観の論理構造を実質的に完成させるために必要な最後の一ピースとなった。ずっと以前にウォルコットによって鰓脚類《さいきゃくるい》の甲殻類として記載されたまま出番を待っていたこの役者は、背甲で覆われているものの、それは平たくて滑《なめ》らかな楕円状の二枚の殻がまっすぐな境界線をはさんで前後につながったものである。たいていの化石標本では、その二枚の殻ははっきりと分離しているうえに光沢《こうたく》がある。そのせいで、ナラオイアはバージェス生物のなかでもきわめて魅力的で人目をひく種類の一つである。しかしその殻は、解釈上のたいへんな難物でもある。殻が軟組織の大部分を覆い隠しているため、大半の標本は、背甲とその縁から突き出ている付属肢の先端しか見えないのだ（図３‐39）。節足動物の分類では付属肢の基部がどういう形状をし、胴体にどのようなかたちで接続しているかを見きわめることがなによりも重要であるため、そこが見えないナラオイアについては分類のしようがなかったのである。

ウィッティントンは、バージェス化石は立体構造をそなえているという自らの発見をもとにこのジレンマを解決した。固い背甲を切りとれば、付属肢の基部の形状と胴体への接続のしかたが確認できることを知ったのだ。ナラオイアの背甲を切りとったところ（図３‐40）、付属肢の関節の数と基部の構造が確認できたほか、あごの基部と食溝《しょっこう》の様子まで明らかになった。しかもウィッティントンは、その研究者生活のなかでもそう何度もないたいへんな驚きを味わうことになった。彼がそこで目にしたものは、彼自身がいちばんよく知っている生

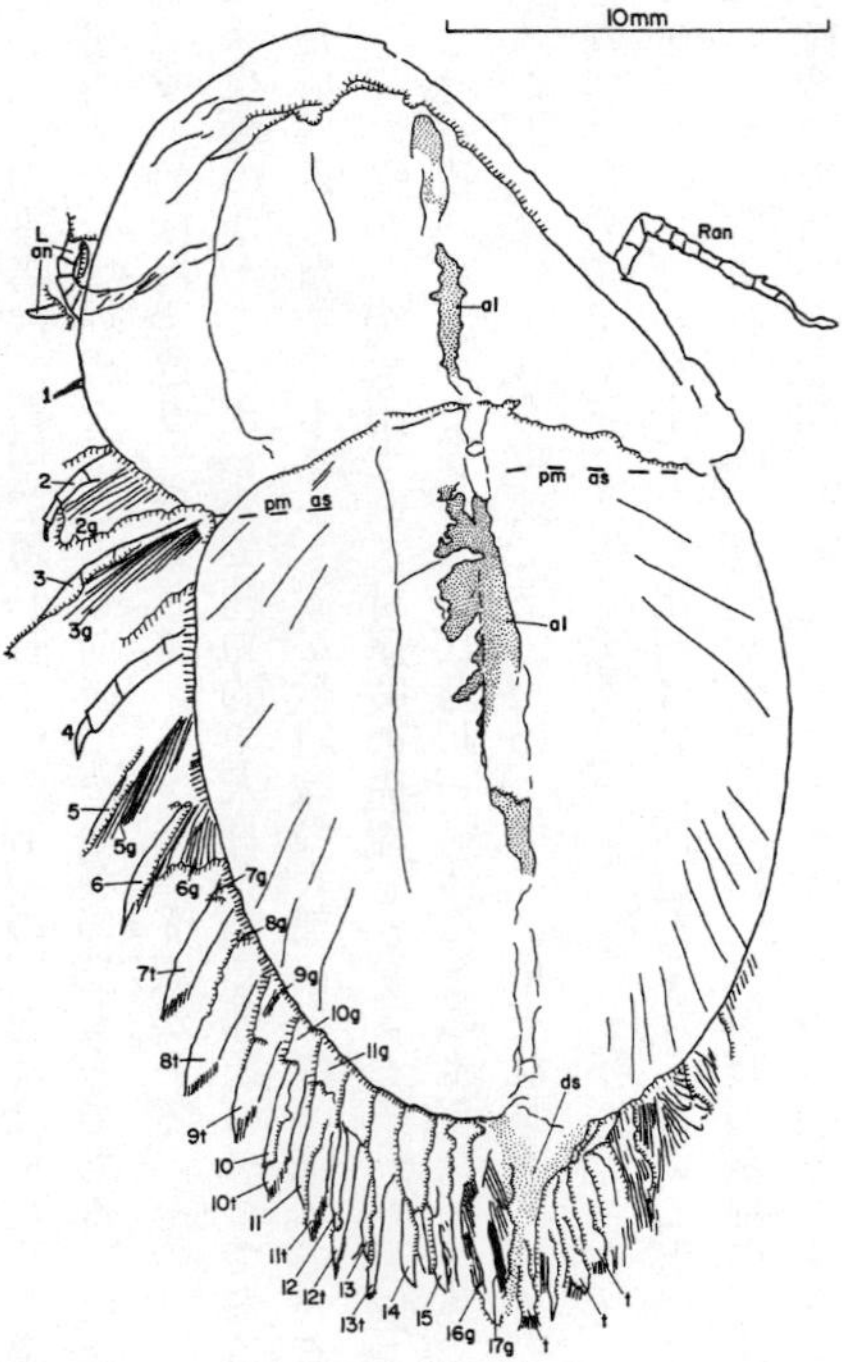

図3-39／ナラオイアのみごとな標本のカメラルシダ図（Whittington, 1977）。背甲を構成する二つの殻が軟組織の大部分を覆い隠しており，その縁から突き出ている付属肢の先端しか見えない。

物、すなわち三葉虫の歩脚《ほきゃく》だったのだ。しかし、全体の形状がなんとなく似ていなくもないことを除けば、二枚の殻からなるその背甲は、三葉虫の外骨格とは似ても似つかないものである。大半の三葉虫は、頭、胸、尾という三つの部分に分かれているからだ。ただし、誤解されないために書きそえておくが、この三区分が〝三葉虫〟という名の由来ではない。体を縦《たて》に走る二本の軸溝によって三葉（中軸と左右の側葉）に分けられているから〝三葉虫〟と呼ばれているのだ。

ウィッティントンは、ナラオイアを三葉虫として分類するうえで鍵をにぎる別の形質も見つけた。なかでもとくに重要だったのは、はっきりと区分された頭部に口の前方から生える単枝型の触角一対と、腹面の口の後方から生える三対の付属肢がついていたことだった。ナラオイアは、外部を覆うカバーは奇妙だが、まぎれもなく三葉虫だったのだ。そこでウィッティントンは、この属のために三葉虫綱内に新しい目《もく》を創設した。この三葉虫の新目《しんもく》を記載した彼の文章には、いつもの彼には似つかわしくない個人的な感想と隠しようのない喜びがあふれている。それもそのはず、ハリーは三葉虫類の世界的権威であり、三葉虫は彼の子供なのだ。そしていま、それまでのものとは異なるすばらしい子供が生まれたばかりなのである。

はじめての切除は、驚きであると同時に興奮ものであった。……新しく復元されたものは、ウォルコットの復元とも他の復元ともはなはだしく異なる動物であり、……予想

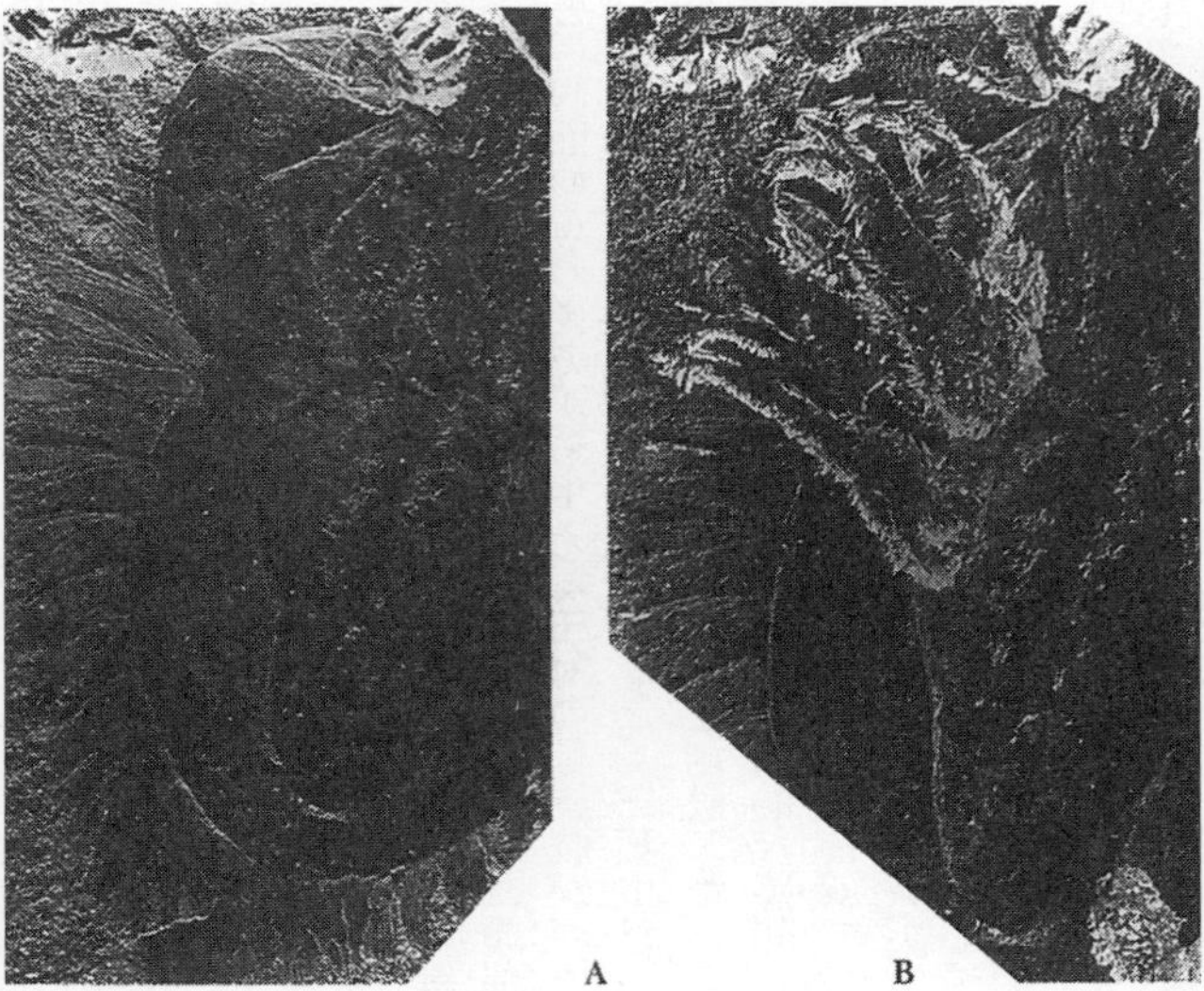

A B

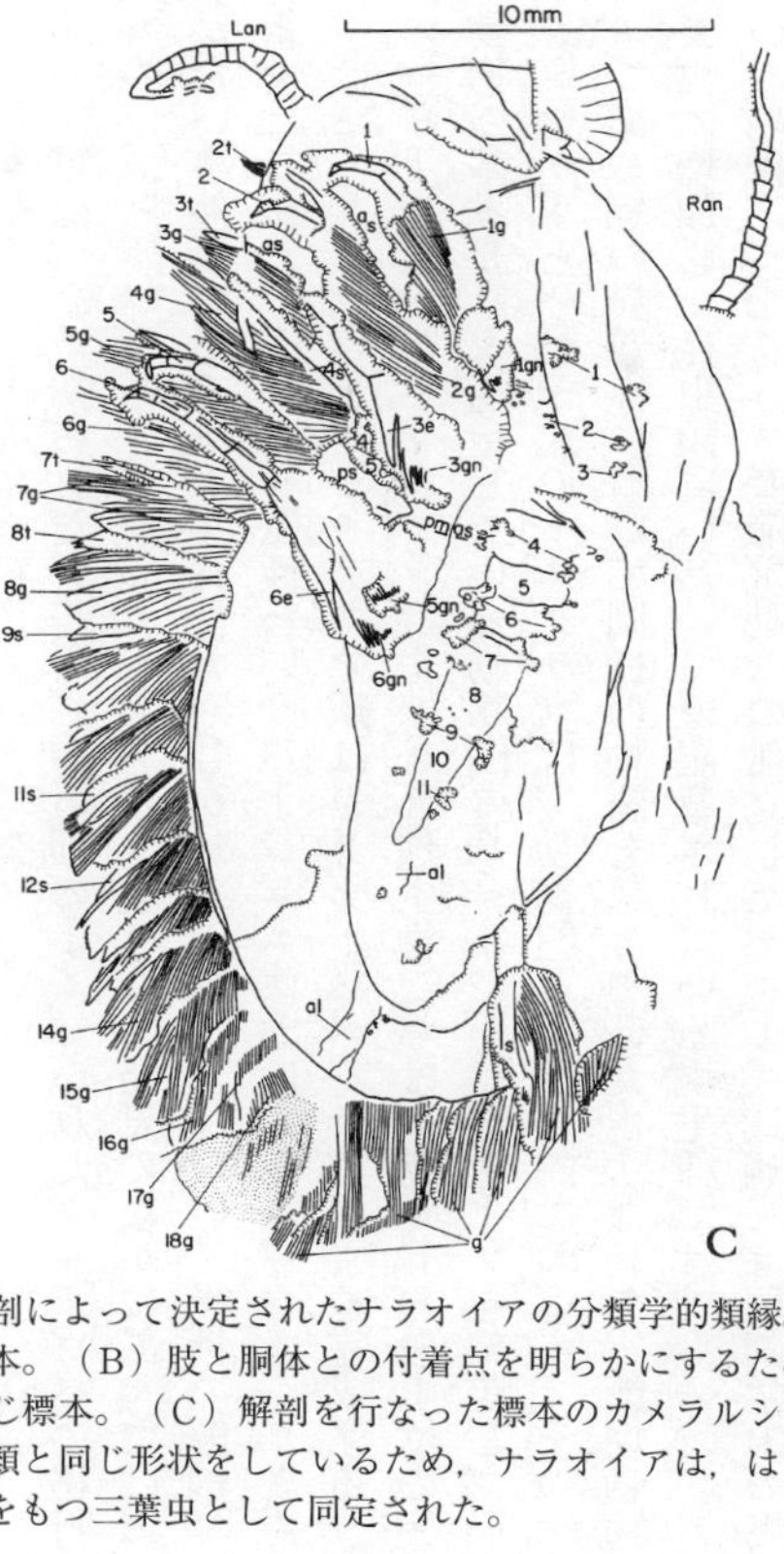

図3-40／解剖によって決定されたナラオイアの分類学的類縁。（A）解剖前の完全な標本。（B）肢と胴体との付着点を明らかにするための解剖を行なった後の同じ標本。（C）解剖を行なった標本のカメラルシダ図。肢は典型的な三葉虫類と同じ形状をしているため，ナラオイアは，はじめて見つかった二枚の殻をもつ三葉虫として同定された。

をはるかに超えて三葉虫に似ていることがわかる。そういうわけで私は、ナラオイアは胸部を欠く三葉虫であると結論し、三葉虫綱の別個の目として位置づけることにした。（1977, p. 411）

この分類の変更は、よく知られたグループから別のよく知られたグループへの移行というささいなものであり、バージェスをめぐる大混乱と数々の大発見のなかにあってはほとんど関心を引かない事件に思えるかもしれない。しかしそんなことはない。後世の解剖学的デザインの枠組をはるかに上まわる異質性というバージェスにおける基本パターンがどんなレベルでもあてはまるならば、ナラオイアの分類はジグソーパズルを首尾《しゅび》よく完成するうえで重要な最後の一ピースなのだ。サイモンの奇妙奇天烈生物たちは、動物界の最上位の分類単位であり、動物の基本設計を規定している動物門《もん》のレベルでそのパターンを確定していた。ウィッティントンがまとめた一連のモノグラフは、動物門という枠内において、そのすぐ下の分類レベルである綱《こう》の異質性について同様の物語を語っていた。すなわち、節足動物の種数はその後大幅に増加し、昆虫類にいたっては記載されている現生種だけでも一〇〇万種にもおよぶというのに、バージェス産節足動物の孤立したグループ（綱）は解剖学上の異質性において後世のどの時代の節足動物の枠組をも越えていたのだ。そしてこのたびハリーは、節足動物門の主要な綱のなかの目《もく》というレベルにおける異質性でも同様のパターンが見られることを示した。彼は、二枚の殻からなる背甲をもつ軟体性三葉虫という、一見矛盾した存在にも聞こえる生物を発見したのである。

ちなみに彼は、一九八五年に、第二の軟体性三葉虫テゴペルテ・ギガスを記載することになる。この種はバージェス動物としては最大級のもので、体長が三〇センチ近くある。そういうわけで、ナラオイアは三葉虫類のなかの唯一の変わりものというわけではない。バージェスが見せるパターンは、分類レベルが変わってもそのパターンは変わらないという〝フラクタル〟的な様相を示しているように思える。望遠鏡で見上げても顕微鏡で見おろしても、同じ像、すなわちバージェスの異質性がいちばん高く、その後で非運多数死《ひうんたすうし》があり、生き残った少数のグループ内での多様化が起こったという図式がどのレベルでも確認できるのだ。

ナラオイアに関するモノグラフは、ウィッティントンの考えかたを変えた転換点だった。ついに彼は、三葉虫様綱《さんようちゅうようこう》は進化論的な正当性をもたない人為的ながらくた箱であることを示し、その看板を公式におろしたのである。彼はついに束縛《そくばく》から解放され、バージェス産節足動物はユニークなデザインの集まりであり、後世のグループがカバーしている枠組を超えているという見かたができるようになっていた。

三葉虫様綱（Størmer, 1959）は、おもにバージェス頁岩から出土した三葉虫様の節足動物とされるさまざまな種類を位置づけるための便宜《べんぎ》的なカテゴリーとして提案され、三葉虫綱と同ランクのカテゴリーと見なされていた。近年および現時点で公表されつつ

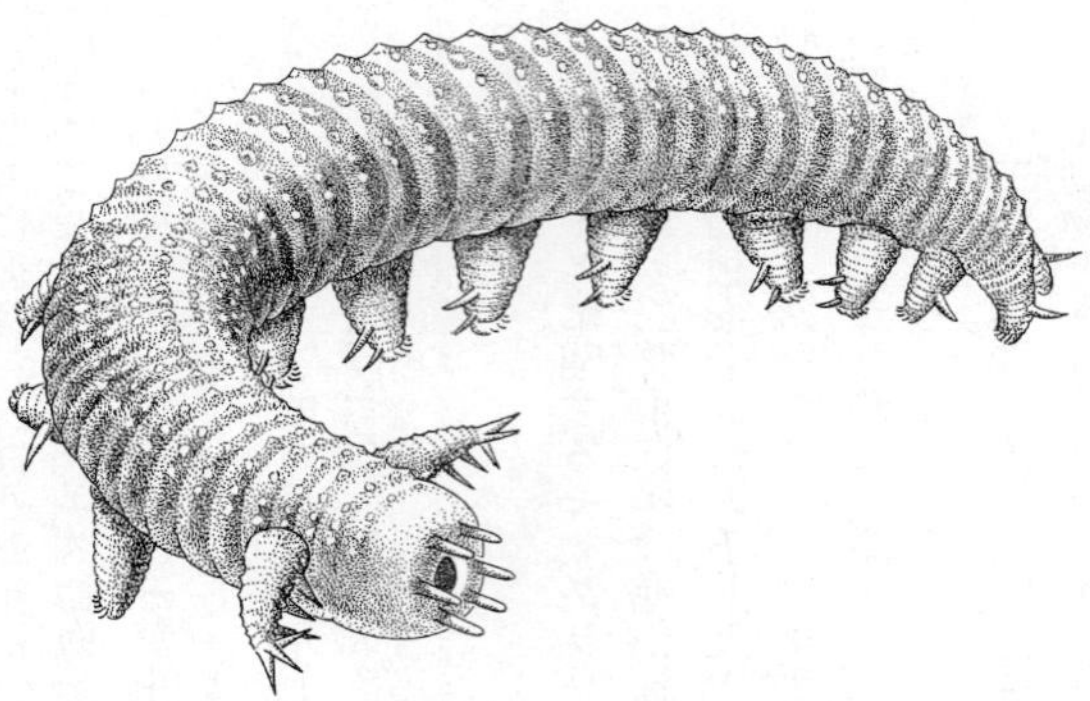

図3-41／おそらくは有爪類と思われるアユシェアイア。マリアン・コリンズによる復元画。

ある研究は、とくに付属肢について、数々の新情報をもたらしつつある。……三葉虫様綱は、もはや有効な概念とは見なせないうえに、類縁関係を判断するための新しい基盤が出現しつつある。（1977, p. 440）

ハリーが次に発表したアユシェアイアに関するモノグラフは、新しい生命観を彼なりにきわめて鮮明に表明した次のような文章で始まっている。「この動物群集の動物たちは、ウィッティントンおよびコンウェイ・モリスによって記載されたのだが、アユシェアイアのように現世の高次分類群には容易に位置づけられないような、驚くほど多様であると同時に奇妙でもある節足動物を含んでいる」（1978, pp. 166-67）おそらくアユシェアイアは、バージェス生物のなかではもっとも有名でもっとも広く論じられた動物である。そうなったのには、〝原始的《プリミティヴ》〟で〝元祖的《プリカーサー》〟という二つの

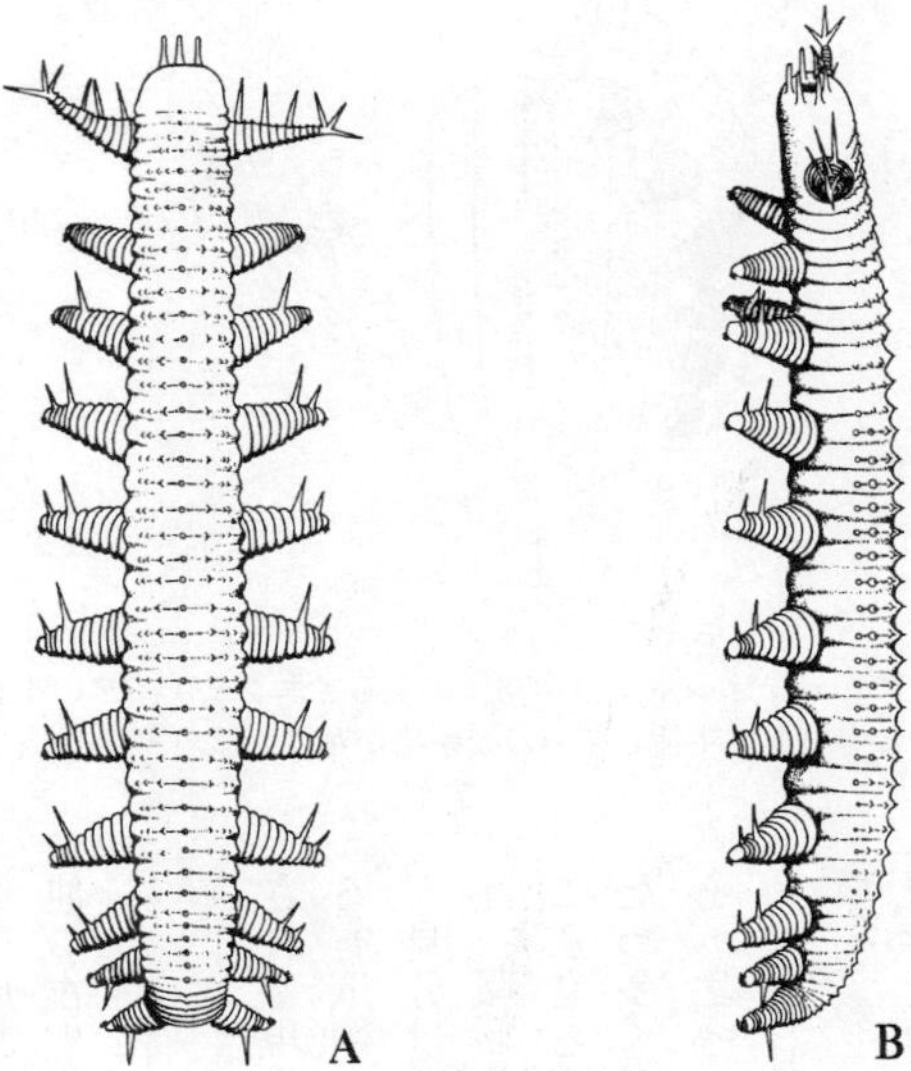

図3-42／ウィッティントン（1978）によるアユシェアイアの復元図。（A）背面図。（B）側面図（右側が背面）。いちばん上に見えるのは，末端部に開口する口を環状に取り囲む触手。

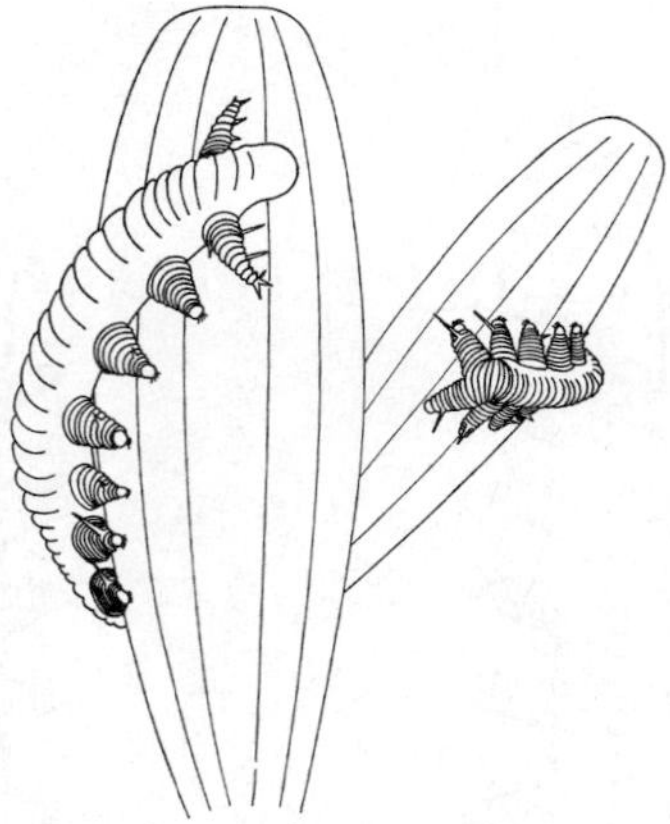

図3-43／ウィッティントン（1978）によるアユシェアイアの生態復元図。食物でもある海綿上で生活している姿が描かれている。

Pに根ざした興味深いわけがある。ウォルコット（1911 c）は、アユシェアイアを環形動物として記載していた。しかし、他の古生物学者たちがすぐに騒ぎだした。この動物は、ペリパトゥス（カギムシ類）というかわいらしい名前の属に代表される現生無脊椎動物の小グループである有爪類《ゆうそうるい》と、少なくとも外見ではほとんど見分けがつかないというのだ。有爪類は、環形動物と節足動物の両方を思い起こさせる形質をあわせもっている。そのため多くの生物学者は、このグループこそ、二つの動物門を結ぶ類《たぐ》い稀《まれ》な種類（″失われた環《わ》″ならぬ″失われざりし環″）の一つであると考えている。しかし、環形動物から節足動物への実際の移行ないし共通祖先からの両者の起源は、海中で起こったはずである。それなのに、現生する有爪類は陸上生活者である。そのうえ現生する有爪類は、環形動物と節足動物の橋渡しをしたとされる時点から、五億五〇〇〇万年以上にもわたる進化を遂《と》げている。したがって、その橋渡し役の直接のモデルとは見なせないだろう。カンブリア紀の海にすんでいた有爪類が見つかれば、それは進化学上すこぶる重要な生物となる。そしてこのアユシェアイアが、一般にそう解釈される（Hutchinson, 1931）ことで、バージェス動物のなかのヒーローとなったのだ。大生態学者のG・イヴリン・ハチンソンは、南アフリカのカギムシ類に関する重要な研究を行なっていた。そして、実《みの》り多かったその研究者生活の九〇歳に近い時点でも、アユシェアイアに関する自らの研究を、自分が行なった重要な研究の一つとして位置づけている（一九八八年四月のインタビュー）。彼は、一九三一年の論文で次のように書いている。

　アユシェアイアこそ、現生種とはまったく異なる生態学的条件のもとで生活していたものの、生きていたときの姿は、このグループの現生種ときわめてよく似ていたにちがいない外観をもつ種類である。（1931, p. 18）

アユシェアイアの胴は環節《かんせつ》のある円筒状で、その下面に近い側面部から、やはり環節のある肢《あし》——おそらく移動のためのもの——が下向きについている（図3-41、3-42）。胴の先端部は、はっきりとした頭部に区分されてはいないが、一対の付属肢が生えている。その付属肢は、形状と環節がある点は他の付属肢とよく似ているが、付着位置は体側のずっと上のほうで、しかも水平方向に突き出ている。末端部にある口（前面まん中のおちょぼ口）は、六本ないし七本の触手に取り囲まれている。頭部の付属肢の先端には、とげ状の三本の枝が生えているほか、前縁に沿って三本のとげが生えている。胴体から生えている肢の先端は途中でちぎれたような終わりかたをしていて、そこに最高七本の湾曲《わんきょく》した短い爪が生えている。それらの肢の側面には、爪よりもずっと大きなとげも生えている。ただし、いちばん前の肢にはとげがなく、二番めから八番めの肢では前向き、九番めと一〇番めの肢では後ろ向きに生えている。

ウィッティントンは、アユシェアイアの興味深い異例なライフスタイルを復元するために、このような解剖学上の情報と他のデータとをつき合わせた。彼は、一九個あるアユシェアイアの標本のうちの六個で、アユシェアイアの化石上やその近くから海綿の化石を発見した。そのような取り合わせは、他のバージェス動物ではめったにお目にかからないものだった。そこでウィッティントンは、アユシェアイアは食物兼隠《けん》れ家として海綿を利用していたのではないかと推測した（図3－43）。肢の先端に生えている小さな爪は、泥の上では役に立ちそうもないが、海綿をよじ登ったり、そこにつかまっているための手助けにはなったかもしれない。頭部についている付属肢は、食物を口まで直接運ぶ役には立たなかっただろうが、それを使って海綿に傷をつけ、しみ出した体液や軟《やわ》らかい組織をなめたり食べたりすることならできたかもしれない。いちばん後ろの二対の肢に後ろ向きに生えているとげと爪は、不自然な角度で海綿にしがみついているためのくさびとして機能したかもしれない。それにしても、アユシェアイアは有爪類だったのだろうか。ウィッティントンは、頭部の付属肢、先端に爪の生えた単枝型の短い肢、体と肢の環節構造に印象的な類似点を認めた。しかし彼は、いくつかの相違点もあげている。現生する有爪類にはあるあごがないこと、胴体の末端が一対の付属肢で終わっていること（現生する有爪類の胴は、最後の付属肢よりも後方まで伸びている）などである。

ウィッティントンの判断では、これらの相違点はアユシェアイアを有爪類から除外し、仮の措置《そち》としてではあるが一属からなる独立したグループと見なすための疑惑として十分なものだった。彼は、ほかの属から得た教訓を引き合いに出し、次のように書いている。「そういうわけで、オパビニア、ハルキゲニア、ディノミスクスといったバージェス頁岩産動物と同様、アユシェアイアは現存する高次分類群のどれにもすんなりとは納まらない」（1978, p. 195）

私の考えでは、この一文は重大な意味をもっており、バージェス変革の完成を（少なくとも象徴的な意味で）告げるものである。ただし、これは私の皮肉である。なぜなら、たぶんハリーはことアユシェアイアに関してはまちがった判断を下したと考えるからである。証拠を勘案《かんあん》するに、アユシェアイアは有爪類に収められるべきであると私は信じている。両者の類似点は印象的であり、解剖学的にも深い意味がある。それにひきかえ、相違点は表面的であり、進化学的にさほどの意味はない。ハリーがあげた二つの主要な相違点のうち、あごはその後の段階で進化したものにすぎない可能性がある。新しい構造は、祖先の解剖学的デザインがその発達を妨《さまた》げないかぎり、進化によって後からつけ加えることができる。少なくともバージェスで主要な動物グループの一つで、まさにそういうことが起こっている。バージェス産の多毛類にあごはない。しかし、多毛類のあごはオルドビス紀までに進化し、それ以後いまに至るまで存続している。胴体がいちばん後ろの肢よりもさらに後ろに伸びたことについてはどうだろう。私にいわせれば、これは、有爪類のように許容量の大きなグループ内においてはたやすく起こりうる進化的変化である。アメリカの古生物学者リチャード・ロビソンは、アユシェアイアと現生有爪類との相違点を長々と列挙している。しかし彼は、たくさんの相違点があることを認めつつも、アユシェアイアは有爪類の一員であるとの見解に同意している。ウィッティントンがあげた第二の主要な相違点に関する彼の意見を見てみよう。

陸生有爪類において胴体が後端の葉状肢《ようじょうし》よりもさらに後方に突出《とっしゅつ》している点については、肛門の位置をわずかにずらすことで衛生設備を改善するためのささいな変更にすぎないように思われる。そのようなデザインは、水中で生活する動物にとってはさして重要ではない。水中では、有害な排泄物は水流が体から遠ざけてくれるからである。つまり、胴体後端の形状は、系統的な類縁関係についてよりも生息環境についてより多くのことを教えているのではないだろうか。(Robison, 1985, p. 227)

では、ウィッティントンはなぜ、アユシェアイアを有爪類から分離し、分類学上の独自性を強く主張したのだろうか。この結論を下した男は、長年にわたり、バージェス動物を既知《きち》のグループから分離するという誘惑に抵抗しつづけ、証拠の重みがそれを強《し》いた時点でやっと分離に踏み切った人物である。それを考えると、彼がこの居心地の悪い結論を下したのは、アユシェアイアから直接もたらされた新しいデータに強いられてのことにちがいないと、当然のごとくわれわれは考えてしまう。しかし、一九七八年のモノグラフを注意深く読んでみよう。ウィッティントンは、アユシェアイアに関するハチンソンの基本的主張をいささかもくつがえしていない。ハリーは、ハチンソンと同じ相違点を列挙し、それについて論じた。ハリーは、ハチンソンのすぐれた仕事を、詳細さと的確さではさらに深めているものの、基本的に容認していたのだ。しかし、ハチンソンはアユシェアイアを有爪類として分類していた。そのハチンソンの結論は、後にウィッティントンがそれとは逆の結論に到達するにあたって使用したのとまさに同じデータに基づいたものである。

ウィッティントンを逆の結論に到達させたものは、アユシェアイアの解剖学的特徴ではないとしたら、何だったのだろうか。これはまさに、申し分《ぶん》のない設定がなされた心理実験である。データそのものに変更はなかった。したがって、見解の逆転は、バージェス生物にとってもっともふさわしい地位に関する前提が逆転したことを物語っているとしか考えられない。明らかにウィッティントンは、バージェス頁岩の動物たちは分類学的にユニークな存在であるとする見解を受け入れ、好むようにまでなっていたのだ。彼自身の転向は完了した。

まだ、たくさんの魅惑的な属《ぞく》が記載される順番を待っていた。折返し点にさえ達していなかったのだ。それでもアユシェアイアに関するウィッティントンの一九七八年のモノグラフは、新しい生命観の成文化といえる。一九七五年から一九七八年までのめくるめくような数年間はいったい何だったのだろうか。その間に、オパビニアは節足動物ではないし、かといってそれ以外の既知の動物グループのどれでもないという驚愕の事実が判明し、次いでサイモンの奇妙奇天烈生物が立て続けに発表され、そしてバージェス動物は分類学的にユニークな存在だという意見が好ましい仮説として完全に受け入れられた。たったの三年で、新世界が開《ひら》けたのだ。

第五幕　研究プログラムの成熟――アユシェアイア以後の生物

一九七九年から最後の審判の日まで（最終的な答はなし）

マルレラ（一九七一年）からアユシェアイア（一九七八年）までのわずか七年間で、ものの見かたは著《いちじる》しく変わってしまった。最初は、既知のグループに分類されている節足動物の一部に関して記載のやり直しをするだけのつもりだったプロジェクトが、バージェス頁岩と生物進化の歴史に関する新しい考えかたをもたらすことになったのだ。

その道筋は、平坦でまっすぐというわけではなかった。証拠の重みと論拠の妥当性ということを考えてみても、そのことがはっきりとわかる。知的変革は、そうそう簡単には運《はこ》ばない。解釈の変遷の跡は、紆余《うよ》曲折《きょくせつ》し、ときには後戻りをし、結局は放棄されたさまざまな仮説（たとえば、バージェスの妙ちくりん生物たちは現生種の原始的な祖先種だとする仮説）にしばしはまりこむということもあった。しかし最終的には、爆発的な異質性を容認するに至った。

一九七八年の時点では、新しい考えかたが定着していた。それを象徴するのが、アユシェアイアに関するウィッティントンの解釈だった。今日《こんにち》まで続くそれ以後の期間――私が語るドラマの第五幕――は、バージェス動物群の全般的位置づけに関する信任が広く得られたことで、新しい平穏な状態を維持している。ただしここで語られる終幕は、概念図の変更がされないからといって盛り上がりに欠けるというわけではない。なぜなら、信任を得るということは、絶大なる実質的効力を得るということだからである。もはや原理原則に思いわずらわされつづけることなく、細目《さいもく》に向かって邁進《まいしん》できるのだ。そういうわけで第五幕では、バージェス生物の謎がどんどん解決されることになった。昔は謎だったものが、子供だまし並みのものへと失墜したのだ。しかしだからといって、子供の手におえるほど組《く》みしやすい相手ではない。足場が固まったおかげで、以前よりもはるかに効率的に首尾一貫した努力を傾けられるようになっただけである。ここ一〇年間に復元された生物には、バージェス生物のなかでもとくに奇妙でわくわくさせられるものが含まれている。そんなすばらしい物語を

第六幕にまわすことなどとてもできない。

バージェス産節足動物をめぐって進行中の物語

孤立無援の生物と特殊化した生物

一九七八年末の時点で、軟体性節足動物の素性調《すじょう》べでは、独自性と異質性が圧倒的多数となっていた。マルレラ、ヨホイア、ブルゲッシア、ブランキオカリスの四属は、節足動物のなかの孤児だった。ただ一つカナダスピス（ひょっとしたらペルスピカリスも）だけが、現生するグループに属していた。ナラオイアは三葉虫類の一員として分類しなおされてはいたが、ひどく奇妙なメンバーとしてであり、しかも新たに創設された目《もく》の祖型としてだった。オパビニアは節足動物の仲間からは完全に放り出され、アユシェアイアは節足動物と環形動物の狭間《はざま》に置かれていた。始まりとしては上々だが、まだ重みをもつほどの例数ではない。前にも述べたように、自然史学上の〝大問題〟に対する解答は、相対的な頻度がものをいう。もっとたくさんのデータ、バージェス産節足動物を集大成してくれそうな何かが必要だった。第五幕になって、この必要は完全に満たされることになった。見直されたパターンが、ぱっちりと堅持《けんじ》されたのだ。

一九八一年、デレク・ブリッグスは、二枚貝様節足動物を次々と孤立無援のグループに振り分ける作業を続けていた（カナダスピスは唯一の真の甲殻類としてますます孤軍奮闘して

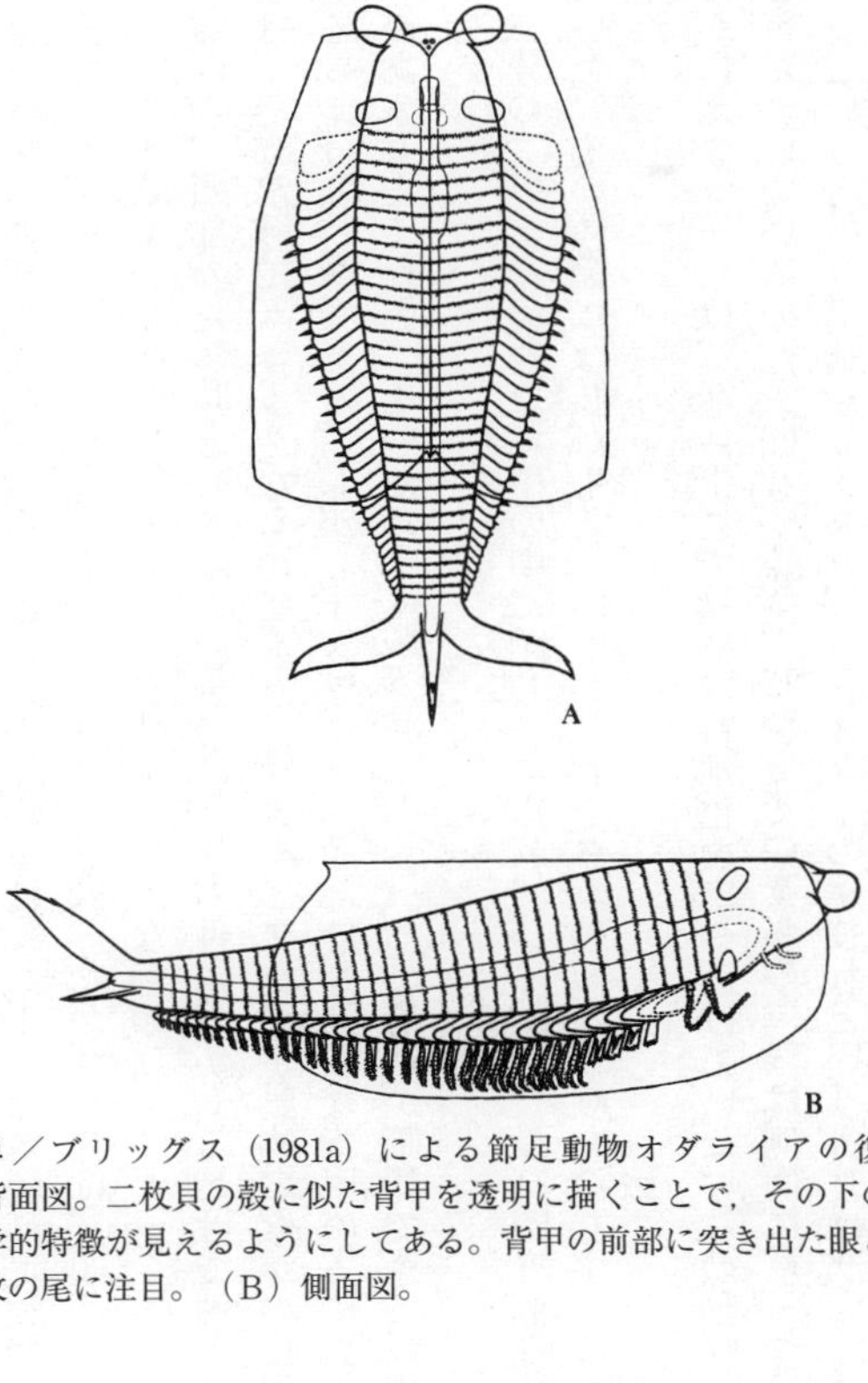

図3-44／ブリッグス（1981a）による節足動物オダライアの復元図。（A）背面図。二枚貝の殻に似た背甲を透明に描くことで，その下の軟組織の解剖学的特徴が見えるようにしてある。背甲の前部に突き出た眼と，最後尾の三枚の尾に注目。（B）側面図。

いた）。ブリッグスは、バージェス頁岩《けつがん》産の二枚貝様節足動物としてはもっとも大型（体長は最高一五センチ）なオダライアの落ち着き先を決めるために、二九個の標本全部を調べていた。オダライアの頭部の先端、背甲のひさしの先からは、バージェス産節足動物中最大の眼が突き出ていた（図３－44）。ところがブリッグスが調べたかぎりでは、頭部には、それ以外にただ一対の構造——腹面口後《こうご》の短い付属肢——しかなかった。

付言《ふげん》するなら、頭部の付属肢としては口の後方に一対の付属肢があるだけで触角はないという構成は、それだけでユニークなものであり、オダライアを節足動物のなかの孤児として独立させるに十分な特徴である。しかしオダライアの頭部は、強固な背甲の下にあるせいで保存状態があまりよくない。そのためブリッグスは、すべての構造が確認できているかどうか確信がなかった。

全長の三分の二以上を大きな背甲の中に閉じこめられている胴は、最高四五個の体節で構成されていた。その体節には肢《あし》が生えていたが、おそらく最初の二対を除くすべてが典型的な二枝型だった。

そのほかにオダライアは、ユニークで異様な特殊化を二つ遂げていた。この動物には、三つの尾びれがついているのだ（図３－45）。しかもそのうちの二つは側面に、一つは背面側に突き出るという奇妙な構造をしており、ロブスターの尾びれというよりはサメやクジラの尾びれを思い浮かべさせる。こんなおかしな構造は、ほかの節足動物では例がない。第二の特殊化は、二枚貝の殻に似た背甲は板状ではなく、本質的にはチューブ状になっていること

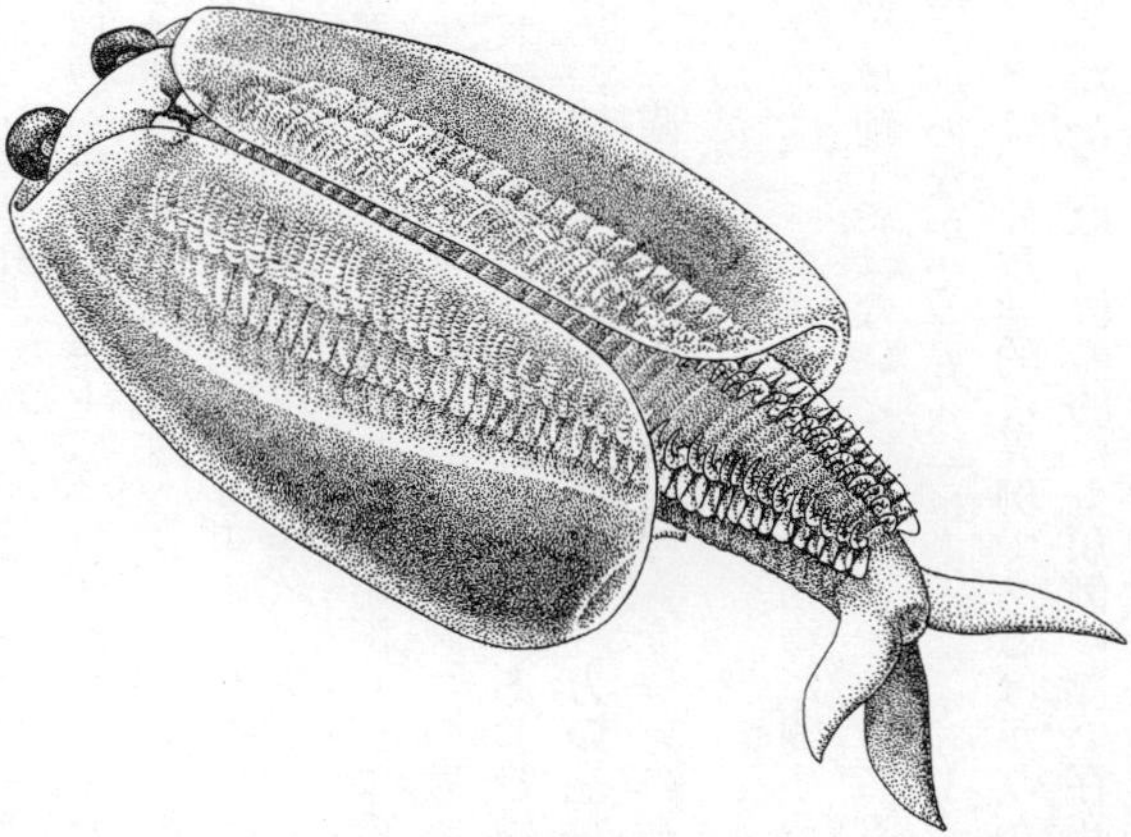

図3-45／あおむけになって泳ぐオダライア。たくさんの二枝型付属肢が，透明に描かれたチューブ状の背甲の下に見える。最前部の大きな眼と，最後尾の三枚の尾と，口の後方に位置する一対の摂食用付属肢に注目。マリアン・コリンズによる復元画。

である。しかもブリッグスによれば、体の割《わり》に短い付属肢は、そのチューブの外側には突き出ていなかった。それどころか、チューブを形成している二つの殻の開口部は、おそらくそこから付属肢が突き出るほど広くは開かなかったという。オダライアが海底を歩いていなかったことは明らかである。ブリッグスは、「本質的にチューブ状を呈《てい》している背甲と大きな三枚の尾びれをつけた尾節という組み合わせは、節足動物としては類例のないものである」(1981 a, p. 542) と書いている。

ブリッグスはこうした構造の機能を探り、この二つの異様な形質を結びつけることでオダライアの生活様式を推理した。ブリッグスの考えはこうである。オダライアは、三枚の尾を安定装置兼《けん》舵取り装置として使いながらあおむけになって泳いでいた。そして、背甲は食物を採《と》るための濾過《ろか》装置だった。背甲の一方の端から水が入る。すると付属肢が水中の食物粒子をとらえ、濾過された水は背甲のもう一方の端から出ていく仕組みになっていたのではないかというのだ。

ブリッグスは、バージェス産節足動物に関する合言葉は、〝ユニークな特殊化〟であって〝原始的で単純〟ではないということをここでも証明した。デレクは、一九八八年九月に私にくれた手紙のなかで一九八一年のそのモノグラフを振り返り、次のように書いている。

「オダライアは、分類学的に異例であるばかりか、私見ではこちらのほうが重要なのですが、節足動物のなかでは〝機能的にも類例のない存在〟であることが判明しました」

一九八一年には、デイヴィッド・ブルートンもシドネユイアに関するモノグラフを発表した（これについては一四二～一五七ページで論じた）。シドネユイアに決着が着いたことは、バージェス研究にとって画期的なことだった。その理由は二つある。まず第一に、シドネユイアは長いあいだバージェス動物群の焦点ないし象徴としての役割を演じていた。ウォルコットは、この属をバージェス産節足動物のなかで最大の生物と考えていた。しかし、その考えはまちがいだったことが、いまではわかっている。軟体性の三葉虫であるテゴペルテや、二枚貝様節足動物の一、二の属のほうが大型だからである。そのうえ、体から分離して見つかったとげだらけの付属肢はシドネユイアの頭部についていたものだというウォルコットの前提もまちがいだった。ウォルコットには、シドネユイア以外にそんな付属肢がついていられるほど大きな生物がいたとは思えなかったのである。ともかく、そんな付属肢をそなえているシドネユイアは、大きいばかりでなく凶暴にちがいなかった。われわれの文化は、そういう属性に価値をおく。だからシドネユイアは注目を集めた。ちなみに心理学者である私の友人は、われわれの社会が恐竜に魅せられる理由を単純にまとめている。「大きくて、凶暴で、絶滅している」からだというのだ。ウォルコットが復元したシドネユイア像は、この条件をすべて満たしている。ところがブルートンの復元像では、シドネユイアは捕食者にはちがいないが、問題の一対の付属肢はアノマロカリスのものとされている。シドネユイアの頭部には、摂食装置はなかったのである。

　第二の理由は、シドネユイアは、バージェス産節足動物のなかではまとまりのありそうなグループとして最後に残っている〝節口様類《せつこうようるい》〟に分類しなおされるべき最初の種類だったことである。バージェスの主要な生物集団を現生するグループに位置づけたいという希望は、まちがいなくぐらついていた。しかし〝節口様類〟は、伝統尊重主義の最後のあがき、最後の希望の星だった。本家にあたる節口類は、現生するカブトガニ類と絶滅したオオサソリ類からなる海生節足動物の一グループである。このグループは、クモ類、サソリ類、ダニ類などとともに、節足動物の四大グループの一つである鋏角類《きょうかくるい》（鋏角動物亜門）を構成している。節口類の基本設計プランに含まれるものは、強固な頭部背板、頭部と同じくらい広い幅をもついくつもの体節でできた胴、先端にいくほど細くなり、しばしばとげで終わっている尾などである。これらの特徴は、カブトガニ類よりはオオサソリ類のほうがはっきりと確認できる。シドネユイアも含めて、バージェスのいくつかの属がこの基本形態を共有している。

ブルートンは、シドネユイアは節口類の近縁種でも祖先種でもありえないことを示し、伝統尊重主義の最後の希望を粉砕《ふんさい》した。〝節口様類〟の体は、まとまりのある進化グループを定義するものではなく、専門用語でいうシンプレシオモーフィックな（ようするに〝原始的な状態を共有した〟）属性だけで結びつけられた異質な生物群だったのだ。原始的な状態を共有した属性とは、大きなグループにとって祖先的な属性である。したがって、集団全体のなかのサブグループをそれで定義することはできない。たとえば、ネズミ、ヒト、ウマの祖先種は、みな五本の足指《あしゆび》をそなえているからといって、哺乳類のなかで系統を一《いっ》にするグループを形成してはいない。五本の足指というのは、哺乳類全体にとっての祖先的属性である。この初期状態を保持している生物もいるし、その後の進化で変更を加えた生物もたくさんい

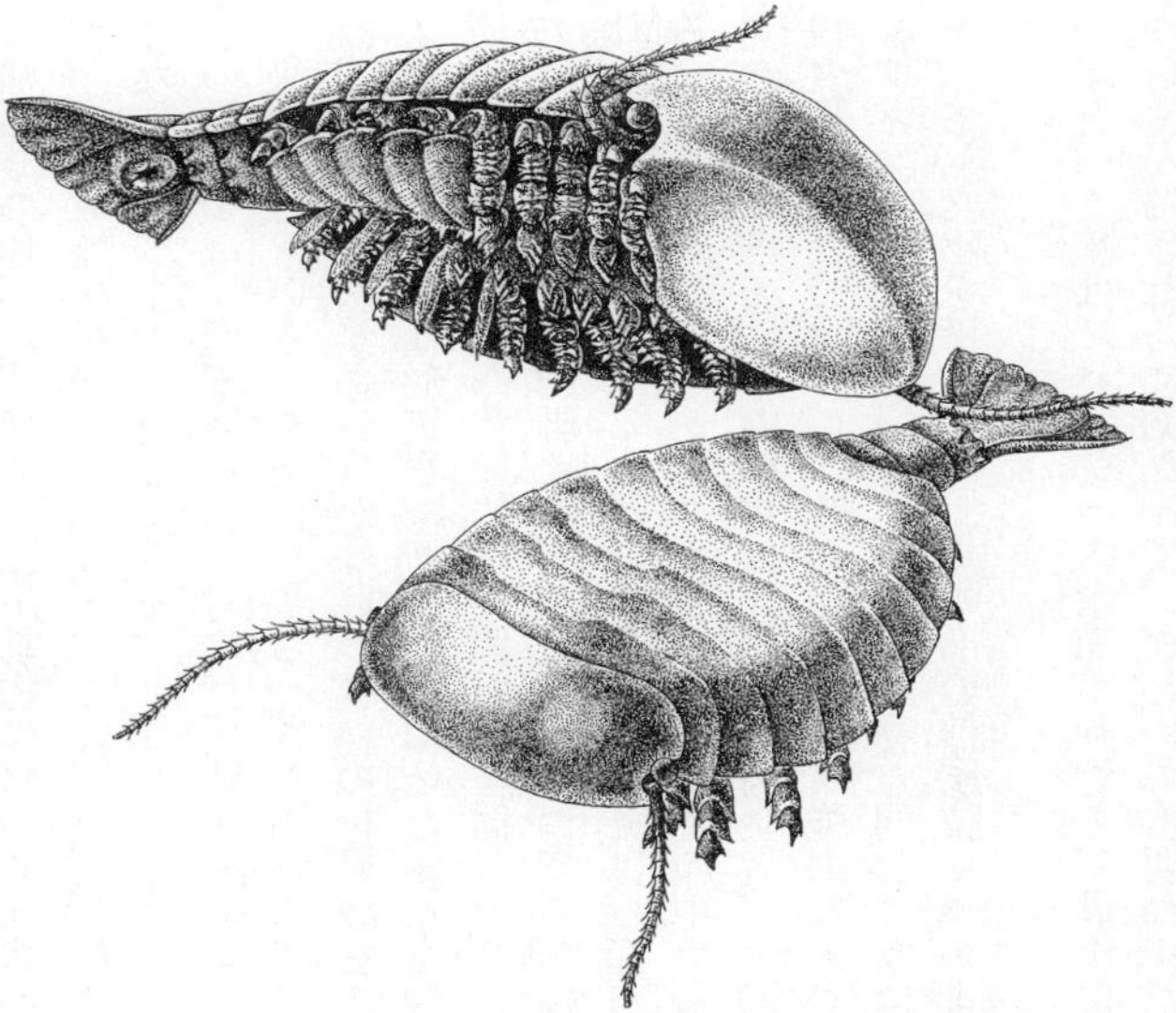

図3-46／シドネユイア二態。上は下面から見た図で，肢の形状，眼と触角のつきかたがよくわかる。下は上面から見た図。マリアン・コリンズによる復元画。

る。〝節口様類〟の体形は、多くの節足動物の原始的な状態を共有した属性なのである。それに対して、ほんとうに系統を一にするグループは、〝派生形質〟——共通の祖先が獲得したユニークな特殊化——を共有している。

ほんとうの鋏角類は、頭部背板に六対の付属肢をそなえているが触角はない。シドネユイアは、この決定的ともいうべき条件をまるっきり満たしていない。シドネユイアの頭部（図3－46）は、一対の触角があるほかはいっさいの付属肢を欠いているからだ。ブルートンは、シドネユイアはさまざまな形質をモザイク状にそなえた奇妙な生物であると考えるにいたった。九体節のうちの最初の四体節には、節口類と同じように単枝型《たんしがた》の歩脚《ほきゃく》がついている。ところが後方の五体節には、鰓脚《さいきゃく》と歩脚からなるふつうの二枝型《にしがた》付属肢がついている。円筒状の三つの体節と尾びれからなる〝尾〟にあたる部分は、節口様類というよりは甲殻類のそれに似ている。ブルートンは、シドネユイアの消化管の中から貝形類、ヒオリテス類、小型三葉虫類を見つけたことで、この動物は底生性の肉食者だったと解釈した。しかしこの動物の頭部に、摂食用の付属肢はない。肢のあいだに、強力な歯が並んだ食溝《しょっこう》があるだけである。おそらくシドネユイアは、たいていの節足動物と同じように、食物を後方から口へと運んでいたのであって、食物を探しまわって頭部の付属肢でつかまえ、口に運んでいたわけではなかったのだろう。

一九八一年という年は、バージェス産節足動物と、最後に残っていた〝節口様類〟にかける希望がついに一掃されるにあたって、きわめて重要な年だった。オダライアとシドネユイアに決着が着けられたこの年に、ウィッティントンが〝最後の仕上げ〟ともいうべきモノグラフ「ブリティッシュ・コロンビア州にある中部カンブリア系のバージェス頁岩産の稀少な節足動物」を発表したのだ。そこで論じられた動物のほとんどすべては、それまで〝節口様類〟に入れられていた（あるいは、以前の段階で見つかっていたとしたらそこに入れられていたはずの）種類だった。しかしウィッティントンが鋏角類として復元できたものは一つもなかった。すべてが、独自の地位にある節足動物の孤児ということになったのだ。

モラリアは、球を四分の一に切りとったような形状の頭部背板をもち、胴は後方のものほど小さくなっている八つの体節でできていて、その後端には節のある長いとげのついた円筒状の尾節がはまりこんでいる。尾節の長さは、体長よりも長い（図3-47）。この基本形状は申し分なく〝節口様類〟のものなのだが、頭部には一対の短い触角と三対の二枝型付属肢がある。

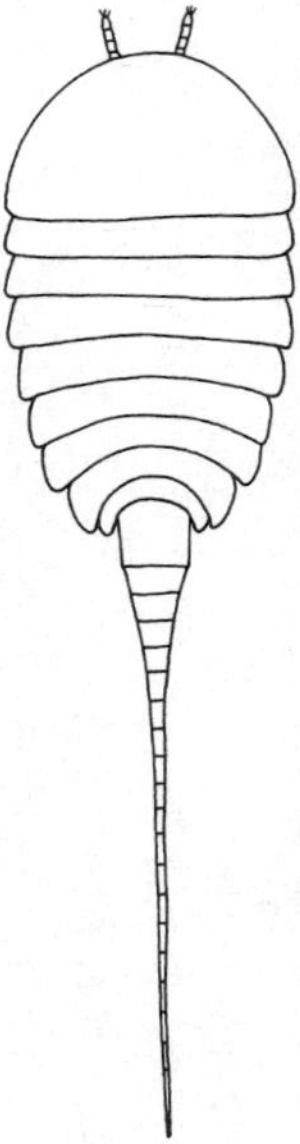
図3-47／モラリア。〝節口様類〟のユニークな節足動物（Whittington, 1981）。

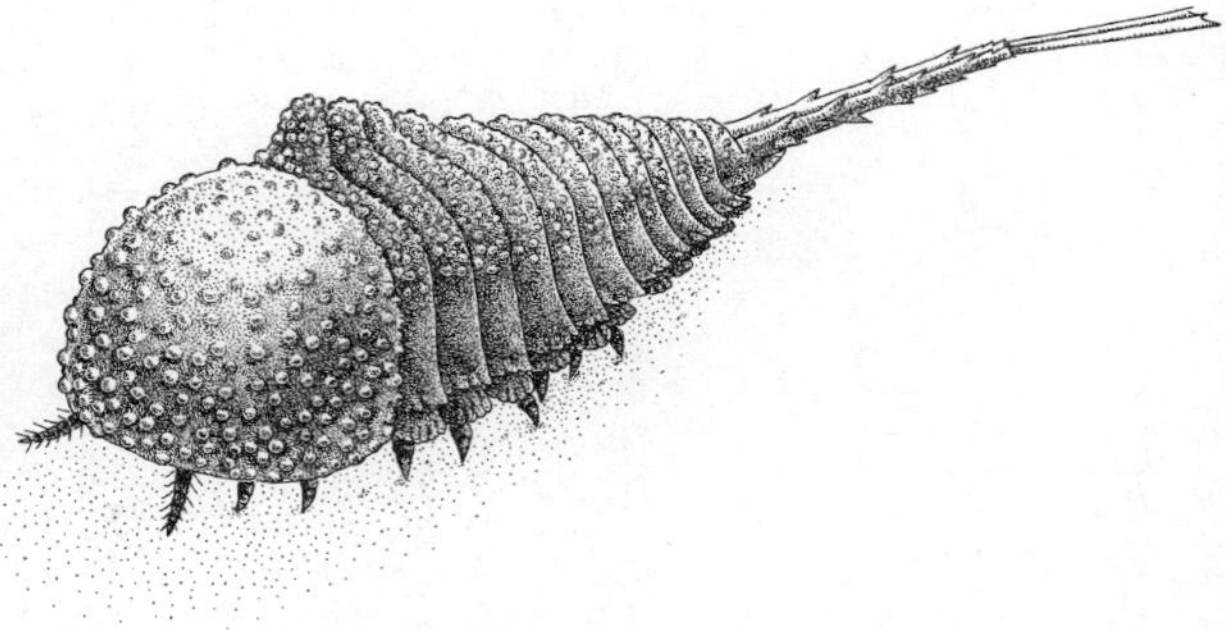

図3-48／こぶだらけの節足動物ハベリア。マリアン・コリンズによる復元画。

ハベリアも、モラリアと同じ基本形態をそなえている。しかしウィッティントンは、分類学的に重要な意味をもつ特徴を含む一群の印象的な相違点も確認した。背甲がたくさんのこぶでおおわれている点は、表面的な相違点にすぎないが、見た目には著《いちじる》しいちがいである（図3－48）。胴は一二の体節からなり、円筒状の尾節はない。長く伸びた尾のとげはかぎ状の突起とうねで飾られ、関節はないが後方三分の二ほどのところに継《つ》ぎ目《め》が一つだけある。頭部には、一対の触角と、腹面側に二対の付属肢があるだけである。胴の最初の六体節には二枝型付属肢がついているが、残りの六体節には鰓脚《さいきゃく》しかついていなかったらしい（モラリアでは、八つの体節すべてに二枝型付属肢がついている）。

ウィッティントンは、節足動物の新属も発見した。それは、構造は複雑だが全長が一・三センチにも満たない小さな生物である（図3－49）。サ

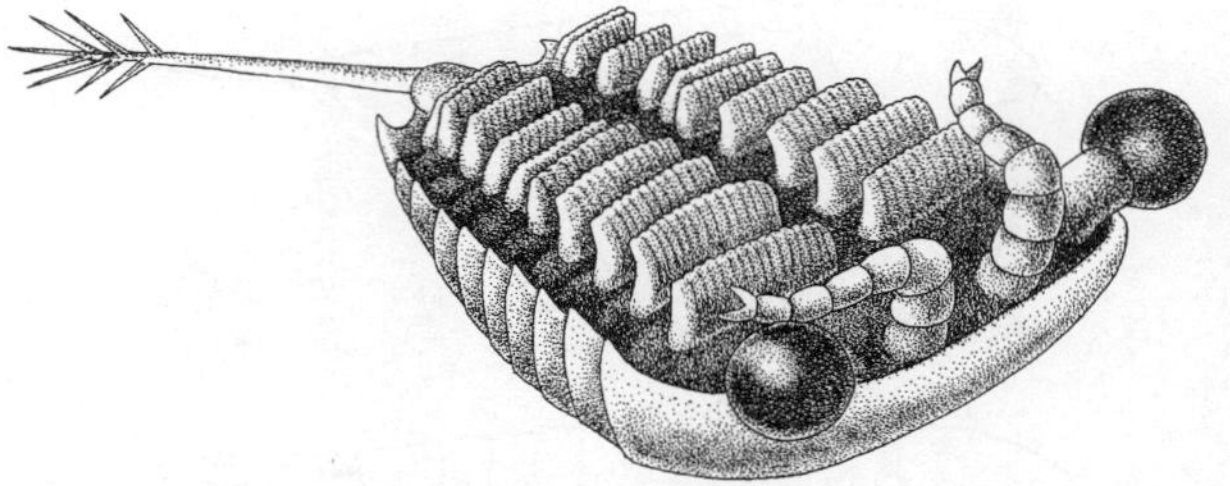

図3-49／あおむけになって泳ぐ小さな節足動物サロトロケルクス。大きな眼，一対の強力な摂食用付属肢，鰓脚に注目。体節から生えている鰓脚は，おそらく遊泳に使用されていたものと思われる。マリアン・コリンズによる復元画。

ロトロケルクスと命名されたこのユニークで異様な動物は、頭部背板と九体節からなる胴をもち、剣状の尾の先端には小さなとげの房《ふさ》がついている。頭部背板の下面前縁から突き出た柄《え》の先端に一対の大きな眼がついている（モラリアとハベリアには眼がない）。さらに頭部からは、先端の節は二叉《ふたまた》に分かれている一対の太くて頑丈な付属肢が生えている。ウィッティントンは、とても変わった一〇対の付属肢（一対は頭部に、残りは一体節に一対ずつ）も見つけた。そのどこが変かというと、それはおそらく鰓脚と思われる長い櫛《くし》のような構造で、歩脚《ほきゃく》の痕跡とおぼしきものは見つからないのだ。ウィッティントンは、このサロトロケルクスを、あおむけになって遊泳する動物として復元した。おそらくこの動物は、泥流に襲われた淀《よど》んだ海底の上層に広がる水層で生活していた数少ないバージェス生物として、アミスクウィアやオドントグリフスといっしょにあおむけになって泳ぎまわっていたのだろう。

全長五センチあまりのたった一個の標本に基づいて

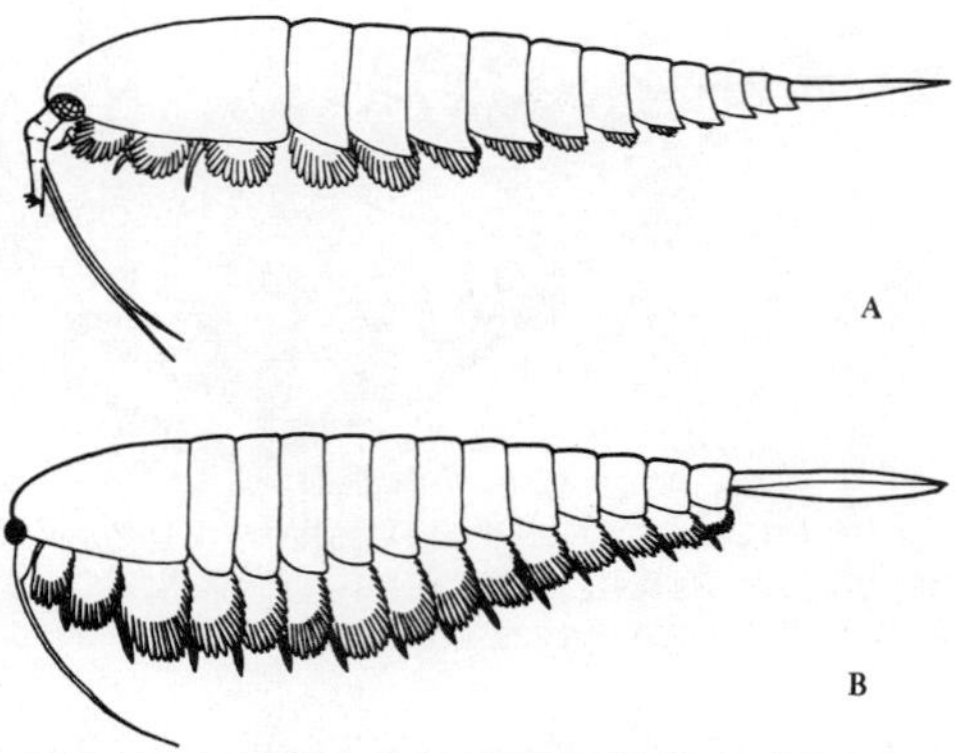

図3-50／近縁だった可能性のある二種類の節足動物（Whittington, 1981）。（A）アクタエウス（B）アラルコメナエウス。

記載されたアクタエウスの体は、半球状の眼を縁にもつ頭部背板、一一の胴部体節、細長い三角形状をした尾板で構成されている（図3-50）。頭部には、一対の注目すべき付属肢がついている。その付属肢は、太い基部に続いてすぐに下向きに曲がり、先端はひとかたまりになった四本のとげで終わっている。しかも、最後の節の内側の縁から、むち状の長い突起物が二本、後方下向きに伸びているのだ。頭部にはさらに、この付属肢の後方に、三対のふつうの二枝型付属肢がついていたものと思われる。

アラルコメナエウスは、見かけと付属肢の配置が基本的にアクタエウスとよく似ている（図3-50）。もしかしたら両者は近縁なのかもしれない。縁に半球状の眼がついた頭部背板の後方には、一二の体節、卵型の尾板が続いている。頭部にある一対の大きな付属肢は、最初の節は太く、その先は長く細くなっており、アクタエウスのものほど構造は複雑ではないが、だいたいの形状と位置はよく似ている。頭部にはほかに、三対の二枝型付属肢がついている。一個の標本では、歩脚の内側表面に一群の印象的なとげが確認された。それは、食物を前方の口へ運ぶためには最適な位置である。「この注目すべき付属肢は、……この動物が生物の遺骸《いがい》にしがみつき、肉を引き裂くことのできる底生死肉食者だったことを物語っている」とウィッティントンは書いている（1981 a, p. 331）。

アクタエウスとアラルコメナエウスについては近縁な関係にあるとも考えられるわけだが、それでも以上五つの属は、ユニークな器官をユニークな配置でそなえるという、きわめて特殊化したデザインをそれぞれそなえている。ウィッティントンは、いまやおなじみとなったバージェス物語を繰り返すかたちで、次のように結論している。

予想もしていなかった多数の新しい特徴が明らかとなり、種間の形態学上の溝《みぞ》は大幅に拡大した。稀《まれ》な例外もあるが、それぞれがきわめて個別的な形質の組み合わせを見せているのだ。ここで論じるために選ばれた属が、三葉虫以外の節足動物における形態的な形質の幅をさらに広げ、形質の個別的な組み合わせの種類をさらに多様なものとしている。（1981 a, p. 331）

一九八三年、ブルートンとウィッティントンはバージェス産節足動物としては最後に残った二つの大物を記載することで、とどめの一撃を放った。その二種類とは、ステルマーが節

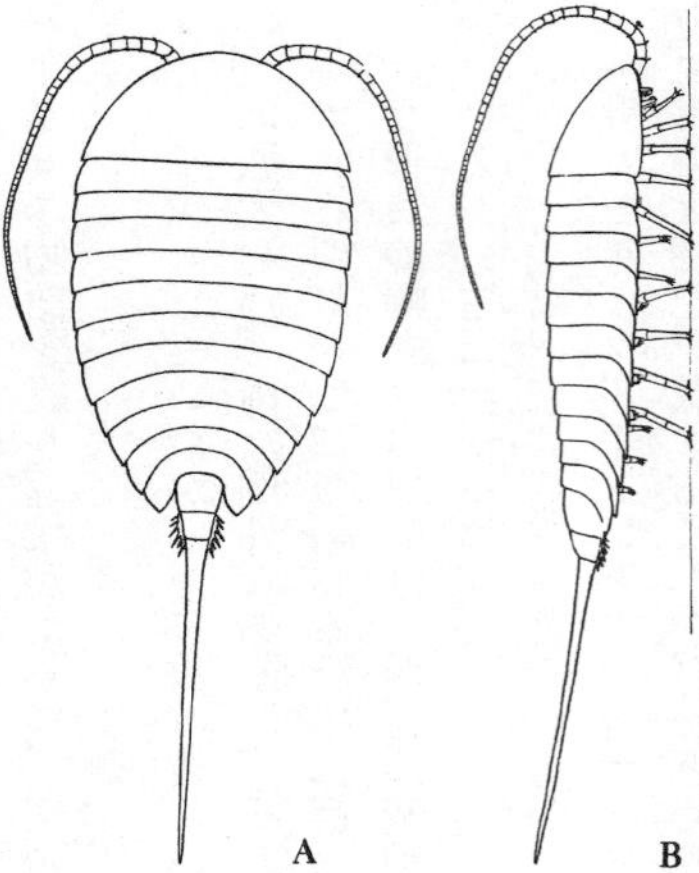

図3-51／エメラルデラ。（A）背面図。（B）海底で休んでいる姿勢の側面図。二枝型付属肢の鰓脚がとても小さいことが，この動物は海底を歩いていたことを物語っている。

口様類として分類した最後のメンバーである、大型種のエメラルデラとレアンコイリアだった。

エメラルデラは、〝節口様類〟の基本的形状をそなえているのだが、それに加えてユニークな構造と配置もそなえている。典型的な形状をした頭部背板からは、一対のとても長い触角が、上方から後方に向かって伸び、その後ろには五対の付属肢がついている。そのうちの最初の一対は短い単枝型で、残る四対は二枝型である（図3-51）。胴部の最初の一一体節は、幅は広いが後方にいくほどすぼまるような形状をとっており、それぞれ一対ずつの二枝型付属肢が生えている。最後の二体節は円筒状で、その後端からは節のない長い剣状の尾が伸びている。

レアンコイリアも、見かけ上は〝節口様類〟の一般的形状を共有している。頭部背板は三角形状（先端には、上にめくれたような奇妙な〝吻《ふん》〟がついている）で、胴部の一一体節は五

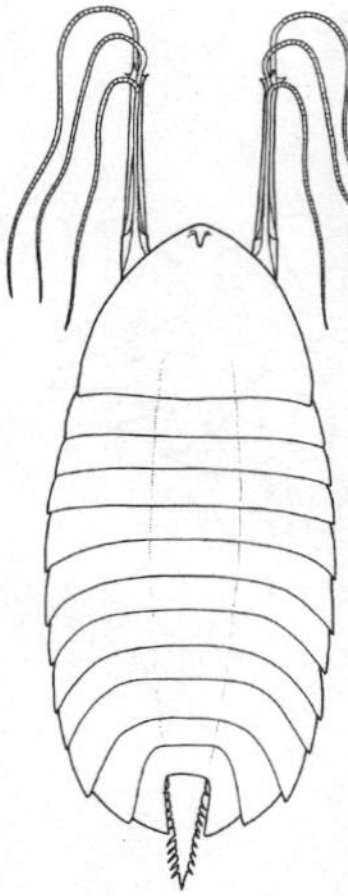

図3-52／レアンコイリアの背面図。前部についている大付属肢の先から伸びている三本のむち状のものと，後部の三角形状で小さなとげが生えた尾に注目。

番めの体節から先では横幅が狭くなり、両端が後方に湾曲《わんきょく》している。体節の後端には、側面にとげが生えた三角形状の短い尾がはまりこんでいる（図3-52）。レアンコイリアには一三対の二枝型付属肢があり、そのうちの二対は頭部背板の後部、あとは一一の体節に一対ずつ生えている。

ところがレアンコイリアは、並みいるバージェス産節足動物のなかでもっとも奇妙でしかも興味深い付属肢――近縁と目《もく》されるアクタエウスの前部付属肢をさらに誇張したようなもの――もそなえている。ブルートンとウィッティントンは、適当な学術用語もないことから、ヨホイアの場合と同じようにその構造を単に〝大付属肢〟と呼ぶことにした。その付属肢の根元の部分は、四つの頑丈な節で構成されている。それらは、最初は下向きに突き出し、やがて前方へと直角に曲がっている。第二節と第三節の末

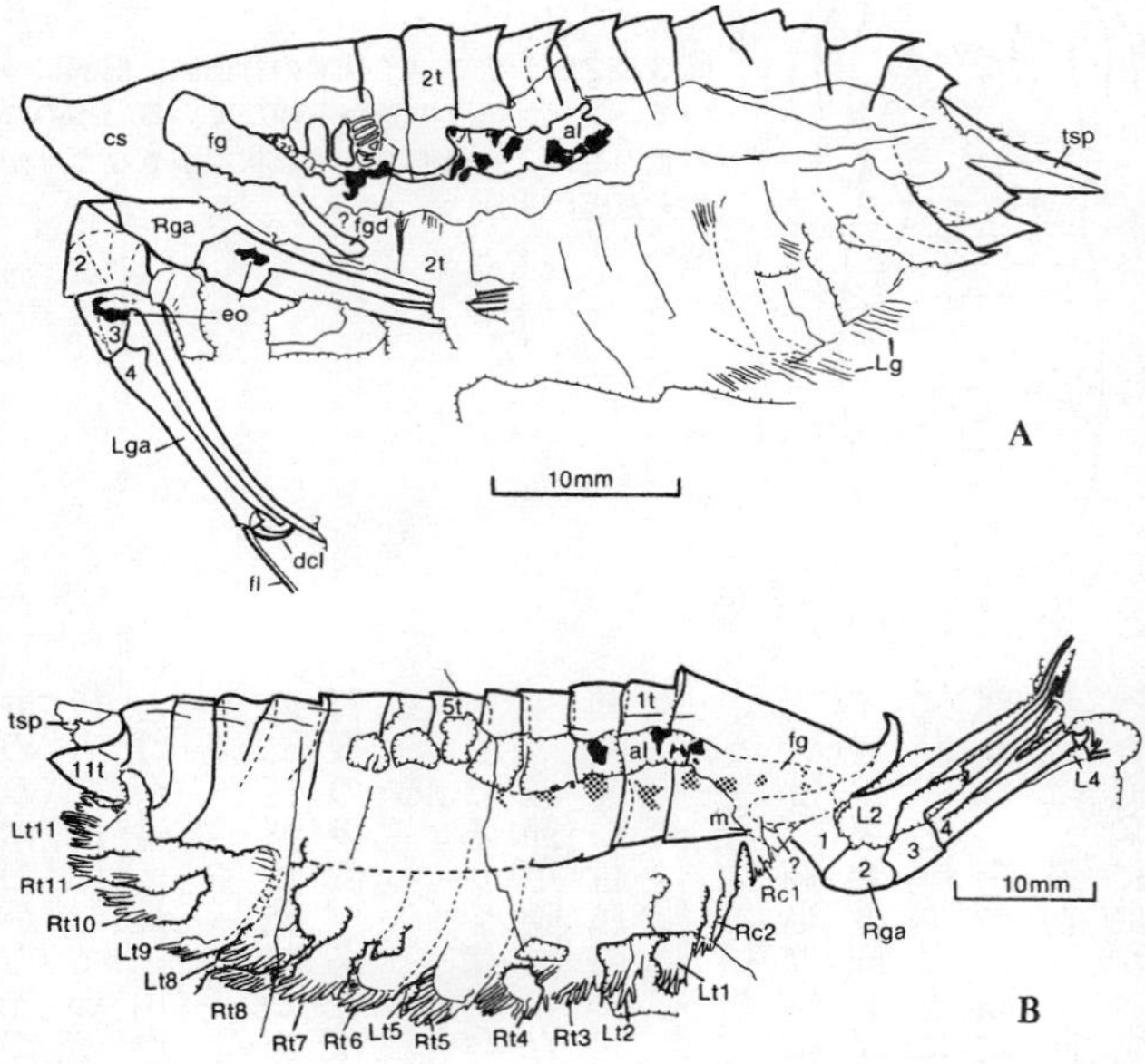

図 3-53／レアンコイリアの二標本のカメラルシダ図。左右の大付属肢はそれぞれ *Lga* と *Rga* の記号で示され，その主要な節には番号が付されている。（A）大付属肢が後方にたたまれている。おそらくこれが遊泳姿勢なのだろう。右の大付属肢は体に密着し，左の大付属肢は体の下に出ている。消化管（*al*）ととげ状の尾（*tsp*）の痕跡が見える。（B）大付属肢を前方に伸ばした，摂食姿勢。

端は、とても長いむち状の伸長物《しんちょうぶつ》になっており、全長の半分にあたる先端部には環節《かんせつ》構造がある。第四節は先端に向かうほど細くなっており、軸の末端には、背面側には三本の爪のかたまり、腹面側からは、やはり環節構造のある三本めのむちが伸びている。さまざまな向きで化石化した標本を比較検討すると、この大付属肢は基部に関節構造をそなえていることがわかる（図3－53）。固い基盤の上で休む際には前方に伸ばし（図3－54）、泳ぐ際には水の抵抗を減らすために後方に伸ばすこともできたはずである。この動物の基本的な生活様式が遊泳生活だったことを示す別の証拠は、その二枝型付属肢から得られる。長い歩脚と小さな鰓脚をもつエメラルデラとはちがい、レアンコイリアの鰓脚はとても長く、重なりあった葉状の薄板が、それらよりも短い歩脚をすっぽりと覆いつくし、まさにカーテンのように垂れ下がっているのだ。

〝節口様類〟のすべての属に対する見直しを完了したブルートンとウィッティントンは、外形に見られるうわべだけの類似の下からあらわになった信じられないほどの異質性について考えずにはいられなかった。頭部付属肢の配置だけを例に考えてみよう。この特徴は体節化の原型的なパターンを教えるもので、節足動物の重要な解剖学的特徴を探る手がかりとなる。シドネユイアには一対の触角があるだけで、ほかに付属肢はない。エメラルデラにも口の前方に一対の触角があるが、そのほかにも口の後方に五対の付属肢をもち、しかもそのうちの一対は単枝型で残る四対は二枝型である。レアンコイリアには触角がないが、特筆すべき〝大付属肢〟があり、口の後方には二対の二枝型付属肢がある。

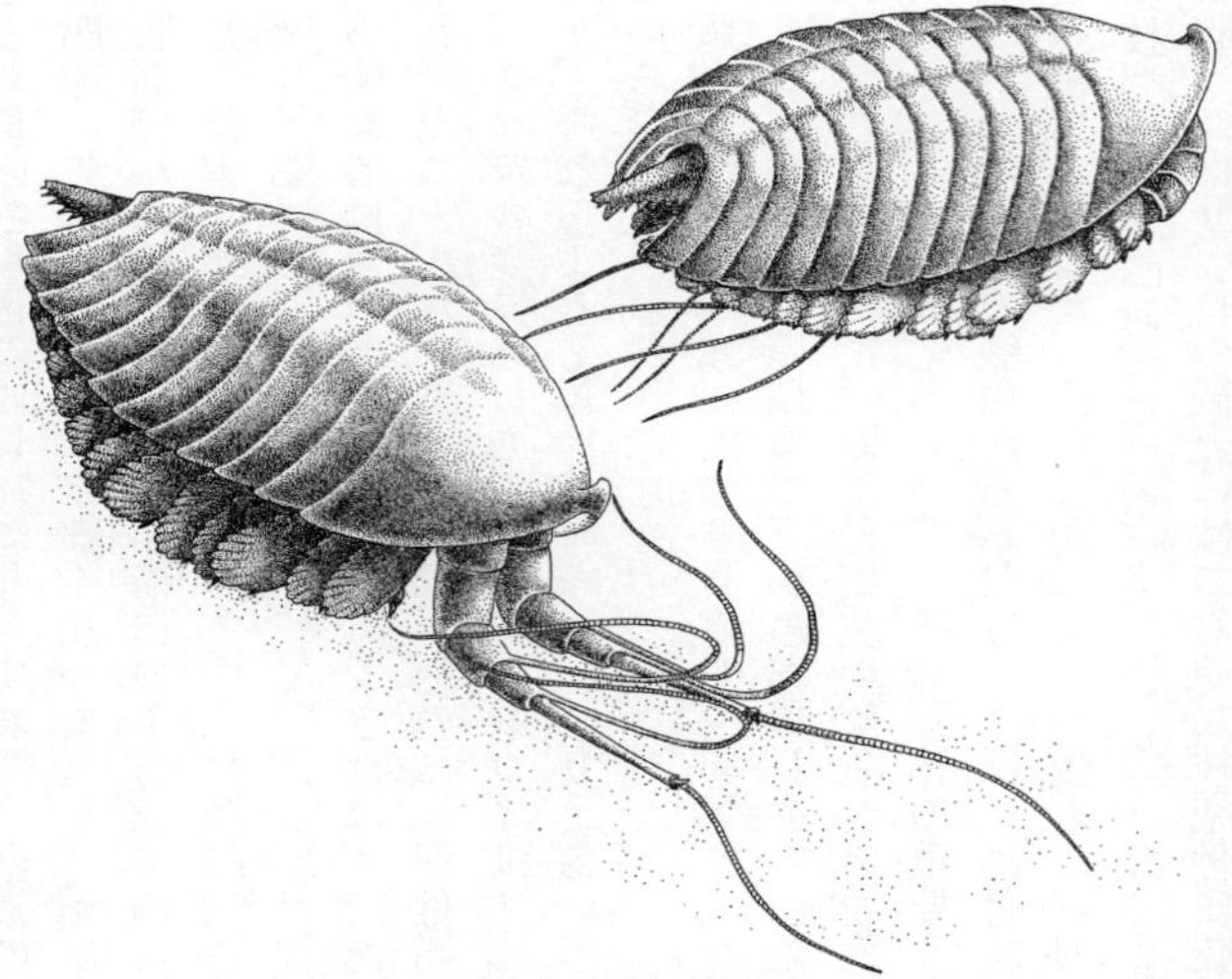

図 3-54 ／レアンコイリア二態。上は遊泳姿勢。大付属肢を後方に折りたたんでおり，むち状の触手が体の後方にまで伸びている。下は休息姿勢。大付属肢は前方に伸ばして海底につけられ，体をささえている。マリアン・コリンズによる復元画。

バージェスの時代は驚くべき実験の時代だった。節足動物のさまざまな形質が詰めこまれたがらくた箱から調達した素材をうまく調合することで、考えうるほとんどあらゆる素材の組み合わせをためつすがめつすることができたほどの可能性と進化的柔軟性に富んだ時代だったのである。形態上の大きな溝によって分けられた個々のグループをいまの時点ではっきりと見分けられるのは、ひとえに、そうした実験が生んだ生物の大多数はもはや生存していないからにすぎない。「そうした解答のうちの一部が、現在のような節足動物のグループ分けを可能とするかたちで固定されたのは、後になってからのことだった」(Bruton and Whittington, 1983, p. 577)

聖なる爪《サンタ・クローズ》の贈り物

官僚主義がもたらす混乱は、ほかではあじわえないような失望落胆をもたらすが、一つだけ恩典もありうる。ときとして、怒りにかられたあまり、あくまでも妥協せずに官僚主義のすきまを巧《たく》みにすり抜ける決意を固め、結果として何らかの有効な対策を講じることになるからだ。有名な教訓にあるように、かっかせずに仕返しを考えろ、というところか。デズ・コリンズは、官僚主義からとんでもない忍耐を強《し》いられてがんじがらめにされたあげく、ウォルコットの発掘場での調査に対する認可を拒絶され、急斜面からの標本採取だけを(たくさんの制限つきで、しかもさんざん待たされたあげく)許可された。彼はそのとき、バージェスに対する関心をよそで追求すべきであると悟った。*

（＊）私も〝エコロジー〟（自然を手つかずのままに保存するという、一般的、政治的な意味での）に対する入れ込みでは人後《じんご》に落ちないつもりだし、国立公園のほとんど神聖ともいえる手つかず状態を尊重すべきだと固く信じている。しかし、地中に埋まっている化石には何の価値もない。化石は、無垢をもってよしとする美の対象ではないし、自然の舞台設定の一部として永遠に保存されるべきものでもない（発掘場の岩肌に露出した化石はことに）。そのまま放っておけば、おそらく次の調査シーズンまでに、熱や寒さで崩壊し消失してしまうだろう。バージェス化石にとって、慎重な化石採集と科学的調査の実施は、知的な意味でも倫理的にも適切なことなのである。

そういうわけでコリンズは、採集と採掘が許可されそうな周辺地域でバージェスに匹敵する場所を探すことにした。彼は、その周辺一〇カ所あまりでたくさんの軟体性化石を見つけるという大成功を収めた。採集した化石の大半はウォルコットの発掘場で見つかったものと同じ種だったが、コリンズは、少ないながらも独自の大発見もした。ウォルコットの発掘場から八キロほど南（Collins, 1985）で、地層の厚みにして三〇メートルあまり下の場所から、ここ一〇年間で最大の発見といっていい、頭部にとげだらけの付属肢をたくさんつけた大型節足動物を発見したのだ。コリンズは、野外調査の古き伝統にしたがってその生物にニックネームをつけた。ウォルコットがマルレラを〝レースガニ〟と呼んだように、コリンズはみずから発見した生物に〝聖なる爪《サンタ・クローズ》〟という名称を授《さず》けた。その後コリンズは、デレク・ブリッグスとまとめた学術論文（Briggs and Collins, 1988）において、この名称を公式に登録し

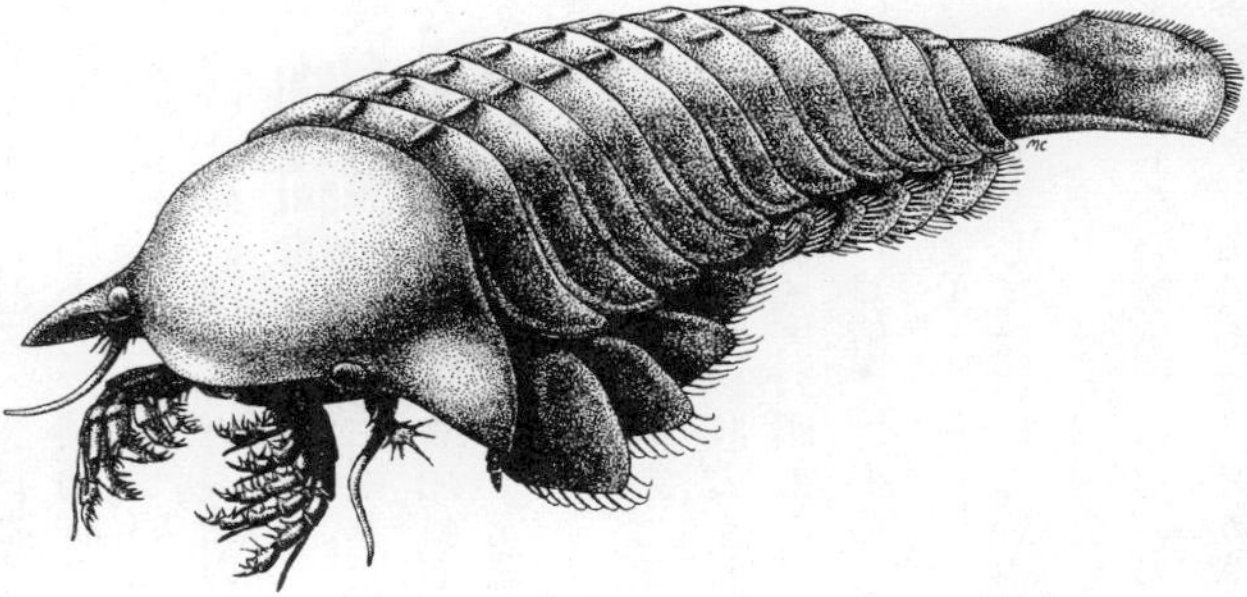

図3-55／サンクタカリス。マリアン・コリンズによる復元画。

た。〝サンタ・クローズ〟という名称は、ほとんど同じ意味をもつラテン語名サンクタカリスという学名として残ることになったのだ。

サンクタカリスの頭部背板は、縦よりも横幅のほうが広い四半球状で、左右の側面からは三角形状の平たい突起が水平に広がっている（図3-55）。胴体は幅の広い一一の体節で構成されており、最初の一〇体節には二枝型付属肢が一対ずつついている。最後尾は、平たくて幅の広い尾節となっている。体節についている薄板状の大きな鰓脚と、安定性の保持と舵《かじ》取り機能をよくするようなデザインをもつ尾節をあわせもっていることから見て、サンクタカリスは歩行よりも遊泳が得意だったと思われる。

頭部にあるひとそろいの驚くべき付属肢は、どちらかといえば大型（全長は最高一〇センチ）のこのバージェス産節足動物が獲物を追いかけて捕らえることに特殊化した肉食者だったことを物語っている。最初の五対の付属肢は、コリンズに例のニックネームをつける気にさせた恐るべき武器を構成している。それらは二枝型付属肢なのだが、外枝は（鰓脚ではなく）縮小して触角状の突起となっており、内枝《ないし》は関節をもち、内側の縁に鋭いとげの生えた見るからに恐ろしい捕食装置となっている。それを構成する付属肢は、後列のものほど長い。最前列の一対の節の数は四節なのに、後方にいくほど増えて五列めのものは八節かそれ以上になっているからである。形状も付着位置も異なる六対めの付属肢は、五対の付属肢からちょっと後方に離れた側面から生えている。この付属肢の外枝も形状は触角そっくりなのだが、五対の摂食用付属肢の（触角状に変形した）外枝よりもはるかに長い。内枝のほうはとても短いのだが、先端からはとげが放射状に伸び、印象的な房飾りのようになっている。

ちょっと見には、ああ、こいつも例のバージェス産〝節口様類〟の一つかと思いがちである。頭部にある付属肢のもじゃもじゃがこいつ特有の特殊化で、ハベリアのぼこぼこしたこぶ、シドネユイアの頑丈な歩脚、レアンコイリアの大付属肢と同じというわけである。なるほど興味深い見解ではある。しかし、それでは私がこの生物を〝一〇年に一度の発見〟と呼んだ意味がない。

早とちりしてはいけないのだ。サンクタカリスと他の〝節口様類〟は分類学的に異なっているのであり、それは考えれば考えるほどすごいちがいである。じつは、サンクタカリスはまぎれもない鋏角類《きょうかくるい》らしいのだ。つまり、最終的にカブトガニ、クモ、サソリ、ダニを生んだ系統の、知られているかぎりでは最初のメンバーらしいのである。サンクタカリスの頭部には、鋏角類の必要条件である六対の付属肢がそろっている。もっともその付属肢のうちで、このグループに特有の爪、すなわち鋏角へと特殊化しているものはない。しかし、一つのグループの長い地質学的な行程のうちの初期の段階で、ある一つの構造が欠けていても、それは単にそのような特殊化はまだ進化していなかったということにすぎない。

ブリッグスとコリンズ（1988）は、付属肢以外にも鋏角類の派生形質を確認している（胴体部と頭部の付属肢の形状のちがい、肛門の位置など）。つまり、サンクタカリスの地位は、複数の形質によって確証されたのだ。彼らの結論を見てみよう。

このような組み合わせは鋏角類だけのものである。他のすべての鋏角類に存在する高等な形質である鋏角を欠いているように見える点は、頭部と胴部の付属肢がともに原始的な二枝型であることと矛盾しない。このことからサンクタカリスは、他のすべての鋏角類の原始的な姉妹グループとして位置づけられる。

現生する鋏角類の肢は単枝型であり、頭部の付属肢では外枝が消失し（そう、クモの歩脚はすべて体の前部すなわち頭胸部についている）、胴部の付属肢では内枝が消失している（そう、クモの鰓は体の後部すなわち腹部についている）。サンクタカリスは、後に特殊化した系統では選択的に除去された構造をそっくりそのまま保持することで、その大グループの興味深い先駆者としての役割を果たしている。

しかしなんといってもサンクタカリスのいちばんすごいところは、バージェス節足動物にとっていちばん肝心な論拠を完成させるうえで決定的な役割を果たすことにある。サンクタカリスが見つかったことで、われわれはついに、節足動物の四大グループすべてのメンバーをバージェス動物群のなかにもったのである。つまり、三葉虫類はたくさんいるし、甲殻類にはカナダスピスが、単枝類にはアユシェアイアが*（ただし、私同様、ロビソンの解釈を受け入れればの話）、そして鋏角類にはサンクタカリスがいる。すべてそろっているのだ。しかし、形態学的にいずれ劣らぬくらいユニークな系統が、そのほかに少なくとも一三もいる（そしておそらく、まだ記載されていない系統もそれと同じくらいいるだろう）。その一三系統のなかには、バージェス産節足動物においてもっとも特殊化したもの（レアンコイリア）や、少なくとも個体数ではもっとも成功しているもの（マルレラ）がいる。バージェス時代の海に戻れるとして、予備知識なしに、ナラオイア、カナダスピス、アユシェアイア、サンクタカリスは成功組に、マルレラ、オダライア、シドネユイア、レアンコイリアは死神に魅入られた組に選び出すことが、はたしてできるだろうか。できるものならやってごらんと、私はすべての古生物学者に言いたい。生命テープを巻き戻し、もう一度走らせてみよう。今度のリプレイでも、われわれが知っているとおりの歴史が再現されるだろうか。

（*）アユシェアイアの分類学上のすみかと目《もく》される有爪類《ゆうそうるい》の地位についてはいまも論争中である。有爪類を節足動物とはまったく独立した門と見なし、節足動物の他のグループと比べてことさら単枝類に近縁なわけではないと主張する専門家もいるのだ。こちらの解釈のほうが正しいとしたら、ここでの私の議論はまちがいということになる。しかし、それとは別の二つの主要な解釈は、いずれも私の議論を支持するものである。第一の解釈は、有爪類は単枝類の系統上にある節足動物として位置づけられるべきだとしている。第二の解釈（たぶん優勢な見解）は、有爪類は独立した地位にあるが、節足動物のグループのなかでは単枝類といちばん近縁だとしている。ちなみにこの最後の解釈では、節足動物の大きな系統は何回か（おそらく全部で四回）にわたって独立に起源した――単枝類は系統的に有爪類にいちばん近いところで生じた――との前提に立っている。

奇妙奇天烈《きみようきてれつ》生物の行進

節足動物にとってはきわめて満足のいく期間だったここ一〇年間に、さらに二種類の奇妙奇天烈生物が解明された。それらの生物は、動物門という高次の分類ランクをたった一種の生物に授けることを厭《いと》わなければ別個の動物門として分類できるほど、ユニークで独立した解剖学的特徴をそなえている（まだ研究されていない同様のバージェス生物の一覧表はブリッグスとコンウェイ・モリスの一九八六年の共著論文を参照）。この二種類の生物に関する研究は、バージェス研究全体の基準から見てもっとも的確で説得力があるといえるかもしれない。それらは、この劇の最後を飾るにふさわしい存在である。なぜならそれらの生物は、この特別なドラマには予測できるような結末はないという確信に、最大級の知的満足と美的満足をそえてくれるからである。

ウィワクシア

サイモン・コンウェイ・モリスに、なんでウィワクシアみたいにややこしい動物を何年も研究することにしたのかと尋ねてみたところ、彼はじつに率直に答えてくれた。ハリーとデレクはすでにそれぞれ〝超弩級《ちょうどきゅう》〟の仕事を発表していた。そこで、自分だって「伝統に則《のっと》った厳密なモノグラフ」が書けることを証明したかったというのだ。しかし私に言わせれば、この発言はあまりに謙遜《けんそん》がすぎる。鰓曳虫類と多毛類に関する一九七七年と一九七九年のサイモンの論文は、正真正銘の長いモノグラフである。ただしいずれの論文も、複数の属について論じたものである。したがって、ウィッティントンがマルレラ・スプレンデンスに関して、あるいはブリッグスがカナダスピス・ペルフェクタに関して行なったように、一種を徹底的に論じているとはいえない。

おそらくサイモンは、奇妙奇天烈生物たちのあいだを最初に駆け抜けるにあたって、五種類の例について別々に短い論文を書くことしかできないほど標本数の少ない生物を選んだことに満たされない思いを抱《いだ》いていたのだろう。それはともかく、ウィワクシアに関する彼のモノグラフは美しいという形容がぴったりの出来であり、そもそもバージェス頁岩について書いてみたいという気に私をさせたのがこの論文だった（Gould, 1985 b）。サイモンには、あらためて大いなる感謝を捧げたい。

ウィワクシアは、全長は平均で二・五センチ、最大五センチほどの小型生物で、形状は平

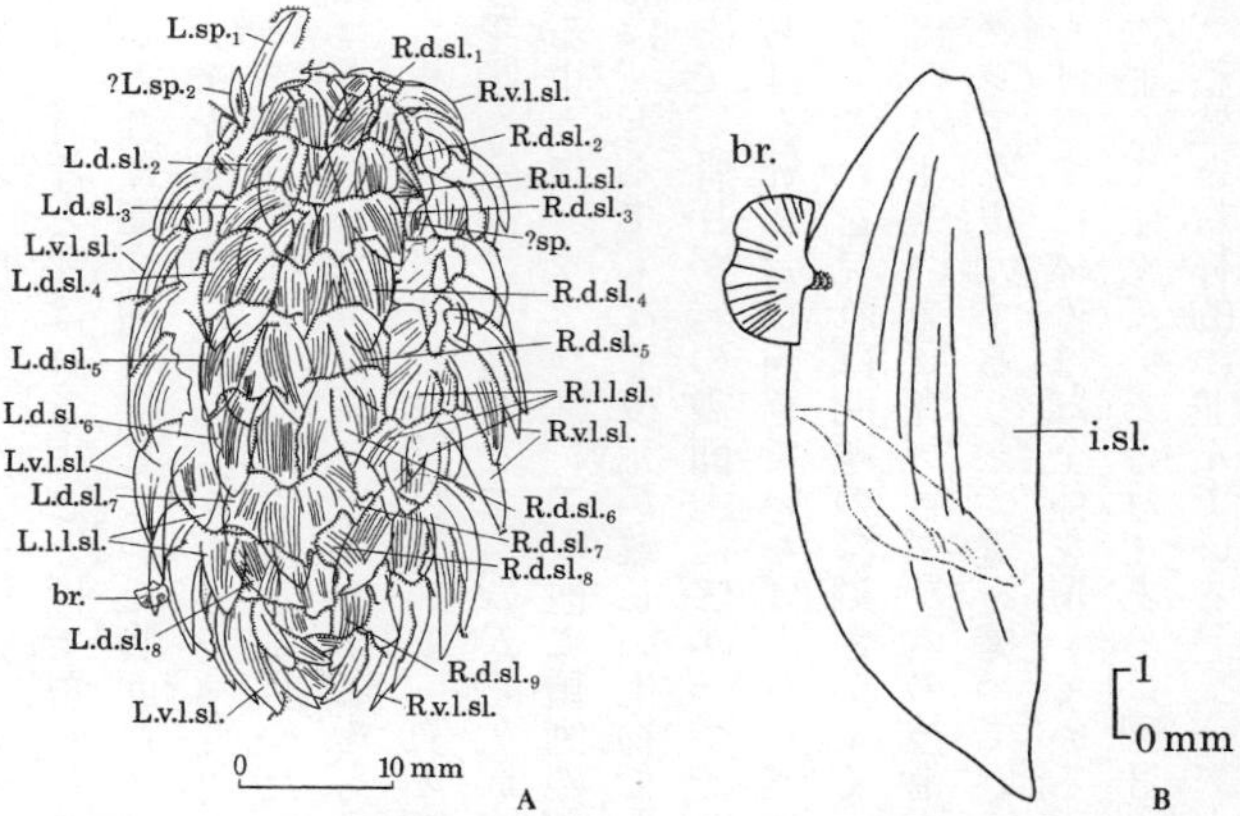

図3-56／（A）ウィワクシアの完全な標本のカメラルシダ図。押しつぶされた骨片がごちゃ混ぜになっていることに注意。記号は個々の骨片を同定するために付されたもの。さしあたってここでの話には関係ないのだが，ちょっとだけ紹介しておこう。右上に見える $R.d.sl._1$ とは，右側（*R.*）背面（*d.*）の第一列の骨片（*sl.*）という意味。左上の $L.sp._1$ とは，左側（*L.*）の一番めのとげ（*sp.*）という意味。（B）とくに興味がもたれる骨片（A図での位置は左下，記号 *br.* の隣）の拡大図。小さな腕足類（*br.*）が，このウィワクシア個体が生存中にこの骨片に自らの体を固定させていた。このような証拠をもとに，この動物の生活様式を復元することができる。固い物体に穴を掘って潜りこんでいたとしたら腕足類は死んでいたはずであるから，ウィワクシアはそういうことはしていなかったであろう。

たい楕円形である（川にころがっているつるつるの丸石を思い出させる）。この単純な形状をした体は、骨片《こっぺん》と呼ばれる甲ととげで覆われている。ただし、ウィワクシアが海底を這いずりまわるときに海底面と接していた腹面だけは骨片で覆われていない。ウォルコットは、ウィワクシアを多毛類に押しこんだ。ウィワクシアの骨片を、多毛類に属する有名な蠕虫がそなえている外見上はよく似た構造と見誤ったのである。ちなみにその蠕虫とは、アフロディタ属（コガネウロコムシ属）という学名をもつウミネズミ類である。

しかし、ウィワクシアに体節はないし、真の剛毛（多毛類の毛状の突起物）もない。すなわち、多毛類を定義する特徴を二つながら欠いているわけである。バージェス動物の多くがそうであるように、ウィワクシアも他に類例のない解剖学的特徴をそなえているのだ。ウィワクシアは、とんでもなく復元が難しい生物でもある。化石が堆積《たいせき》面に押しつけられてつぶされたことで、骨片が岩の表面上に広がってぐちゃぐちゃになっているからである。図3－56は、いちばん好都合な向きでいちばんバラバラにならずに化石化した標本のカメラルシダ図なのだが、これを見れば問題の深刻さがよくわかる。サイモンがウィワクシアに決着をつけたことは、バージェス研究プログラムの技術面での偉大な勝利なのである。

ウィワクシアを復元するうえで鍵を握っている骨片は、異なる二種類の形状に生長する。でこぼこを作らずに体のほぼ全体を覆っている平らな鱗片《りんぺん》と、上面から、中心軸をはさむように二列に並んで生えているとげである（図3－57と3－58）。鱗片は、次のような三層に分かれて、整然と対称的に並んでいる。（一）上面に、六列から八列の平行な列をなして鱗

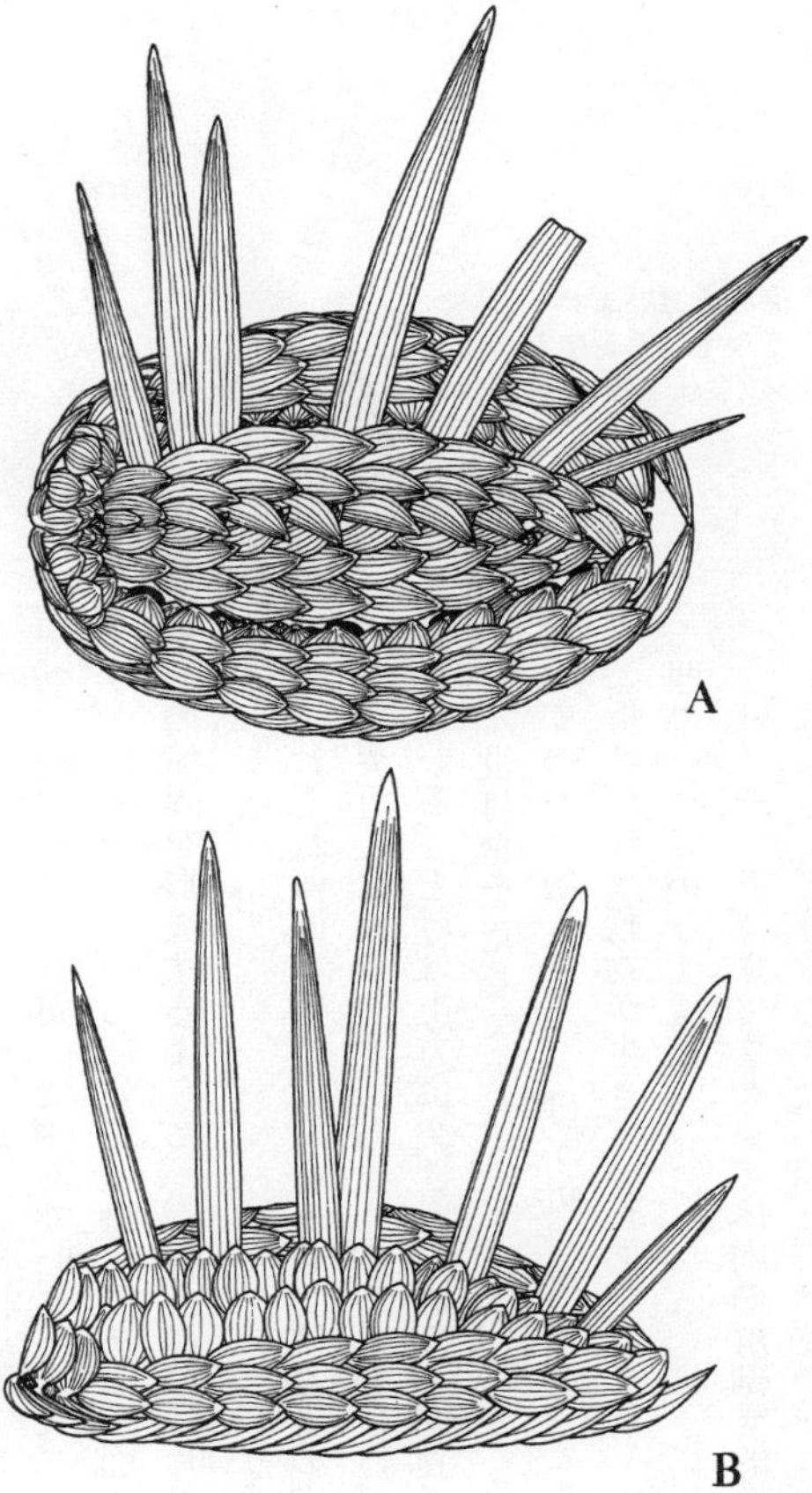

図3-57／コンウェイ・モリス（1985）によるウィワクシアの復元図。（A）背面図。骨片が見やすいように，二列あるとげのうちの一列が取り除いてある（とげが生えていた場所は黒く塗ってある）。（B）側面図。左が前。

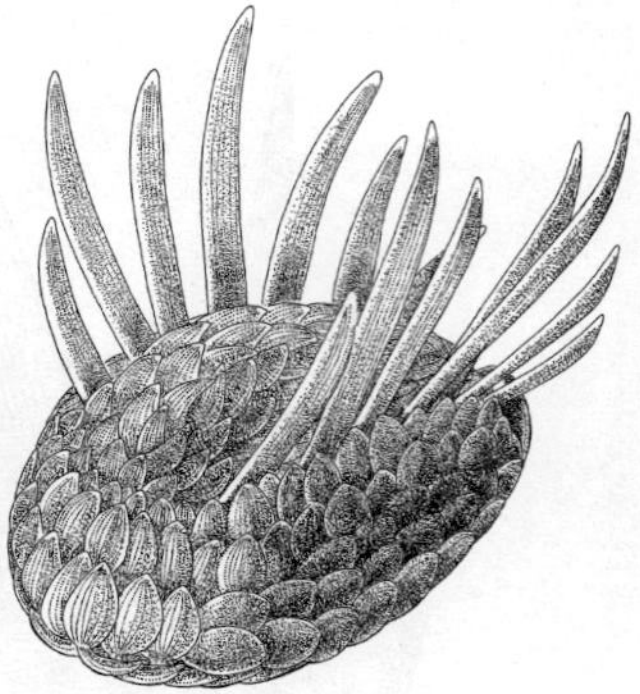

図3-58／海底を這いまわっていたと思われるウィワクシア。マリアン・コリンズによる復元画。

片が重なっている領域（図3－57A)。(二）左右の側面をなす二つの区画（図3－57B）で、それぞれ四列からなるが、二列は鱗片が上方を向いて並び、あとの二列は鱗片が後方を向いて並んでいる。(三）底辺をぐるりと取り囲んでいる部分で、飾りのある上面と裸の腹面との境界を形成するように、三日月形の骨片が一列に並んでいる。

それぞれ側面を覆う骨片群のいちばん上の列、上面との境界近くより、七本から一一本の長いとげが一列に生えている。とげは上方に突き出ており、捕食者から身を守る役目を果たしていたものと思われる。そのことは、いくつかの標本ではとげが折れていることからわかる（折れたのは動物が生きていたあいだであって、死んで埋められてからではない)。

サイモンは、ウィワクシア体内の解剖学的構造についてはほとんど確認できなかった。例外の一つは、腹面近くをまっすぐに走っている消化管だった。これは、骨片に覆われていない腹面と上方に突き出たとげとともに、この動物が活動していたときの向きを知る証拠となった。しかし、ただ一つの内部構造が、ウィワクシアを知るための、そしてバージェス動物群に対する一般的解釈にとっての決定的な証拠となることもある。コンウェイ・モリスは、動物体の先端から五ミリほどのところに、湾曲した小さな板を二つ見つけた。しかもそれぞれの板には、単純な構造をした円錐形の歯が後方を向いて一列に並んでいた（図3－59）。前よりに位置する板の中央部にはV字形のくぼみがあった。歯のないそのくぼみ部分の左右には、それぞれ七、八本の歯が生えている。後ろよりに位置する板はくぼみがないかわりに湾曲のしかたが強く、後縁にはすきまなく歯が生えている。この二つの構造は、動物体の先端近く、消化管の末端についていたものらしい。この位置とその形状を考え合わせると、これはあごと呼べなくもない摂食装置だったと断定していいだろう。

コンウェイ・モリスは、あらゆる証拠を集め、それらを統合しようとした。生長《せいちょう》様式、傷の状態、生態、保存状態など、貴重な情報が得られそうな手がかりならばどんなものでも綿密に調べることで、ウィワクシアの基本となる解剖学的特徴以外の証拠をできるかぎり手に入れようとしたのだ。小さな標本では、その分だけとげも小さいか、とげをまったく欠いている。つまり、バージェス生物としてはめずらしいことに、生長にともなう形態変化の例が手に入ったのである。二個体が並んだまま化石化した標本も見つかったのだが、それはどうやら、別々の二個体がバージェスの泥流によってたまたま重ね合わされたわけではなく、まさに脱皮中の一個体が化石化したものらしい。その二つの化石は大きさが異なっており、小

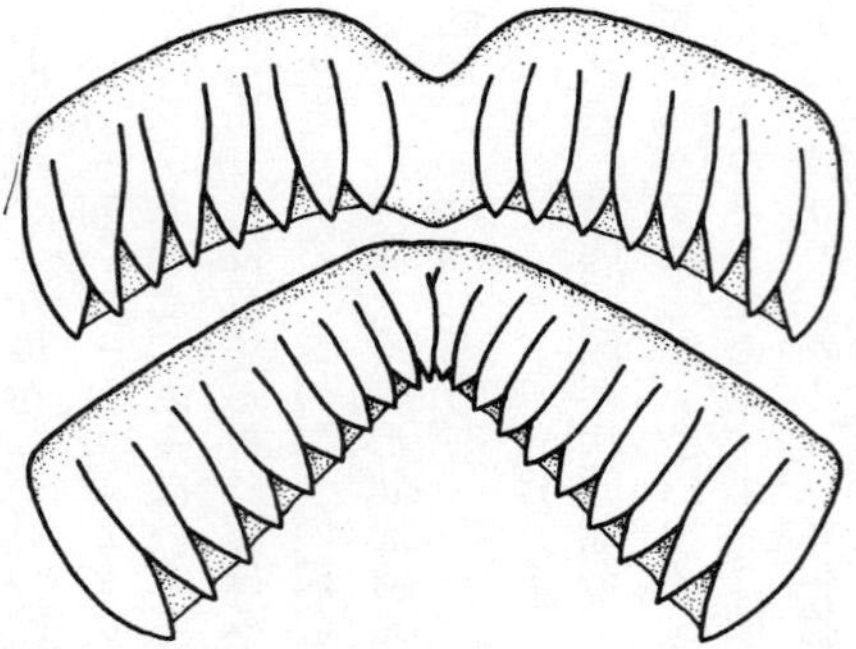

図3-59／ウィワクシアのあご。（Conway Morris, 1985）

さいほうは、ちょうど大きいほうの個体が古い皮膚を脱ぎ捨てた〝抜《ぬ》け殻《がら》〟のように、しわくちゃになって伸びていた。小さな腕足類が骨片に付着した化石もいくつか見つかっている。このことからは、ウィワクシアは海底堆積物の上を這いまわっていたことがわかる。堆積物中に潜《もぐ》って生活していたとしたら、その腕足類のようにいったん付着したら一生離れられないヒッチハイカーはすぐに死んでいたはずだからである。折れたとげの様子からは、捕食者に対してどう対処し、どう逃れていたかがわかる。本来ならば一様に長いとげが生えているはずの列に、短いとげのある標本も見つかっている。このことは、折れたとげは再生していたか、折れなくてもいつも生え替わっていた（永久歯《えいきゅうし》をもたない脊椎動物で歯がどんどん生え替わるように）可能性を物語っている。〝あご〟の存在からは、固い物体に付着した藻類《そうるい》をかきとるようにして食べていたか、堆積物上から浮泥《デトリタス》を集めて食べていたことがわかる。

これらの断片的な証拠を総合すると、生きていたときのウィワクシアの姿が浮かび上がる。ウィワクシアは植食《しょくしょく》食動物か雑食動物で、海底を這いまわりながら堆積物の表面から小さな食物粒《しょくもつりゅう》を採食する生活を送っていたのだろう。

このような手がかりをもとに、コンウェイ・モリスはウィワクシアの生活様式を復元することができたわけだが、他の生物グループとの相同《そうどう》器官の存在や、系統関係を探るための有力な手がかりはまったく見つからなかった。剛毛も付属肢も体節もないウィワクシアは、節足動物でも環形動物でもない。ウィワクシアのあごは、歯舌《しぜつ》と呼ばれる軟体動物の摂食装置とおもしろいくらい似ている。しかしウィワクシアは、この器官以外、二枚貝、巻貝、イカ、タコなどなど、現生種も絶滅種も含めたどんな軟体動物ともまったく似ていない。*ウィワクシアも、バージェスの妙ちくりん生物の一つなのだ。ただ、ウィワクシアのあごが軟体動物の歯舌と相同であるとしたら、現生する動物門のなかでは軟体動物門にいちばん近い生物ということになるが、それにしてもそれほど近くはないだろう。

（＊）無板綱《むばんこう》として分類されているだけで、その実体はほとんどわかっていない軟体動物の小グループは、体が伸長した蠕虫類状で、種類によっては体が硬化した板や骨片で覆われている点でウィワクシアに似ている。しかしコンウェイ・モリスは、両者の細かい相違点をきちんとしたリストにまとめ、モノグラフに載せている。

アノマロカリス

バージェスの見直しが及ぼした影響力の規模と範囲をもっとも端的《たんてき》に示すには、アノマロ

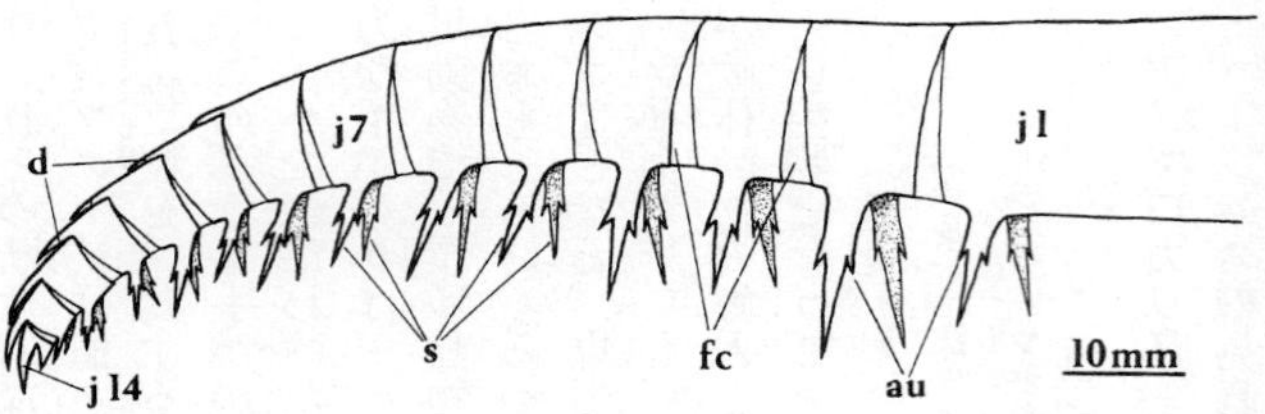

図3-60／1886年にアノマロカリスと命名された体節構造をもつ生物の断片（Briggs, 1979）。この化石は，長年にわたって節足動物の胴と尾と考えられていた。現在では，カンブリア紀最大の動物の，対をなす摂食用付属肢の一つであると正しく同定されている。

カリスをめぐって実際に起こったことを年代順に語るのがいちばんだろう。それはユーモア、勘ちがい、葛藤、挫折、そしてまたしても勘ちがいがなされた末に、びっくり仰天するような解決を見た物語である。最終的に三つの〝動物門〟の断片が寄せ集められ、カンブリア紀最大最強の生物が復元されたのだ。

アノマロカリスとは〝奇妙なエビ〟という意味なのだが、この学名はバージェス頁岩が発見される以前にすでに命名されていた。それはこの動物が、ふつうの化石動物群に混ざって保存されるほど硬い器官をそなえている数少ないバージェス産軟体性動物の一つだからである（もう一つの例はウィワクシアの骨片）。

最初にアノマロカリスが見つかったのは、一八八六年、バージェス頁岩の隣の山に露出している、有名なオギゴプシス類三葉虫化石層においてだった。カナダの大古生物学者J・F・ホワイトエイヴズは、一八九二年に、《カナディアン・レコード・オブ・サイエンス》誌でアノマロカリスをエビに似た節足動物の体の後部として記

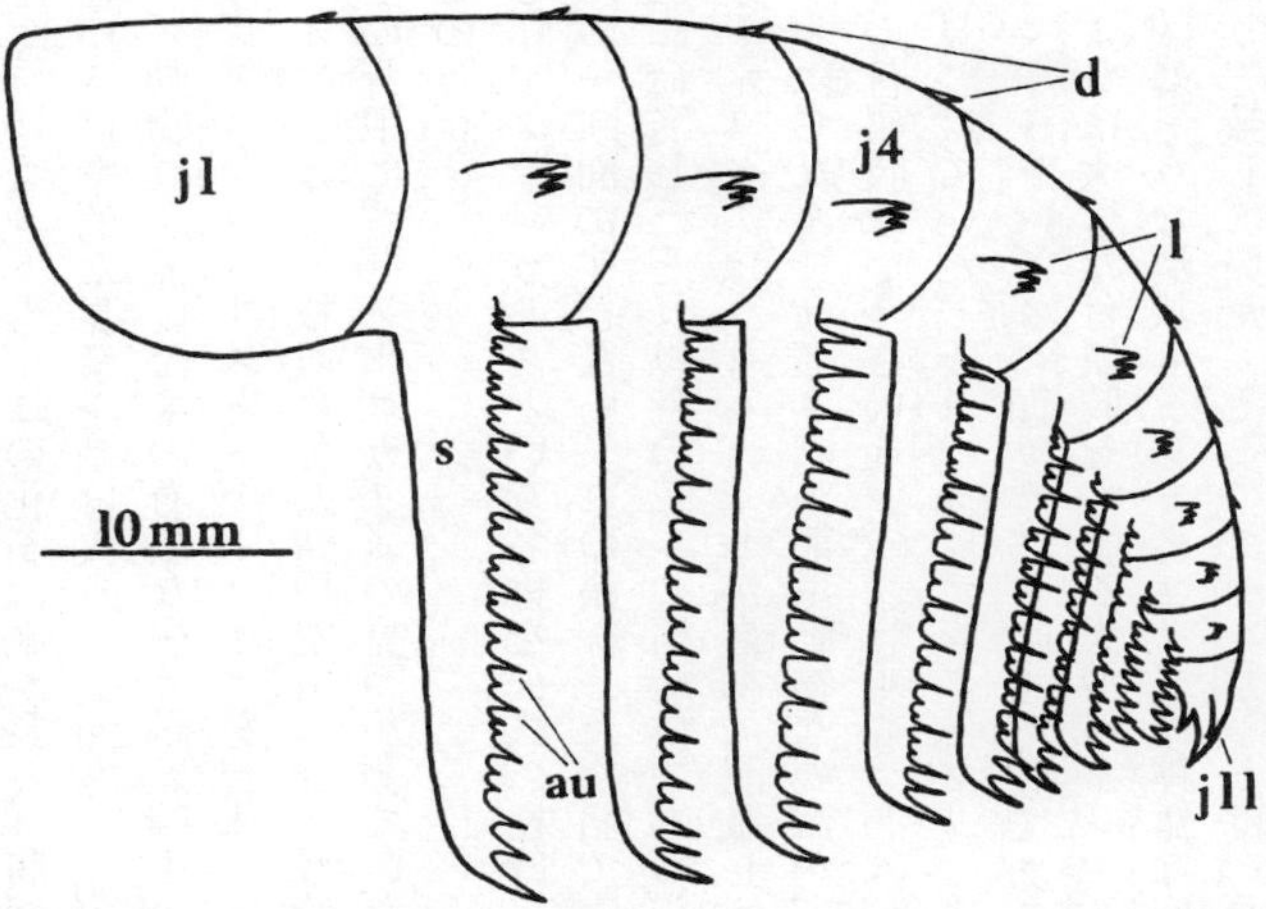

図3-61／ブリッグス（1979）による付属肢Fの復元図。当初ウォルコットは，この構造物をシドネユイアの摂食用の肢として記載した。ブリッグスは，これはある巨大な節足動物の付属肢であると断定した。後になって，この付属肢Fは，実際にカンブリア紀最大の動物がそなえていた摂食器官の一部であることが判明した。

載した。ウォルコットも、この化石は胴が長く、腹面にとげ状の付属肢をもつ甲殻類の後部であるという標準的な見解を受け入れた（図3-60)。画家のチャールズ・R・ナイトも、バージェス動物群を描いたあの有名な復元画（図1-1）のなかで、この伝統にしたがった。ナイトは、アノマロカリスとトゥーゾイアを合体させて一個体の生物をつくりあげたのだ。トゥーゾイアとは、二枚貝に似た背甲をもつ節足動物なのだが、背甲しか見つかっていない。そこでその背甲に、アノマロカリスの見つかっていない頭部背甲の候補として白羽の矢が立てられたのだ。

しかし、アノマロカリスという名称を公式に授けられたこの構造体は、ここで紹介する物語のほんの一断面にすぎない。この錯綜した物語で中心的な役割を演じるのは、ウォルコットが個別に命名したそれ以外の三つの構造体である。

（一）シドネユイアはウォルコットが最初に記載したバージェス生物（1911 a）で、彼の息子シドニーにちなんで命名された節足動物なのだが、その頭部には一対の触角があるだけで、それ以外の付属肢はいっさいいない。ウォルコットは、節足動物の体からちぎれた摂食用の大きな肢も見つけていた。それは後にデレク・ブリッグス（1979）が〝付属肢F〟（Fは摂食すなわちフィーディングの頭文字）と呼んだ肢である（図3-61)。ウォルコットの判断では、そのように大きな付属肢をもてる大型バージェス生物はシドネユイアだけだった。その付属肢の凶暴そうな形状も、シドネユイアは獰猛《どうもう》な肉食動物だったとするウォルコットの考えとぴたり一致していた。そこでウォルコットは、直接証拠もないままにこの縁組をまとめ、付属肢Fをシドネユイアの頭部にくっつけた。その後ブルートン（1981）は、シドネユイアの頭部背板には、そのような器官をそなえるほどのスペースはないことを明らかにした。

（二）ウォルコットが二番めに発表した論文（1911 b）はバージェス頁岩から発見されたクラゲ類とナマコ類とされた生物に関するものなのだが、彼の論文としては正確さに欠けるものである。彼はこの論文で、五つの属を記載している。そのうちのマッケンジアはおそらくイソギンチャクであり、したがってクラゲ類と同じ腔腸動物門《こうちょうどうぶつもん》である。ところがウォルコットは、この属を棘皮動物門《きょくひどうぶつもん》のナマコ綱として分類している。二番めの生物は、ほんとうは鰓《えら》曳虫類《ひきむしるい》であることが後になって判明した（Conway Morris, 1977 d）。第三の生物のエルドニアは、最新の復元でもまだ浮遊性のナマコ類として分類されている（Durham, 1974）が、私は、最終的にはこれも、バージェスの妙ちくりんな生物の一つということになる公算大とにらんでいる。

ウォルコットは、第四の属を一個の標本をもとにラグガニアと命名し、ナマコ類として分類した。彼はこの化石の口に注目し、それは骨板で環状に囲まれていたのではないかと考えたのだ。化石の保存状態が悪いせいで、明らかにナマコ類であることを示すような特徴はすべて消えていた。証拠の乏《とぼ》しさはウォルコットも認めていた。「この動物の体は完全に平らになっているため、管足《かんそく》は不明瞭だし、腹側接地面の輪郭は消失し、環状の帯もほとんど消えている」（1911 b, p. 52）

（三）ウォルコットは、最後の五番めの属として、バージェス動物群中唯一のクラゲ類をペ

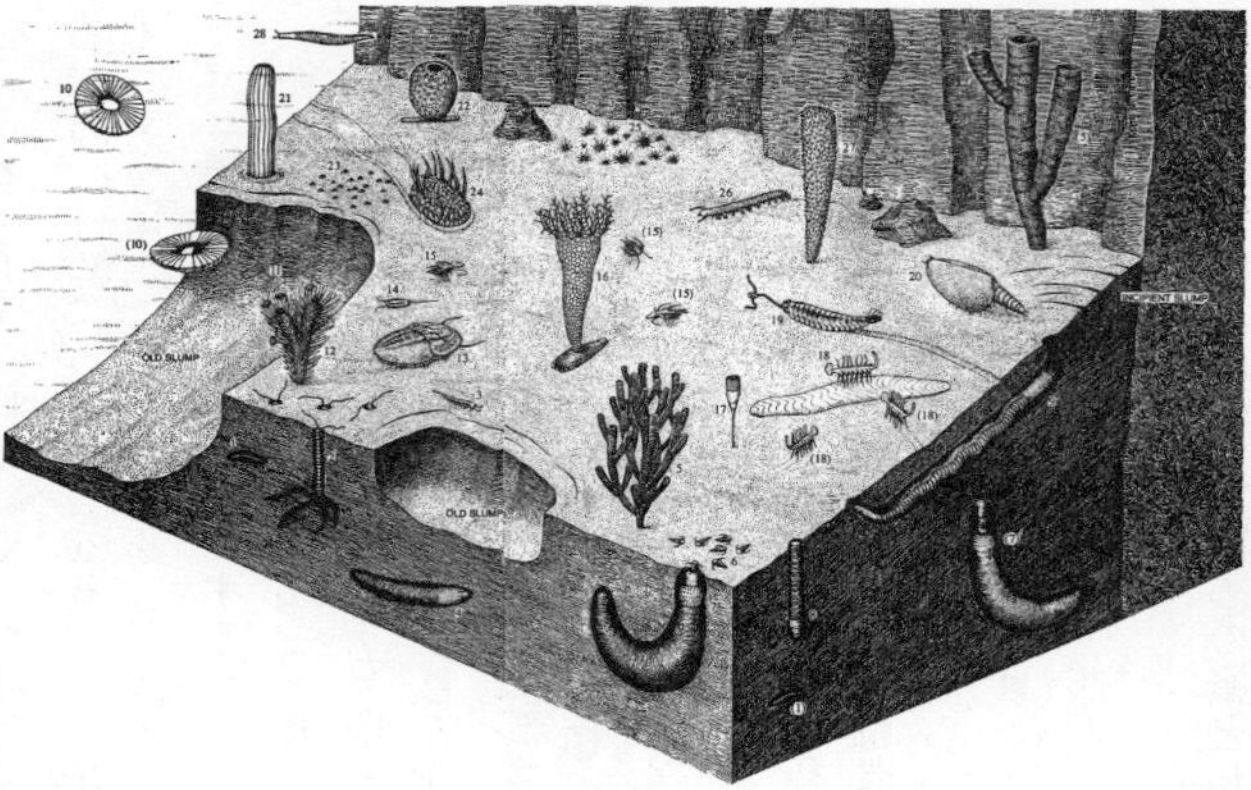

図3-62／いちばんよく知られているバージェス動物群の復元画。これは，コンウェイ・モリスとウィッティントンが1979年に《サイエンティフィック・アメリカン》誌に書いた記事にそえられた絵である。海底に穴を掘って生活している鰓曳虫類や，バージェスの妙ちくりんな生物たち——ディノミスクス（17），ハルキゲニア（18），オパビニア（19），ウィワクシア（24）——に注目。たいへんなまちがいは，二匹のクラゲ（10）が，西方から遊泳してきたパイナップルの輪切りのように描かれていることである。この構造体は，じつはアノマロカリスの口である。（From "The Animals of the Burgess Shale," by Simon Conway Morris and H. B. Whittington. Copyright © 1979 by Scientific American, Inc. All rights reserved.）

ユトイアと命名した。彼はこの異様な生物を、中央の開口部の周囲を三二片の葉状体が環状にぐるりと取り巻いた生物として記載した。その葉状体群は、四つに分けることができた。環を四等分した線上にある葉状体は大きめで、そのあいだに小さめの葉状体が七つはさまっている。ウォルコットは、個々の葉状体から中央の穴に向かって突き出ている二つの短い突起に注目した。彼はこの構造を、「口周辺の器官、おそらくは口腕《こうわん》が付着していた突起」(1911 b, p. 56) と解釈した。しかしウォルコットは、放射相称形であること以外、クラゲ類を定義する形質の痕跡は見つけていなかった。触手や環状筋は見つからなかったのだ。クラゲというよりもパイナップルの輪切りのように見えるペユトイアは、とんでもなく奇妙なクラゲということになった。ほんとうのクラゲの仲間で、まん中に穴があいたものはいない。にもかかわらず、ウォルコットの解釈は浸透した。近年に描かれたバージェス動物群の復元画としていちばん有名なのは、ウィッティントンとその仲間たちがバージェスの見直しを開始して何年か後に《サイエンティフィック・アメリカン》誌に発表されたものである (Conway Morris and Whittington, 1979)。その絵のなかのペユトイアは、画面の西方から飛来したフリスビーというか空飛ぶ円盤というかパイナップルの輪切りのようなものとして描かれている (図3‐62)。

さてここで、エビのしっぽ、シドネユイアの摂食用付属肢、ぺちゃんこのナマコ、まん中に穴があいているクラゲを一つに結びつけることを思いつく者などいるだろうか。もちろん、誰一人としてそんなことは夢にも思わなかった。これら四つの物体が合体してアノマロカリスになったことは、予想もしないショックだった。しかも、正解は、初期の混乱状態から一《いっ》足《そく》飛びに立ち現われたわけではなかった。その途中、何段階かの努力がなされたのだ。それらの努力はみな、基本的にはまちがっていたが、正しい結論へと到達するまでの重要なつながりを提供した。

アノマロカリスは、最近のバージェス研究にとっての復讐の女神ネメシスだった。この生物は、最終的にはその秘密を明かしたのだが、それはサイモン・コンウェイ・モリスとデレク・ブリッグスが、そのさまざまな器官に取り組むなかで彼らにとって最大級の過ちを犯した末のことだった。研究の途中でそうとうなまちがいをしでかすこともやむをえないとしないかぎり、科学で重要な業績や独創的な業績をあげることは望みようもないものなのだ。しかし、誤りがいかに大きなものだったにしろ、事態は解決に向かって三段階を経てじわりじわりと進んだ。

（一）一九七八年、コンウェイ・モリスは、その時点ではナマコではなく海綿《かいめん》ではないかと考えられていたラグガニアに対して、立体構造を解明するためにウィッティントンが開発した新手法を適用した。一個しかない標本の雌型《めがた》に歯科用の電動針を振るい、ウォルコットが不明瞭な口であるとしていた部位からペユトイアの輪切りパイナップルを掘り当てたのである。コンウェイ・モリスは正しい解釈に導く入口に立ったわけだが、そこで彼はまちがった推測をした。ラグガニアと命名されている〝海綿〟は一個の生物体ではなく、ペユトイアが接続する胴体かもしれないという可能性を考えたのである。そうだとしたら、ラグガニアは奇妙なクラゲの中心部分ということになる。だがコンウェイ・モリスは、この復元を否定した。その理由は、ほとんどすべてのバージェス生物は、ばらばらの器官に分解されずにまるごと一個体として保存されていると考えていたからである。彼は次のように書いている。

「バージェス頁岩化石の大多数は完全なままで保存されている。したがって、ラグガニア・カムブリアの体はペユトイア・ナトルスティと統合されるべき器官ではなく、クラゲ類に付着した異物であり、海綿であると解釈されると結論してもよいだろう」(1978, p. 130)

この両者の結びつきは、バージェス泥流がもたらした堆積作用の偶然にすぎないと彼は主張したのだ。「クラゲと海綿の結びつきは、おそらく偶然のことである。葉脚類《ようきゃくるい》化石層は、何度となくかき乱されて堆積した。移動がおさまってみると、二つの遺骸がいっしょになっていたということは大いにありうる」(1978, p. 130)

コンウェイ・モリスは、ペユトイアとラグガニアとが結合した理由をまちがって推測した。しかし彼は、合体してアノマロカリスとなるはずの四つの部品のうちの最初の二つを結合する鍵となる結びつきを(文字どおり)掘り当てたのだ。

(二) 一九八二年、サイモンはペユトイアの奇妙さに取り組もうとした(Conway Morris and Robison, 1982)。彼はペユトイアを「カンブリア紀のクラゲ類としてはもっとも異様なものの一つ」(1982, p. 116)と呼び、論文の題名で〝謎めいた〟という言葉さえ使っている。サイモンはこの動物を正しく解明することができなかったが、クラゲ類との類縁関係には疑問を投げかけた。つまり、問題設定の枠《わく》を広げたわけである。ペユトイアのまん中にあいている穴について、コンウェイ・モリスとロビソンは次のように結論している。「このような形質は、刺胞《しほう》動物の現生種でも化石種でも知られていない。ということはつまり、ペユトイア・ナトルスティィは刺胞動物ではないということかもしれない。そうなると、この動物と他のいずれかの動物門との関係は、さらに不明瞭なものとなるであろう」(1982, p. 118)

(三) ホワイトエイヴズがエビのしっぽとして分類したアノマロカリスそのものは、バージェス動物群をめぐる最初の談合ではデレク・ブリッグスの担当とされていた。その構造体は、やはり二枚貝様《よう》の背甲《はいこう》をもつ節足動物の胴と考えられていたのだ。

一九七九年、ブリッグスは自分に割り当てられたその生物の挑発的な復元を発表した。彼は、アノマロカリスの解明に大きく貢献することになるきわだった観察を二つ行なっていた。まず最初に彼は、アノマロカリスは内側の縁に沿ってとげが対をなして生えている付属肢であり、腹面の縁に付属肢が生えた胴部ではないことに気づいた。アノマロカリスが完全な生物の胴だとしたら、一〇〇を超える数の標本のなかには消化管の痕跡を残しているものがあってもいいはずだったし、その付属肢とされていた部分に節足動物特有の関節構造が見つかる標本も少しはあってもいいはずだった。

次いで彼は、アノマロカリスと付属肢F(ウォルコットはシドネユイアの摂食用の肢としたもの)は基本的に同一の構造体の変形であり、おそらく同じ生物に属していたものだろうと主張した。この結論は、後ほど述べるように完全に正しいわけではなかったが、このブリッグスの主張により、アノマロカリスという立体パズルの部品がさらに二個、正しく組み合わされた。

この二つの重要な洞察を別にすると、ブリッグスの復元は基本的にはまちがっていた。ただしその復元像は壮観なものだった。彼は、アノマロカリスも付属肢Fも一種類の節足動物の器官であると考え、おそらく一二〇センチ以上はある巨大な生物の歩脚がアノマロカリスで、摂食器官が付属肢Fだと考えたのだ。ブリッグスのその論文の題名は、「カンブリア紀最大の節足動物アノマロカリス」というものだった。

しかしブリッグスは、自分の復元にちっとも納得していなかった。あまりに多くの謎が残されていたからである。彼は、そういう付属肢をそなえていたはずの巨大な体が、断片的なものさえ見つからないことに頭を悩ませた。一二〇センチはある構造体が軟体性動物群から完全に姿を消しているなどということがはたしてありうるだろうか。その巨大生物の体のかけらは薄板か薄膜となって保存されているのかもしれない。これまで見つかっていないのは、そのせいで明瞭な構造を失っているためなのかもしれない。そう考えたブリッグスは、次のように書いている。「目立った特徴もないためにこれまで見逃されてきた巨大な断片と化したアノマロカリス・カナデンシスの胴体のクチクラが、まずまちがいなく、スティーヴン山の急斜面のがれ場で発見されるのを待っている」（1979, p. 657）

アノマロカリスの胴体はウォルコットの時代にすでに見つかっており、名前までつけられていることを、デレクは知るよしもなかった。ただしそれには〝ナマコ類〟のラグガニアという仮面がかぶせられていたし、最近になってからは、海綿の上にクラゲがのっかったものであると説明されていた。

カナダ地質調査所の調査隊は、レイモンドの発掘場において、ウォルコットの葉脚類化石層のすぐ上の地層から奇妙な化石を発見していた。ウィッティントンは、ほとんど特徴もなく正体不明のその大きな化石を取りのけ、引き出しの中にしまってしまった。私が思うに、彼はこの常套《じょうとう》手段を用いることで、その化石を視界からも意識からも消してしまいたかったのではないだろうか。しかし彼は、バージェス動物のどれよりも大きくて異様なその化石のことを忘れることができなかった。「私はしょっちゅう引き出しを開けては、それをじっくり眺めてみたものさ」とハリーは私に語っている。一九八一年のある日、ついに彼は、何らかの詳細な構造が解明されるかもしれないとの期待のもとに、その化石を削ってみることにした。まず、その化石の一方の端を掘ってみた。すると驚いたことに、明らかに納まるべき場所に納まっているアノマロカリスの標本が姿を現わした（図3-63）。ハリーはその発見をデレク・ブリッグスに話したのだが、最初デレクはぜんぜん信じなかった。姿を現わしたのは、たしかにアノマロカリスだった。しかし、海綿であるラグガニアの上にクラゲのペユトイアがのったものとサイモンが説明したように、そのアノマロカリスの標本も、泥流のせいで何かの大きな薄板の上でたまたま合体させられただけのものかもしれなかった。

ウィッティントンとブリッグスは、ただちにウォルコットのコレクションから標本をひとそろい借り出して研究に着手した。それらの板石にはこれといった特徴のないしみや膜が見えるだけで、ペユトイアが上にのったラグガニアの体も含めて、さして注目されていなかっ

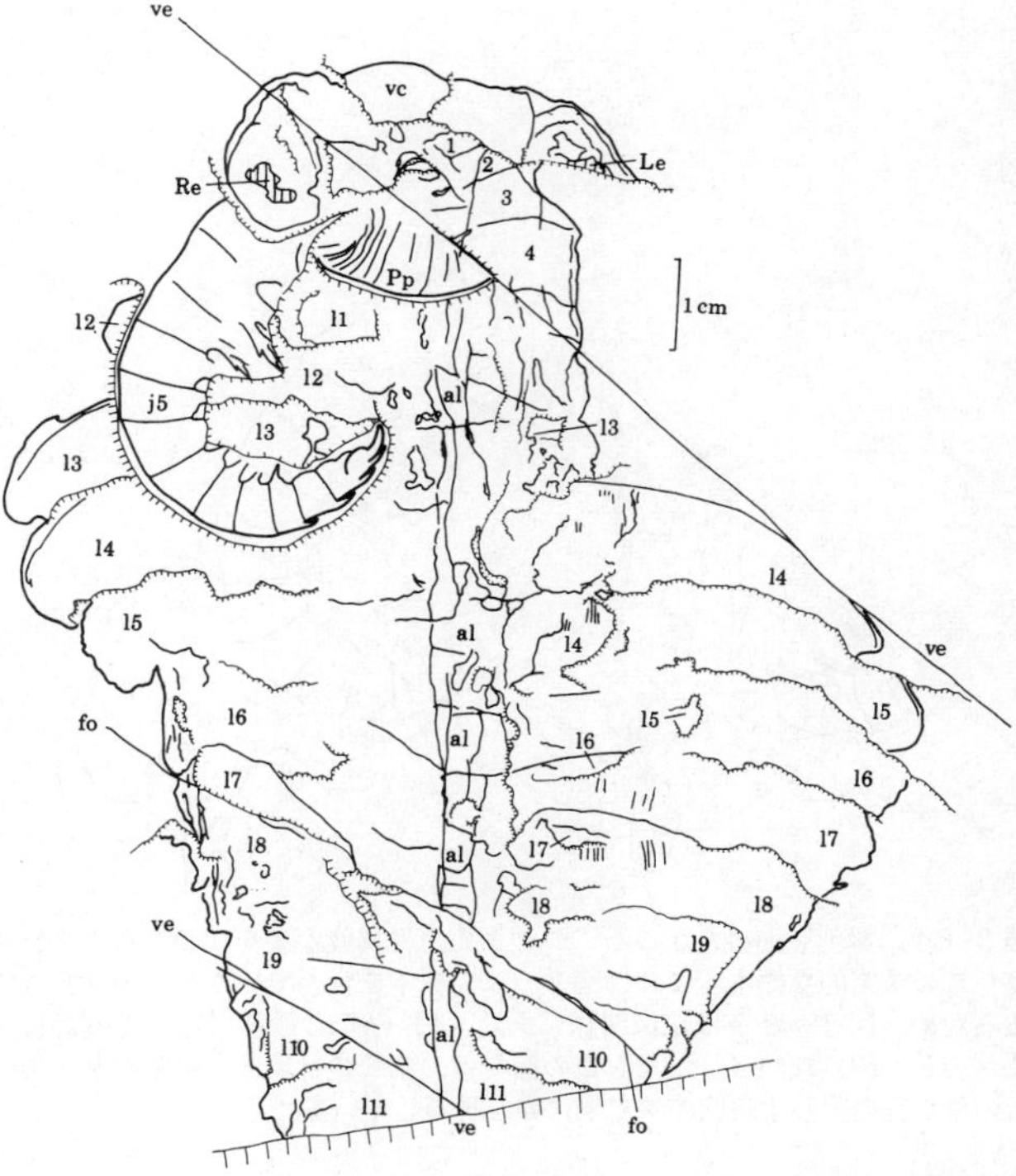

図3-63／ハリー・ウィッティントンが解剖してアノマロカリスの本性を明らかにした標本。これはカメラルシダ図なのだが，ウォルコットがクラゲのペユトイアと誤って同定した口が，上部中央（*Pp*）に見える。その口のすぐ上を通っている斜線（*ve*）は岩の割れ目。もとはアノマロカリスと命名されていた構造は，口のすぐ左に見える湾曲した摂食用付属肢。その中ほどの節には *j5* という記号が付けられている。消化管（*al*）の痕跡も見える。

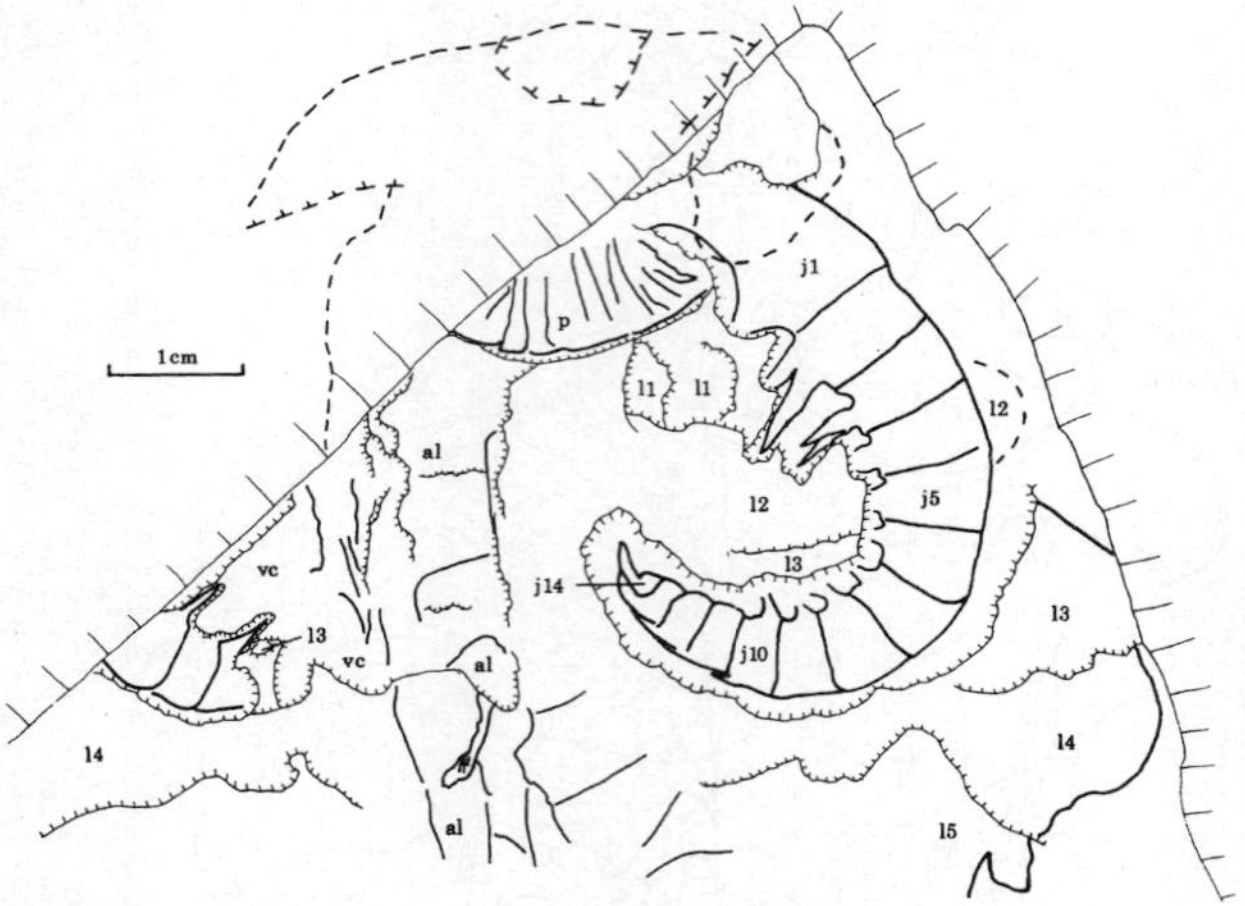

図 3-64／解剖を進めたところ二つの摂食用付属肢が姿を現わしたアノマロカリスの決定的な標本。これは図 3-63 の標本を含んでいた板石の片割れであるため，図 3-63 とは鏡像関係にある。口（*p*）と最初に見つかった付属肢（*j1* ～ *j14*）に注目。ただしこの図では，第二の付属肢の痕跡が左下の，岩の割れ目を表わす斜線のすぐ下に姿を現わしている。

たものである。そして記念すべき日が訪れた。ついに彼らは、ペユトイアと付属肢Fが一個の生物体の器官として合体している生物化石を掘り当てたのだ。この日は、その一〇年近く前にウィッティントンがオパビニアの頭部と側面を切り開き、その下には何もないことを発見した日と対《つい》になって記憶されるべき、バージェスにとって決定的な記念日である。

　バージェスから受けたこの最大の衝撃をかみしめ、ペユトイアと付属肢Fという同じ組み合わせをほかの板石からも発見していくにつれて、ハリーとデレクは、山ほどもあった問題を一つの生物に変えてしまったことに気づいた。ペユトイアはクラゲなどではなく、巨大な動物の先端部近くの腹面に付着していた口だった。付属肢Fは、一個体の節足動物にずらりと並んで生えている肢の一つではなかった。付属肢Fは、この新しい動物の腹面先端、口よりもさらに前に付着していた一対の巨大な摂食器官の片割れだったのだ。

　もっとも、ウィッティントンがイギリスに持ち帰っていた標本の先端部には、アノマロカリスはついていたが付属肢Fはなかった（図3-63）。しかし、その標本をさらに解剖してみると、ペユトイアの口と第二のアノマロカリスの痕跡が姿を現わした（図3-64）。この標本でも、第一のアノマロカリスと第二のアノマロカリスが、ワシントンに保管されていた標本における一対の付属肢Fと同じ部位に対をなして付着し、摂食器官を形成していたのだ。

　ついにすべての部品が集まった。頭のない甲殻類、装着されるべき胴体のない摂食用付属肢、まん中に穴のあいたクラゲ、別の動物門に追放されてしまったぺちゃんこの薄板という四つの奇妙《アノマリーズ》なものから、ウィッティントンとブリッグスはアノマロカリスという単一の属に

図3-65／バージェス動物群の最近の復元図（Conway Morris and Whittington, 1985)。アノマロカリス（24）の新しい解釈と，ほかの生物と比べた場合のこの生物の大きさが示されている。オパビニア（8)，ディノミスクス（9)，ウィワクシア（23）などの奇妙奇天烈な生物，アユシェアイア（5)，レアンコイリア（6)，ヨホイア（11)，カナダスピス（12)，マルレラ（15)，ブルゲッシア（19）などの節足動物に注目。

属する二種の生物を復元していた。ラグガニアはつぶれて変形した胴体の一部だった。ペユトイアは、鉤状突起《かぎじょう》のついた一群の葉状体ではなく、歯の生えた板が環状に取り囲んだ口だった。アノマロカリスは、第一の種（アノマロカリス・カナデンシス）の一対の摂食器官だった。付属肢Fは、第二の種（アノマロカリス・ナトルスティ――種小名《しゅしょうめい》はペユトイアの種小名がそのまま流用された）の摂食器官だった。いちばん古い命名を尊重するという絶対的な学名命名規則にしたがい、属名はホワイトエイヴズが一八九二年に命名したアノマロカリスにしなければならなかった。しかしこの例では、その強制は幸いにも適切なものとなった。真のアノマロカリスも、まさに〝奇妙なエビ〟だったからである。

当初アノマロカリスと命名された器官は、伸ばすと最高一七・五センチにもなる。したがってその器官をもつ動物は、バージェス頁岩に埋もれていた他のほとんどすべての動物が矮小《わいしょう》に見えるほどの大きさだったはずである。ウィッティントンとブリッグスは、最大の標本で全長はほぼ六〇センチと推定した。これは、カンブリア紀の動物としてはずぬけた大きさである。バージェス動物群全体を復元した最近の図（Conway Morris and Whittington, 1985）は、基本的には一九七九年に《サイエンティフィック・アメリカン》誌に発表された図の改訂版なのだが、以前の図では西方から遊泳してきていた輪切りパイナップル状のペユトイア（図3－62参照）の代わりに、あたりを威圧しながら東方から目的ありげに侵入してくる巨大なアノマロカリスが描かれている（図3－65）。

ウィッティントンとブリッグスは、アノマロカリスに関するモノグラフを一九八五年に発

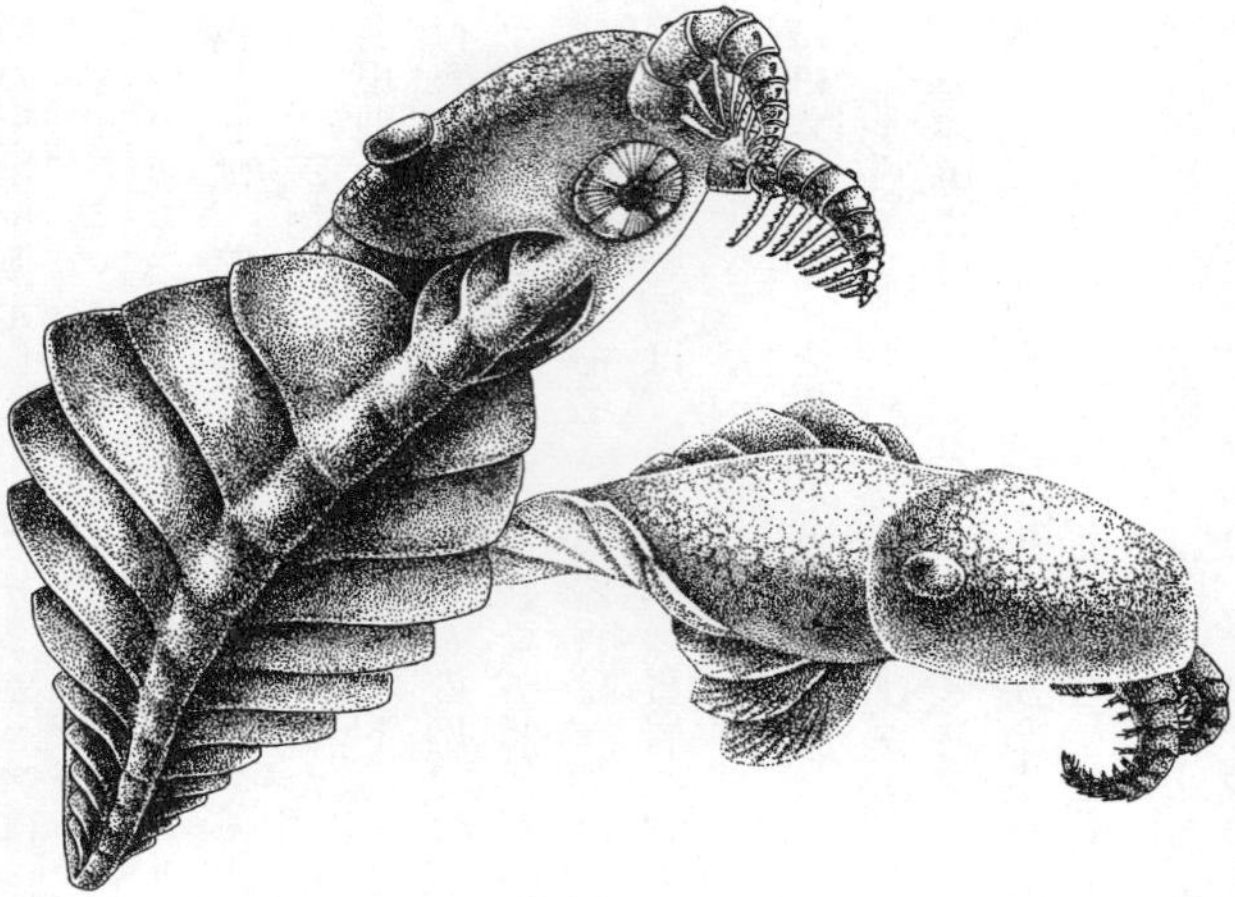

図3-66／アノマロカリス属の二種。上がアノマロカリス・ナトルスティの腹面図。ウォルコットがクラゲと見誤った環状の口と一対の摂食用付属肢がよくわかる。下が遊泳中のアノマロカリス・カナデンシスの側面図。マリアン・コリンズによる復元画。

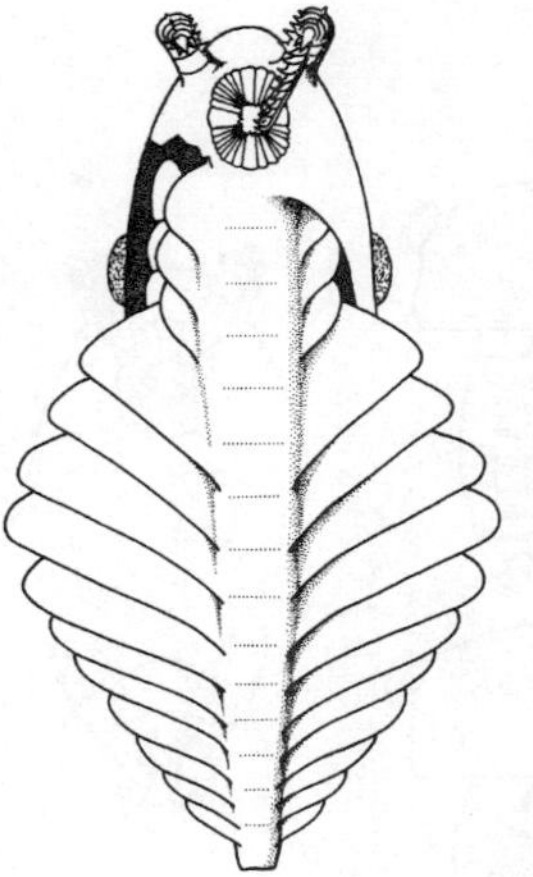

図3-67／付属肢を用いて食物を口に運ぶようすを示したアノマロカリスの腹面図（Whittington and Briggs, 1985）。口のすぐ後ろの左側，腹面の一部が取り外してあり，頭部後方の三体節の上にある鰓が見えるようにしてある。

表した。それは、二〇世紀の古生物学においてひときわ重要なモノグラフのシリーズを完結するにふさわしい勝利だった。アノマロカリスの長楕円形をした頭部の側面後方には、短い柄《え》をもつ一対の大きな眼がついている（図3－66）。頭部の腹面には、前縁近くに一対の摂食用付属肢があり、その後方、中心軸上には小環状の口がついている（図3－67）。小環状をなす板が実質的に口にあたる部位を決めているわけだが、それが完全にすぼまっていることは（ウィッティントンとブリッグスが復元することのできたどの方向の標本においても）なかった。したがっておそらく口は、少なくとも一部は常に開いたままだったようである。ウィッティントンとブリッグスは、この動物の口はクルミ割りのような機能をもっていたのではないかと推測している。アノマロカリスは、付属肢を使って獲物をその開口部まで運び（図3－68）、それをす

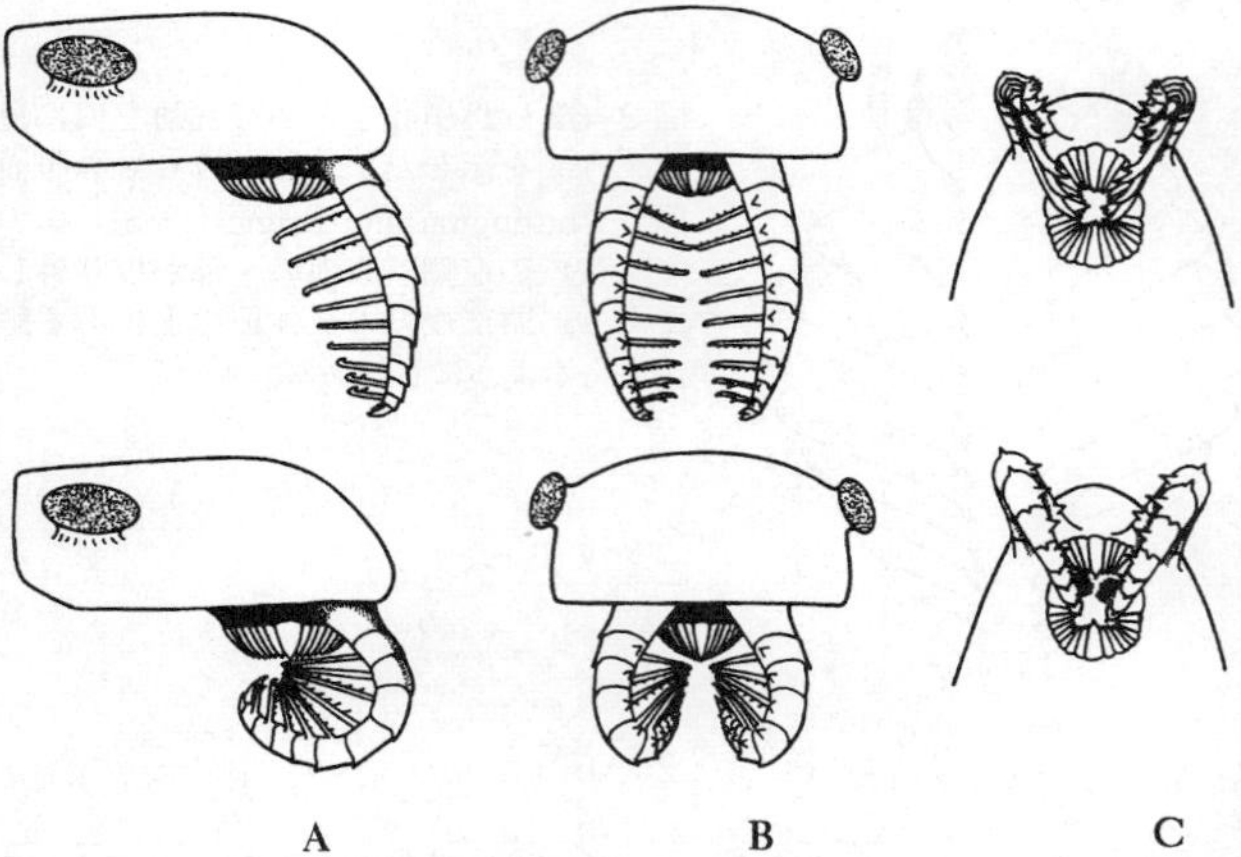

図3-68／アノマロカリスの摂食様式の想像図。（A）アノマロカリス・ナトルスティの頭部側面図。摂食用付属肢を伸ばしたところ（上）と，食物を口に運ぶために巻き上げたところ（下）。（B）同じ状態を正面から見た図。（C）摂食用付属肢を巻き上げ，食物を口に運んだところを下側から見た図。上はアノマロカリス・ナトルスティ，下はアノマロカリス・カナデンシス。

ぼめることで獲物を砕《くだ》いていたのではないかというのだ。ペユトイアと命名されていた環状の板は、内側の縁に歯がついている。ウィッティントンとブリッグスは、一つの標本で、さらに三列の歯列が口板の小環に対して平行に重なっているのを発見した。それらの歯列は、小環に付着していた可能性もあるが、おそらくは食道の壁から伸びていたものと思われる。そうだとすればアノマロカリスは、口そのものと消化管の先端の両方に恐るべき武器を装着していたことになる（図3‐69）。

頭部腹面の口の後方には、著《いちじる》しく重なりあった三対の葉状体がついている（図3‐67参照）。頭部後方の胴部は、一一の葉状体に分かれている。個々の葉状体の基本的な形は三角形で、その頂点は中心軸に沿って後方を向いて並んでいる。重なりあった葉状体は、胴の中央部でいちばん幅が広く、前方および後方にいくにしたがって細くなっている。そして頭部後方の三対の葉状体と同じように、胴部の葉状体も著しく重なりあっている。胴の末端は短い切株《きりかぶ》状で、とげや葉状体などの突起物はない。薄板が積み重なったような多層の構造物が各葉状体の上面に付着しているが、おそらくそれは鰓《えら》である。

アノマロカリスの胴体には付属肢がないため、固い物体の上を歩いたり這ったりすることはできなかっただろう。ウィッティントンとブリッグスは、アノマロカリスを巧みに遊泳する動物として復元した。ただしスピード狂ではなく、胴部の葉状体を連続的に波打たせることで推進力を得る動物としてである（図3‐70）。つまり、側面に重なりあって存在する葉状体が、一部の魚が体側にもつ一枚の翼状のひれと同じような動きをしたものと考えたのだ。

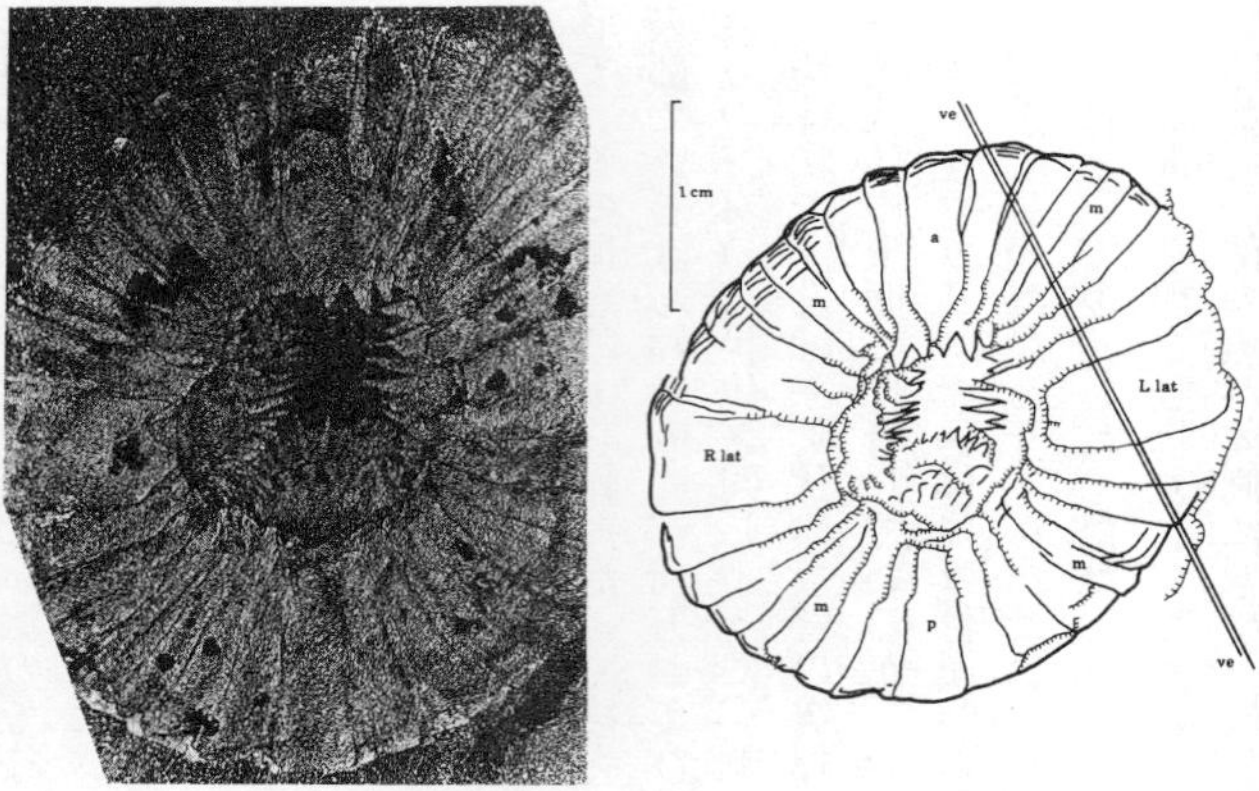

A　B

図 3-69／ウォルコットがクラゲのペユトイアと見誤ったアノマロカリスの口。何列かの歯が，中央から下向きに突き出ているのがわかる。これらの歯列は，動物の食道から生えていたのだろう。（A）標本写真。（B）同じ標本のカメラルシダ図。

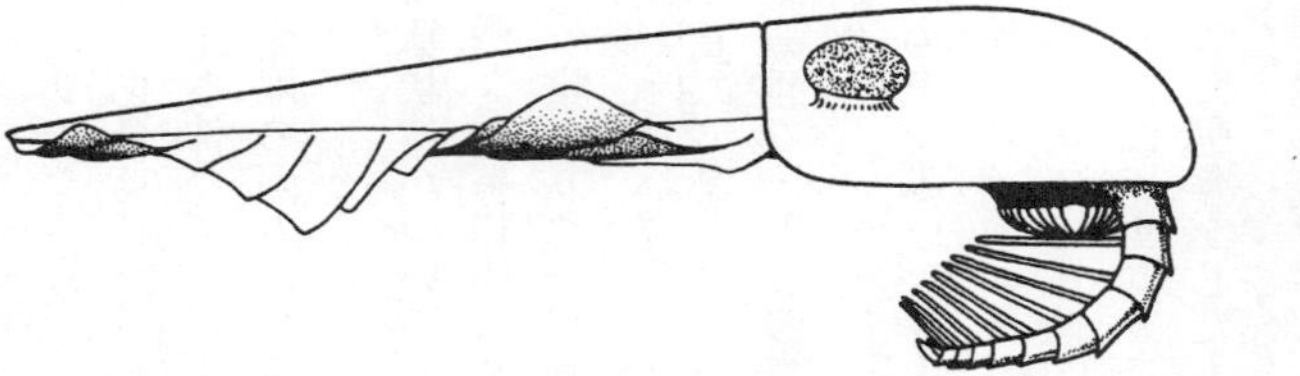

図 3-70／遊泳中のアノマロカリスの側面図。（Whittington and Briggs, 1985）

たとえば、現生するマンタ（イトマキエイ）がその大きなひれを波打たせながら悠然《ゆうぜん》と泳ぐ姿を想像すればいいだろう。

ウィワクシアやオパビニアの場合と同じように、アノマロカリスについても、その生物としての活動をあれこれと想像することはできる。結局のところ動物であるからには、食べたり動いたりする方法はいくらでもあるからだ。しかし、こんな奇妙な動物は系統学的にどう説明したらいいのだろう。付属肢は、一世紀にわたって節足動物の器官であると考えられていた。その摂食用付属肢に節があるという特徴が、足に節がある動物からなる大きな動物門を思い出させたからである。しかし、摂食用付属肢ばかりでなく胴部に存在する一連の葉状体にも見られる、同じ構造が反復して体節状をなすという特徴は節足動物門に限ったものではない。環形動物、脊椎動物、そしてなによりも軟体動物の〝生きている化石〟ネオピリナを思い出してほしい。ほかには、アノマロカリスと節足動物を結びつける特徴はない。胴に節のある付属肢はついていないし、完全に閉じることがなく、しかも小環状に板で囲まれた口はこの生物独特のもので、これと似た口をもつ節足動物はまったく存在しない。対をなす摂食用付属肢ですら、節は存在するものの、詳しく比較すれば節足動物の付属肢の原型とは似ても似つかないものであることがすぐにわかる。ウィッティントンとブリッグスは、アノマロカリスについて次のような結論を下した。「体節構造をもつ動物であり、節のある一対の付属肢と他に類例を見ない小環状の顎板をそなえていた。われわれはこの動物を節足動物とは見なさず、現時点では未知の動物門の代表と考える」（1985, p. 571）

結末《コーダ》

バージェス研究は今後も続けられる。多くの属が、研究のやり直しを待っているからである（節足動物の大部分はモノグラフにまとめられたが、その存在が知られている奇妙奇天烈生物については半分しかその作業が終わっていない）。しかし、ハリー、デレク、サイモンの三人は、さまざまな理由により、この仕事から離れつつある。天はわれわれに、研究者として使える時間をほんの少ししか与えていない。大学院を終えてすぐに開始したとして四〇年、幸運の女神が微笑んだとして五〇年といったところだろう。悪魔は、多くの時間を奪い去る。とくに、よほど偏屈《へんくつ》で特異な目的意識の持ち主でもないかぎり万人に課せられる行政義務に割《さ》かなければいけない時間が問題である。学問に対する世俗的な報酬はより高い地位の公職だが、皮肉なことにそれが、さらなる学問的向上実現の道を閉ざすことになる。たとえどんなに重要でわくわくするような研究課題であろうとも、一つの課題に全研究歴を費《つい》やすわけにはいかない。七〇代になったハリーは、彼の初恋の相手に戻り、『古無脊椎動物学精鋭』の三葉虫類を扱った巻の改訂作業の先頭に立っている。サイモンはさらにバージェス頁岩をめぐる一、二のプロジェクトで輝かしい業績を上げたが、彼の主たる関心は時間とともにカンブリア紀の爆発的進化そのものに戻っていった。デレクの関心は拡大していったが、その中心はバージェス以後の時代の奇妙奇天烈生物と軟体性動物群である。

バージェス頁岩を相手にした現世代の格闘に終止符を打つのはほかの人間たちだろう。そしてその次の世代が、新しい考えかた、新しい研究手法を手にやって来るだろう。しかし科学というものは、紆余曲折《うよきょくせつ》行きつ戻りつはあるものの、蓄積的な営為《えいい》である。ブリッグス、コンウェイ・モリス、そしてウィッティントンの仕事は、人類が存続させるかけがえのないもの——錯綜《さくそう》しつつも途切れることなく続く知性の系統——が維持されるかぎり、そのすばらしさ、生命観を変革したその影響力を讃《たた》えられることだろう。

どんな生物も、どのような解釈も、このようなドラマの最後を飾ることはできない。しかし、われわれは人の仕事の終結というものを尊重しなければならない。この芝居のエピローグは、ハリー・ウィッティントンに語ってもらおう。彼は私にくれた手紙のなかで、彼特有の簡明直截《かんめいちょくせつ》な言葉で、自分がまとめたバージェス動物群のモノグラフについて次のように述べている。「無味乾燥にならざるをえないこのような論文でも、発見の興奮についてちょっとは伝えているかもしれません。予想もしていなかった新しい構造が整形作業によって姿を現わし、大いなる喜びを味わう瞬間のあった研究こそ、まちがいなく魅力的な研究でした」（一九八八年三月一日）「私がかかわっていた研究課題は、最高にエキサイティングで魅力的なものでした」（一九八七年四月二二日）

バージェス頁岩《けつがん》の動物寓話集に関する要約的説明

異質性とそれに続く非運多数死——一般的説明

軟体性の化石が見つかっていなかったとしたら、バージェス頁岩はこれといって注目されない三三属あまりからなるカンブリア紀中期の動物群ということになっていただろう。そこには、たくさんの種類の海綿類《かいめんるい》(Rigby, 1986)と藻類《そうるい》、七種の腕足類《わんそくるい》、一九種の硬組織をもつふつうの三葉虫類、四種の棘皮《きょくひ》動物、一種の軟体動物、一種ないし二種の腔腸《こうちょう》動物が含まれている(完全なリストはWhittington, 1985 b, p. 133-39を参照)。全部で一二〇属ほどに及ぶ軟体性生物のなかにも、主要なグループの正規メンバーがいる。ウィッティントンは、確実に鰓曳虫類《えらひきむしるい》である五種とその候補を二種、多毛類《たもうるい》を六種、軟体性の三葉虫類を三種(テゴペルテ属の一種とナラオイア属の二種)、リストに入れている。

幕を降ろしたばかりの全五幕の私の劇《ドラマ》は、バージェス動物群のうちの軟体性化石だけが教えてくれる風変わりなテーマにスポットライトをあてたものである。バージェス頁岩には、解剖学的デザインにおいて、匹敵するものは二度と現われないほどの幅の異質性が含まれている。それは、現在の地球上の全海洋にすむすべての動物の異質性をもってしてもかなわないほどのものである。多細胞動物の歴史は、カンブリア紀の爆発においてまたたくまに生み出され、当初は莫大だった在庫の非運多数死によって翻弄《ほんろう》されてきた。ここ五億年にわたる物語の特徴は、制限枠がはめられた後で、そのわずかな数の定型化したデザインの枠内で多様性の増大がなされたというものである。つまり、多様性が逆円錐《ぎゃくえんすい》形状に増大するというわれわれお気に入りの図式が予想するような、異質性の幅が全体的に拡大し、体の構造の複雑度も増したという物語ではないのだ。そればかりか、すみやかな勢ぞろいとその後の非運多数死という新しい図式は、あらゆる尺度のレベルでその支配力を行使しており、フラクタル的パターンこそが一般的であるようにも見える。ウィッティントンとその仲間たちが行なったバージェスの見直しは、三段階のレベルを特定してきた。

（一）**一つの動物門内の主要なグループ**　無脊椎動物化石でもっとも研究され、一般的知名度も高いのは、なんといっても三葉虫類である。従来から知られていた三葉虫類化石の硬化した骨格は、とてつもない多様性を示してはいるものの、そのデザインの基調はすべてに共通していた。そうした研究をすべて踏まえたうえで、三葉虫類の構造に見られるデザインの幅は初期の時代のほうがはるかに広かったなどということがありうると予想していた研究者は、まずいなかったはずである。ところが、軟体性のナラオイアは、頭部付属肢の並びかた（一対の触角と口の後方に三対の二枝型付属肢）と、胴部付属肢の形状と節の数が通常どおり〝正しい〟ことからいって、まぎれもなく三葉虫である。しかし、ナラオイアの外骨格である二枚貝のような殻は、従来の三葉虫類化石で知られていたこのグループの構造に見られるデザインの幅から大きくはずれている。

（二）**動物門** 従来からいわれてきた可能性の全容を知らないことには、新発見の驚きは実感できない。判断基準あってこその驚きなのだ。私がバージェス産動物をめぐる物語にことさら満足を覚えるのは、その基準がめでたく〝満室〟になったからである。既成の主要グループの全容を、新たに見つかった異質性が補完したのだ。バージェス産節足動物の孤児たちはたしかに見物《みもの》ではある。しかし、既成のグループに属する生物たちも、〝予想できるもの全部と、それ以外のものをもっとたくさん〟というだいじなテーマを立証するうえで、同じくらい重要である。最近になってサンクタカリスが発見されたことで、従来の名簿はすべて埋められた。次に掲《かか》げるリストのとおり、節足動物の四大グループすべての代表が、バージェス頁岩にそろったのだ。

三葉虫類——通常どおりのタイプ一九種と軟体性のタイプ三種
甲殻類《こうかくるい》——カナダスピスと、おそらくペルスピカリスも
単枝類《たんしるい》——有爪類《ゆうそうるい》という同定が正しいとしたらアユシェアイア
鋏角類《きょうかくるい》——サンクタカリス

ところがバージェス頁岩は、それ以上の幅の解剖学的な実験を含んでさえいる。しかもそれらは、デザインの独自性でも機能面でも他に遅れをとらないのに、その後の多様性を導く

ことはなかった実験である。そうした実験によって生み出された孤児たちのなかには、たがいに類縁関係がありそうなものも少数ながらいる。前頭部の特徴的な付属肢からいって、おそらくアクタエウスとレアンコイリアはその一例だろう。しかし、大半の孤児たちはユニークな存在であり、ほかの種とは共有していない、独自の特徴的な形質をそなえている。

ウィッティントンとその仲間たちがまとめたモノグラフでは、すでに発表年代順に論じたように、一三種類のユニークなデザインが特定された（表３－３）。だが、まだ記載されていないものが、あといくつあるものやら。ウィッティントンは、「どの動物門にも、節足動物門のどの綱《こう》にも入らない」（1985 b, p. 138）生物として二二種（不注意にもマルレラが省《はぶ》かれている）の名をあげている。したがって、節足動物門の四大グループに振り分けられた種類のほかに少なくとも二〇種類のユニークな節足動物のデザインを、バージェス頁岩は含んでいるといっていいだろう。*

（＊）私自身がもうけたこの枠組をみずからぶち壊すとしたら、私はこう主張するだろう。すなわち、二〇種類のデザインは敗退し、四種類のデザインだけが勝利したと主張した際に用いた基準は、結果を知っているからこそ使えるまちがった基準であると。現生的な節足動物は、合体節化《ごうたいせつか》というパターンで結ばれていることで、異質性の点ではバージェスの先駆者たちよりもまちがいなく著しく劣っている。しかし、節足動物の高次分類の基盤として合体節化というパターンを使わねばならない理由があるだろうか。顕微鏡でしか見えないような貝形類《かいけいるい》、陸生の等脚類《とうきゃくるい》、プランクトン生活をする橈脚類《かいあしるい》、ロブスター、タカアシガニなどは、大きさと生態学

表3-3／バージェス劇に登場する動物の一覧表

	記載がやり直された年	学　名	ウォルコットの分類	見直された分類	見直した人
第一幕	一九七一	マルレラ (*Marrella*)	三葉虫に近縁	ユニークな節足動物	ウィッティントン
	一九七四	ヨホイア (*Yohoia*)	甲殻綱鰓脚類	ユニークな節足動物	ウィッティントン
	一九七五	オレノイデス (*Olenoides*)	三葉虫 (ナトルスティア *Nathorstia*)	三葉虫	ウィッティントン
第二幕	一九七五	オパビニア (*Opabinia*)	甲殻綱鰓脚類	新しい門	ウィッティントン
第三幕	一九七五	ブルゲッシア (*Burgessia*)	甲殻綱鰓脚類	ユニークな節足動物	ヒューズ
	一九七六	ネクトカリス (*Nectocaris*)	(未記載)	新しい門	コンウェイ・モリス
	一九七六	オドントグリフス (*Odontogriphus*)	(未記載)	新しい門	コンウェイ・モリス
	一九七七	ディノミスクス (*Dinomischus*)	(未記載)	新しい門	コンウェイ・モリス
	一九七七	アミスクウィア (*Amiskwia*)	毛顎動物門	新しい門	コンウェイ・モリス
	一九七七	ハルキゲニア (*Hallucigenia*)	環形動物門多毛綱	新しい門	コンウェイ・モリス
	一九七六	ブランキオカリス (*Branchiocaris*)	甲殻綱軟甲類	ユニークな節足動物	ブリッグス
	一九七七	ペルスピカリス (*Perspicaris*)	甲殻綱軟甲類	(?) 軟甲類	ブリッグス
	一九七八	カナダスピス (*Canadaspis*)	甲殻綱軟甲類 (ヒメノカリス *Hymenocaris*)	軟甲類	ブリッグス
第四幕	一九七七	ナラオイア (*Naraoia*)	甲殻綱鰓脚類	軟体性三葉虫	ウィッティントン
	一九八五	テゴペルテ (*Tegopelte*)	(未記載)	軟体性三葉虫	ウィッティントン

	一九七八	アユシェアイア (*Aysheaia*)	環形動物門多毛綱	(?) 有爪類もしくは新しい門	ウィッティントン
第五幕	一九八一	オダライア (*Odaraia*)	甲殻綱軟甲類	ユニークな節足動物	ブリッグス
	一九八一	シドネユイア (*Sidneyia*)	三葉虫様類	ユニークな節足動物	ブルートン
	一九八一	モラリア (*Molaria*)	三葉虫様類	ユニークな節足動物	ウィッティントン
	一九八一	ハベリア (*Habelia*)	三葉虫様類	ユニークな節足動物	ウィッティントン
	一九八一	サロトロケルクス (*Sarotrocercus*)	(未記載)	ユニークな節足動物	ウィッティントン
	一九八一	アクタエウス (*Actaeus*)	(未記載)	ユニークな節足動物	ウィッティントン
	一九八一	アラルコメナエウス (*Alalcomenaeus*)	(未記載)	ユニークな節足動物	ウィッティントン
	一九八三	エメラルデラ (*Emeraldella*)	三葉虫様類	ユニークな節足動物	ブルートンとウィッティントン
	一九八三	レアンコイリア (*Leanchoilia*)	甲殻綱鰓脚類	ユニークな節足動物	ブルートンとウィッティントン
	一九八八	サンクタカリス (*Sanctacaris*)	(未記載)	鋏角類の節足動物	ブリッグスとコリンズ
	一九八五	ウィワクシア (*Wiwaxia*)	環形動物門多毛綱	新しい門	コンウェイ・モリス
	一九八五	アノマロカリス (*Anomalocaris*)	甲殻綱鰓脚類	新しい門	ウィッティントンとブリッグス
		(ラグガニア *Laggania*)	ナマコ	アノマロカリスの胴	
		(ペユトイア *Peytoia*)	クラゲ	アノマロカリスの口	
		(付属肢F)	シドネユイアの摂食肢	アノマロカリス・ナトルスティ (*A. nathorsti*) の摂食器	

的な特殊化の幅においては、バージェス節足動物のすべてを合わせたよりも多様である。ところがここに名をあげた現生種はすべて甲殻綱のメンバー（甲殻類）であり、この綱ではステレオタイプ化した合体節化が見られる。バージェスの時代に古生物学者がいたならば、合体節化というパターンを特別に重要な特徴と見なす理由はないせいで、節足動物はそれほど変化に富んではいないと考えるかもしれない。合体節化が節足動物の主要な系統を見分けるうえで有効となるのは、バージェスの時代よりもずっと後、合体節化を果たしていない連中が非運の死を遂げ、生き残った少数のきわめて異質な系統のあいだでステレオタイプ化が起こった後のことだからである。

私に言わせるなら、こういう主張は貧弱な抗弁《こうべん》である。結果を知ったうえでの遡及《そきゅう》的な判断の乱用だという理由で合体節化という基準を否定したいとしたら、バージェスと比べて異質性が減少したことの基準として何を採用しろというのだろう。われわれは、高次分類の基準として、生態学的多様性ではなく基本的な解剖学的デザインを用いている。コウモリもクジラも同じ哺乳類に分類されているではないか。バージェス産の属のほとんどすべては、解剖学上のどんな基準に照らしても、その属だけの独自のデザインをそなえている。合体節化は、付属肢の配置や形状と同じく、バージェス後の時代に定着安定した。ところが、バージェスの時代において安定していた節足動物の幅広いグループを区別できるようなデザイン上の重要な形質は存在しない。

（三）**多細胞動物全体**　バージェス頁岩産の奇妙奇天烈生物たちは、われわれを魅了してやまない。バージェス産節足動物をめぐる物語も、すべての点で知的に満足のいくものではある。しかしなによりも、奇妙奇天烈生物たちは、基準線のすきまを埋めてくれたし、そのおかげで妙ちくりん生物たちの相対的な頻度をきっちりと推定することができた。そのうえ、マルレラやレアンコイリアなどの妙ちくりん生物たちもなるほど美しくて驚異的な存在かもしれないが、オパビニア、ウィワクシア、アノマロカリスといった奇妙奇天烈生物たちは、畏怖《いふ》すべき存在であると同時に、われわれをひどく不安にさせたりぞくぞくさせる存在である。

バージェスの見直しによって、既知の動物門のどれにも入らない八種類の解剖学的デザインが明らかにされた。発表された順に名をあげると、オパビニア、ネクトカリス、オドントグリフス、ディノミスクス、アミスクウィア、ハルキゲニア、ウィワクシア、アノマロカリスの八種類である。しかしこのリストは、まだまだ完全ではない。このリストに比べれば、節足動物門という既成の枠内に納まる妙ちくりん生物のリスト作りのほうがずっと進んでいるくらいである。いちばん無難な推定をしても、バージェス頁岩の奇妙奇天烈生物のうちの半分くらいについてしか記載は終わっていないのだ。最近発表された二つの論文が、既知の動物門には納まらない可能性のある生物のリストを提供している。ウィッティントンは、「雑多な動物」（1985 b, p. 139）として一七の種を数えあげているが、私ならばさらにこれにエルドニアを付け加えるだろう。ブリッグスとコンウェイ・モリスは、「ブリティッシュ・コロンビア州の中部カンブリア系バージェス頁岩で見つかった未決動物類《プロブレマティカ》」（1986）として一九種をあげている。それら奇妙奇天烈生物のあいだには系統学的にも解剖学的にも配列の基盤とすべきものが見つかっていないため、彼らはその一九種の生物を単純にアルファベット順に列挙している。

将来において、バージェス頁岩からさらなる驚きがもたらされるとしたら、それはどのようなものだろうか。ヨーホー国立公園やバージェス頁岩よりも有名な、隣のバンフ国立公園にちなんで命名されたバンフィアを見てみよう。この生物は体の後部は袋状なのに前部には環節があるため、ウォルコットは環形動物の〝蠕虫《ワーム》〟として分類した。しかしこれは、まずまちがいなく、既知の動物門のどれにも属さない奇妙奇天烈生物である。ポルタリアは、体軸に沿って二叉に分裂した触手が並んでいる細長い動物である。ポリンゲリアは、くねくねと曲がった管のような構造物を上面にもつ鱗《うろこ》に似たものである。ウォルコットは、このポリンゲリアはもっと大きな生物の体表面を覆っていた板であると解釈した。いうなれば、ウィワクシアの骨片のようなものというわけである。そして、くねくねの管はその生物に片利共生《へんりきょうせい》していた蠕虫であると説明した。しかしブリッグスとコンウェイ・モリスは、ポリンゲリアはそれ一つで一個体の生物ということもありうると考えている。いまやバージェス物語の概要はつかめたといっていいかもしれない。しかし、ウォルコットの発掘場は、とびっきりの宝物のすべてを放出したわけではない。

バージェス生物の系統関係を調べる

本書はすでに十分に長いため、進化学的な推論を行なうにはどうすればよいかという抽象的な話をさらに延々と論ずるわけにはいかない。しかし私は、解剖学上の記載をすませた古生物学者がそこからどのようにして系統関係を論ずるかについて、ちょっとだけ具体的な話をする必要がある。そうすれば、この問題をあれやこれやと論じた私の言葉がいくらかでも補強され、根拠もなしに権威の座から発せられたものではないことがわかってもらえるだろう。

偉大な動物学者であるルイ・アガシは、レイモンドが収集したバージェス頁岩化石コレクションとこの私を現に収容している研究組織を創立し、ちょっと聞くと妙な感じのする名称をこの組織につけた。われわれが誇りをもって継承しているその名は、比較動物学博物館というものである。しかもアガシは、同僚たちが聖人伝説を創造する衝動にかられることを予感して、自分が選んだ名称は永遠に保持されること、まかりまちがっても自分の死をきっかけにアガシ博物館などと改称したりしないようにとはっきりと念を押してこの世を去った。実験や操作は、科学をステレオタイプ化するかもしれない。しかし、とほうもなく複雑で反復不能でもある歴史の産物を相手にする学問領域は、それとは異なる手順を採用しなければならない。アガシはそう論じた。自然史学は、林立する唯一無比の特徴をもつ産物群のなかに分け入り、類似点と相違点を分析することによって、つまり比較によって研究されなければならない。

進化と系統に関する推論は、類似点と相違点の意味と研究に基づくものであり、その基本作業は単純でも明白でもない。特徴をずらずらと列挙した長いリストをまとめ、似ている点と似ていない点を数えあげ、全体的な類似度を表わすために数字を操作し、そうすることで得られた類似度が進化的な関係を表わしているとしてみよう。そうなればわれわれは、ほとんどの研究をオートメーション化し、基本作業はコンピュータまかせにすることができるだろう。

この世界は、例のごとくそれほど単純ではない。なんともありがたいことである。そうであればこそ、地平線は失望をもたらす場所となっているのだろう。類似はさまざまなかたちで立ち現われる。系統関係の推論に役立つものもあれば、危険な落とし穴となるものもある。基本的な区別として、共通する祖先に存在していた形質を単に引き継いでいるだけの類似と、同じ機能をもたせるために別々に進化して生じた類似とを厳密に分ける必要がある。前者のような類似は相同《そうどう》と呼ばれるもので、由来を探るための適切な指針である。私の頸骨《けいこつ》の個数がキリンやモグラやコウモリと同じなのは、頭の使いかたがどれもみな同じせいではない（あたりまえである）。哺乳類の祖先が七個の頸骨をもち、ほとんどすべての哺乳類の現生グループ（ナマケモノの仲間は例外）が由来によってその数を保持しているからなのである。先の区分の後者のような類似は相似《そうじ》と呼ばれるもので、系統を探るうえでもっとも危険な障害である。鳥、コウモリ、翼竜の翼は、基本的な流体力学上の特徴をある程度共有している。しかしそれらは、みな独立に進化したものである。この三種類の生物のうちのどの二つをとっても、翼をそなえていた共通の祖先はいない。相同と相似を区別することは、系統に関する推論を行なううえでの基本作業である。使用されるルールは単純である。相似はきっちりと除外し、相同だけに基づいて系統を探ればいいのだ。コウモリは哺乳類であって鳥類ではない。

この基本ルールを使えば、バージェス頁岩にもある程度は踏みこめる。オダライアの尾びれは、一部の魚類や海生哺乳類の類似した機能をもつ構造物と気味が悪いほどよく似ている。しかしオダライアは明らかに節足動物であり、脊椎動物ではない。ある種の魚が、体側《たいそく》に沿ってついている長いひれや平たい体の縁を波打たせながら泳ぐように、アノマロカリスも、体側に重なりあってついている葉状体を波打たせて泳いでいた可能性がある。しかし、そのような機能面での類似は解剖学的には別個の基盤から進化したものであり、系統関係については何も教えてくれない。アノマロカリスは依然として奇妙奇天烈生物のままであり、とりわけて脊椎動物に近縁というわけではない。

しかし、相同と相似という基本的な区別だけでは、それほどは踏みこめない。相同な構造それ自体のあいだで、第二の区別をしなければならない。ネズミとヒトは、毛と脊椎を共有している。いずれも相同形質であり、共通の祖先から受け継いだ構造である。ここで、ネズミとヒトを哺乳類という系統を一《いっ》にするグループに正しく統合するような基準を探し求めているとしよう。その場合、毛は使えるが、両者が共有している脊椎は何の役にもたたないだろう。そのちがいはどこにあるのか。じつは、毛が役に立つのは、それが脊椎動物のなかでは哺乳類だけに限られる、〝共有されている派生的な〟形質だからである。脊椎が役に立たないのは、哺乳類に限らず、すべての陸生脊椎動物とほとんどの魚類の共通した祖先に存在していた、〝共有されてはいるが原始的な〟形質だからである。

正しく限定された相同（共有されている派生的形質）とあまりにも広い相同（共有されてはいるが原始的な形質）とをこのように区別することこそが、バージェス生物を現時点で研究するうえでのいちばんの難しさである。* たとえば、バージェス産節足動物の多くが、二枚貝に似た背甲をそなえている。そのほかには多くが、〝節口様類〟的な基本形状を共有している。すなわち、頭部は幅広の背甲で覆われ、胴部には横に細長い帯状の体節があり、その末端にはとげのような尾がはめこまれているのだ。これら二つの形質は、たぶん、まさしく節足動物の相同形質である。つまり二枚貝様節足動物の個々の系統は、それぞれ独自にゼロから出発し、その後、同一の複雑な構造をゆっくりと個別に発達させることで類似の形質を共有していた、というわけではないのである。しかし、二枚貝に似た背甲が存在することも、〝節口様類〟的な体形をそなえていることも、共有されてはいるが原始的な形質であるため、バージェス産節足動物の系統的なまとまりのあるグループの同定には使えない。

（＊）それにしてもウォルコットは、ウィワクシアの骨片と多毛類の剛毛とを混同したり、オパビニアの側面についている葉状体と節足動物の体節とを混同したりと、かなり粗雑な誤りをたくさん犯していた。それらは、相似と相同を区別しそこなうという、もっと基本的な過ちだった。

図3－71を見れば、共有されてはいるが原始的な形質が系統を探る指針とはならない理由がわかるはずである。この系統樹は、一つの系統が、点線で示した時点までに三つの大グル

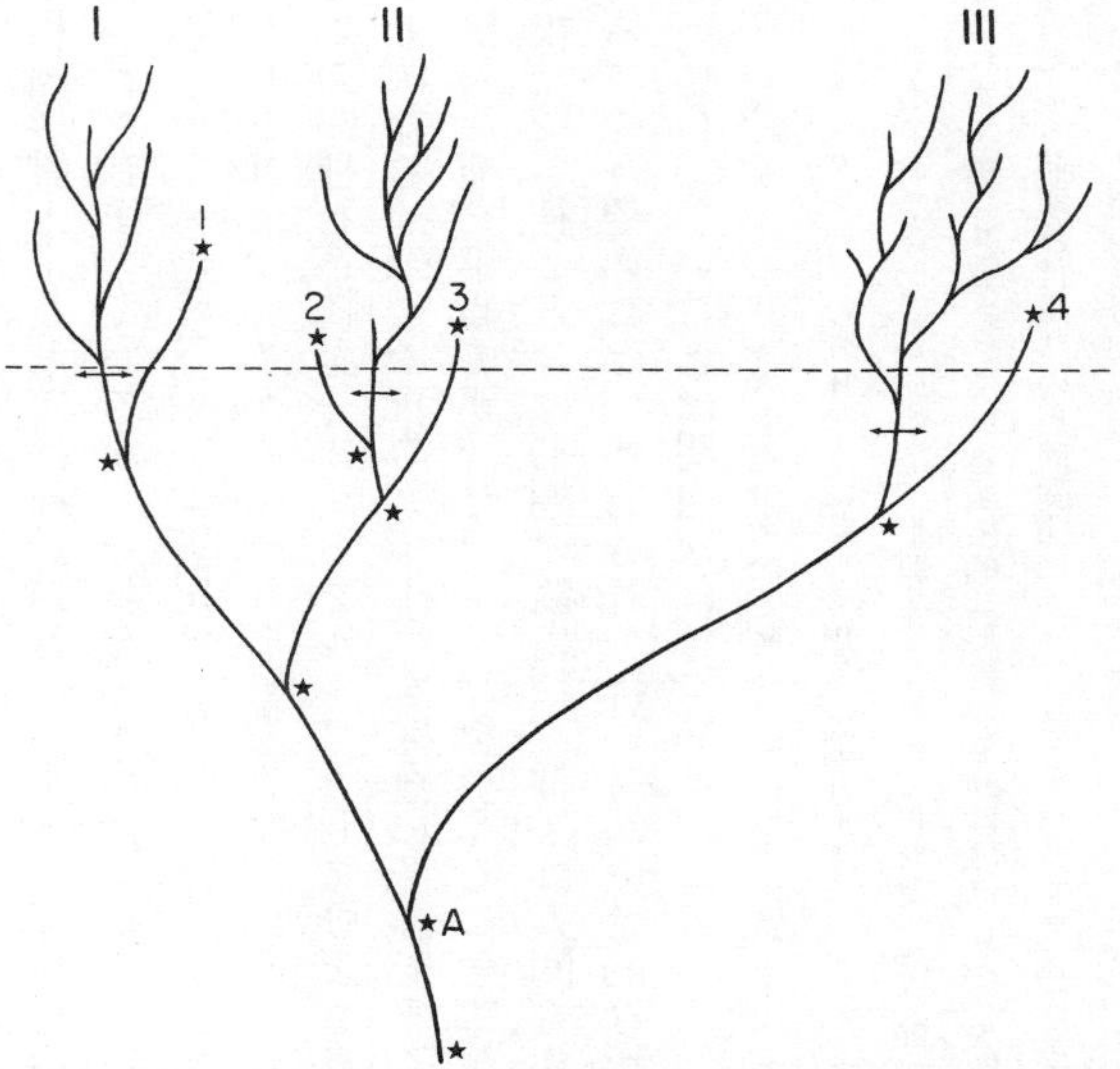

図 3-71 ／共有されてはいるが原始的な形質を指針として系統的なグループを同定してはいけない理由を説明するための，仮想的な進化の樹状図。星印が付された系統や分岐点は，共有されてはいるが原始的な形質を備えている。両向き矢印は，その形質の喪失を示している。

ープI、II、IIIに分岐していたようすを表わしている。星印は、遠い共通祖先（A）から受け継いだ相同形質――たとえば前足の五本指――の存在を示している。多くの枝では、この形質は失われてしまっているか、それとわからないほど変更されてしまっている。両向きの矢印は、そこでこの形質が完全に消失したという印《しるし》である。ある時点では四つの種（1〜4）が、共有されてはいるが原始的な形質をいまだに保有していることがわかる。これを手がかりにこの四種を系統を一にするグループとしてひとまとめにしたとすれば、最悪の誤りを犯すことになる。三つの真のグループを完全に認識しそこなう一方で、それらのグループから取り出した種を集めて誤ったグループをつくることになるからである。たとえば、種1はウマの祖先で、種2と3は初期の齧歯《げっし》類《るい》、種4は人間も含む霊長類の祖先ということだってありうる。そう考えれば、共有されてはいるが原始的な形質に基づいて分けられたグループが正しい集合でないことは明白なはずである。＊

（＊）これで、バージェス生物の系統を解くために何歩か踏み出すことができる。相似――たとえば多毛類の剛毛とウィワクシアの骨片――に基づく類似は除外できる。また、系統を一にするグループの定義にはならない、共有されてはいるが原始的な形質――二枚貝に似た背甲や〝節口様類〟的な体形――も除外できる。しかしこれまでは、共有されている派生的な形質の見分けはほとんど失敗してきている。共有されている派生的な形質である前頭部付属肢の相同関係により、レアンコイリアとアクタエウス（それとおそらくアラルコメナエウスも）が結びつけられるかもしれない。オパビニアとアノマロカリスの、上面に鰓がついた側生のびらびらは、共有されている派生的な形質かもしれない。だとすれば、奇妙奇天烈生物のうちの二つのあいだで、唯一の系統関係が確立されることになる。

しかし、バージェスを取り巻く問題は、たぶんそれよりもずっと悪い。私は、全五幕の年代記を語るなかで、節足動物の形質が放りこまれたがらくた箱という言いかたをしばしば使った。二枚貝に似た背甲のような共有されてはいるが原始的な形質は、図3－71で星印をつけた形質とはちがい、連続した系統を示してはいないとしてみよう。そして、類例のない実験と遺伝的柔軟性の開示がなされたこの太古の時代においては、そのような形質は新しく生じた節足動物のどの系統でも繰り返し何度でも生じることができたとしてみよう。共通した機能を進化させるためにゆっくりと個別に生じた（そうだとすれば、この形質は相似形質の古典的な例ということになる）わけではなく、そのような形質を生む能力が初期のあらゆる節足動物の遺伝システムには潜んでいたため、個々の系統ごとに個別的に生じることができたと考えるのである。そうだとすれば、節口様類的な体形や二枚貝に似た背甲のような形質は、節足動物の系統樹全体で何度でもぽんぽんと生じたとしてもおかしくはない。

私は、バージェスの時代にはそのように奇妙な現象があたりまえだったのではないか、バージェスの系図調べがほとんど失敗してきたのは、何列にもわたってたくさんの料理がずらずらと並んでいる中華飯店の古風な大メニューから、A列からはこれを一品、B列からはこれとこれを二品というぐあいに料理を自由に選ぶようなやりかた（ヤッピーごひいきのグルメ革命以前の方式）で形質を自由に組み合わすことで個々の種は生じてきたからなのではないかとにらんでいる。後世の節足動物ではまとまりのあるグループが見分けられるようになった理由は二つある。第一に、たくさんの潜在的な可能性から主要な部品を個々に調達する遺伝的能力を、系統が失ってしまったから。第二に、絶滅によって大半の系統が消滅し、残っているのは数系統にすぎず、系統間に大きな溝が存在するから（図3－72）。現時点でわれわれが門とか綱として知っている特徴的なグループは、生き残った数少ない系統が放散した（全体的な形態の異質性は制限されたまま、種の多様性を増大させた）ことでもたらされたものなのである。

デレク・ブリッグスがバージェス産節足動物を分類するうえでの困難について次のように書いたとき、彼の頭のなかにはこのようなモデルがあったのではないかと私は思っている。「個々の種がそれぞれにユニークな形質をそなえている一方で、共有されている形質は一般的な形質であり、多くの節足動物に共通している傾向がある。これら同時代に生息していた種間の関係は、そういうわけで明瞭というにはほど遠く、祖先種と思われるものも知られていない*」（1981 b, p. 38）

（*）専門的な註……バージェス産節足動物に関するクラドグラム（分岐図）をつくる努力も幾度かなされてきた（Briggs, 1983 および印刷中）。しかし、これまでのところそれらの努力はことごとく失敗している。いくつか考えられる可能性が、うまく収束しないのだ。がらくた箱モデルが正しく、新しい個々の系統がそなえている主要な形質はそれぞれ別々に、すべてに共通するひとそろいの潜在的可能性から生じたものだとしたら、表現型レベルでの系統的な関連性は切れてしまい、通常のクラディスティクス（分岐学）の手法では扱えない

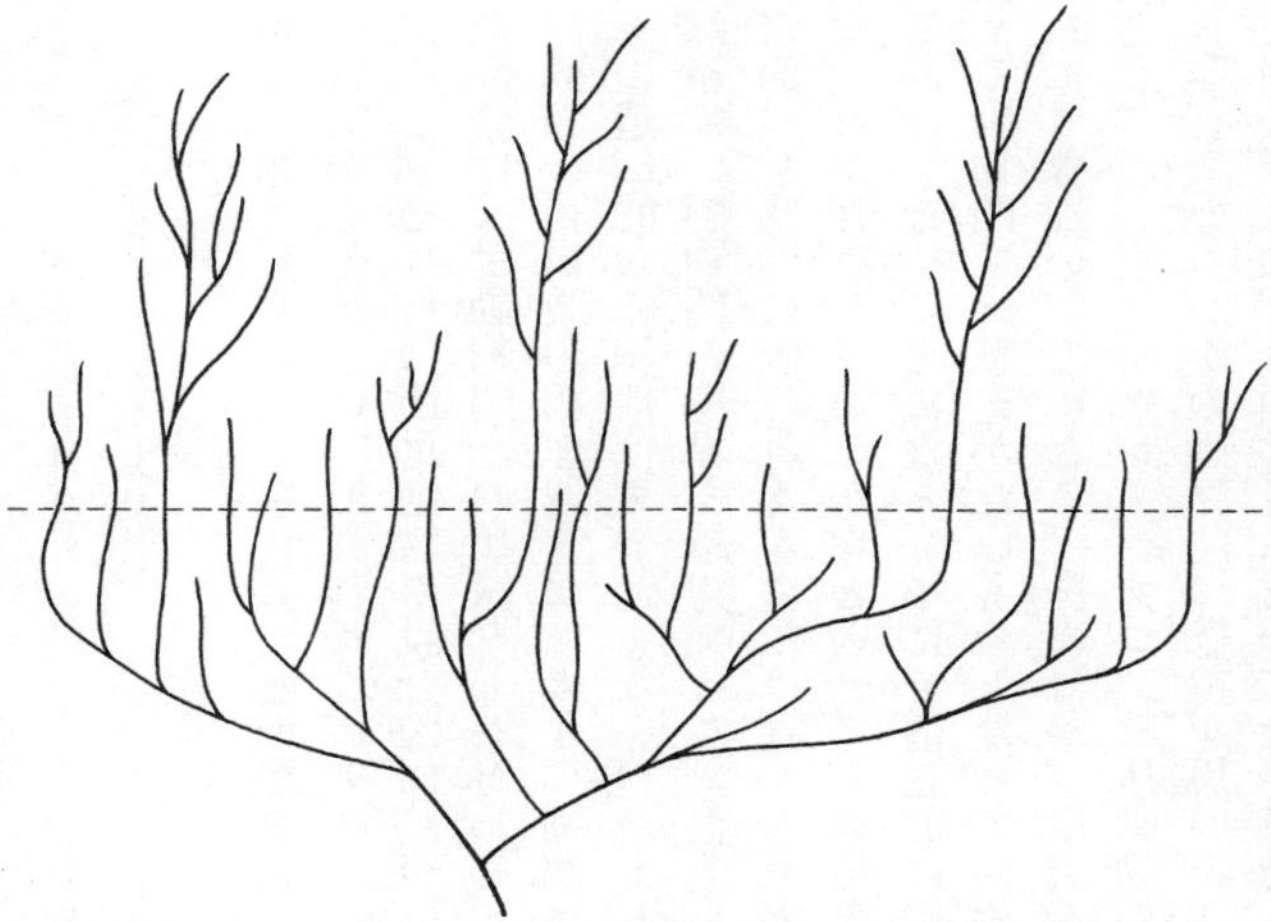

図3-72／バージェス動物群の再解釈によって浮上した生物進化史の新しい見かたを反映させた仮想的な進化の樹状図。絶滅によって大半のグループが除去されたことで，生き残ったグループ間には形態上の大きな溝が残されている。点線の位置が，異質性が最大だったバージェス頁岩の時代に相当する。

問題ということになるかもしれない。それでももちろん、形質の入れ子構造としてとらえられる連続性は、いくらかなりとも存在するかもしれない。しかし、どの形質に着目すべきかを見分けるのは難しいだろう。

私のがらくた箱モデルは、バージェス産節足動物だけに限らず、バージェス動物全体に対しても拡張可能かもしれない。われわれは、アノマロカリスの摂食用付属肢をどう理解したらいいのだろう。それらは節足動物の設計図に基づいてつくられているようにも見えるが、体のほかの部分に節足動物門との類縁をうかがわせる特徴は見当たらない。もしかしたらそれらは節足動物の付属肢の相似器官にすぎず、別個に進化した器官であって、節足動物の節のある肢との遺伝的な連続性はまったくないのかもしれない。しかしおそらく、バージェスのがらくた箱は、動物門の境界を越えていた。おそらく、共通の遺伝的基盤をもつ節のある肢は、まだ節足動物門に限られたものではなかったのだろう。そうだとしたら、節足動物以外の一部にそれが存在しているからといって、節足動物と系統的に近い関係にあることを意味しているわけでないことになる。単に、潜在的に繰り返し出現可能な構造として広く存在し、現生する動物門では越えがたいものとなっている境界をたやすく越境することができたという意味にすぎないことになる。そのほか、巨大ながらくた箱から生み出された可能性のある形質としては、ウィワクシアのあご（軟体動物の歯舌《しぜつ》を思い出させる）やオドントグリフスの摂食器官（いくつかの動物門の総担《ふさかつぎ》を思い出させる）が思い浮かぶ。

がらくた箱モデルは、分類学者にとっては悪夢であり、進化学者にとっては大いなる喜びである。体を構成する基本的な形質の数は一〇〇で、一つの形質がとりうる形状はそれぞれ二〇通りずつそろえている生物を想像してみよう。がらくた箱には一〇〇のしきりがあって、その中にはそれぞれ二〇種類の異なるビーズが入っている。新しいバージェス生物をつくるにあたって、ビーズひきの神は、各しきりからビーズを一個ずつランダムにひき、そうやって取り出した一〇〇種類のビーズを一本の糸に通す。するとどうだろう、その創造物はみごとに動きだす。一つの音階からたくさんの心地よい曲がつくり出せるように、たくさんの数の生物がこの実験によってつくり出せる。* バージェス時代から後、世界はこんなふうにはいかなくなった。いまや、ビーズひきの神は、さまざまな種類の別々の箱を使っている。それぞれに、〝脊椎動物の設計プラン〟とか〝被子《ひし》植物の設計プラン〟とか〝軟体動物の設計プラン〟などと書かれた箱である。そして個々のしきりに入っているビーズの数もはるかに少なく、箱1で見つかるビーズと同じものが箱2でも見つかる可能性は、あるにしてもきわめて少ない。ビーズひきの神は、いまでは、以前と比べるとはるかに整然とした新生物の集団をつくっており、初期の作品に見られる遊び心や驚きは消えうせてしまっている。かの神はもはや、アノマロカリスにちょっとだけ節足動物の味つけをし、ウィワクシアに軟体動物の香りを与え、ネクトカリスには節足動物と脊椎動物の合金を混ぜるということをした、華麗な新多細胞生物界の〝恐るべき子供〟ではない。

(＊) 私はここで誇張を行なっている。自然界には構造と体制の規則がいきわたっている。思いつけるすべての組み合わせがうまく機能するわけではないし、後生動物の胚発生に課せられた制約の枠内で、どんな混合物でも構築されるというわけでもない。私がこのたとえを使ったのは、バージェス生物では可能性の幅がとてつもなく広かったことを言いたいがためである。

この物語は、古くさくて規範的である。若々しかった情熱家は、良識とおとなしいデザインの使徒になってしまった。それでも、以前の情熱が完全に消えてしまったわけではない。まぎれもなくどこかしら新しいものが、厳格な遺伝の境界を越えてするりと入りこむことがときどきあるのだ。しかし、持ち前の虚栄心が、おそらく最終的に自分を打ち負かしたのだろう。そのように激しい遊びを、作品を賞賛する記録係もいないままこの先もずっと続けると考えただけで、おそらく耐えられなくなったのだろう。そこで、脳みそを大きくするビーズを〝霊長類の設計プラン〟の箱から取り出した。かくして、ラスコーの壁画を描き、シャルトル大聖堂のステンドグラスを作り、ついにはバージェス頁岩をめぐる物語を解読できるような種を組みたてたというわけである。

カンブリア紀の一般的な化石層としてのバージェス頁岩

われわれがバージェス頁岩に感じるいちばんの魅力は、理解するという行為が内包《ないほう》するパラドックスと関係している。この物語でいちばんびっくりしたニュース価値もある部分のなかには、これ以上にないほど奇妙で不思議な生物の存在も含まれる。全長が六〇センチもあり、クラゲのような環状のあごで三葉虫をバリバリとかみ砕いていたアノマロカリスなどは、まさに見出しを飾るにふさわしい。しかしわれわれは、慣れ親しんだ世界から完全に遊離した対象を理解することはできない。バージェスは、われわれに一般的な教訓をもたらすと同時に、通常の生命観をくつがえす。それは、バージェス動物群の多くは、慣例と明瞭につながっているからである。バージェスの動物たちの摂食と移動のしかたは異常ではない。生物群集全体は、まさに生態学者が現代生態学の説明原理で理解できるものである。動物群の主要構成員は、ほかの場所の化石層からも出土している。バージェスはカンブリア紀のあたりまえの世界を代表しているのであって、ブリティッシュ・コロンビアにあるけばけばしい岩《いわ》屋《や》ではないことをわれわれは知っている。

バージェス頁岩の説明を完全なものとするには、奇妙奇天烈生物の復元と並んで、ほんのの甲殻類や鋏角類といったありきたりの動物も発見されたことがあらゆる点で同じくらい重要だったということを、私は全五幕の年代記のなかで一貫して強調した。もっと視野を大きくとり、動物群全体を一つの総体、機能している生態学的な群集として考えると、同じテーマがなおいっそう強調される。バージェス生物がそなえている構造面での奇妙さは、この動物群はそっくりそのままのかたちで地球全体に広く分布し、生態学的に見て通常の機能をしていたという背景に照らすことで意味をもつのだ。

食べるものと食べられるもの
——バージェス産節足動物が活躍していた世界

一九八五年、ブリッグスとウィッティントンはバージェス産節足動物の生活様式と生態に関する結論を魅惑的な論文にまとめて発表した（それ以前に彼らが発表したモノグラフのほとんどは、解剖学上の記載と系統に関する推論が中心だった）。彼らは、すべてのバージェス産節足動物をひとまとめにして考えることで、現生する動物群に匹敵する範囲をカバーする行動様式と摂食方式を復元したのだ。そこでは、バージェス産節足動物の属《ぞく》は次のような六つの主要な生態学的カテゴリーに分けられている。

（一）**捕食性および死肉食性の底生《ていせい》動物**（ここでいう底生動物とは、海底で生活し、ほとんどあるいはまったく泳がない動物のこと）この大グループには、三葉虫類のすべてと〝節口様類〟のいくつか——シドネユイア、エメラルデラ、モラリア、ハベリア——が含まれる（図3－73のDおよびF～K）。すべての種類が力強い歩脚《ほきやく》のついた二枝型付属肢をそなえ、体の中心を走る食溝《しょっこう》に面した歩脚第一節内側の縁はとげとげになっていた。消化管（として同定できるもの）の先端は下向きに湾曲して後方を向き、口として開口している。つまり、ほとんどの底生節足動物がそうであるように、食物は後方から入り、いったん前方に運ばれてから再び後方に送られたわけである。歩脚の頑丈なとげは、かなり大きな獲物か死肉をがっしりとつかみ、前方の口に運ぶために使われたのだろう。

（二）**堆積物食性の底生動物**（堆積物食者とは、しばしば大量の泥を処理することで堆積物から小さな食物粒を取り出す動物で、大きな食物にとりついたり、積極的に追いかけたりはしない）いくつかの属がこのカテゴリーに入るが、いちばんの見分けかたは、食溝に面した歩脚の内側の縁に頑丈なとげを欠くか、まったくとげがないことである。たとえばカナダスピス、ブルゲッシア、ワプティア、マルレラなどがそうである（図3－74のEおよびH～J）。これらの属の大半は、海底の堆積物の上を歩くか、海底近くの水層中を弱々しく泳ぐぐらいしかできなかっただろう。

（三）**死肉食性およびもしかしたら捕食性の遊泳底生動物**（遊泳底生動物とは、海底近くを泳いだり歩いたりする動物）このカテゴリーに入る属——ブランキオカリスとヨホイア（図3－74のDおよびF）——は、強力な歩脚のついた二枝型付属肢を欠いているため、完全な底生性ではなかった。ヨホイアの頭部には三対の二枝型付属肢があるが、胴体には呼吸と遊泳に使用された鰓脚《さいきゃく》つきの単枝型と思われる肢しかない。ブランキオカリスの胴体には二枝型付属肢があるものの、歩脚は短くてひ弱である。胴体の付属肢に強力な内枝ないし《ないし》（歩脚）がついていないということは、両者とも食物を後方から前方に運んで食べていたわけではないということでもある。しかしどちらの属も、先端に爪がついている大きな付属肢を頭部にそなえている。おそらく、食物のかたまりを体の先端から口へと直接運んでいたのだろう。

（四）**堆積物食性と死肉食性の遊泳底生動物**　カテゴリー三の属と同じく、このグループのメンバーも胴体の付属肢には内枝がないか、あるとしてもひ弱である。つまり、海底を歩く

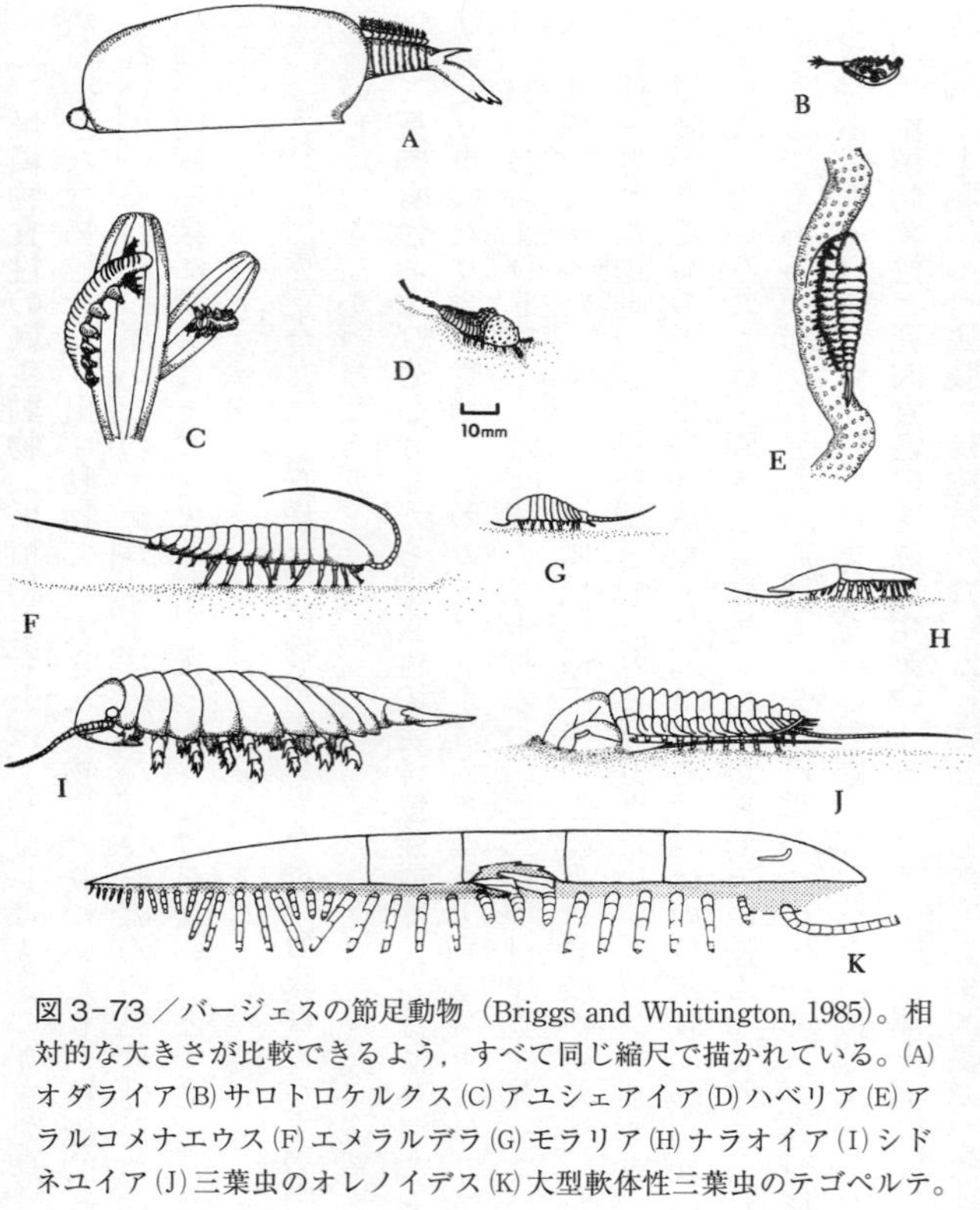

図3-73／バージェスの節足動物（Briggs and Whittington, 1985）。相対的な大きさが比較できるよう，すべて同じ縮尺で描かれている。(A)オダライア(B)サロトロケルクス(C)アユシェアイア(D)ハベリア(E)アラルコメナエウス(F)エメラルデラ(G)モラリア(H)ナラオイア(I)シドネユイア(J)三葉虫のオレノイデス(K)大型軟体性三葉虫のテゴペルテ。

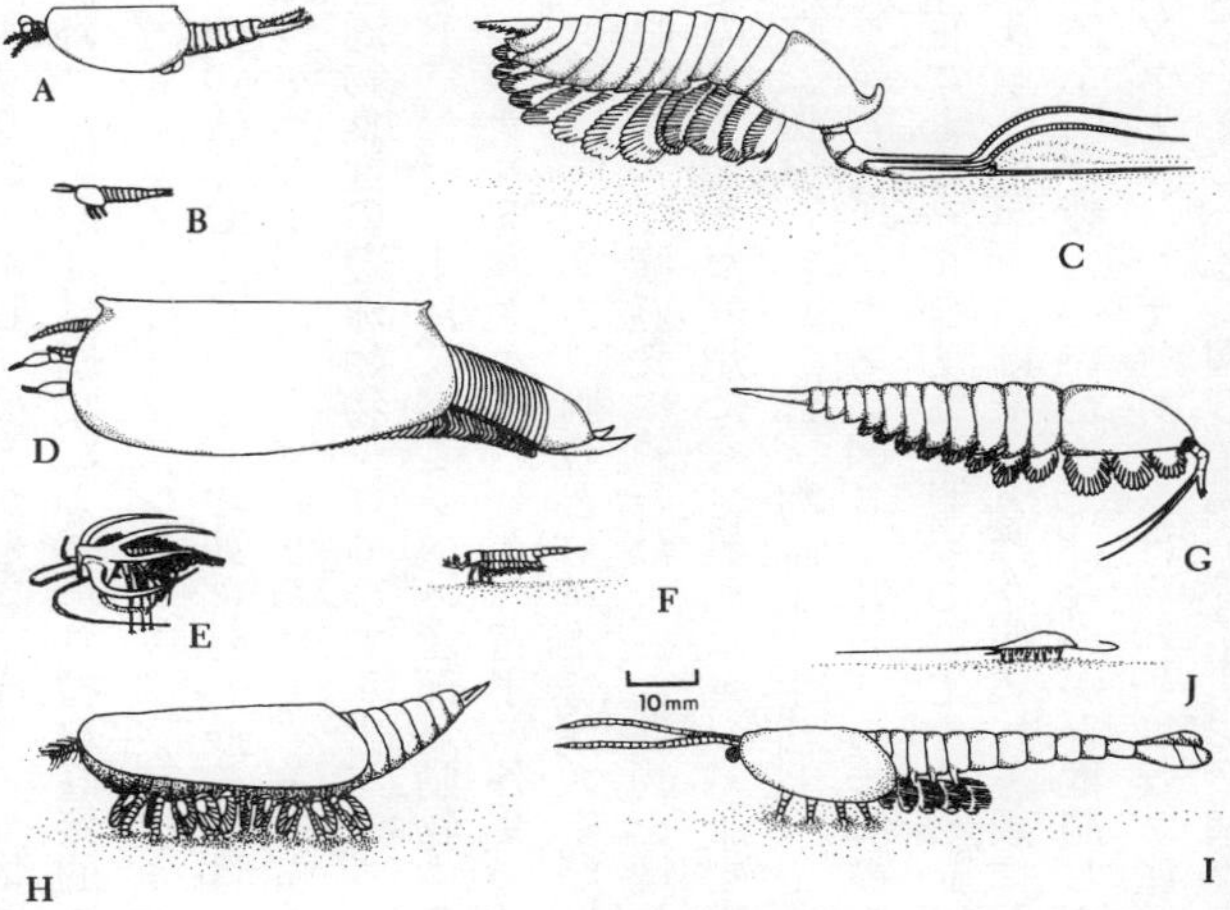

図3-74／そのほかのバージェス産節足動物（Briggs and Whittington, 1985）。すべて同縮尺。(A)ペルスピカリス(B)プレノカリス(C)レアンコイリア(D)ブランキオカリス(E)マルレラ(F)ヨホイア(G)アクタエウス(H)カナダスピス(I)ワプティア(J)ブルゲッシア。

こともあまりなかったし、後方から口に向けて食物を運ぶこともしなかった。強力な外枝《がいし》は遊泳に使われた。頭部付属肢により、食物を直接的に集めることができただろう。しかしこのグループのメンバー——レアンコイリア、アクタエウス、ペルスピカリス、プレノカリス（図3−74のA〜CとG）——の頭部付属肢の先端には強力な爪がついていないため、大きな食物はつかめなかった。そういうわけで、おそらく堆積物食者だったと考えられる。

（五）懸濁物《けんだくぶつ》食性の遊泳動物　この小グループ——オダライアとサロトロケルクス（図3−73のAとB）だけ——は、バージェス産節足動物中の本当の遊泳者である。いずれの属も、歩脚がない（サロトロケルクス）か、背甲の外までは出ないほど短い内枝をそなえているだけ（オダライア）である。両者ともバージェス産節足動物中最大の眼をそなえており、おそらくその眼を使って濾過《ろか》食に適した小さな獲物を探していたのだろう。

（六）その他　どんな分類にも、異例なメンバーを寄せ集めたカテゴリーが存在する。アユシェアイア（図3−73C）は、海綿上で生活し、それを食べていた寄生生物だった可能性がある。アラルコメナエウス（図3−73E）の歩脚の内側の縁には、食溝に面した第一節だけでなく全面にわたって強力なとげがびっしりとついている。ブリッグスとウィッティントンは、アラルコメナエウスはそのとげを使って藻類《そうるい》にしがみついていたか、死肉を食べる際にそれで遺骸を引き裂いていたのではないかと推測している。

ブリッグスとウィッティントンは、バージェス産節足動物の生態を要約したみごとな図をその論文にそえている（図3−73と3−74）。個々の属はその生息環境と考えられる場所に配置され、しかもすべて同縮尺で描かれている。つまり、属どうしの大きさのちがいが一目《いちもく》瞭然《りょうぜん》にされている。

この六つのカテゴリーは、いずれも何系統かにまたがっている。この全員で、現生する海生節足動物が果たしているのと同じ役割を分担していたのだ。つまりバージェス産節足動物は、現代の海よりも当時の海のほうが利用可能な生息環境の幅が広かったがために、ただだそれに適応することだけであれほどの異質性を生み出したわけではないのだ。与えられていた機会は基本的に同じだったのに、どういうわけかその時代には、構造面でのすさまじい規模の実験が引き起こされたのである。生態学的には同じ世界、それなのに進化の対応はぜんぜん別。これこそが、バージェスをめぐる謎を規定している。

バージェス動物群の生態学

サイモン・コンウェイ・モリスは、ウィワクシアに関するモノグラフを発表した一年後の一九八六年に、別の類《たぐ》いの〝超弩級〟の論文を発表した。それはバージェス生物群集全体に関して生態学的な分析を加えた包括的な論文である。彼はまず、ちょっとおもしろい事実と数字の紹介から始めている。バージェス頁岩では、三万三五二〇個の板石から七万三三〇〇個あまりの標本が集められているというのだ。このうちの九〇パーセントはワシントンのスミソニアン国立自然史博物館に保管されているウォルコットのコレクションに納まっている。

その標本のうちの八七・九パーセントは動物で、残りのほとんどすべては藻類。動物化石の一四パーセントは殻のような骨格をもち、残りはすべて軟体性だという。

バージェス動物群は、一一九属一四〇種からなっており、属のうちの三七パーセントは節足動物である。コンウェイ・モリスは、この動物群がおもに二つの要素で構成されているとした。（一）底生種と海底近くで生活する種からなる圧倒的多数を占める群集で、泥流によって淀《よど》んだ海底に運ばれたもの。コンウェイ・モリスの推測によれば、光合成《こうごうせい》のための光を必要とする藻類が大量に含まれていることから判断して、もともとこの群集は、おそらく水深九〇メートル未満の浅海で生活していたらしい。彼はこの構成要素を、マルレラ＝オットイア群集と呼んだ。砂や泥の上を歩きまわるものとしてはいちばん数の多い動物（節足動物のマルレラ）と、海底に穴を掘って隠れすんでいるものとしてはいちばん数の多い動物（鰓《えら》曳虫類《ひきむしるい》のオットイア）に敬意を表してのことである。（二）淀んだ海底から離れた水層中を常に遊泳しながら生活している数少ない生物からなる小さな群集で、泥流によって底生生物とともに埋められたもの。コンウェイ・モリスはこの構成要素を、自分が研究した遊泳性の奇妙奇天烈生物に敬意を表してアミスクウィア＝オドントグリフス群集と呼んだ。

バージェス動物の属は、解剖学的特徴という点では異質で奇妙に見えるが、摂食様式とその生息場所で分類すると、すべて通常のカテゴリーに納まることに彼は気づいた。コンウェイ・モリスが認めた四大グループは次のとおりである。（一）堆積物をつまみとって食べる動物（大半が節足動物）。全個体数の六〇パーセント、全属の二五〜三〇パーセントを占めている。このグループにはマルレラとカナダスピスという、バージェス動物のなかではいちばん数が多いほうの二属が含まれているため、全個体数のなかで占める割合が高くなっている。(二)堆積物を濾過して食べる動物(大半は、硬組織をそなえたふつうの軟体動物)。全個体数の一パーセント、全属の五パーセントを占める。(三)懸濁物食者《けんだくぶつ》(大半が海綿類で、水層から食物を直接とりこむ)。全個体数の三〇パーセント、全属の四五パーセントを占める。(四)肉食者と死肉食者(大半が節足動物)。全個体数の一〇パーセント、全属の二〇パーセントを占める。

前進主義的な偏見をもち、生物の多様性は時代とともに逆円錐形的に増大したという図式を頭に描く伝統的な見かたでは、カンブリア紀の生物群集は、その後を引き継いだ生物群集に比べて特殊化しておらず、ずっと単純なものとされてきた。カンブリア紀の動物群は生態学的に特殊化していないことが特徴で、個々の種は広めの生態的地位《ニッチ》を占めていたと考えられていたのだ。食物連鎖も単純で、浮泥《デトリタス》食者と懸濁物食者が圧倒的に多く、捕食者はごく少ないかまったくいないかのいずれかとされていた。生物群集は、環境に左右されにくくて、地理的分布が広く、分布の境界ははっきりしないものとして復元されてきた。

コンウェイ・モリスは、カンブリア紀の世界はそのようにかなり単純なものだったというそれまでの考えかたを完全にひっくり返したわけではなかった。たとえば彼は、バージェスの捕食者が獲物を襲って処理する能力はそれほど複雑なものではなかったという事実を見つけている。「古生代の中期ないし後期の動物群と比較すると、捕食(探索と襲撃)と捕食回

避のしかたは複雑度と発達程度においてかなり劣っていたように思われる」(1986, P. 455)

それでも、彼がいちばん言いたかったのは、バージェス頁岩の生態学はほとんど異例なものではなく、もっと後の地質時代の世界とよく似ているということだった。コンウェイ・モリスは、この生物群集の全貌が軟体性動物によってますます正しく評価できるようになるたびに、以前の観点から予想していた以上に豊富な生態的地位と複雑な群集構造をそこに見いだした。浮泥食者と懸濁物食者の数が多数を占めてはいたが、それらの生態的地位はそれほど重複してはいなかった。すべての種が、食べられそうなものなら何でも吸いこんでいたわけではなかったのだ。実際にはむしろ、ほとんどの種が、はっきりと限定された環境において特定の種類と大きさの食物を摂食することに特殊化していた。懸濁物食者は、水層のあらゆるレベルから食物粒子なら何でもかんでも吸いこんでいたわけではなかった。後世の動物群と同じように、さまざまな種が、複雑な相互作用をもつ群集のなかに〝積み重ね〟られていたのである。ふつうはそうした積み重なりのなかでさまざまな種類の生物が特殊化し、水層の下層、中層、上層へと自分たち自身を閉じこめ、生物群集は多様化する。

いちばんの驚きは、バージェス生物群集では捕食者が主要な役割を演じていたということである。食物連鎖《しょくもつれんさ》の最上位の地位も完全に埋められ、機能していたのだ。そういうわけで、初期の生物の異質性が高かったのは、きびしい生存闘争下でのダーウィン流の競争が存在しない安楽な世界だったせいで高い圧力がかからず、新案を試す実験や応急装備でまにあわす実験が許されていたからだという説明は、もはやまかり通らない。コンウェイ・モリスは次のように論じている。「海生後生動物間の食物連鎖の基本構造は、その進化の早い段階で確立していたことを［バージェス動物群は］はっきりと示している」(1986, p. 458)
バージェス生物全体の生態学に関して考察したコンウェイ・モリスも、ブリッグスとウィッティントンが節足動物の生活様式に関して確立した結論と同じ結論に到達したのだ。バージェス頁岩という〝生態劇場〟は、どちらかといえばありきたりのものだったのである。コンウェイ・モリスは、「葉脚類《ようきゃくるい》化石層の群集構造は、それよりもっと新しい古生代の軟体性動物群の多くの群集構造と基本的には変わらなかったことが明るみにでるかもしれない」(1986, p. 451) と書いている。では、初期の時代における〝進化劇〟のほうは、なぜこんなにもちがっていたのだろうか。

世界的な分布をもつ初期の動物群としてのバージェス

科学の研究を活性化させる最高の薬は、なんといっても成功である。このところのバージェス頁岩に関する研究がもたらした興奮は、軟体性動物群と初期の多細胞生物がたどった歴史をめぐる関心を盛大にあおりたててきた。バージェス頁岩はブリティッシュ・コロンビア州にある小さな化石層であり、カンブリア紀初期に起こったあの爆発的進化が終結した後のカンブリア紀中期に堆積したものである。バージェス動物群が地理的に限定されたもので、時間的にも大事件の直後に限ったものであるかぎり、それが生物全体についての物語を伝えているということはありえなかった。ここ一〇年、いや私がこの本を書いているあいだも進行している展開でいちばんすごいのは、バージェス動物と同じ属の化石が世界中から、それももっと時代の早い岩石から見つかっているということである。

最初のいちばん明瞭な拡張は、本家の近くでなされた。不安定な斜面を泥流が流れ下ることでバージェスが形成されたのだとしたら、その近辺ではほぼ同時期にほかにもたくさんの泥流が起きていたにちがいない。そしてそのなかには、保存されたものもあったにちがいない。すでに紹介したように、そのようにして形成されたバージェスに匹敵する価値をもつ化石層を見つける努力を最初に試みたのは、ロイヤル・オンタリオ博物館のデズ・コリンズだった。そして彼は、すばらしい成果をあげてきた。コリンズは、一九八一年と一九八二年の調査期間中に、本家から半径三〇キロほどの範囲内で一〇カ所以上のバージェスに匹敵する化石層を発見した。一九八一年の調査隊にはブリッグスとコンウェイ・モリスも加わり、ブリッグスは一九八二年にも参加した（Collins, 1985 ; Collins, Briggs, and Conway Morris, 1983 ; Briggs and Collins, 1988 を参照）。

そのようにして見つかった化石層は、バージェスの単なるコピーではない。出土する基本的な動物の種類は同じだが、構成比がかなり異なるものが多いのだ。たとえば新しく見つかったある場所では、ウォルコットの化石層からはいちばんたくさん出土するマルレラがまったく見つからない。そこからいちばんたくさん出土するのは、ウォルコットの葉脚類化石層ではたった二個体しか見つかっていないアラルコメナエウスである。コリンズは、新種もいくつか見つけている。すでに言及したサンクタカリスは、これまでに見つかっているものとしては最古の鋏角類節足動物としてとくに重要である。そのほかに、まだ記載されていない奇妙奇天烈生物もいる。それは、「肢が毛だらけでとげとげの、類縁のわからない動物」(Collins, 1985) だという。

コリンズがあげた最大の成果は、基準となるウォルコットの発見を補塡《ほてん》する多様性と比較という、このうえなく貴重なテーマを提供したことだった。コリンズが見つけた場所からは、別々の群集といっていいほど種数も種の構成も異なっている群集が五種類見つかっている。ここで重要なのは、それらの場所には、四つの新しい地層レベルが含まれることである。いずれの地層も、葉脚類化石層と時代的に近いことはまちがいないのだが、それでもそこからは決定的ともいえる情報が得られる。それは、バージェス動物群は、生物が初期の進化的変化をとげつつあった大騒動のまっ最中の二度とない瞬間をいまにとどめているものではなく、その当時の安定した動物群の姿だということである。

バージェスから出土する基本的には軟体性の種のなかにも、通常の状況でも化石化する、軽度に硬化した組織をもつものがいくつかいる。有名なところでは、ウィワクシアの骨片やアノマロカリスの摂食用付属肢がそれである。そうした器官はずいぶん以前から、バージェスとは時代の異なる、遠い場所でも見つかっていた。しかし、見つかっている量が少ないため、一つの群集を構成するほどではない。かなりまとまりをもった実体としてのバージェス動物群は、ブリティッシュ・コロンビア州以外では、いまのところ合衆国のアイダホ州とユタ州の軟体性化石群集で確認されている（ペユトイアについてはConway Morris and Robison, 1982、アノマロカリスについてはBriggs and Robison, 1984；Conway Morris and Robison, 1986）。そこには、節足動物、海綿類、鰓曳虫類、環形動物、クラゲ類、藻類、そして正体のわからない生物など全部で四〇属あまりが含まれている。そのほとんどはまだ正式な記載がなされていないのだが、七五パーセントほどの属がバージェス頁岩と共通している。かつてはたった一カ所、ほんの一瞬ともいえる時代からしか知られていなかった種の多くが、いまでは、広い地理的な分布と、かなりの安定した生存期間をもつようになったのだ。コンウェイ・モリスとロビソンは、バージェス産鰓曳虫類のなかでいちばん数の多い種について次のように述べている。「オットイア・プロリフィカは、以前はバージェスだけと思われていたが、地理的にも層序《そうじょ》的にも分布を拡張し、中部カンブリア系のかなり（一五〇〇万年くらい？）にわたる分布をもち、その間、最小限の形態的変化しか見せていない」(1986, p. 1)

それ以上にすごいのは、バージェスに登場する多くの生物が、それ以前の時代の堆積層からも見つかるようになったことである。バージェス頁岩は、中部カンブリア系の堆積物である。その直前の下部カンブリア系では、現生的な生物を起源させたあの爆発的進化が起こっている。われわれがぜひとも知りたいのは、バージェスの異質性は、かの爆発が起こっているまっ最中に短時間で達成されたものなのかどうかである。

つい最近の発見以前にも、肯定的な手がかりはすでにいくつかあるにはあった。ペンシルヴァニア州にある下部カンブリア系のキンザーズ軟体性動物群からはバージェスとよく似た種類の動物が見つかっていたし、オーストラリアでは、奇妙奇天烈生物らしきものが一九七九年に環形動物として記載されるなどしていたのだ。そして一九八七年には、コンウェイ・モリス、ピール、ヒギンズ、ソパー、デイヴィスが、グリーンランド北部の下部カンブリア系の中期から後期にかけての地層で見つかったバージェスに似た動物群に関する予備的な記載を発表した。その動物群で多数を占めているのは、バージェス動物群と同じように、三葉虫類以外の節足動物である。いちばんたくさん見つかるのは、全長が一・二センチほどで半円形の二枚貝に似た背甲をもつ生物である。全長が一五センチほどもある最大の動物は、バージェスの軟体性三葉虫テゴペルテによく似ている。存在するコレクションは貧弱で、発掘場所は、われわれの仲間内《うち》でいう〝アクセス困難〟な地域である。それでもサイモンは二年続けての訪問を計画しており、新たな知的冒険が期待できる。そうこうするあいだにも、サイモンとその仲間たちは、バージェスに見られる現象はカンブリア紀の爆発そのものが起こっている最中に出現したことを裏づける決定的な観察を行なってきた。「バージェス頁岩のものと少なくともいくらかは似た分類群の層序中の分布範囲がカンブリア紀初期まで拡張されたことも、それらは後生動物が初期に経験した多様化の枢要《すうよう》な部分をなしていたことを物語っている」(Conway Morris, Peel, Higgins, Soper and Davis, 1987, p. 182)

本書の執筆にかかる一年前のこと、私がバージェスに特別な関心をいだいていることを知っている古生物学者のフィル・シグノアが、中国人古生物学者が発表した論文 (Zhang and

Hou, 1985）の別刷りを私に送ってくれた。中国語の題名は読めなかったが、そこで論じられているナラオイアというラテン語名は理解できた。中国の出版物は写真の不鮮明さで定評があるが、そこに載せられた図版は、まぎれもなく二枚の背甲をもつ軟体性三葉虫のものだった。バージェスの鍵をにぎる生物が、地球の裏側で見つかっていたのだ。それ以上に重要なのは、ツァンとホウはその化石の年代を下部カンブリア系の早い時代としている点である。

一種類の生物でもわくわくものだが、結論を確かなものとするには動物群全体についての証拠が必要である。しかし、私は喜んでここに報告する――なにしろこれは、ウォルコットがバージェスを発見して以来の大発見ということになりそうなのだから。ホウとその仲間たちは、新たに見つけたその動物群に関してその後さらに六篇の論文を発表している。以前私がたとえ話にだした魔人（九六ページ）が五年前に魔法のランプから現われ、バージェス以外の好きな時代の好きな場所にバージェス的な動物群を見せにつれていってやると私に申し出ていたとしても、それほどいい候補地はなかっただろう。中国のその動物群は、ブリティッシュ・コロンビアから見て地球の反対側にあたる。つまり、バージェスに見られる現象は地球全体におよんでいたことを確証しているわけである。そしてもっとすごいこともある。この新発見は、下部カンブリア系よりも時代的にさらに深くさかのぼるらしいのだ。カンブリア紀の爆発が生んだ一般的な構造の特徴を思いだしていただきたい。その初期の時代――トモティ期――の特徴は硬組織のかけらが見つかるだけで、三葉虫類はいない〝有殻微小化石動物群〟だった。その次の、カンブリア紀の爆発の主要な時期はアトダバニア期と呼ばれる時代で、三葉虫類そのほかのカンブリア紀のありふれた生物がはじめて登場したことが特徴である。問題の中国の動物群は、アトダバニア期の二番めの三葉虫化石帯で見つかったものである。これはまさに、カンブリア紀の爆発のまっ最中、それも大爆発がまさに始まらんとした時期近くにあたる。

ホウとその仲間は、たくさんの種からなる保存状態のよい動物群集を記載しており、そのなかには鰓曳虫類や環形動物、何種類かの二枚貝様節足動物、〝節口様類〟の形状をした新属三つなどが含まれている（Hou, 1987 a, 1987 b, 1987 c ; Sun and Hou, 1987 a, 1987 b ; Hou and Sun, 1988）。

そういうわけで、バージェスで見られる現象は、カンブリア紀の爆発の開始時にまでさかのぼる。不確実な年代決定に基づく予備的な報告ではあるが、ヅィクとレンヅィオン（Dzik and Lendzion, 1988）は、東ヨーロッパの、ふつうの三葉虫類が最初に登場する地層よりも下の地層から出土したアノマロカリスに似た生物と軟体性三葉虫類を記載している。ウォルコットがブリティッシュ・コロンビアにあるカンブリア紀の爆発のわずか後にあたる地層で見つけた化石は、その爆発的進化が生んだ生物の化石であることは、もはや疑いようがない。バージェスに見られる異質性は、カンブリア紀の爆発の開始期から三、四〇〇〇万年しか経ていないものとしてはびっくりするくらい高い。しかしそうかといって、バージェスの異質性の高さを、そんなに長くはないこの期間に着実に蓄積されたものと見なすこともできない。大爆発が起こったのは、下部カンブリア系の地層のずっと下のほうでのことである。もし中国の動物群が予備調査が語るとおり豊かなものなら、その大爆発によってバージェスの高い異質性をささえるすべての構成要素がもたらされたことになる。バージェス頁岩は、カンブリア紀の爆発の産物が落ち着きを見せてしばらくたったあとの時代の様相を伝えているのだ。それでは、その後の非運多数死を引き起こした原因はなんだったのだろうか。限られた数の解剖学的デザインの枠内では多様性をほこってはいるものの、個々の基本デザインを隔てる溝はあくまでも深い、現在のような生物のパターンをもたらした原因はなんだったのだろうか。

バージェス頁岩をめぐる二つの大問題

バージェスの見直しは、生物進化の歴史に関して二つの大問題を投げかけている。その大問題は、バージェス動物群そのものをはさむように、一つはその事前、もう一つは事後というように対称に配置されている。まず第一に、進化は着実に進行する現象だと通常は考えられているというのに、このように高い異質性がこれほど急速に生じたのはいったいどうしてなのだろうか。第二に、現生する生物はバージェス後に起こった非運多数死によってもたらされたものだとしたら、どの生物が勝ち、どの生物が負けるかというパターンを設定するのは、はたして構造面のいかなる特徴で、機能のどのような特性で、どのような環境変化なのだろうか。つまり第一の問題は起源であり、第二の問題は生存と増殖である。いろいろな意味で、第一の問題は進化学説にとって実《みの》り多い問題である。その代表者たちがその後いかなる幸運に恵まれたにしろ、そもそもそのように高い異質性はいったいどのようにして生じえたのだろうか。ところが本書の主題は第二の問題のほうである。バージェス動物群の非運多数死が、歴史の本質を解明するためにぜひとも取り組みたい根本的な疑問を提起するからである。生命テープをリプレイさせるという決定的な実験は、バージェス動物群が完全無欠だった時点から始め、同じ出発点から非運多数死が独立に何度起こっても、いつも同じようなグループが生き残るのかどうか、生物の異質性が最大だったバージェスの時代以後に地球が目撃したのと同じ歴史が毎回目撃できるのかどうかと問いかける。そこで私は、厚かましくも第一の問題は無視することにする。ただし、考えうる説明を手短に要約するくらいのことはする。ひとえにそれは、有力な解答の一側面が、運命は異なるや否《いな》やという第二の問題に決定的に関係しているがためである。

バージェス動物群の起源

バージェスの異質性をもたらした爆発的進化については、おもなものとして三種類の進化学的な説明が考えられる。第一の説明は従来どおりの観点にしたがったもので、公表されているほとんどすべての議論はこの説明を（たいていはしかたなしに）前提としてきた。残る二つは、いくつか共通点をもっており、進化観の最近の潮流を象徴するものである。完全な説明は、これら三様の見地を取りこんだものとなるだろう。私はそう確信している。

(一) からっぽだった生態学的な樽がはじめて満杯にされた　従来のダーウィン流の理論では、生物が申し入れをし、環境が裁量《さいりょう》する。生物は、形態のちがいとして表われる遺伝的変異というかたちで進化の素材を提供する。ある時点のある個体群の内部ではそうしたちがいは小さく、しかも（基本理論にとってさらに重要なことに）方向性がない。*　進化的な〝変化〟は、外的環境――無機的な環境と、他の生物との相互作用の両方――がかける自然淘汰《しぜんとうた》という圧力によってもたらされる（ここが単なる変異とはちがう）。生物が供給するのは素材だけであり、ほぼ完全にその素材だけで、あらゆる変化がダーウィン流の着実な速度で起こるとされてきた。そのため、進化的変更の規模と速さを制御する原動力は環境ということになる。そういうわけで従来どおりの理論によれば、カンブリア紀の爆発がすさまじい速度で進行したのは、その当時の環境がどこかしら異常だったからということになる。

（＊）生物学の教科書では、変異は〝ランダム〟であるという言いかたがよく使われる。この言いかたは、厳密にいうと正しくない。変異は、どの方向に向かう可能性も等しいという文字どおりの意味ではランダムではない。翼を生えさせる遺伝的変異はゾウにはない。しかし、〝ランダム〟という言葉で伝えようとしている意味はきわめて重要なものである。それは、遺伝には生物を適応的な方向に変化させる傾向など存在しないという意味なのだ。環境が変化して小さい生物のほうが有利になっても、小型化する方向に偏《かたよ》った変異が遺伝的な突然変異によって生み出されはじめることはない。つまり、変異そのものが、方向性をもつ要素を供給したりはしないのだ。進化的変化の原因は自然淘汰である。生物の変異は単なる素材でしかない。

そこで、カンブリア紀の爆発を引き起こすことができた環境の異常さとはどんなものだったかと問うと、ただちに明白な答が浮上する。カンブリア紀の爆発は、多細胞生物が満たすべき生態学的な樽をはじめて満たしたという答がそれである。当時は、前代未聞の好機に恵まれた時代だった。ほとんどどんな生物でも、居場所を見つけることができた。生命はからっぽの空間へと放散し、培地《ばいち》の上にただ一つ植えつけられたバクテリアの細胞のように、指数関数的な速度で増殖することができた。他に類例のない時代の活気と喧噪《けんそう》のなかで、生物の歴史において後にも先にもただ一度だけ競争が事実上存在しなかった世界での実験が大流行したのだ。

ダーウィン流の理論では、競争が重要な調節役を演じる。ダーウィンは、世界を、全体にわたって何万本ものくさびがびっしりと打ちこまれている丸太に見立てていた。その一つひとつのくさびが、個々の種である。新しい種がそのこみあった世界に入りこめるのは、すきまにするりとすべりこみ、他種をぽんとはじき出せた場合だけである。つまり、多様性は自動調節されているのだ。カンブリア紀の爆発は、くさびが打ちこまれていない丸太から始まって、丸太をくさびでいっぱいにすることで終結した。そして、その後に起こる変化のすべては、競争と置換《ちかん》というゆっくりと進行する過程によってもたらされることになった。

このダーウィン流の見地からいうと、からっぽの樽モデルでカンブリア紀の爆発を説明することには明らかな難点もある。生命は、カンブリア紀以後、びっくりするくらいの大量絶滅を何度かこうむってきた。二畳紀の大崩壊では、海生生物種の九五パーセントかそれ以上が一掃されたともいわれている。そういうことがあったにもかかわらず、異質性が爆発的に増加するというバージェス的な現象は、その後二度と起こらなかった。二畳紀の絶滅の後、生命は再びすみやかに多様化したが、新しい門は生じなかった。枯渇した地球に再入植した生物はみな、それ以前から存在したデザインという拘束の枠内に納まっていたのである。ただし、カンブリア紀初期と二畳紀以降の世界とでは決定的に異なる点がある。五パーセントというのは高い生存率とはいえないかもしれないが、二畳紀の大崩壊では、一つの生活様式や基本的な生態が丸ごと一掃されたという例はなかった。くさびが太くなったり間隔が広くなったりということはあったにしても、丸太にはいぜんとして居住者がいた。別のたとえを使うなら、樽のなかに入っていた大きな玉は、すべてそのまま残っていたのだ。補給される必要があったのは、それらのすきまを埋める小さな玉だけだった。それにひきかえ、カンブリア紀の樽はまったくのからっぽだった。丸太は、きこりの一撃も浴びせられてはいないし、好きな女の子の名前も刻まれていないまったくの無傷だったのだ（Erwin, Valentine, and Sepkoski, 1987 は、この問題を数値的なデータをまじえて興味深く論じている）。

このような従来どおりの見解が、バージェスを論じたおよそすべての文献で前提とされていた。ただしそれは、バージェスから得られる証拠によってはっきりと裏づけられる積極的な論拠としてではなく、いちばん関心を払っているわけではない問題に対してえらそうにコメントする際に誰もが尊重すべき伝統的な説明としてである。「競争があまりきびしくない」というのが、説明を加える場合の合言葉だったのだ。たとえばウィッティントンは次のように書いている。

おそらく、これら新たに登場した動物たちが最初に占有した海の中のさまざまな環境には、食物と空間が豊富に存在していたし、それ以後の時代にくらべれば競争もそれほどきびしくはなかっただろう。そうした状況においては多様な形質の組み合わせが可能であったのだろう。周囲の状況を感じとる方法、食物を獲得する方法、動きまわる方法、硬組織を形成する方法、行動（たとえば捕食や死肉食）の方法などにおいて新しい方式が進化していった。そのようにして、その一部がバージェス頁岩で知られているような、現行の分類体系には納まらない奇妙な動物が生じたのかもしれない。（1981 b, p. 82）

コンウェイ・モリスも、この伝統的な見解を支持してきた。彼は、従来とは異なる別の見解を擁護する私の説明に対する意見として、次のように書いている。「私は、バージェスに見られる形態上の多様性を説明するには、生態学的な条件だけで十分なのではと考えています。……そういうわけで、おそらくカンブリア紀の爆発は〝生態学的な解放〟の大規模な例と考えていいのではないでしょうか」（一九八五年一二月一八日付の手紙）

これは、はねつけるにはあまりにももっともしごくな論拠である。私は、〝からっぽの生態学的な樽〟がバージェスの異質性をもたらした主要な要因であり、十分に満たされた世界ではそのような爆発は決して起こりえないということを、これっぽっちも疑ってはいない。しかし、外的な生態学的要因ですべての現象が説明できるとは、ちょっと信じがたい。この本能的な反発を裏づけてくれるのが、規模の大きさということである。カンブリア紀の爆発は、あまりにもビッグであり、あまりにも異質であり、あまりにも独特である。生物はそのような多様化をとげる能力を常にそなえているのだとしたら、下部カンブリア系のおかしな生態学的状況があったからこそそういうことが実現したとはいうものの、バージェス以降ただの一度も新しい門が生じたことがないのはどうしてなのだろう。私は、このことが信じられない。たしかに、世界があれほどのからっぽになることは二度となかった。しかし、局地的には、状況は似たような経緯をたどってきた。海中から出現した新しい陸地はどうだろうか。新しい生物グループがはじめて侵入した島大陸はどうだろうか。それらは大きな樽とはいえないが、平均よりは大きな器《うつわ》である。カンブリア紀は、環境だけでなく生物もちがっていたのではないか。カンブリア紀の爆発とその後の静止状態が、生態学的な状態を変更しただけでなく、生物の能力も同じように変化させたのではないのか。私はそう信じざるをえない。

自らがとげる進化的変化の方向を切り開くうえで生物自身がそのように積極的な役割を演じる（自然淘汰という原動力に単に素材を供給するだけではない）という考えかたは、最近になって人気がでてきた。それは従来のこちこちのダーウィニズムが、好ましい大きな影響力を保持しつつもその絶対的な支配力を手放すにいたったからである。進化は内側と外側の弁証法であり、生態学的状況が、順調に運んでいる世界のなかの一群の適応的立場に順応性のある構造を押しつけるわけではない。次の二つの節で二つの重要な説を紹介するが、それらはいずれも生物体の構造に、より積極的な役割を授けている。

（二）**遺伝システムの定向的な歴史**　伝統的なダーウィン流の見解によれば、形態変化は過去の歴史によって制限されており、限界があるが、遺伝物質は〝老化〟しない。変化の速度とパターンにちがいがあるのは、一定不変の物質（遺伝子とその作用）が、自然淘汰の圧力をリセットする環境の差異に対して示す反応のちがいであるとされている。

しかし、おそらく遺伝システムは、「大幅な改造に対する寛容性で劣る」（これは、昔からこの問題を深く考えてきたJ・W・ヴァレンタインの言葉）ようになるという意味で〝老化〟する。おそらく、現生する生物には、いかなる生態学的好機が訪れても、根本的に新しいひとそろいのデザインをすばやく生み出すことなどできないだろう。

この遺伝的〝老化〟が潜在的にどのようなものかについて、私には意味のある提言はできない。ただ単に、そのようなもう一つの説についても考えてみることを要請するのみである。発生と遺伝機構に関する知識は爆発的に増大しているから、この説をより具体的なものとする事実や考えかたは一〇年以内にそろうことだろう。ヴァレンタインはいくつかの可能性をあげている。カンブリア紀の生物の遺伝子構成、すなわちゲノムは、現生生物のものよりも単純で柔軟だったのではないか。たくさんの遺伝子に関する重複コピーが進化し、そのコピーがある範囲で関連性をもつ種々の機能へと分岐することで、容易には壊れない相互作用をもつ網の目へとゲノムをまとめあげたのではないか。初期の遺伝子は他の遺伝子との相互作用が少なかったのではないか。古代の生物の発生のしかたは、遺伝子からその産物への翻訳が現在よりも直接的だったため、器官を個々に交換したり変更することができたのではないか。そしていちばんのネックとして、卵から成体への発生のしかたがはるかに複雑となり、ステレオタイプ化したことで、大規模な変化をとげる能力にブレーキがかけられているのではないか。いまのところわれわれは、こんな粗雑で予備的な仮説を紹介するくらいしかできない状態にある。

　しかし私は、生物をコントロールしているのは外的な環境であるという従来どおりの考えかたにしたがってこのような説を退《しりぞ》ける立場に対しては、有力な反論を提出できる。類縁関係のない複数の系統が同時に同じような反応のしかたをするのを観察した場合、進化学者は、生物の遺伝システムに対して外側からはたらくなんらかの力がどの系統にも共通した反応をとらせたのだと考えるのがふつうである。それは、個々の遺伝システムはあまりにもちがいすぎるため、外部から同じ種類の圧力がかかったせいだとしか考えられそうにないからである。われわれはいつも、カンブリア紀の爆発を引き起こしたのは、まさにそんなふうに類縁関係のない生物たちだったと考えてきた。つまるところ、現生するほとんどすべての門の代表がそれに関与していたのだし、三葉虫類、巻貝類、腕足類、棘皮《きょくひ》動物といった面々ほどちがいの大きい動物がほかにいるだろうかというわけである。ここに名をあげた動物たちの形態上のデザインは、現時点と変わらずカンブリア紀においてもすでにはっきりと区別できるものだった。そのせいでわれわれは、それらの遺伝システムも、現在と同じように似ていなかったと決めつけている。そしてそれらのグループがみなそろって進化的に勢いづいたことが、生態学的な好機が外部から後押ししたことを物語っているにちがいないとも。

しかしこのような論の進めかたは、カンブリア紀の爆発のあいだに骨格を進化させた生物は先カンブリア時代に長い時間をかけて進化した（ただし証拠は見つかっていない）という昔ながらの見解を前提としたものである。先カンブリア時代の生物としてはエディアカラ動物群が発見されているが、この最古の多細胞生物群集は現生するグループの祖先ではない可能性がきわめて高い（五七二～五七八ページ参照）。そうなると、カンブリア紀のすべての動物は、形態上の異質性は高いにもかかわらず、先カンブリア時代後期に生息していた共通祖先から分岐してそれほどたっていないものだった可能性がある。ほんとうにそれらは分岐して間もないものだったとしたら、カンブリア紀のすべての動物は、分かれてからほんの短い時間しかたっていないせいで、どれもみなよく似た遺伝機構をそなえていたかもしれない。遺伝というつながりほど強い絆《きずな》はない。つまり、カンブリア紀の生物がどれも似たような反応をしたのは、まだほとんど共通のままで、しかもまだきわめて柔軟だった遺伝システムの〝相同関係〟を反映してのことであって、外部からの共通した後押しに同じように呼応するという〝相似関係〟の反映だけではないかもしれない。もちろん、生命は生態学的好機に外部から後押ししてもらう必要があった。しかし、それに呼応する能力が、いまはもう使い果たしてしまったが当時はまだ共有していた遺伝的な遺産を表出させたのかもしれない。

(三) システムの特性としての初期の多様化とその後の固定

わが友人であるペンシルヴァニア大学のスチュー・カウフマンが、一つのモデルを発展させてきた。それは、異質性がすばやく最大に達し、その後に非運多数死が続くというバージェスに見られるパターンはシステム全般の特性であって、初期には競争がゆるかったとか、遺伝物質の定向的な歴史をことさら仮定しなくても説明できることを示すモデルである。

次のようなたとえはどうだろう。この世での生物の発展段階は、さまざまな高さの峰々《みねみね》が何千と立ち並ぶ複雑な地形にたとえられる。峰が高いほど、その上に立っている生物は成功している。ここでの成功度は、淘汰値でも形態の複雑さでもなんでもいい。最初にいくつかの生物を、この地形中の峰々にランダムにばらまき、殖《ふ》えるなり場所を変えるなりあとはまかせるとしよう。大きな変化も小さな変化もありうるが、小さな移行は、さしあたってここでは関心がない。小さな移行は、その生物が最初からのっている特定の峰をさらに登らせるだけで、新しい体の設計図を生むわけではないからである。新しい設計図が生み出される機会は、稀《まれ》に起こる大きな跳躍によってもたらされる。大きな跳躍とは、それまでのすみかから遠く離れた、もとの地形とはまったく関係ないような新しい地形へと生物を移す跳躍のことである。遠くへの跳躍はとても危険だが、稀に成功した場合の見返りは大きい。それまでのすみかよりも高い峰に着地すれば、繁栄し、多様化することになる。しかし、それまでよりも低い峰や谷間に着地すれば、それっきりである。

そこで、大きな跳躍が成功する（新しい体の設計図が生まれる）頻度はいかほどかが問題となる。カウフマンは、成功する確率は最初はきわめて高いが、あっという間に急降下してじきにほとんどゼロとなることを証明している。まさに生物進化の歴史と同じである。このパターンは、われわれの直観とも一致する。最初、少数の種が地形の中にランダムに配置される。ということは、平均すれば、移る先の峰がそれまでいた峰よりも高いか低いかは五分五分ということである。したがって、最初の跳躍で成功する可能性はおよそ五〇パーセントである。ところがいまや、成功した種ほど高い峰に立っているわけで、それよりもさらに高い峰が残っている可能性は小さくなる。最初の数回の跳躍で成功を見てしまうと、それ以上に高い未占有の峰はあまり残っていないし、未占有の峰の数自体、急速に減少する。実際の話として、大きな跳躍がかなり頻繁になされるとしたら、高い峰は、ゲームのそうとう早い段階ですべて占有されてしまい、誰もどこにもいけないことになるだろう。そのせいで、成功者はどっかりと腰をすえ、あとで再び好機が訪れたとしてももう変わることはできないほどしっかりとその峰の環境に合わせた発生システムを進化させることになる。そうなるとあとは、自分がいる峰にしがみついているか、死滅するしかない。これはもうたいへんな世界である。多くの生物は死滅する運命をたどるのだが、それは生態学的な状況が、ダーウィン流のたとえでいうくさびがびっしりと打ちこまれた丸太状態にあるせいではなく、ランダムな絶滅が起こっても、ほかの生物があいたところへ移入することが不可能となってしまっているせいなのだ。

カウフマンは、跳躍が成功する可能性が急降下することを数値的に示している。跳躍が成功するたびに、次に跳躍が成功する（もっと高い峰に移る）までの待ち時間は倍々に増加するというのだ。スチューの話では、これは陸上競技の新記録にもあてはまるという。記録が破られると、次に新記録が出るまでにかかる時間は前回の二倍だという。峰のたとえに話を戻そう。跳躍がはじめて成功するまでにかかる平均試行数は二回だとすると、一〇回めの成功を見るまでには一〇〇〇回以上の試行を重ねなければならない。これでは、もっといいところに移る可能性はじきにほとんどゼロになってしまう。地質学的な時間は長いとはいっても、無限ではないからである。

バージェス動物群の非運多数死

バージェスの異質性とその後の非運多数死に見られるパターンほど、われわれがいだいている伝統的な生命観に大幅な変更を迫るものはない。それが教えてくれる新しい図式（図3－72参照）は、生物の多様性は逆円錐形状に増加したとする従来の図式の単なる変更ではなく、それを完全に逆転させたものだからである。従来の図式は、最初は細く、上へと進むほど着実に幅を拡大していくというものだった。ところが、多細胞生物はスタートしたとたんに最大の多様性に達してしまい、その後に非運多数死があってわずか数種類のデザインしか生き残らなかったというのが実相かもしれないのだ。

しかし、この逆転された図式は、注目すべきものではあるが、これだけでは革命的な衝撃をおよぼすものではない。従来の図式に立ち戻る可能性を排除していないからである。何が危険にさらされているかを考えてみるがいい。われわれが生物進化の歴史にかけているいちばんの希望は、手放すとなればひどく落胆させられる希望であり、そこには進歩と予測可能性という概念が含まれているのだ。知性をもつ人類が登場したのはだいぶ遅れてのことであり、したがってそれは気まぐれな進化劇にたまたま追加された現象として説明されかねないものである。そこでわれわれは、自分たちの立場を守ることにせいいっぱいの努力を払う。人類登場以前の生命が整然と行進するように進化してきたことこそが、意識をそなえた生物が最後に登場することがあらかじめ決まっていた証拠であると、なんとしてでも主張しようとするのだ。こうした期待をもっとも脅《おびや》かすのは、たくさんの可能性を秘めた歴史である。どの可能性も、実現すればそれなりに納得できるのだが、事前にはまったく予測できないのが歴史の本質であり、しかも人類のような高尚《こうしょう》な状態にいたる道はたった一つ（あるいはごくわずか）しかないとしたら、人々の希望はこなごなに打ち砕かれてしまう。

バージェスの異質性とその後の非運多数死は、必然的な秩序という希望的観測にとっては最悪ともいえる悪夢である。生命はひとにぎりの単純な原型から出発して上昇の一途《いっと》をたどってきたのだとしたら、リプレイを何度繰り返しても、最初のひとにぎりがその後たどる経路は、詳細は異なるにしても基本的には同じはずである。ところが、生命はその出発時点からすべての原型をそろえていたのであって、その後の歴史はわずかな数の生き残りによって構築されたのだとしたら、われわれはとんでもない可能性に直面することになる。生き残って繁栄するのはごく少数だが、生き残る可能性はどれもみな同じだとしてみよう。どういう生物が生き残っても、それらの歴史はそれなりに納得できるのだが、世界の様相は、生き残ったメンバーの組み合わせによってまったく異なったものとなる。知性をそなえた人類は、いろいろな可能性のなかのただ一種類の組み合わせの産物でしかないとしてみよう。そうだとしたら、人類の進化はコインの裏表に左右されるという意味で偶然のことだったというわけではないにしても、人類を起源させたのはものすごい歴史の偶然性であり、生命テープを一〇〇〇回リプレイさせたところで、人類は二度と起源しないだろう。

しかしこの悪夢から目覚めるには、従来どおりの単純明瞭な理屈を展開すればいい。大量絶滅は実際に起こり、もともとあったデザインのうちのごく少数だけが生き残ったとしよう。しかしそう仮定したとしても、絶滅のターゲットはランダムに選ばれたとする必要はない。生き残ったものには、それなりの理由があったのだとすればいい。カンブリア紀初期は、実験の時代だった。技術屋さんの一団に、好きなようにいじらせてみるがいい。できあがったものの大半はまともに動かないだろう。それと同じで、バージェス以後を生き延びられなかったものたちは、構造に欠陥があったために滅びるしかなかったのである。勝ち残ったものたちは、すばらしく適応していたのであって、ダーウィン流の意味で優位に立つことによって生存が保証されたのだ。であるからして、カンブリア紀の初期に一〇〇とか一〇〇〇の可能性が放棄されたからといってなんのことはない。きびしい世界で繁栄できるほどのものはわずか半ダースの種類だけだったとしたら、たとえ何度生命テープをリプレイしたところで、いつもその六種類がその後の生命の元祖となるはずである。

生き残ったのには理由があったというこの考えかたは、構造の精巧さとか複雑さ——専門家のいう〝すぐれた競争能力〟——に根拠をおくものである。そしてこれは、バージェスの時代には高かった異質性の減少のみならず、生物進化の歴史における事実上すべての絶滅についての説明として、さしたる反対もないまま愛用されてきた。この伝統的な説明方法は、バージェスの異質性はからっぽだった生態学的な樽が満たされたことで起源したという従来の見解と密接に結びついている。からっぽの樽は、寛容な空間である。そこならば、たとえ場当たり的にデザインされた構造をもつ駄作でも、構造的にすぐれた大将から競争をしかけられることもなく、すきまにしゃがみこんでいたりぶら下がっていたりできるほどの十分な空間が用意されている。しかし、そんなパーティはすぐにお開きとなる。樽はいっぱいになり、誰もがダーウィン流の競争の渦中《かちゅう》へと放りこまれる。その〝万人の万人に対する闘争〟では、平穏だった時代の無能な生き残りは、じきに永久追放の憂《う》き目《め》を見る。力のある闘士だけが勝利をおさめるのだ。やったぜ、優秀な構造の勝ち！

このような説明は、教科書や科学雑誌の記事でおなじみのほか、バージェス頁岩が鎮座する国立公園の公式の年報である『ヨーホー国立公園ハイライン』（一九八七年版）でも採用されている。そこでは、「ヨーホーの化石は世界的に重要」との見出しの下に、次のように記されている。「最初の動物は、競争のない環境へと入りこんだ。その後はもっと有能な種類の生物が支配したが、移ろいゆく状況と進化が独自の方針をとるたびに、支配者は何度も交代した」そして、観光客にカナダでいちばん有名な化石を紹介するために一九八八年にはじめて出版されたパンフレット（「バージェス頁岩の動物」）には、現生する動物門の境界からはみだしている動物（私が奇妙奇天烈生物と呼んでいるもの）はみな、「進化の行き止まりだったらしく、もっと適応した有能な生物にとってかわられる定めにあった」と書かれている。

ウィッティントンとその仲間たちは、つい最近まで、この居心地のよい見解に異議を唱えることはなかった。あまりにももっともなことだ。たとえばコンウェイ・モリスは、ウィワクシアに関するモノグラフのまとめ的な文章のなかで、伝統的な二つのシナリオをはっきりと結びつけている。進化によってからっぽの樽が満たされることが異質性の原因であり、満杯状態になったことによるきびしい競争が後の絶滅をもたらしたというのだ。

　多様化は、ほとんどからっぽ状態の生態的空間がたくさんあることの反映にすぎないのかもしれない。そういう状況では競争が激しくないため、さまざまな形態の設計プランが進化する余地がある。そしてそのなかの一部だけが、地質学的尺度の莫大な時間が経過するとともに競争が激化していった環境のなかで生き残ったのかもしれない。

（1985, p. 570）

ブリッグスは、同じ内容の話をフランス語で一般向けに語っている。

おそらくこの異質性は、カンブリア紀の海の生態的地位がすべて埋められる以前は競争が存在しなかった結果である。これらの節足動物の大半がたちまちのうちに絶滅したのは、明らかに、あまり適応していなかった動物が、それよりも適応していた動物にとってかわられたせいである。* (1985, p. 348)

（＊）これは私自身がフランス語から翻訳したものだが、私がこれまでに目にした最大級の愚挙と同じことを犯していなければ幸いである。かつて、ミルトンの『失楽園』が、ハイドンのオラトリオ「天地創造」の歌詞の一部として使用されるためにドイツ語に翻訳された。そしてその後、そのオラトリオを英語で上演するにあたって、じつにへたくそな英語の歌詞に再び翻訳しなおされたということがあった。ハイドンがドイツ語の歌詞のためにつけた旋律を変えるわけにはいかないので、ミルトンの原作にある言葉をそのまま使うことができなかったのだ。

ウィッティントンもほとんど無意識のうちに、生存と適応上の優越とは同じものと考えていいとしていた。

そのようにたくさんの種類の後生《こうせい》動物のあいだでその後に起こった除去と、もっとも適応していた種類の放散が、現時点から見て独立の門と認められるグループの出現をも

たらしたのかもしれない。（1980, p. 146）

コンウェイ・モリスとウィッティントンは、《サイエンティフィック・アメリカン》誌の記事のなかでこの問題をもっとも直接的に持ち出している。バージェス頁岩をあつかったものとしては、たぶんこの記事がいちばん読まれているのではないだろうか。

カンブリア紀の動物の多くは、さまざまな後生動物のグループが行なった先駆的な実験だったらしく、やがてはもっと適応した生物にとってかわられる運命にあった。たくさんのグループの絶滅という代価を払ったうえで、かなり少数のグループが繁栄して種数を増大させるというのが、カンブリア紀の放散に続く潮流だったようである。（1979, p. 133）

言葉には、いわくいいがたい力がある。説明のつもりで使った言い回しが、自分が原因と考えていることと究極の意味とを露呈させてしまう。私が思うには、ここに引用した文章のなかでサイモンとハリーは、単に一つのパターンを正確に説明しただけのつもりだろう。しかし、「とってかわられる運命」とか「代価を払ったうえで」という言い回しの重みを考えてほしい。たしかに、大半は死に絶え、一部だけが繁栄した。この地球は、常に、招かれる者は多いが選ばれる者は少ないという古い原理（『マタイ伝』二二章一四節）にしたがって活動してきた。しかし、生と死のパターンからだけでは、生存者が敗者を直接的に打ち負かしたのかどうかはわからない。勝利の源《みなもと》は、聖書（『箴言《しんげん》』三〇章一九節）でみごとな謎として宣言されている四つの現象に負けず劣らずさまざまで、しかも謎めいている。その四つの現象とは、天にあるワシの道、岩の上にあるヘビの道、海のただなかにある船の道、おとめへの男の道である。

生き残ったのは適応的に秀《ひい》でていたからだという理屈は、循環論法という古典的な過ちを招く危険がある。生存は説明されるべき現象であって、それ自体が、生き残ったものは死んだものよりも〝よりよく適応していた〟ことの証明ではない。この問題は、もう一世紀以上にわたってダーウィン流の理論の場で酷使されてきた。それには、〝同義反復的論拠〟という呼び名までついている。批判する側は、われわれがかかげる〝最適者生存〟という標語は、無意味な同義反復だと主張する。なぜなら、生存が適応度を定義しており、自然淘汰の定義は〝生存しているものの生存〟という空疎《くうそ》なものになってしまうからだという。

創造論者たちにいたっては、これぞまさに進化論の反証であるなどと称してこの論拠を持ち出してきた（Bethell, 1976——それに対する私の反論は Gould, 1977 を見てほしい）。それはまるで、一世紀以上にわたって積み重ねられてきたデータも、生徒が三段論法の使いかたをまちがっただけで瓦解《がかい》してしまうといわんばかりである。実際には、とりざたされている問題は簡単に決着してしまう。ダーウィン自身、その問題点を自覚し、みずから解決しているほどである。適応度——この場合でいえば秀でた適応——は、事後に生存したかどうかで定義することはできない。それは、形態、生理、行動などを分析することで事前に予測できなければならない。ダーウィンも論じているように、より速くより遠くまで走れるシカ（そのことは骨、関節、筋肉をくわしく調べればわかる）のほうが、危険な捕食者がいる世界では生存しやすいはずである。生存しやすさとは検証されるべき予測であって、適応の定義ではない。

これとそっくり同じことが、バージェス動物群にもあてはまる。バージェスの絶滅は最適なデザインを保存し、敗者になることが予測できるものを排除したにすぎないとあくまでも主張したいにしても、単に生存したことを秀でていることの証拠とすることはできない。原則として、生存したものの機能構造面のすばらしさや、その競争力の優位を認めることで勝者が見分けられねばならないのだ。理想からいえば、バージェス動物群の絶頂期、すべての構成メンバーがそろって繁栄している時期にそこを〝訪問〟し、その後の成功が約束されている種をなんらかの明確な構造上の利点を指標に選び出すことができるはずである。

しかし、バージェス動物群を直視すれば、バージェス後の大規模な非運多数死における敗者は、勝者にくらべると適応上のデザインにおいてそろいもそろって劣っていたという証拠は露《つゆ》ほども存在しないことを認めざるをえない。事後にもっともらしい話をこしらえあげることなら誰にでもできる。たとえばアノマロカリスは、カンブリア紀最大の捕食者だったが勝者とはなれなかった。この事実に対して私は、こんな説明をつけることもできる。まるでクルミ割り器のようなその独特なあごは、完全に閉じることはできず、たぶん、獲物をかみ切るというよりは砕《くだ》いていた。そのせいで、実際のところは、ぎゅっとかみ合う二つの部品で構成されたもっとふつうっぽいあごほど適応的なものではなかったと。もしかしたら、この説明は正しいかもしれない。しかし私は、もう一つの可能性も直視しなければならない。アノマロカリスは生き残り、繁栄したとしよう。そうだったとしたら私だって、ほかには証拠などいっさいなくても、アノマロカリスが生き残ったのはその独特なあごがじつにうまく機能していたからだと説明したくなるような気がする。そうだったとしたら私には、アノマロカリスは失敗する定めにあったと判断する根拠はない。私が唯一知っていることは、その生物は死滅したということ、そしてわれわれだって、最後は死滅するということである。

バージェス生物の属を見直すモノグラフの発表が続き、風変わりな生物たちを生き生きとした生物として復元するハリー、デレク、サイモンらの技能が上達していくにつれて、バージェスの妙ちくりんな生物たちがそなえている構造面の完全さ、摂食効率や移動効率のよさに対して、彼らはしだいに敬意の念をつのらせていった。彼らは、〝原始的なデザイン〟という言いかたをしだいにしなくなり、バージェス動物の機能上の特殊化を特定することに、よりいっそう力を入れるようになった。ブリッグス（1981 a）のオダライアの尾に関する記述、コンウェイ・モリス（1985）のウィワクシアの身を守るとげに関する記述、ウィッティントンとブリッグス（1985）のアノマロカリスの遊泳法に関する推理などがそのよい例である。彼らは、適応上劣っているせいで予測どおり敗者となったというような書きかたをしだいにしなくなり、サンクタカリスが現生する主要なグループである節足動物の一員なのに、オパビニアは石の中に封じこめられた形見となっている理由をわれわれは知らないということを認めはじめた。そして後の論文になるほど、幸運という言いかたがますます増えている。ブリッグスは、適応において他よりもまさっていたおかげで生存できたという先に引用した主張に、次のようなただし書きを追加している。「……そして明らかに、種によっては他よりも幸運だったから生存できたということもある」(1985, p. 348)

三人の科学者とも、バージェスの時代に観察者がいたとしても、成功する定めにあった生物を選び出すことはできなかっただろうということを強調するようにもなっていた。ただしそれは、積極的な関心の表明であって、適応上の優劣でバージェス生物を順位づける努力を放棄する言い訳としてではない。ウィッティントンはアユシェアイアについて、あらゆる多細胞動物のなかで最大の成功をとげた昆虫の親戚としたうえで次のように語っている。

バージェス頁岩の時代に身を置いて将来を見通すとしたら、どの生物が生存することになるかを予測することははなはだ困難だろう。海綿類の群落のあいだをゆっくりと這いまわるアユシェアイアが、陸上の度《ど》はずれた征服者である多足類と昆虫類の祖先となるなどとは、とても思えないだろう。(1980, p. 145)

コンウェイ・モリスはこう書いている。「カンブリア紀に生物学者がいたとしても、そこに生息する初期の後生動物のなかでどれが系統的に成功して体の基本設計プランを定着させ、どれが絶滅する運命にあるのかを予言することは決してできなかったはずである」(1985, p. 572) そしてさらに、循環論法の危険についてはっきりと語っている。ウィワクシアのあごは軟体動物の歯舌《しぜつ》と相同関係にあり、この二つのグループは近縁ないとこどうしで、それぞれがバージェスにおいてとりえた二つに一つの可能性の代表だったとしよう。その場合、ウィワクシア類は死滅し、軟体動物は生き残って多様化したことを考えると、ウィワクシア類は周期的に脱皮したことが、軟体動物の連続的な成長よりも効率が悪かったと考えたくなるかもしれない。しかしコンウェイ・モリスは、もしウィワクシア類が生き残り、軟体動物が死滅していたとしたら、脱皮のほうが有利だったという説明に走ってしまうこともありうると述べている。

しかしながら、脱皮という成長様式は、節足動物や線虫類など多数の動物門が広く採用しているものであり、ここに名をあげた二つのグループが後生動物のあらゆる門のなかでもっとも成功していることは異論のないところである。結論として、時計を巻き戻し、先カンブリア時代からカンブリア紀にかけての後生動物の多様化を再現させたなら、この進化の最初の爆発によって生じる体の基本設計プランの成功組のなかに軟体動物ではなくウィワクシア類が含まれている可能性もあるように思われる。(1985, p. 572)

つまり、バージェスの見直しを行なった三人の立て役者たちはみな、勝者は他よりも秀でた適応のおかげで勝利したのだという従来どおりの見解から出発したにもかかわらず、最終的には、他よりもすぐれていると予測されるデザインと成功を結びつける証拠はまったくないと結論するにいたった。それどころか三人は、バージェス時代の生物学者には、勝者となるものを選び出すことなどできはしなかっただろうと直観的に確信するまでになった。バージェスの非運多数死は、まさに宝くじみたいなもので、合衆国とグレナダの戦争や、一九二七年時点のニューヨーク・ヤンキースを渡り鳥球団のオイボレズとワールド・シリーズで対戦させるみたいに、はじめから勝敗が見えていたわけではなかったのかもしれない。

いまやわれわれは、バージェス産節足動物に関する証拠をしんぼう強くたんねんに裏づけた仕事のすごさを完全に理解することができる。ウィッティントンとその仲間たちは、二五種類あまりもの体の基本設計プランを復元した。そのうちの四つは、とてつもなく成功したグループになった。そのなかには、現在の世界を数で支配している動物たちもいる。それ以外の基本設計プランは子孫をいっさい残さずに死滅してしまった。ただし三葉虫類を除いて、生き残ったグループはバージェスにわずか一種類か二種類の代表をもつだけである。しかもそれらの代表たちは、通常の意味ではどんなかたちでも成功していたとはいえない。ほかの生物とくらべて数が多かったわけでもないし、効率的だったわけでもないし、柔軟性があったわけでもなかったのだ。バージェス時代の生物学者に、標本ではたった六個体しか知られていないサンクタカリスをとくに選び出すことなどできるだろうか。ウィッティントンも言っているように、バージェス時代の賭けの予想屋が、数も少なく海綿類のあいだを這いまわっている奇妙な生物アユシェアイアを本命に推《お》すなどということがありえるだろうか。頭部背板にみごとなとげをもち、細身で個体数も多いマルレラに賭けない手はないではないか。繊細で効率的な尾びれをもつオダライアになぜ賭けないのか。前頭部に複雑な付属肢をそなえたレアンコイリアはどうか。とっぴなところがなくすべてがきちんとしていてがっしりとしたシドネユイアだっていい。生命テープをバージェスの時代まで巻き戻すことができるとしたら、リプレイしても勝者の顔ぶれは変わらないといえるだろうか。もしかしたら、次のリプレイでは、生存する系統はすべて二枝型付属肢を発達させる系統に限られてしまうかもしれない。このタイプの付属肢は、水中生活には向いているが陸上への進出には向いていない。そうなれば、その別世界にはありがたいことにゴキブリもカもハエもいないことになりそうである。しかしそれと同時に、ハナバチもいないし、ひいては可憐な花さえもないことになる。

この思考実験を、節足動物の枠を越えてバージェスの奇妙奇天烈生物にも適用してみよう。オパビニアやウィワクシアでなぜいけないのだろう。海生の植食《しょくしょく》動物はみな、貝殻ではなく骨片を背負っていてもよかったのではないのか。アノマロカリスはどうだろう。前額部に把握型の肢をもち、クルミ割り器のようなあごをした捕食者が海に君臨する世界ではいけなかったのだろうか。そうなっていれば、スティーヴン・スピルバーグの映画では、硬い殻をまとった水夫が海の怪物の〝あご《ジョーズ》〟ならぬ円筒状をした口に吸いこまれ、円形の口の内側から食溝《しょっこう》の中にびっしりと層状に生えた歯にじわりじわりとかみつぶされるシーンが登場していたかもしれない。
バージェスの非運多数死がほんとうに宝くじのようなものだったかどうか、確かなことはわからない。しかし、勝者は適応的に秀でていたがゆえに勝利をものにしたという証拠も、当時の予想屋には生存組を名指しできたという証拠も存在しない。二〇世紀の古生物学において詳細さとすばらしさでは最高の解剖学的モノグラフ群からわれわれが学んだことは、バージェスの敗者たちも十分に特殊化し、すぐれて有能だったということ、これがすべてである。

非運多数死は宝くじのようなものだという考えかたは、バージェス頁岩がもたらした新しい図式を、生物がたどった経路と歴史の本質に関する過激な見解へと変える。その見解がもたらす結論を探るために、私はこの本を書いている。願わくは、貧弱にして風変わりなわが種族が、自分たちは幸運に恵まれただけのはかない存在であるという新発見の見解に歓びを見いださんことを。わずかなりとも冒険心をもつ人なら、あるいは知識を尊重する心をほんのひとかけらでももつ人なら、宇宙の定めになぐさめを求める古くさい考えと、オパビニアのような奇妙奇天烈ではあるが現実の存在にはちがいないすばらしい生物を目にする楽しみとを、喜んで交換するのではないだろうか。

4章 ウォルコットの観点と歴史の本質

ウォルコットが多様性の逆円錐形的増大にこだわったわけ

伝記的ノート

チャールズ・ドゥーリトル・ウォルコットが並の人間だったとしたら、バージェス頁岩《けつがん》に投げかけられた彼の影はあれほど巨大ではなかったろうし、バージェス動物群を既知《きち》の分類群に〝靴べら〟で押しこむという、彼が犯した根本的な誤りも脚註程度の扱いですんだだろう。ところがウォルコットは、アメリカがこれまでに生んだなかでも最大級の非凡さと影響力をもった科学者だった。それだけでなく彼の影響力は、きわめて保守的で伝統的な彼自身の生命観と倫理観にしっかりと根ざすものだった。そういうわけで、ウォルコットがバージェスの靴べらにあくまでもこだわった複雑な理由が理解できれば、科学革新をはばむ社会的、概念的な拘束について一般的な洞察をめぐらすことができる。

アメリカの科学史全般に通じている人たちにさえ、ウォルコットの名はあまり知られていないはずである。しかし、一般に彼の名が有名でないのは、われわれが科学の歴史に対していだいている奇妙な偏見のせいにすぎない。それは、同時代に生きる人物の重要性に対する判断を誤らせる偏見である。われわれは革新や発見を評価する。もちろんそれは正当なことなのだが、そのため、われわれの手元にある、知識の前進をもたらした科学者の系譜は、後世の判断ですばらしいとされたアイデアを発表した先駆者たちを時代順に並べたリストとなっている。生前にはいかなる影響力もおよぼさず、その人の専門分野に明白な衝撃をいっさいおよぼさなかった科学者さえそのリストには載っている。たとえばわれわれは、その洞察のすばらしさによってグレゴール・メンデルの名を記憶している。しかし、メンデルの業績は、最終的にさんぜんと輝く指針にして象徴となったことを除けば、遺伝学の歴史にはほとんど影響を与えなかったという言いかたもできる。彼が下した結論は当時は黙殺され、別の科学者たちが再発見した時点ではじめて影響力をもったのである。

先見性で評価するというこの奇妙なスタイルは、逆に、生前にはその時代の一分野を支配していた有力な科学者を、後世において抹殺してしまう。後世の判断では誤りとされているが、当時としては伝統的だった見解にしたがって何百という経歴を積み、何千という概念を組みたてていたかもしれない科学者が、名を残さないことになってしまうのだ。しかし、そうした人物を忘れていたのでは、社会を動かす力として科学を理解することなどできはしない。孤独な改革者たちに正しく焦点を当てようにも、彼らの前に立ちはだかっていた支配的な状況を無視していたのでは、ピントがぼけてしまうではないか。まさにチャールズ・ドゥーリトル・ウォルコットは、そんなふうにして見逃されている人物の最《さい》たる例である。彼は、大地質学者であり、たいへんな仕事好きであり、有能なまとめ役であり、アメリカ科学界の社会的階級における最有力者だったが、知的革新者ではぜんぜんなかった。

ウォルコットの名が人々の記憶から抹消《まっしょう》されている理由はもう一つある。それは一つのパラドックスに根ざしているのだが、私自身も含めて、学者たちの多くは行政がきらいなのだ（ただし、行政官に対する敵意はない）。もちろんこれは、身勝手な態度である。しかし人生は短いのだから、いやなことや自分に向いていないことに時間をつぶすべきではない。学者が行政に手を染めるとなると、たいがいはこの二つのことに時間をつぶすことになる。歴史を綴《つづ》るのは学者であるため、管理能力は軽くあしらわれてしまう。しかし、制度なくして科学が成り立つだろうか。孤立した天才というイメージは、神話としてはロマンチックだが、ふつうは一人では何もできない。

さらに悪いことに、偉大な行政官は歴史から二重に抹消される。第一に、学者たちは科学の管理方式について書こうなどとはまずしないから。第二に、行政手腕は目立たざることをもってよしとするからである。性悪あるいは不正直な行政官は、山ほどの不興《ふきょう》を買って評判を落とす。制度が、何の苦もなく、無理強《じ》いもなく、ほとんど自動的とも思えるほどスムーズに流れているなら、それは運営がうまくいっている証拠である（地元の銀行の支店長の名前など、横領容疑で告訴されでもしないかぎり、ほとんどの人は知らないだろう)。もちろん、行政官の名は、その部下や恩恵を受けている人たちにはよく知られている。日々の学究生活を限定している空間や資金を調達するためには、行政責任者のもとへ出向かなければならないからである。しかし、優秀な行政官の名は、力の委譲とともに死滅する。

チャールズ・ドゥーリトル・ウォルコットはすばらしい地質学者だったが、それ以上に偉大な行政官でもあった。ウォルコットは、アメリカでもっとも力をもつ科学行政官として、その生涯の最後の二〇年間——その年月のなかには彼がバージェス頁岩の研究にさいた全期間が含まれる——を過ごした。彼は、一九〇七年から一九二七年にこの世を去るまで、スミソニアン研究所の運営責任者の地位にあっただけでなく、ワシントンの重要な科学研究計画のすべてに一枚(というよりも一〇枚くらい)加わっていた。彼は、セオドア・ローズヴェルトからカルヴィン・クーリッジまでのすべての大統領とかなり親密な間柄にあった。* 彼は、アンドリュー・カーネギーを説得してワシントンにカーネギー研究所を設立させるうえで重要な役割を演じたほか、ウッドロー・ウィルソン大統領とともに、米国研究評議会を創設した。そして、ナショナル科学アカデミーとアメリカ科学振興協会の会長も務めた。彼はまた、アメリカの航空学を発展させた開拓者にして後援者、そして促進者でもあった。

(*) おそらく、スミソニアン研究所に保管されているウォルコットのアーカイヴズのなかでいちばん感動的な書類は、ウォルコットの二番めの妻の事故死に対してローズヴェルト大統領がウォルコット宛に書いたきわめて個人的な悔やみ状だろう。

ウォルコットは、これらすべての職責を神業《かみわざ》といっていいくらい優雅にこなした。スミソニアン研究所の歴史に詳しい人々のあいだでは、設立者のジョゼフ・ヘンリーから最近引退した行政の天才S・ディロン・リプリーまでの歴代所長のなかで、ウォルコットこそ最高の人物だということで事実上意見が一致している。一九二〇年の日記の最後にウォルコットが記した簡潔な要約を見ると、彼の権勢が頂点にあった七〇歳の時点の彼の生活がどういうものだったかがよくわかる。

私はいま、スミソニアン研究所所長、ナショナル科学アカデミー会長、米国研究評議会副議長、ワシントン・カーネギー研究所理事長、米国航空学諮問《しもん》委員会委員長……などの職責にある。多すぎるくらいだが、どの組織の仕事にしても、いったん没頭してしまうと容易には手を引けない。

ウォルコットの伝記は、まさにアメリカ流サクセス・ストーリーである。彼は一八五〇年に生まれ、ニューヨーク州ユーティカ近郊に住む、ろくな収入もない家庭で育った。ユーティカの公立学校には通ったが、それ以上の学校には通っていない（ただし、功なり名遂げてからはたくさんの名誉博士号を贈られた）。彼は田舎の農場で働きながら三葉虫の化石を収集し、その標本をアメリカでもっとも偉大な自然史学者ルイ・アガシに売却することにより、職業科学者となる第一歩を踏み出した。

ちなみにこの逸話には、バージェスに関するウォルコットの研究とのからみで、きわめつきの皮肉が込められている。アガシがウォルコットを誉めそやして彼の標本を購入したのは、ウォルコットが三葉虫の付属肢をはじめて発見したからだった。じつのところウォルコットは、自分が集めた三葉虫の化石には立体構造が保存されていることを見つけ、背甲《はいこう》の下に肢があることに気づいたおかげでその大発見が可能となった。ところがウォルコットは、バージェスに関する研究では、化石を薄板として処理するという致命的な誤りを犯した。一方ウィッティントンは、バージェス化石の立体構造を明らかにすることによって、新たな見直し作業に火をつけた。

それはさておき、アガシが一八七三年に亡くなったことで、ハーヴァード大学で古生物学をきちんと勉強したいというウォルコットの希望に狂いが生じた。一八七六年、ウォルコットはニューヨーク州おかかえの地質学者ジェイムズ・ホールの助手となることで、その科学者としての経歴をスタートさせた。そして一八七九年には、最下級の地質調査員として、米国地質調査所に入所した。しかし一八九四年にはそこの所長にまで昇りつめ、予算面で最悪の時期を乗りきってみごとに再建させるまで、研究所の舵取り役をしっかりと務めた。ウォルコットは、一九〇七年にスミソニアン研究所の最高責任者に指名されるまで、米国地質調査所の所長職にあった。

ウォルコットはこうした経歴を務めあげるあいだも、カンブリア系の地層をめぐる地質学的および古生物学的な野外調査と論文執筆をばりばりとこなしつづけた。彼は、カンブリア紀の爆発という問題にとりつかれ、データに基づく解決を求めて、世界中の先カンブリア系とカンブリア系の岩石を調べた。一九〇九年にバージェス頁岩《けつがん》を発見したときのウォルコットは、ワシントンにおいてもっとも力をもつ科学者だっただけでなく、三葉虫化石とカンブリア紀の地質学に関しては世界でも有数の専門家だった。チャールズ・ドゥーリトル・ウォルコットは並みたいていの人物ではなかったのだ。

ウォルコットが誤りを犯した世俗的な理由

保守的で気配りのいきとどいた行政官だったウォルコットは、とても価値のある贈り物を（意図したわけでなく）後世の歴史家に残した。彼は、あらゆる手紙のコピーをとり、すべての文書をスクラップし、日記をつけることを一日も怠《おこた》らず、いっさいがっさいを保管したのだ。彼の生涯において最悪の瞬間、すなわち彼の二人めの妻が列車事故で亡くなった一九一一年七月一一日にも、ウォルコットは日記にその事実を簡潔に記入している。「コネティカット州ブリッジポートで午前二時三〇分に起こった列車衝突事故により、ヘレナが死んだ。その知らせを受けたのは午後三時。午後五時三五分にブリッジポートに出発……」誤解しないでいただきたい。ウォルコットは細かいことに気を配りすぎる人間だったかもしれないが、冷淡な人間ではなかった。悲しみにうちひしがれた彼は、七月一二日にこう記《しる》している。

「彼女は、こめかみ（右の）をやられたせいで死んだ。……私は、そこらじゅうのすべてにヘレナの面影がいまも生きている家に戻った。わが愛しき人――わが妻――二四年間わが同志だった人。私は長《なが》の年月にわたって彼女とともに過ごせたことを神に感謝する。彼女がこんなにも早く逝《い》ってしまったことを、いまの私は信じられない」

公式文書（Massa, 1984, p. 1）によれば、こうした資料のすべては八八個の大きな箱に収納され、「直線距離にして一一・五一メートル分の棚プラス特大の資材」として、スミソニアン研究所のアーカイヴズに保管されている。どんなに証拠書類を積んでも、一人の人間のとらえどころのない（神話的な）〝本質〟をつかむことはできない。情報源ごとに、物語の断片の語り口が異なるからである。しかし、ウォルコットの資料は豊富でしかも多岐にわたっている。フィールドノート、日記、個人的なメモ、公式の書状、仕事上の請求書、パノラマ写真、三番めの妻の依頼によって作成された〝公式〟の未発表の伝記、税金の領収証、名誉称号証書、娘のお目付け役やフランスで戦死した息子の墓の管理人宛の手紙などである。そしてこれらの資料は、公的権力の中心で生きながらもきわめて個人的だった人物の姿をあらわにするうえで、とても役に立つ。

私は、一般的な伝記を書くつもりでウォルコットのアーカイヴズに目を通したわけではない。私の目標はただ一つであり、それを達成することが一種の執念になっていた。私は、ウォルコットが靴べらという重大な誤りに執着した理由をなんとしてでも知りたかったのである。この疑問に答えることで、バージェス頁岩をめぐる物語をよりいっそう視野の大きなものとすることができるという思いが私にはあった。ウォルコットが靴べらによる押し込めにこだわった理由は個人的な習癖《しゅうへき》によるものではなく、伝統的な姿勢や価値観への彼なりの忠誠心に根ざすものだったとしよう。そうであるとしたら、運まかせの非運多数死というテーマをもたらしたウィッティントンの見直し作業が、われわれの文化の中心に居座る旧弊《きゅうへい》なものをいかにみごとにひっくり返したかを示すことができる。私は資料の納まった箱を次から次へと探しまわり、複雑にからまりあった事実を解きほぐす多数の手がかりを見つけた。それらはみな、ウォルコットは自らの存在と信念の奥底から靴べらの使用へと突き動かされたことをはっきりと物語る手がかりばかりである。ウォルコットは、しっかりと組みたてられた自分なりの生命観をバージェス化石に押しつけたのだ。化石から革新的な見かたや、縛られていない見かたを教えられることはなかったのである。彼が行なった押し込めは、逆円錐形的な多様性増大という従来どおりの図式と、そういう図式を支える予測どおりの意識の進化と進歩という概念装置のいずれをも失わないための常套手段だったのだ。

私の主張は、とくに科学理論に対して発せられるものとしては、風変わりで冷笑的な主張だと感じる読者が多くいるかもしれない。たいていの人々は、科学者とは偏見に毒されていない客観性を有する模範的な人種で、すべての可能性に等しく心を開き、証拠の重みと論理的な議論によってのみ結論を下すものだなどという古くさい神話を信じるほどうぶではない。発見がなされるにあたっては、偏見、好き嫌い、社会的な価値観、心理的な態度などあらゆる要素が大きな役割を演じることは周知のとおりである。しかしだからといって、極端に皮肉な考えかたに走り、客観的な証拠はいかなる役割も演じない、真理の認識は完全に相対的なものだ、科学的な結論など審美的な好みが形を変えたものにすぎないなどといった見解をとるべきではない。実践的な行為としての科学は、データと先入観との複雑な対話である。それでも私はあえて言おう。ウォルコットが行なった押し込めは、バージェスから得たデータの拘束を事実上いっさい受けずになされたものであり、したがってこの場合については、通常なされるべき対話が行なわれていないと。しかも私のこの主張は、超一流の科学者が行なった最大級の発見に対してなされているのであって、端役《はやく》の生涯に起こった些細《ささい》な事件に対してではない。それにしても、この場合のような先入観から証拠へという異例な一方通行は実際に起こりえるものなのだろうか。

ふつうなら、その答はノーである。たとえばオパビニアがハリー・ウィッティントンにそうしたように、化石は研究者に向かってこんなふうに語りかける。「私の背甲の下に肢はないよ」あるいはアノマロカリスならば、「クラゲってことになっているペユトイアは、ほんとは私の口だよ」と声を大にして叫ぶだろう。しかしバージェス動物たちは、ウォルコットに対してはほとんど何も語りかけなかった。根本的な理由は二つある。そしてそれが、ウォルコットの靴べらを、思考が限定されてしまった注目すべき例にしている理由でもある。第一に、彼の先入観はとても堅固《けんご》なもので、いうなれば彼の社会的価値観の中心と彼の気性の中核に根ざすものだったから。第二の理由は、ばかばかしいほど単純明白であるため、もっと深い意味を探ろうとして見過ごしてしまいがちな理由である。すなわち、ウォルコットには化石と対話をする時間がなかったせいで化石は何も答えてくれなかったのだ。人生には限りがある。行政上の重責が、結局は現役科学者としてのウォルコットを葬り去った。彼には、バージェス標本を研究する時間をつくり出すことができなかったのだ。ウォルコットは、一九一一年と一九一二年に四篇の予備的な論文を発表した。彼の研究を助けていたチャールズ・E・レッサーは、ウォルコットが死んだ後の一九三一年に生前に準備されていたノートを公表した。その間、すなわち多忙だった生涯最後の一五年間に、ウォルコットはバージェス産の海綿類《かいめんるい》と藻類《そうるい》に関するモノグラフを発表しただけで、世界でいちばん重要な化石動物群中の構造が複雑な動物についてはいっさい何も発表していない。

第一の理由——堅固な先入観——は、本書のメッセージを補強してくれるものである。第二の理由——行政上の重責——は、ウォルコットだけの特殊事情である。それでも私は、ウォルコットの特殊事情から話をはじめることにする。彼自身が残した記録の山にとりかかるまえに、彼が化石の声に耳を傾けられなかった事情を理解する必要があるからである。

行政官というものは、たいていは功なり名遂げた中年研究者のなかから指名される。そのため、ひどく矛盾する要求と、そのせいで生じる心のストレスを抱えていたウォルコットの物語は、科学研究機関の舵取り役がもらしがちな正直な繰り言《ごと》をよく伝えている。行政官は、研究というものを理解しているから、その職に選ばれる。ということは、そういう人物は、研究が好きであると同時に、有能な研究者でもあるということである。この物語は、ウォルコットが愛したカンブリア系の山々と同じくらい起源が古い。行政官に任命されたあなたは、自分自身にこう言い聞かせることからその経歴をスタートさせる。すなわち、自分には研究のための十分な時間はないだろうが、もっと効率よく仕事をすればいいんだ。ほかの連中は途中で脱落してしまったが、自分はちがう。自分はぜったいに研究をやめたりはしないぞ。研究もこのまま続け、ほぼ完全なかたちで発表しつづけるつもりだ。しかし、ぞっとするほど避けがたい、自分にはどうにもならない状況がしだいに顔をもたげ、研究の影は薄れる。あなたは、理想や研究に対する昔の愛情を放棄したわけではない。あなたは、所長としてのこの任期が切れたら、引退したら、あれが終われば、また研究に戻るだろう。ほんとうにいつの日かあなたは、自分の手に取り戻した学問の老年期を楽しむだろう。もっとも、ウォルコットの場合がそうだったように、死がじゃまをすることのほうが多い。

　私はウォルコットに驚嘆している。彼がかかえていた行政上の責務は、とてつもなく重いものだった。それなのに彼は、晩年になっても論文を発表しつづけた。彼の完璧な著作目録*(Taft et al., 1928 に載録)によれば、バージェス頁岩に関する最初の報告を発表した一九一〇年から、亡くなった年である一九二七年までのあいだに、八九篇の著作を発表したことになっている。そのうちの五三篇は、データに基づく専門的な一次論文である。そのなかには、分類学と解剖学の重要な仕事も含まれている。しかもそのうちのいくつかは、彼がもっとも多忙だった時期に書かれている。たとえば一九二四年にはカンブリア紀の腕足類《わんそくるい》に関して一〇〇ページ、一九二五年にはカンブリア紀の三葉虫類に関して八〇ページ、一九二一年には三葉虫類ネオレヌス属の解剖学的特徴に関して一〇〇ページといったぐあいである。しかし、神が定めた一日二四時間という制限が、ウォルコットの希望と目論見《もくろみ》を悲しいほど制約した。ほとんどの研究が棚上げにされたのだ。そのなかでいちばん手近の棚にのせられていたのが、バージェス頁岩の化石たちだった。化石研究に時間を割《さ》けないことに対するウォルコットの自責の念と、ついに大好きな化石研究に戻れたときに味わえるはずの楽しみを語ることが、彼の手紙に繰り返し登場するテーマだった。ウォルコットは、引退後にいちばん熱心に打ちこむ研究対象として、バージェス化石に意識的に手をつけずにいた。私はそう考えている。しかし彼は、行政の仕事から足を抜けないまま、七七歳でこの世を去った。

（＊）このタフトとは、前大統領にして当時は連邦最高裁主席判事を務めていたウィリアム・ハワード・タフトである。彼は、ウォルコット記念会議の開会の辞を述べた。

若い時代の理想主義から年輩になっての忍従《にんじゅう》へという避けがたい移行はおなじみの出来事だが、ウォルコット・アーカイヴズでは、その移行段階が異例なほどの詳しさでたどることができる（図4－1、4－2）。一八七九年六月二日、若きウォルコットは、米国地質調査所に最初の職を得るために大地質学者クラレンス・キングに手紙を書いた。

　私は、自分にできるいちばん役にたちそうなことなら何でもやりたいと思っております。私の望みは、発掘作業も含めた層序学《そうじょがく》的地質学と古無脊椎動物学を追求することです。……私は、これをライフワークにしたいのです。……私は自分を試してみて、仕事

図 4-1 ／ハンサムな若者時代のチャールズ・ドゥーリトル・ウォルコット。1873 年，23 歳のときの写真。

図 4-2 ／ 1915 年頃に撮られたウォルコットの肖像写真。スミソニアン研究所のアーカイヴズにはこのような肖像写真がたくさん保管されているが，私はこの写真がとくに気に入っている。それは，家族が悲劇に見舞われた時期のウォルコットの強靭さと深い悲しみがこの写真にはよく表われているように思えるからである。

の結果によってそのまま続けるかやめるかを決めたいと、心から願っているのです。

キングはこの売り込みに積極的に応え、七月一八日に次のような親切な返事を出している。

私は「君に」、いちばん下っ端《ぱ》の地位を用意しました。自力で昇進できるかどうかは君しだいです。……君は良い仕事をしていると評定することが、私の何よりの喜びとなるでしょう。

ウォルコットの仕事は「良い」という評定を上まわる出来で、着実に昇進していった。一八九三年、調査所職員の頂点近くの地位にあり、古生代初期の地層を実証的に研究するというライフワークに専念していたウォルコットは、雑事にわずらわされずに研究を続行するためにシカゴ大学の職を断わっている。彼は、シカゴ大学の卓越した地質学者で行政官でもあったT・C・チェンバレンに遺憾の意を伝えている。「あなたもよくご存じのように、私の望みと野心は、北アメリカ大陸の古生代初期の地層に関する研究を完成させ、地質学者に分類と地質図の作成を可能にする手段を提供することなのです」

しかしそのまさに翌年の一八九四年、研究を切り詰めて行政の仕事に精を出してほしいという所内からの要請があった。ウォルコットは母親への手紙のなかで、残る生涯にわたって彼につきまとうことになる矛盾した感情を表明している。それは、認められたという誇りと職務を果たしたいという意欲に、研究時間がなくなるのではという不安がないまぜになった感情である。

この大調査所を私が預かっているということが、ひどく奇妙なことに思えます。それはまちがいなく現実のことなのですが、私はそんなことなど期待していませんでしたし、これまで自分がやっていた研究を再開したいという強い希望もまだあります。ともあれ、母上がお元気なうちにこういうことになったのはうれしいことですし、私の管理のもとでこの調査所が発展するのをぜひ見ていただければと思っています。

愛する母上様へ

一八九四年一〇月二五日

チャーリー

それ以後、行政上の責務と研究願望とのあつれきが、ウォルコットの念頭を占めるようになった。なおも地質調査所長の職にあり、バージェスはまだ発見していなかった一九〇四年の時点で、すでにウォルコットは研究時間の大幅な消失を嘆いている。一九〇四年六月一八日、彼は地質学者のR・T・ヒルに手紙を書いている。

これまであるいはいま現在の私の個人的な野心で私を大いに左右しそうなものはただ

一つ、カンブリア系の地層と動物群に関する研究を完成したいという願望です。この研究は何年も前に開始したものなのですが、実際にはもう何年も手をつけられずにいます。この夏には、いささか時間を割き、それを完成するためにできることを折を見てやりたいと思っています。状況が許し仕事をうまくこなせたなら、行政の仕事すべてを誰かに引き継ぎ、一八九二年以来中断している研究に手をつけることができればいちばんうれしいのですが。

その三年後にウォルコットは、スミソニアン研究所所長という、彼にとっては最後の職についた。そしてその数年後、ウォルコットはバージェス頁岩を発見した。しかし状況はままならず、ウォルコットは落胆しつつも前向きに努力したせいで公的責任は増大しつづけ、バージェス化石に関する重要な研究や長引きそうな研究に割く時間はどんどん削られていった。行政の長が多岐にわたってこなさなければならない、つまらない仕事なのに時間だけはかかる日常業務の内容をアーカイヴズがかいま見させてくれる。ときには友人たちのために活動することもあり、一九一七年にはハーバート・フーヴァーをアメリカ哲学協会会員に推薦している。ときには同僚たちを激励したりもし、一九二三年にはR・H・ゴダードに次のような手紙を書いている。「〝ロケット〟に関する君の研究が満足のいく進展を見せており、いずれそれに関したすべての問題が具体的に解決することを私は確信しているよ」ときには科学者の福利向上をはかることもあり、一九二六年には、科学者にも「慈善事業だけに従事している人々と同じように」鉄道の無料パスを交付すべきだと州際通商委員会委員長に手紙を書いている。ウォルコットは、日々のこまごまとした際限ない要求に耐えた。たとえば一九二四年には、スミソニアン研究所の人類学部長アレシュ・ハードリチカが、測定をするための時間を都合してくれと要求している。

およそ一年ほど前、ナショナル・アカデミーに保存する記録のためにあなたを測定させてもらいましたが、そのとき私は、手と足とそのほか数カ所の測定をしませんでした。じつはその後、古代アメリカ人に関する手持ちのデータを解析したところ、それらの部位の数値がかなりの重要性をもつことがわかってきたのです。……機会を見つけてあなたが私の研究室に立ち寄り、残りの測定をするために二、三分の時間を割いていただければとても感謝するしだいです。

しかし、私が見つけた証拠書類のうちでウォルコットの多忙さをもっともよく象徴する――じつに実際的でもある――のは、自分のサインの変更を証明するために一九一七年に銀行に提出した次のような宣誓供述書である。「そちらがご所望《しょもう》の宣誓供述書を同封します。私はこれまで、サインでは Chas. D. Walcott と綴っていました。しかしいまは、イニシャルだけを使っています。それは、サインすべき書類や手紙が膨大である場合、余分な文字をつけ加えていると時間がかかってしょうがないことに気づいたからです」

こうした高官特有の〝日常的〟なプレッシャーだけでは研究計画を狂わせるには不十分だったかもしれない。しかし、バージェス頁岩の野外調査を行なった一九一〇年から一九二〇年までの一〇年間は、ウォルコットが家族の悲劇に次々と見舞われた時期でもあった。そのあいだに彼は、二番めの妻と、三人の息子のうちの二人を失ったのだ（図4‐3）。息子チャールズ・ジュニアは、一九一三年に結核のために亡くなった。ウォルコットは、あらゆる療養所や、希望をかけていいものなのかいんちき治療なのか判断しがたい安静療法、食事療法、薬物療法などあらゆる療法を調べまわり、検討したが、無駄な努力に終わった。もう一人の息子スチュアートは、一九一七年にフランス上空の空中戦で撃墜死した。ウォルコットは、同じような状況で弟を失っている友人セオドア・ローズヴェルトに手紙を書いている。

あなたの弟さんのクエンティンとワシントンのウェスタン高等学校でいっしょだったスチュアートは、アルデンヌの丘に眠っています。蛮族ドイツ軍との空中戦において、クエンティンとほとんど同じ状況で撃墜されたのです。彼と彼が撃ち落とした二人の人間は、同じ場所に埋められています。そしてスチュアートの名と没年を刻んだ墓の上には、こぎれいな十字架が立っています。蛮族は撤退する際に、その近辺の農家に火を放ち、破壊しました。連中のセンチメンタルな面と野蛮な本性をよく表わしているではありませんか。

図 4-3 ／ 1907 年にユタ州プロヴォに集まったウォルコットの家族全員。並んで立っているのが，左から順に，15 歳のシドニー，19 歳のチャールズ・ジュニア，57 歳のチャールズ，42 歳のヘレナ，11 歳のスチュアート。すわっているのが 13 歳のヘレン。

すでに述べたように、ウォルコットの妻ヘレナは、一九一一年に列車事故で亡くなり、娘のヘレンはその悲しみをグランドツアーでいやすために、お目付け役のアンナ・ホーシーという名の女性といっしょにヨーロッパ旅行に送り出された。ウォルコットは、美しくて無垢な娘を下品な目に合わないようガードするというまさに父親らしい決意をしばしばペンに込めて、この二人組との連絡をほとんど毎日のようにとっていた。ウォルコットの再三の介入を、ホーシーは高く賞賛した。たとえば一九一二年六月一八日付の手紙で、彼女は次のように書いている。「あなた様のお手紙を読んで、お嬢様は、女性の喫煙がいかにはしたないかということをよくおわかりになりました。私はそのことを何度もお嬢様にお話ししたのですが、お嬢様は私のことをどうしようもなく古くさい人間だとお考えなのです」しかしホーシーの悩みは尽きない。一九一二年七月一七日にパリから出した手紙で、彼女はこう警告している。「お嬢様の美しさはたいしたものです。……でも、殿方の賞賛と注目を浴びたいというお嬢様のお気持ちととっぴなお衣装は、ときどききちんとチェックしなければ、とても不幸なことになりかねません」そしてイタリアからの手紙ではこう断言している。「ほんとうに安全ではございません。ヘレンお嬢様は、冒険をしたくてたまらないのです。一七歳の女性はみなさんそうですが、お嬢様は無垢《むく》で世間知らずでいらっしゃいますし、浮かれ騒ぎだけのために、殿方と外で会うよう誘惑されかねません。イタリアでは、それは危険なことです」

こうした並みたいていでない個人的悲劇に見舞われているさなかにも、家庭と職場の雑事がウォルコットの時間を食いつぶしていた。彼はテルライド電力に数百万単位の投資をする一方で、銀行に、自分の息子へのクレジットを制限することの重要性を進言している。

私の息子B・S・ウォルコットはプリンストン大学の一年生です。息子はこづかいを持っておりますし、これまで、請求書には即座に支払う習慣を身につけております。しかしながら、私ならば息子や息子ぐらいの青年には三〇日以上の支払い猶予は認めませんし、認めるにしても金額に制限をつけます。クレジットは青年に悪影響を及ぼします し、悶着《もんちゃく》を招きがちです。

公《おおやけ》の仕事や父親の義務としてやらざるをえない仕事でこんなにもてんやわんやになっている状況のなかに、バージェス頁岩が入りこむ余地などあったのだろうか。ウォルコットは、カナディアン・ロッキーで化石採集をして夏を過ごす必要があった。セラピーとしてだけのためにも必要だったのだ。しかし彼には、ワシントンに持ち帰った標本を研究する時間はどうしてもなかった。自分の置かれた苦境をウォルコット自身が自覚していく模様は、バージェス化石そのものに関係した手紙としてはもっとも多くのことを教えてくれる手紙にはっきりと表われているといっていいだろう。その一群の手紙は、以前はウォルコットの助手を務め、当時はイェール大学の教授としてアメリカの指導的な古生物学者の一人に数えられていたチャールズ・シュッカートに宛てて書かれたものである。一九一二年、委員会の仕事に忙殺されているウォルコットは、シュッカートが送ってきた三葉虫を調べるのがちょっとだけ遅れそうだと予感している。

三葉虫の件ですが、来週になって全部のグループを調べる機会を持てるまで、意見は表明できそうにありません。このところ連邦議会の委員会やその他の用件でとても忙しく、ここ一〇日間、研究する時間はほとんど皆無なのです。

それが一九二六年になると、彼は敗北を認め、標本調べよりもずっと時間のかからない仕事でさえ、はるか先に延期している。三葉虫の解剖学的特徴に関してシュッカートが提起した問題について考察することさえままならなくなっていたのだ。「いつか時間がとれたら、三葉虫の構造に関するあなたのコメントについて考えてみるつもりです。いまは、行政の仕事で大忙しです」

ウォルコットが晩年に残した言葉からは、心の葛藤、希望、バージェス化石をきちんと研究できないことのどうしようもなさがはっきりと読み取れる。一九二五年一月八日、ウォルコットはフランス人古生物学者シャルル・バロアに宛てて、自分はバージェス化石を研究するために行政の仕事を少しずつ削っていると書いている。

私は、とても重要なグループなのにまだ発表していないバージェス頁岩化石に手をつけたいと思っています。もう一〇〇枚以上の図や写真ができあがっているのです。それらに関する研究は、行政の仕事や科学団体に関係した仕事に時間が割かれていなければ、すでに発表されていたはずなのです。私は、公職とは縁を切るつもりでいます。一二月二九日には、アメリカ科学振興協会で理事長辞任の挨拶をしましたし、ナショナル・アカデミーの評議会からも脱《ぬ》けました。三つの組織の評議員も辞任するつもりです。それらの組織は、とても興味深く、また価値のある活動をしているのですが、私が果たすべき義務はすでに終えたと思っています。

一九二六年四月一日、L・S・ロウ宛の手紙でウォルコットは、研究に対する正真正銘の愛情を強調すると同時に、行政の仕事は（学問とくらべて）楽しくもないし重要だとも思わないが、義務だと思ってしかたなくやっているというよく聞くぐちをもらしている。しかし私は、そんなぐちを本気とは思わない。放り出せば権力だけは失うが尊敬は失わないようなことに人生最良の時期を費やすほど自己犠牲的な人はまずいないだろう。科学界の気風からいえば、行政の仕事は公《おおやけ》には義務感からなされる仕事ということになってはいるが、そういう任に就《つ》いているたいていの人は、与えられた責任と影響力をまちがいなく楽しんでいるのだと思う。それはともかく、ウォルコットは次のように書いている。

研究を再開し、ここ一五年間に西部の山で集めたデータを記録するところまでできたら、私にとってこれに優る喜びはないでしょう。……行政の仕事が不愉快だったりつまらなかったというわけではありません。しかし私は、そういう仕事ははかないもので、重大なものとは思っていません。そうはいってももちろん、人は、生じた問題の解決に最大の努力を傾けるよう要請されることがあるものです。

その一週間後、ウォルコットはスタンフォード大学学長を務めたことのある大魚類学者デイヴィッド・スター・ジョーダンに手紙を書いている。ジョーダンは、行政上の責務をウォルコットよりもうまくそぎ落とすことのできた人物である。

行政の仕事から自らを解放したあなたは賢明です。私もいずれはそうして自由になり、この五〇年間夢見てきたことをできるようになりたいと思っています。これまでの楽しみは、そういう夢を見ることでした。私は、研究室で過ごせる時間がうれしいのです。

一九二六年九月二七日、ウォルコットはこの夢を実現するための行動を起こした。アンドリュー・D・ホワイトに手紙を書いたのだ。

私は、スミソニアン研究所の件と一九二七年五月一日をもってすべての行政上の職務から私が手を引く件に関して、あなたとぜひとも話しあいたいと思っています。来年の五月一日で、私が所長に就任してちょうど二〇年になります。ヘンリー、ベアード、ラングレーらは職場で亡くなりましたが、それをまた繰り返すことはスミソニアン研究所や私にとって賢明なことではないと考えます。私には、全エネルギーをかけても一九四九年までかかりそうなくらい、書くべきことがたまっています。……民主主義の進化を一九五〇年まで見とれれば、どんなに楽しいでしょう。でもいまの私は、一九三〇年より先のことなど考えていません。私は、二六歳のとき、そして三八歳と五五歳のときに死んでいてもおかしくなかったといわれましたが、生来の頑固者ゆえそれをはねつけたのです。

チャールズ・ドゥーリトル・ウォルコットは、一九二七年二月九日に在職のまま亡くなった。彼が残したバージェス化石に関する注釈だらけの覚え書きは、一九三一年に発表された。

ウォルコットが靴べらによる押し込めを行なった深い深い理由

ウォルコットはバージェス化石を詳しく調べることができなかったため、もっとも抵抗の少ない話の筋に沿った解釈を行なうことができた。ほんとうは奇妙な解剖学的特徴をそなえていることに気づかなかったおかげで、難問を背負いこむこともなく、骨の髄まで身についている生命観に照らしてバージェス頁岩を解釈したのである。したがってその解釈は、彼が以前から抱いていた先入観を反映することになった。ウォルコットは、妥協を知らない保守主義者だった。信念のない伝統主義者ではなく、筋金入りの伝統第一主義者だったのだ。そのせいで彼は、従来どおりの信念の塊《かたまり》のような人物としては、私が知っているなかでは最高のシンボルとなる。*

（*）私は、知性的な問題を抽象的で一般的な問題として論じたいとは思わない。概念を理解し評価するいちばんいい方法は、その概念が人のアイデアとか自然界の物体にどう表われているかを見ることだというのが私の信念である。そういうわけで私は、ウォルコットにすっかり魅せられている。私自身の生命観とこんなにかけ離れた生命観をもつ人物に〝出会う〟ことは稀《まれ》である。じつは私は、彼が残した文書を調べることで、彼がごく身近な知り合いであるような気がしているのだ。もっとも以前から私は、ウォルコットの誠実さと、まるで何かにとりつかれたかのように研究や行政の仕事に打ちこむエネルギーのすごさに大いなる敬意を感じてはいた。とくに彼が好きというわけではないが（まあ、私の意見など問題ではないだろうが）、彼が私の職業に光輝を与えてくれたことはものすごくうれしい。

ウォルコットの靴べらをめぐる謎を解き明かすには、彼の伝統第一主義を、それが明確なかたちをとるに至った三つのレベルに分けて考える必要がある。その三つのレベルとはすなわち、彼の政治的・社会的な信念の大枠、生物とその歴史に対する彼の姿勢、カンブリア紀という特定の問題に対する彼の取り組みかたである。

ウォルコットの仮面《ペルソナ》

田舎出身で純粋なアングロサクソンという背景をもつ〝古きアメリカ人〟ウォルコットは、おもに電力会社に賢い投資をすることで金持ちになった。少なくとも生涯最後の三〇年間は、ワシントンの最上流社会に入り、何人かの大統領、アンドリュー・カーネギーやジョン・D・ロックフェラーを含むアメリカ産業界の大立者《おおだてもの》などの知己《ちき》を得た。彼は信条的には保守主義者で、政治的には共和党員、そして日曜の朝の教会での礼拝をほとんど欠かしたことのない（そうでないとしたら礼拝をさぼったことを日記に書き忘れていた）熱心な長老教会の信徒だった。

すでに引用した手紙から読み取れる、息子と娘に対する接しかたのちがい、倹約と責任をめぐる考えかたなどが、社会に対する彼の保守的な姿勢を知る手がかりを提供してくれている。ほかの文書に目を通すと、そうした基本的な人格のさまざまな面が明らかとなる。そこで、アメリカは力と倫理において秀《ひい》でていると確信されていた最後の偉大な時代に生きた保守的な有力者の意見を〝感じ〟としてつかんでもらうために、いくつかの例を紹介する。

一九二三年、ウォルコットはジョン・D・ロックフェラー宛に、宗教について次のように書き送っている。

私はニューヨーク州ユーティィカで、敬虔なキリスト教徒だった母と姉に育てられ、長老教会に常に忠実に生きてきました。私はキリスト教の本質を信じており、教会は人類を保護増強するための活動体としての効力をそなえていると信じています。

次に酒に関するウォルコットの見解(W・P・イーノに宛てた一九二三年一〇月六日付の手紙)を紹介するが、それは彼の見解が古風で時代遅れと考えるからではない(実際のところ、私もウォルコットの個人的立場には同意するが、二番めのパラグラフで彼が表明している政治的成果については疑問に思う)。あえて紹介するのは、この一文がウォルコットの人格と一般的姿勢をよく表わしていると思うからである。

私が四〇年前にワシントンにやって来たころは、たがいに関心のある問題について語りあうために若い人たちのあるグループとの会合を午後にもっていました。そんな折には、たいていはビールを飲み、人によってはブランデーやカクテルを飲んだものです。どんな酒も飲みたいとは思わなかった私は、酒を遠ざけていたほうがよいと結論しました。健康体が摂取した酒は、時間とともに、人格、自制力、効率等のそれなりの悪化というかたちでしだいにその影響力を表わしました。そういう悪影響が出るまえでも、おもに肝臓、腎臓、胃などの障害のせいで、彼らは死んでしまいました。彼らのうちでいまも存命なのは一人だけで、その人も、〝ちびちびやる〟のはもう二〇年も前にやめています。

もしあらゆる種類の酒なしで済ますことができるとしたら、一世代か二世代にして人類はより一層の繁栄と改良をとげ、個々人や諸国民が味わっている苦しみ、不道徳、背徳の大半が消滅することでしょう。

政治面でのウォルコットは、好戦的愛国主義と個人の自由な機会を尊重する自由意志論者という保守主義の両極間で揺れ動いていた。たとえば自由意志論者としての彼は、生物学的に劣った人種とか社会的階級という分類を拒絶し、さまざまな階層にいる天才がいつでも浮かび上がれるような教育の機会均等を擁護した。一九一三年六月三〇日、ウォルコットはラッセル・セージ夫人に宛てて次のように書いている。

私がとくにあなたの教育面の仕事に興味をもっているのは、教育を通じてこそ、一度にたくさんの人たちを健康に満ちた清潔な生活を送れるような水準に引き上げることができると信じているからです。才能に富んだ天才が現われる頻度は、社会的階級に関係ありません。労働者階級の子供たちからも、暮らしぶりのよい階級の子供たちからと同じ頻度で天才が現われるのです。何世紀ものあいだ、偉大な人物の大半は安楽な階級から出現してきたという事実は、単に教育を受ける機会の威力を証明しているにすぎません。

ウォルコットの好戦的愛国主義者の顔は、第一次世界大戦におけるドイツに対する怒りにとくによく表われている。彼はその戦争における空中戦で息子を失っている。ウォルコットは一九一八年一二月一一日付の手紙で、プリンストン大学で開かれる戦没学生追悼慰霊祭への学長からの招待を断わっている（ウォルコットは、彼の世代がドイツ人をののしる際に使った蛮族という言葉をしばしば使った）。

追悼慰霊祭に出席すると、〝蛮族〟とその輩《ともがら》たちに対する根深い悪感情のせいで精神面と倫理面の安定に悪い影響が出てしまいますので、その手の会への出席はいっさい避けてきました。この悪感情はベルギー侵略から始まったもので、英国客船ルシタニア号撃沈や、戦争中になされた数多くの犯罪行為でいっそう強められたものです。そして、休戦の調印がなされてから多くのことがあったいまになっても、いささかも弱まっていません。

ウォルコットの醜悪な面は、アーカイヴズが明かすところによれば、著名な人類学者フランツ・ボアズに対して一九二〇年になされた異常な攻撃キャンペーンの陣頭指揮を内々に行なった際に噴出した。ドイツ生まれのユダヤ人で、政治的には左寄り、心情的にはドイツびいきだったボアズは、ウォルコットの偏見の端々《はしばし》を逆なでしたのである。《ネイション》誌の一九一九年一二月二〇日号に、「スパイとしての科学者」と題したボアズの投書が掲載された。その投書の内容は、戦争中に何人かの人類学者が、ふつうならば近づくことは許されていない地域や情報に接近するために科学という特権を振りかざし、アメリカのための情報収集を行なったことを非難するというものだった。政治家、ビジネスマン、軍人などが秘密《ひみつ》裏《り》に情報収集を行なうことが容認されるのは、そうした職業では不誠実が規範として実践されているからなのだが、科学の世界では、そうしたペテンは憎むべき行為であり科学の原則をだめにするものとしか見られない。ボアズはそう主張したのである。ボアズのこの投書は、いまならばほとんどいかなる感情も生じさせないことだろうし、たいていの人は、科学の理想を無邪気に表明したものとして読むのではないだろうか。

しかし、風潮として強硬な好戦的愛国論が支配する戦後のアメリカにおける反応はちがっていた。ボアズの投書を見たウォルコットは、長年にわたってアメリカを裏切ってきた不愉快な外国人に対する堪忍袋の緒を切った。ウォルコットにいわせると、ボアズはウィルソン大統領その人を嘘つき呼ばわりしている。なぜならウィルソンは、「独裁政治だけがスパイをかかえる。民主政治にスパイはいらない」と述べているからだという。ウォルコットはまた、ボアズの投書は、ひとにぎりの科学者が知識と機密情報の〝二重スパイ〟役を演じたかもしれないということを理由に、アメリカの科学全体の誠実さに疑いをさしはさんでいるとも解釈した。

ウォルコットはこのように誇張した解釈を行なうことで、ボアズを糾弾《きゅうだん》し、おそらくはアメリカ科学界から完全に追い出すことを意図したすさまじいキャンペーンを展開する根拠とした。ウォルコットはただちに、ボアズに与えられていたスミソニアン研究所の名誉職を独断で剝奪《はくだつ》した。そして重要な地位を占める保守的な同僚全員に手紙を書き、ボアズを罰する方策に関する助言を求めた。たとえばコロンビア大学学長（ボアズはコロンビア大学の教授だった）のニコラス・マレイ・バトラーには、一九二〇年一月三日に次のような手紙を書き送っている。

ボアズ博士がスミソニアン研究所との関係で占めていた地位は廃止されました。それは、一九〇一年に理事長ラングレーによってボアズのために特別に設けられたものだったからです。

ボアズ博士が一九二〇年一二月発行の[*]《ネイション》誌に発表した原稿は、そのような意見をもつ人間はスミソニアンと公的なつながりをもつ人物としてはふさわしくないと私には思えるほどひどい内容です。私は、一〇〇パーセントのアメリカ人を雇いたいと思っており、ロシア人かドイツ人か、ユダヤ人か非ユダヤ人かに関係なく、性根の腐ったボルシェヴィキ型の人間は、個人的にも職務上も相手にしたくありません。ドイツとの戦いが終わったことはわかっています。しかし、疑惑、内部闘争、アメリカ人が支持してきたものすべての最終的堕落を蔓延《まんえん》させる要因との戦いは始まったばかりなのです。

（＊）もちろん、一九一九年一二月のまちがいである。

多くの同僚は、ウォルコットさえ冷静になれば、じきにすべて丸くおさまるという堅実な助言をした。しかしなかには、彼といっしょになってマッカーシズム的熱狂に参加した者もいた。コロンビア大学のマイケル・ピューピンは、ウォルコットに宛てた手紙のなかで、男が男だった時代、あんな疫病神《やくびょうがみ》は寄ってたかって排除できた古き良き時代を懐かしんでいる。

ボアズはドイツを擁護する目的で合衆国を攻撃しているのです。なのにやつはまだ、わが国の若者を教え、ナショナル科学アカデミーの会員という栄誉を享受することが許されています。こう考えると、フランツ・ボアズのような輩《やから》をやっかい払いする方策がいつでも手元にあった絶対主義の古き良き時代が私には懐かしく思えます。(一九二〇年一月一二日付の手紙)

ウォルコットはこの手紙に心から同意し、「一月一二日付の手紙ありがとう。あなたの手紙はボアズ事件を、私にとって満足のいくかたちでうまく要約しています」との返事を書いている。

ウォルコットは、ワシントン人類学会において、ボアズをきびしく非難する決議の先頭に立ち、決議案は一九一九年一二月二六日に反対票たった一票で通過した。その四日後、マサチューセッツ州ケンブリッジで開かれたアメリカ人類学協会の会合では、二一対一〇の投票結果でボアズ非難決議が通過し、反対票を投じた一〇人は、〝ボアズグループ〟と呼ばれた。

その決議文には、真の民主主義に対するボアズの攻撃への解毒剤を処方したつもりなのか、次のようなおかしな前文が付された。

反米主義に敵対する親米主義の名のもとに、さらに次のような要請をつつしんで行なう。すなわち、ボアズ博士および下記の決議への反対投票を行なうことでボアズ博士の裏切り行為を支持したアメリカ人類学協会の一〇人の会員は、合衆国政府に対する忠誠心への疑いが生じる可能性がまちがいなくあるような職務への関与を排除するものとする。

当時は好戦的愛国主義の時代だった。それにしても、いつの時代にも極端に走る連中とその提灯持ち《ちょうちんも》ちがいるものだ。

生物の歴史と進化に関するウォルコットの一般的な見解

ウォルコットは、自らをダーウィンの支持者と見なしていた。そういう忠誠心の表明は、最新の解釈からいえば、進化の筋道はとっぴで行きあたりばったりだという感触を強く持ち、生命が語るのは全般的な〝進歩〟ではなく、移ろいゆく地域環境への適応という物語であると深く確信していることを意味する。しかし、ダーウィンは複雑な人間だった。そのせいで、なかにはたがいに矛盾する点もある何通りかの生命観にダーウィンの名が付されてきたし、ダーウィンの時代から今日《こんにち》を迎えるまでに、優先される焦点も変わってきた。生命にかぎって、矛盾やあいまいさとは無縁というわけではない。学者たちは、大思想家に関する自分の解釈は終始一貫したテクストをなしているはずだとの前提に立つというまちがいをよくしでかす。大科学者が生涯をかけてある問題に取り組んでも、結論に到達しないこともある。矛盾する解釈のどちらにも引かれ、両方の誘引に屈してしまうこともある。そうした取り組みが最終的に矛盾を解消するとは限らない。

ダーウィンの心の内では、進歩という考えをめぐって、ああでもないこうでもないという葛藤が長く戦わされた。彼は、自分ががんじがらめになっていることに気づいていた。進化の機構を説明する基本理論である自然淘汰《しぜんとうた》説は進歩については何一つ語らないことが、ダーウィンにはわかっていた。自然淘汰説は、地域環境の変化に対応して生物が時間とともにどのように適応的な変化をとげていくか――ダーウィンのいう「変更をともなった由来」――を説明するだけである。ダーウィンは、自然淘汰説のもっとも過激な特徴は、進歩一般を否定して局地的な調整という考えを採ったことであると考えていた。ダーウィンは、アメリカ人古生物学者アルフィアス・ハイアット（私が占めている研究室の先住者）に宛てて、一八七二年一二月四日に次のように書き送っている。「ずいぶん考えましたが、私は、進歩的な発展をする内的傾向は存在しないという確信を退けることができません」

しかしダーウィンは、帝国拡張と産業革命の勝利の絶頂にあったヴィクトリア朝イギリスを批判すると同時にその恩恵にも浴していた。ダーウィンを取り巻く文化では進歩が合言葉であり、そのようにもてはやされていた魅惑的な概念を否定し去ることなどダーウィンにはできなかった。そのせいでダーウィンは、局地的な調整としての変化という自らの過激な見解で従来からの慰めに揺すぶりをかける一方で、生物の全体的な歴史には進歩というテーマが見られるとの見解も表明していた。『種の起原』でダーウィンは次のように書いている。「世界の歴史に連なっている個々の時期に生息していた生物は、生活をかけた競争において先住していた生物を負かしてきたわけであり、その限りにおいて自然界の階級の上位に位置している。このことで、多くの古生物学者が感じとってはいるのだがいまだに明確ではない、体制は全体として進歩してきたというあいまいな意見が説明できるかもしれない」（1859, p. 345）

このような見た目上矛盾する立場のはざまで揺れ動くと、ある種不安定な調和が形づくられうる。いかなる瞬間にも別の要因を進化させるように作用していた根本原因が二次的にもたらした累積効果、それが進歩であるとダーウィンは考えていたという言いかたもできる。構造面の向上は、地域的な調整へと向かう一つの経路と見ることもできる。一般的なデザインの向上によって達成される地域的な調整が、結果的に地質年代の長期にわたって生存できる可能性を高め、間接的な経路を経て進歩が出現しうるというわけである。

私も含めた批判者たちは、ダーウィン自身がいだいていた矛盾する見解をそのようにむりやり結合させることの問題点を何度も指摘してきた。それでも私は、まぎれもない矛盾点を認めてしまうことのほうが、取り組みかたとしては正しいと考えている。進歩という考えかたは、そのようにこじんまりとした決着をつけるにはあまりに壮大であるうえにあまりに混乱しており、しかもあまりに重大な概念である。自然淘汰説の論理が一方の方向にひっぱり、社会的な先入観が反対方向にひっぱる。ダーウィンはその両方に忠実でありたいと思っていたのであり、そこから生じるジレンマに一貫した態度で決着をつけることはなかった。

ダーウィンはもう一世紀以上にわたって、科学界随一の聖人であり導師だった。そしていずれの見解もまちがいなくダーウィンの思想の一部であるため、その後の世代は、ダーウィン思想のなかで自分たちが支持したいと思っている真理や改革とうまく合致する側面だけを採用しようとする傾向があった。ヒロシマという〝進歩〟からそれほどたっていないうえに、産業や軍備開発がもたらす危機に圧倒されているいまの時代に生きるわれわれは、変化とは局地的な適応であり、進歩とは社会的な空想であるというダーウィンの明確な見解に慰めを感じようとしている。しかしウォルコットの世代、それもたいへんな成功をとげたこちこちの伝統第一主義者という性格の持ち主においてはとくに、生命は進歩の道を歩んできたと主張するダーウィンの立場が、一進化論者の信条の中心にすえられた。ウォルコットは自分自身をダーウィン主義者と見なし、生命は予測どおりの経路をたどって意識を生じさせるまで進歩向上したのであり、優れた生物の生存を自然淘汰が保証したのだという自らの強固な信念をダーウィンの名のもとに表明した。

ウォルコットは、生物の歴史に対する彼なりの一般的ないしは〝哲学的〟な取り組みかたについてほとんど何も書いてはいない。彼が発表した論文を見ても、彼がバージェスの靴べらに執着した謎を解くために必要なはっきりとした手がかりは得られない。しかし幸いなことにここでもアーカイヴズが、このうえなく重要な証拠を提供してくれる。ウォルコットは、個人的に陰で事を進めることを好んだが、すべてを書き残していた。しかも、シュレッダーもなく、交換手がすべての電話をつないでいた時代のことである。

生命史に認められる進歩と計画性を強調しつづけるさなかのもので、そのことをことさらはっきりと物語る証拠を私は二つ発見した。第一の証拠は、一般向けの講演のために用意された、すさまじい書き込みのあるタイプ原稿である。それは「最初の生物を探す」と題された原稿で、一八九二年から一八九四年のあいだに行なわれた講演用のものであることはまちがいない。* そのなかでウォルコットは、ダーウィンは生命史を「進歩という決まった順序」として解明するための鍵を提供したと聴衆に語りかけている。

地球上に最初に登場した生物からのじつに密接なつながりが存在しておりまして、万が一にもすべての記録が手に入るなどということがありえるとしたら、もっとも下等な生物からもっとも高等な生物までの完璧な連鎖が確立されることでしょう。

（＊）この原稿では、ウォルコットの身分は「地質調査所および国立博物館古生物化石名誉キュレイター」となっている。彼が名誉キュレイターの地位にあったのは、一八九二年から、スミソニアン研究所の所長となった一九〇七年までのことだった。この時点では、彼はまだ調査所の所長には任命されていなかったのではないかと私はにらんでいる。もし任命されていたなら、地質調査所長という肩書を使っていたはずだからだ。彼が所長になったのは一八九四年のことであるから、この講演は一八九二年から一八九四年までのあいだに行なわれたと考えてまちがいない。

続いてウォルコットは、古生物学が解明したその順序を特定している。それを述べた注目すべき一節では、靴べらの鍵をにぎる先入観がはっきりと表明されている。

初期の時代には頭足類《とうそくるい》が君臨し、続いて甲殻類《こうかくるい》が頭角を現わしました。そして次は、どうやら魚類が先頭に踊り出たらしいのですが、トカゲ類によってすみやかに押し退《の》けられてしまいました。そうやってトップに立った陸と海の爬虫類が幅をきかせたのは、哺乳類が舞台に登場するまでのことでした。哺乳類の登場以来、人間が創造されるまで、まちがいなく地球は支配権をかけた闘争の場となりました。次いで、発明の時代が到来しました。最初は火打ち石と骨製の道具の発明、次が弓矢と釣り針の発明。あとは槍と楯、剣と銃、黄リンマッチ、鉄道、電報などといったぐあいです。

完全なる進歩主義者の信条が、いくつかの単語にすっぽりとおさまっているではないか。ただ、この一節のなかでは三つの点がきわだっているように私には思える。第一に、最後の行で通信と輸送のための技術を持ち出すまえに並べあげた進歩の原動力は、すべて戦争に通じるものである。動物は力と筋肉によって他を圧倒し、人間はかつてなかったほどの威力を秘めた戦争の道具で他を圧倒したというわけである。第二に、ウォルコットは進歩発展をなめらかな移行としてとらえるにあたって、生物学的な進歩と社会的な進歩のあいだに切れ目を認めていない。われわれは、生物の等級を連続的によじ登り、続いてただちに人類の技術の直線的な向上をとげているというのだ。第三に、ウォルコットは征服と排除を基にした進歩にご執心なあまり、自分の定式化のなかに潜《ひそ》むまちがいに気づいていない。彼がここで連鎖に仕立てたものは、それとなくほのめかされているような、永遠の戦場を舞台に構造面（ここでは武器として表現されている）で優る生物が劣る生物を排除していったという前進的な系列ではない。爬虫類は、魚類を押し退けたりはしなかった。むしろ爬虫類は、奇妙に変形して陸上という新しい環境に進出した魚類といってよい。魚類は、海洋の支配的な脊椎動物の座を追われたりはしていない。それなのにウォルコットは、戦いによる直線的な進歩の階級と、脊椎動物の分類をめぐる通常の順序とを同一視することに熱心なあまり、基本的な流れを見逃してしまっている。

征服による置き換わりによって生物のデザインの変遷から一連の技術の発展へとなめらかに移行する一本の前進的な連鎖という生命観、そんな生命観とバージェス動物群をめぐる最近の解釈とが、いったいどうして調和しうるだろうか。ウォルコットにしてみれば、バージェスは時代的に古いのだから、後世の改良された子孫の祖先にあたる、構造の幅がかぎられた単純な生物を含んでいたはずなのである。最大規模の異質性と運まかせの非運多数死という最近の考えかたは、そのような生命観のもとではとてもではないが認めようがない。そんな考えかたはまさに理解不能であり、思いもよらないことだった。ウォルコットにとって、バージェス生物は単純で種類も限定されており、祖先的でなければならなかった。彼が想定した靴べらで押しこめられるものでなければならなかったのである。それでもまだ、ウォルコットがこの論理的な推理を自分自身の先入観から行なったことを疑っている人もいるかもしれない。しかし彼は同じ講演のなかで、古い時代の生物の多様性は、後世における進歩を運命づけられていた少数の主要な系統という枠内に限定されているということをはっきりと述べている。「ほぼすべての動物は、現生しているか絶滅しているかに関係なく、少数の主要な区分すなわち形態上の類型に分類されます*」

(*)彼のように秘密主義的な専制君主が一般聴衆を相手に講演を行なった稀有《けう》な例を離れる前に、一つだけ脱線したい。ウォルコットの書く文章は明瞭ではあるが退屈である。じつは、とても多くの専門家が、科学を一般向けに説明する際——とくに自然について書く際——には、明瞭さは捨てて情熱的で誇張した書きかたをしなければならないという考えまちがいをしている。ワーズワースやソローの才能があればそれもうまくいく。しかし、大多数のナチュラリストは、アウトドアに対する愛情がいかに深くても、そんなことはできないし、試みるべきでもない。そんなことをしようとすれば、意に反してとんでもないパロディができあがりかねないからだ。それに、聞き手はそのような松葉杖を必要としていない。〝知的な素人〟はたくさんいるし、過保護に扱う必要はぜんぜんない。自然はそれ自身輝いているのだ。まあそれはともかく、いささか気恥ずかしいが、夕焼けのグランドキャニオンに立つチャールズ・ドゥーリトル・ウォルコットをごらんにいれよう。

西の空が燃えている。切れ切れになった層雲と波打つ巻雲が、相容れない光彩と、オレンジ色と深紅色の輝きを捕らえていた。壮麗な雲の切れ間から幅広の黄色い光線が何本も斜めに発射され、大小の塔、尖塔をなす岩の頂《いただき》や岩棚の連なりを照らし、それほど濃くはないが、西の空に浮かぶ雲を染めている色と似た紅色でおおっている。頂上の帯は光り輝く黄色、すぐ下の帯は淡いバラ色である。しかしその下の広大な部分は、明るく輝く深紅である。いま、クライマックスが訪れている。背後の広大な空を赤く燃え上がらせている太陽の輝きが渓谷に反射し、青いもやと混ざり合い、渓谷を荘厳な色合いの紫の海に変えている。その規模がいかに大きかろうと、その形状がいかに荘重であろうと、装飾がいかに壮麗であろうと、グランドキャニオンがもつ最高の輝きが明かされるのは、こうした王者の色に染まるときである。

この証拠でも不十分というならば、ここに紹介する第二の証拠が、ウォルコットが進歩とバージェスの靴べらを必要とした背景に倫理と宗教という新たな次元を追加してくれる。靴べらによる押し込めを保証し、運まかせの非運多数死などといった考えはいっさい排除するにあたっては、ウォルコットが進化の経路について言及した簡単な記述だけで十分だった。しかし、自然には倫理的な原理も例示されており、予測どおりの経路にそった着実な進歩こそが倫理の基盤をなしていると信じているのなら、ぜひとも押しこめなくてはという気持ちの高まりは天井知らずとなる。記述はそれだけでも十分に強力だが、規範はそれ以上の力をもちうる。一九二六年一月七日、ウォルコットはR・B・フォスディックに宛てた手紙のなかで、進化に見られる整然とした進歩がもつ倫理的価値について書いている。

> 人間の利他的な本性、あるいは人によっては霊的な本性と呼ぶかもしれないものをもっと大幅に発達させる方法が見つかりでもしないかぎり、科学が人類進化の整然とした進歩を極端に走らせて破局がもたらされる危険があると、私はここ何年か感じてきました。

倫理性と靴べらとの関係を物語るこの第二の証拠は、二〇世紀アメリカ社会の歴史に影を落としたある出来事に対して、ウォルコットがどういう感慨をもったかを教えている。その出来事とは、一九二五年に開かれたスコープス裁判で頂点をきわめた創造論者たちの反進化論運動である。老いたりといえども意気なお盛んなウィリアム・ジェニングス・ブライアン――アメリカ有数の雄弁家で、三度大統領になりそこなった人物（Gould, 1987 c を参照）――に率いられた聖書直解主義者《ファンダメンタリスト》たちが、いくつかの州の立法府を説得して公立学校での進化論教育を禁止させたのだ。

当時もいまも、科学者の正統的な姿勢、そして一九八七年に連邦最高裁判所での最終的な法的勝利――公立学校では進化論と創造論を同等に教えるべきだとするルイジアナ州法六八五条に対する違憲判決――を確実なものとした論拠は、科学と宗教は等しく正当な活動だが、活動する領域がちがうというものである。このような〝分離主義者〟は、自然界の仕組みと現象の解明は科学者の仕事で、倫理的な決断を下す基盤は神学者やヒューマニスト一般の仕事であると主張する。岩の年齢《ジ・エイジ・オブ・ロックス》といえば地質学者の関心事だが、千歳の岩《ザ・ロック・オブ・エイジズ》といえばキリストのことだし、〝天国のやりかた《ハウ・ヘヴン・ゴーズ》〟と〝天国への行きかた《ハウ・トゥ・ゴー・トゥ・ヘヴン》〟では大いに意味がちがうというわけである。科学者は、自然が導くところならどこにでもつきしたがう自由とひきかえに、世界の物理的状態に基づいて倫理的な推論をはたらかせたり倫理的発言をするという誘惑を放棄している。もっともこれは、適切でみごとな取り引きである。なぜなら自然界の事実には倫理的なメッセージなど込められてはいないからだ。

　ウォルコットにとって、このような分離主義はとんでもなく忌まわしい見解だった。彼は、倫理的な解答、すなわち生命と社会に関する自らの保守的な見かたを裏づけてくれる彼好みの解答を自然から直接見つけたいと切望していたからである。彼は科学と宗教をいっしょにしてしまいたかったのであって、たがいに関連をもつ別々の領域に切り分けたいとは思っていなかった。事実彼は、分離主義者を非難している。分離主義の論拠が、科学者たちはほんとうはまったく宗教なしで済ませたがっている（しかし当面の実際的措置として、自然界の事象から宗教を締め出すことで満足している）のではないかという疑いを人々にいだかせたことで、ブライアンの反知性的な情熱をあおりたててしまったというのだ。そこでウォルコットは、科学と宗教の結びつき――とくに進化的変化の経路にこそ神の御業《みわざ》が顕現《けんげん》していること――に関する声明をまとめ、彼と同じように著名な伝統第一主義者の一団の署名をそえて発表することで、ブライアンとその一党と闘うことを決意した。彼は、署名を依頼するために次のような手紙を友人たちのあいだに回した。

科学や宗教における急進論者たちの活動により、遺憾なことにウィリアム・ジェニングス・ブライアンのような心根《こころね》をもった人間たちは、進化という事実を教えることで宗教に大いなる危機がもたらされると考えるようになっております。大々的に公表される予定になっている、科学と宗教との関係に関する声明への署名を、多数の保守的な科学者や聖職者の方々に依頼しております。

その声明は、スコープス裁判の二年前の一九二三年に発表されたのだが、ウォルコットを筆頭に、ハーバート・フーヴァーのほか、ヘンリー・フェアフィールド・オズボーン、エドウィン・グラント・コンクリン、R・A・ミリカン、マイケル・ピューピンといった科学界の指導者たちが名を連ねている。その声明には次のような一節がある。「近年の論争においては、科学と宗教とを、敵対する相容れない思想領域として提示するきらいがあった。……この二つは、相手を排除したり対立する関係にあるというよりは、補いあう関係にある」

ウォルコットが発表した声明文は、さらに続けて、大半のアメリカ人が個人的な平静と社会の骨組みの基盤であると見なしている宗教的真実と科学とは一つに調和するということを示すだけで、創造論者の主張は抑えこめると論じている。それらが一つに調和していることのなによりの証拠は、生命の歴史に見られる、予測どおりの整然たる進歩という特徴にある。

なぜなら進化の経路には、神が自らの創造行為にかけつづけている慈悲と配慮が現われているのだから。進歩を導く自然淘汰という原理をそなえた進化とは、神が自らの存在を自然界に示す方法だった。

科学が提供するのは神という崇高な概念であり、それは宗教の最高の理想と完全に一致している。ただただ、人間の住まいとして地球を発展させ、地球を構成する物体に果てしなく生命を吹きこみつづけ、ついには霊的な本性と神にも似た力をそなえた人間を登場させるなかで無限の長きにわたってその存在を顕示させてきたものとして、科学は神を説明すればよいのだ。

この重要な一節のなかでは、靴べらは神の道具ということになっている。生物進化の歴史が示しているのは、人間の意識へと続く整然たる行進には神の慈悲がそのまま表われているということであるならば、一〇万とおりものちがった結果が起こりうる（したがって、知能をそなえた自意識の強い種が進化する可能性はほとんどない）運まかせの非運多数死という考えかたが、化石記録の解釈として選択できるはずはない。バージェス頁岩の生物たちは、高等な子孫たちの原始的な祖先でなければならないのだ。バージェスの靴べらは、従来どおりの心安らぐ生命観の単なる強化ではなかった。それは倫理的な武器でもあり、事実上の神意だった。

カンブリア紀の爆発をめぐるウォルコットの苦闘とバージェスの靴べら

バージェス頁岩を発見する以前にウォルコットがカンブリア系の地層と出会っていなかったとしたら、靴べらによる押し込めという行為に関与したのは進化に対する彼の一般的態度とペルソナだけだっただろう。ところが、ウォルコットがそうした生命観をいだいたのにはきわめて特別な理由もあった。その根本には、彼がその生涯を通じてカンブリア紀の研究に専念していたこと、それもとくにカンブリア紀の爆発という問題にとりつかれていたという事情があったのだ。

私は本書の最初の章で、図式が人の考えかたにいかなる影響をおよぼすかを例証した。そこでは、進歩の梯子《はしご》図と多様性の逆円錐《ぎゃくえんすい》形的増大図という二種類の基本的な図式が、人々の希望に根ざした一般的な生命観をいかに支えているか、バージェス動物は原始的な祖先だという特定の解釈をいかに強制したかを明らかにした。そしてこの章のここまでの二節では、進化に対するウォルコットのペルソナと姿勢を論じるなかで、梯子図を引き合いに出した。彼の特色がさらにはっきりと出ているカンブリア紀に関する議論は、逆円錐形図によりかかったものである。

系統発生を表わすためのおなじみの図像である系統樹は、一八六〇年代に、ドイツの形態学者エルンスト・ヘッケルによって導入されたものである。ちなみに、『種の起原』にただ一枚の図として載せられているダーウィンのものも含めて、それ以外の系統樹は、生物間の関係を枝分かれにたとえて示すための一般的な指針として抽象的な分岐図を描いたものばかりだった。ところがヘッケルは、進化を優先した表現としてこの図像を発展させた。ヘッケルは、本物そっくりの樹皮や節くれだった枝をもつ系統樹をたくさん描いた。そして、よく茂った樹の枝の一つひとつに実際の生物を配置した。

ヘッケルの名は、英語圏の人間にはトマス・ヘンリー・ハックスリーの名前ほど有名ではないかもしれない。しかしヘッケルは、かつて進化論について発言した宣伝係としては、まちがいなくもっとも鼻息が荒くて影響力のあった人物である。そのヘッケルが描いた系統樹は、ウォルコットが古生物学を学び、教えたころの教材の大黒柱をなしていたものであり、梯子図と逆円錐形図というテーマを華麗に公然と示すと同時に微妙にごまかしたかたちでも提示している。

第一に、ヘッケルが描いたすべての系統樹は、上方と外側に向かって連続的に枝分かれして逆円錐形状を呈している。ここで一応ことわっておくと、ときにヘッケルは、それぞれが小さな逆円錐形をなしている個々のかたまりのなかの二本の側枝が上方に伸び、そこで内側に枝を広げるという描きかたをしている。それは、すべてのグループにスペースを割り振るための方策なのだが、そういう場合でもヘッケルは、上方と外側への枝分かれという全般的な印象は注意深く保存している点に注目してほしい。ヘッケルが行なっているグループの配置は、原始的なグループであることと下位に位置することという異質な概念の合体を強調するものであり、逆円錐形図と梯子図という二つの重大なテーマの統合にほかならない。

たとえば、脊椎動物の系統発生をヘッケルがどう扱っているかを見てみよう（図4‐4——すべての図は、ヘッケルの一八六六年の著作『一般形態学』からとったもの）。樹は全体として上方と外側に枝分かれし、上層のほうが多様性の高い二層をなしている。魚類（Pisces）と両生類（Amphibia）が配置された下層は、限定された広がりと原始性をはっきりと示している。それに対して爬虫類（Reptilia）と鳥類（Aves）と哺乳類（Mammalia）が配置された上層は、より大きな広がりとより改良された状態を暗示している。ところが魚類と両生類は、起源した時代は古いにしても、いまだに存続しているし、魚類にいたっては形態の幅の広さにおいても種数の多さにおいても脊椎動物中随一である。ヘッケルが描いた哺乳類の系統樹（図4‐5）は、高等であることと高位に位置することとの合体を歴然と示すものであり、じつは一本の小枝にすぎないものを進歩の上位レベル全体を表わすものとしてしまうと、多様性が相対的に見て不正確に表現されてしまう格好の例となっている。この樹では、きわめて高い多様性を示し、形態的にも特殊化している偶蹄類《ぐうているい》（Artiodactyla）——ウシ、ヒツジ、シカ、キリンなどの仲間——が、下のほうの層にぎゅっと押しこめられている。それにひきかえ、どちらかといえば小さなグループである霊長類は、上層の、それも文化的に優遇される右側半分近くを占めている。全哺乳類のなかで最大の多様化をとげている齧歯類《げっしるい》（Rodentia）は、二つの主要な層の中間地帯に閉じこめられ、ほんの小さな空間に押しこめられている。それは、ヘッケルお気に入りの二つのグループである食肉類（Carnaria）——勇壮だから——と霊長類（Simiae）——賢いから——が上層のすべての空間をぶん

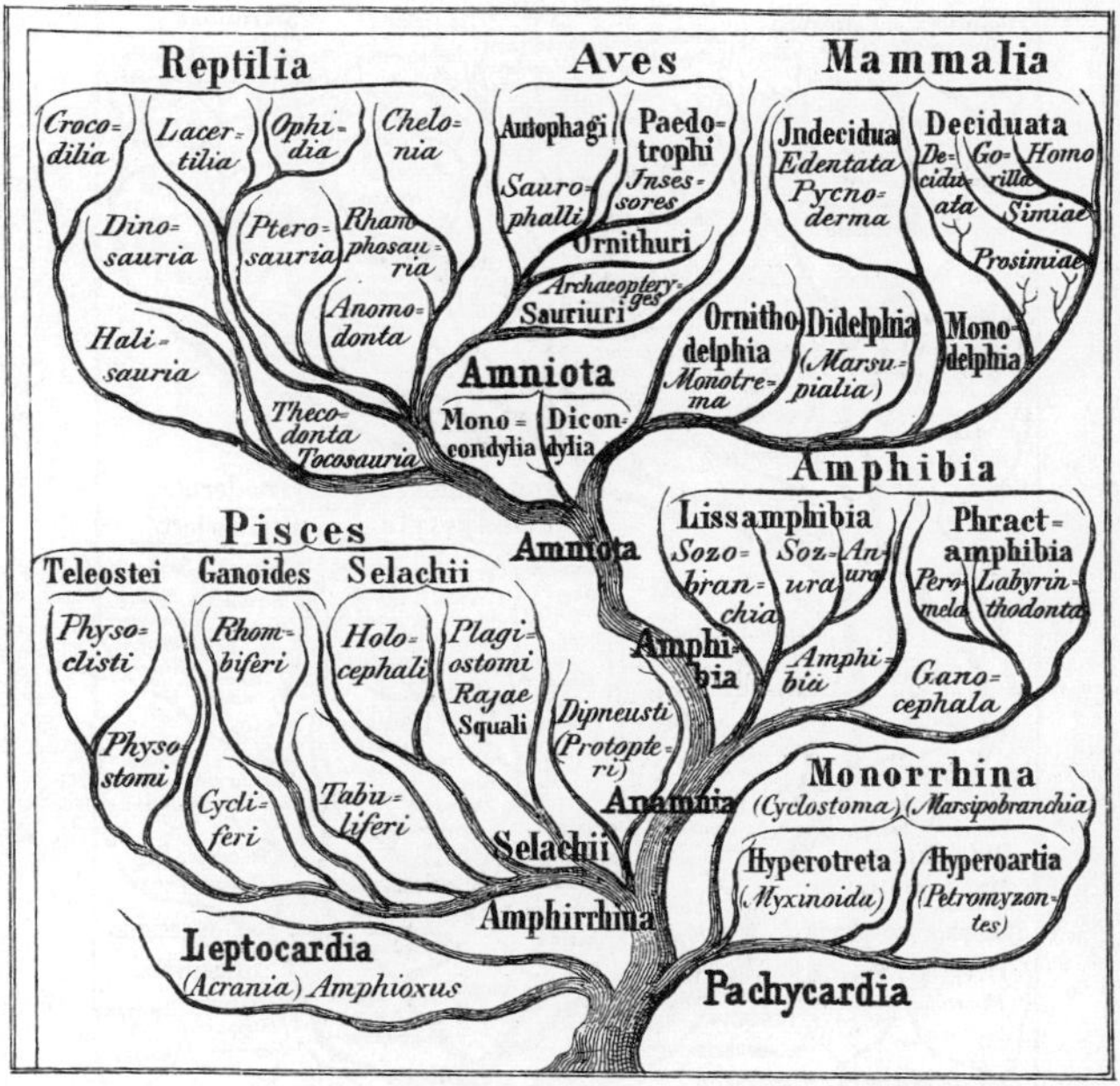

図4-4／ヘッケルが考えた脊椎動物の系統樹（Haeckel, 1866）。実際には，魚類（Pisces）はそれ以外の脊椎動物をすべて合わせたよりも高い異質性をかかえているのに，多様性は逆円錐形状に増大したという誤った認識に基づくこの図像は，上方に広がるにつれて横幅を広げる下層の枝に魚類を閉じこめている。

図 4-5／ヘッケルによる哺乳類の系統樹（1866）。

どっているせいで、上方に広がる余地がないせいである。

棘皮《きょくひ》動物が、系統図のテストケースとなる。なぜなら、ヘッケルの時代にはすでに十分な証拠がそろっていた保存状態のよい硬組織が、初期の異質性が最大で、その後に非運多数死が起こったというバージェス頁岩と同じ筋書きを語ってくれるからである。ヘッケルは、初期の異質性が最大だったことを地質年代の初期に相当する主幹を茂らすことで表わしていることに注目してほしい（図4‐6）。しかし、全体を逆円錐形図に仕立てるためには、生長にともなって枝を外側に広げなければならないため、それら初期のグループのすべてが、最初の時点で許されているほんのわずかな空間に押しこめられている。大規模な非運多数死をこうむった樹は、デザインの幅がひどく限定された二つのグループにその多様性のほとんどすべてを集中させている。その二つのグループとは、ヒトデ類（Asterida）とウニ類（Echinida）である。それなのにヘッケルの図式では、デザインの幅が順調に増加したかのような印象を伝えている。

最後に、環形《かんけい》動物（Annelida）と節足動物（Arthropoda）に関してヘッケルが描いた系統樹を見てみよう（図4‐7）。この二つのグループこそ、われわれの新解釈を刺激してきたバージェス生物のすべてを、ウォルコットが放りこんだ先である。ウォルコットは、上方と外側へと広がるという決定的な表現法に則《のっと》り、下層で隣接する二本の枝にバージェス節足動物のすべてを配置した。シドネユイアとその仲間は、カブトガニ類とオオサソリ類が納まっているヘッケルの〝ポエキロポーダ〟（Poecilopoda）に、それ以外のほとんどすべての種

図４−６／ヘッケルが描いた棘皮動物の系統樹（1866）。多様性は逆円錐形状に増大したという図式に合致している。このグループは，実際には，初期の異質性が最大で，その後に非運多数死が起こったというバージェスと同じパターンを示しているのだが，ヘッケルの図像は，多様性とデザインの幅は順調に増加したという印象を伝えている。

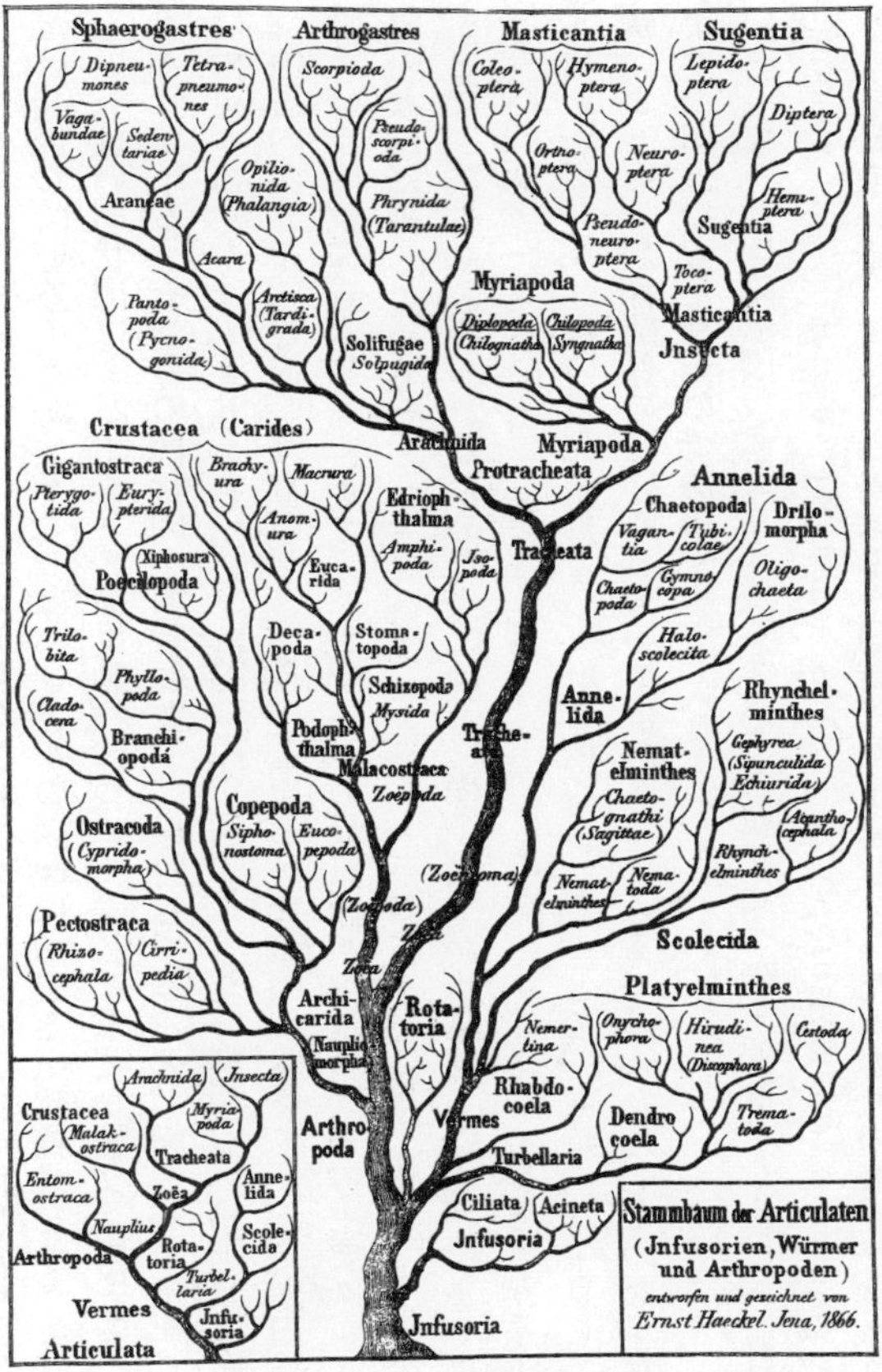

図4-7／ヘッケルが描いた節足動物とその仲間の系統樹（1866）。これも，多様性は逆円錐形状に増大したという図式に合致している。

類は鰓脚類《さいきゃくるい》（Branchiopoda）－三葉虫類（Trilobita）の枝に配置したのだ。

ウォルコットはバージェス生物の系統発生に関する試案を三枚の簡略な樹状図にして一度だけ発表しているのだが、そこではヘッケルの図像に始まる伝統様式をすべて踏襲している。その三枚の樹状図は、バージェス節足動物について論じた重要な論文（Walcott, 1912）に発表されている。それらの樹状図を順番に並べて検討してみると、図像がイデオロギーをいかに拘束するかがはっきりとわかる。最初の図（図4－8）は、系統発生を考慮しつつ単に〝地層内の分布〟を描いたものだという。ところがこの図においてさえ、逆円錐形図と梯子図という伝統様式の共謀により、バージェスの異質性が少数の既知の主要グループという枠組のなかに押しこめられている。〝節口様類〟の五属からなる一団が一本の系統（Merostomata）に押しこめられるにあたっては、〝梯子図〟が暗躍している。つまりウォルコットは、ハベリア－モラリア－エメラルデラ－アミエラ－シドネユイアという系譜をオオサソリ類とカブトガニ類の祖先系列として縦に積み重ねることで、同時代に生息していたこの五属（まったく類縁関係のないこともいまはわかっている）が時系列的なつながりをもつかのような印象をもたせたのである。

そして〝逆円錐形図〟により、残るすべての属が二つの主要なグループ――鰓脚類（Branchiopoda）と、三葉虫類（Trilobita）から節口類《せっこうるい》（Merostomata）にいたる系統――に押しこめられている。これらの属はみな同時代に生息していたものなのに、ウォルコットは、この図全体を二本の縦線で囲んでしまった。そうすることで、バージェスで記録された異質性

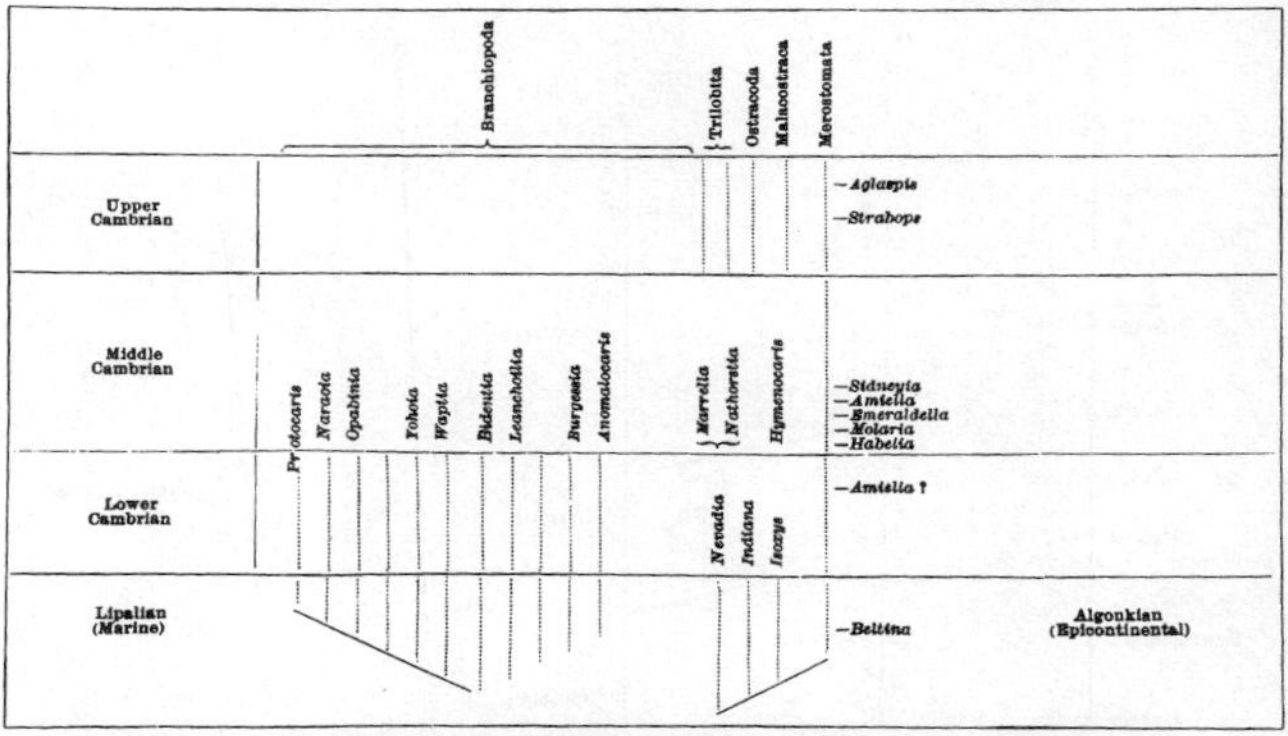

STRATIGRAPHIC DISTRIBUTION OF EARLIEST REPRESENTATIVES OF EACH OF THE FIVE SUBCLASSES OF THE CRUSTACEA.

図4-8／バージェス産節足動物の系統発生を示すためにウォルコットが描いた最初の図（Walcott, 1912）。ウォルコットは，共通祖先に向かって収束する仮想的な二直線を，みずから想定したリパリア代（Lipalian）の中に引くことで，データを逆円錐形図と梯子図にむりやり合致させている。彼はまた，バージェスそれ自体の異質性の爆発を最小限に見せるくふうを二つほどこしている。実際には同時代に生息していた五種類を時系列的に見えるように配列した（右）ことと，証拠が存在しないにもかかわらずバージェス後も多様性が維持されつづけたといわんばかりに左端に仮想的な境界線を引いたことである。

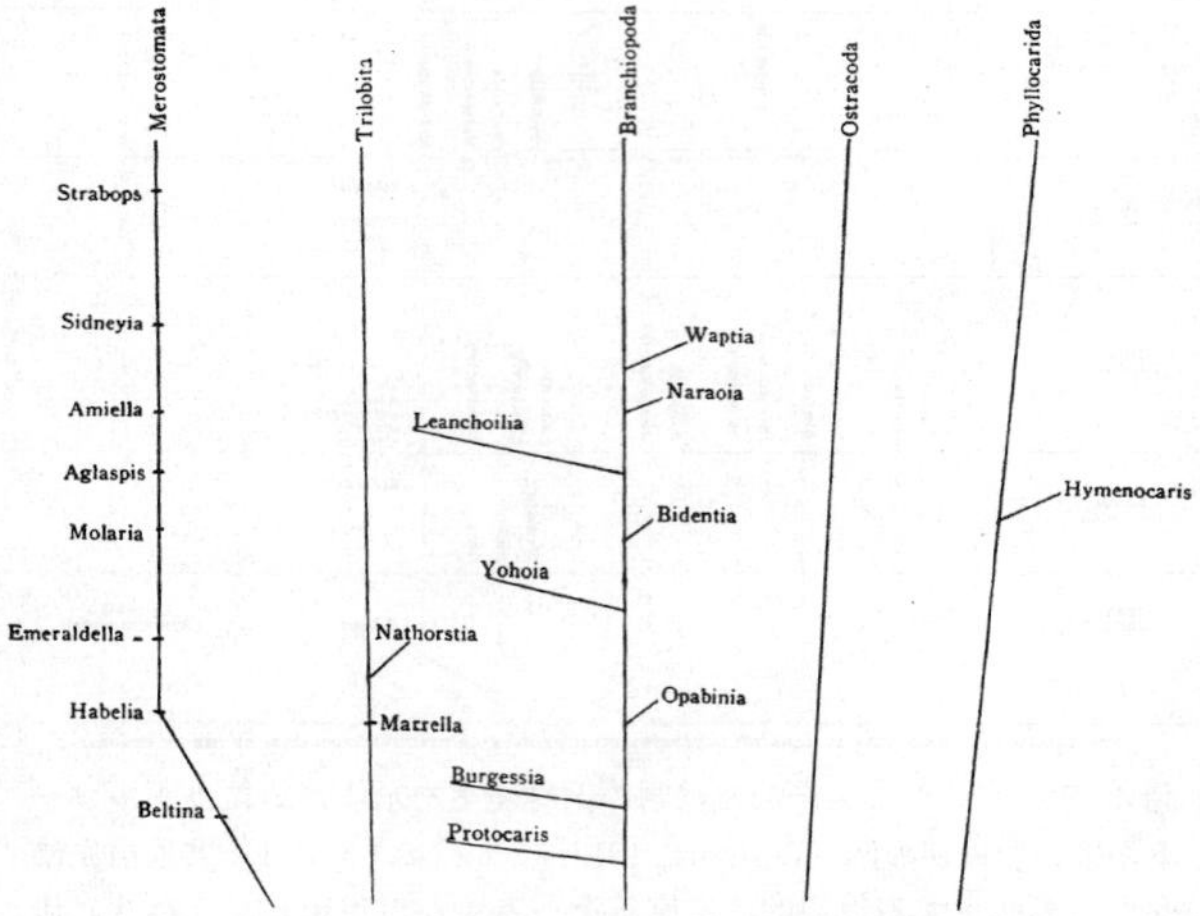

図4-9／バージェス産節足動物の系統発生を示すためにウォルコットが描いた二つめの図（Walcott, 1912)。ここでも，すべての系統が仮想的な共通祖先に向かって収束していると同時に，左端（Merostomata 節口類）とまん中（Branchiopoda 鰓脚類）の系統では，同時代に生息していた何種類かの生物が梯子状の順序で配置されている。

の高さは、時代が下っても引き続き維持されたということをいいたかったのだ。だが、そんな前提を支持する直接証拠は存在しない。それにここがとくに問題なのだが、左端の境界線は、いかなる生物とも対応していないことに注意してほしい。その縦線は、逆円錐形状の図に見えるようにするためにつけ加えられた作図上のくふうなのである。この縦線がないと、異質性が最大なのはバージェスの時代においてであり、その後は明らかに低下していることになってしまう。このように一見意味のなさそうなちょっとした処置がおよぼす効果を見くびってはいけない。生物の実際の記録ではなく、生命哲学を語るためにつけ加えられたこの一本の縦線は、私がこの本で言おうとしているすべてのことをある意味でみごとに要約している。

もう一つ、支持するデータは存在しないのに、従来どおりの解釈を裏づけるためにつけ加えられたくふうがある。ウォルコットは、バージェス産の個々の属の起源を、先カンブリア時代のなかで彼がリパリア代と呼ぶ時代区分内のそれぞれ異なるレベルに設定しているのだ。しかも、それらのレベルを直線で結ぶことで、樹状図全体のなかで先カンブリア時代の遠い共通祖先に向かって収束しているかのような二本の斜線が描かれている。このくふうをほどこすことで、根っこにあたる初期の異質性は限定されていたという印象を与える樹状図ができあがっている。しかし実際のところウォルコットの手元には、バージェス産節足動物の進化をそのように順序づける証拠などまったく存在しなかったし、現在も存在しない。

ウォルコットが描いた二つめの図（図4－9）は、逆円錐形図がかける圧力をさらにはっ

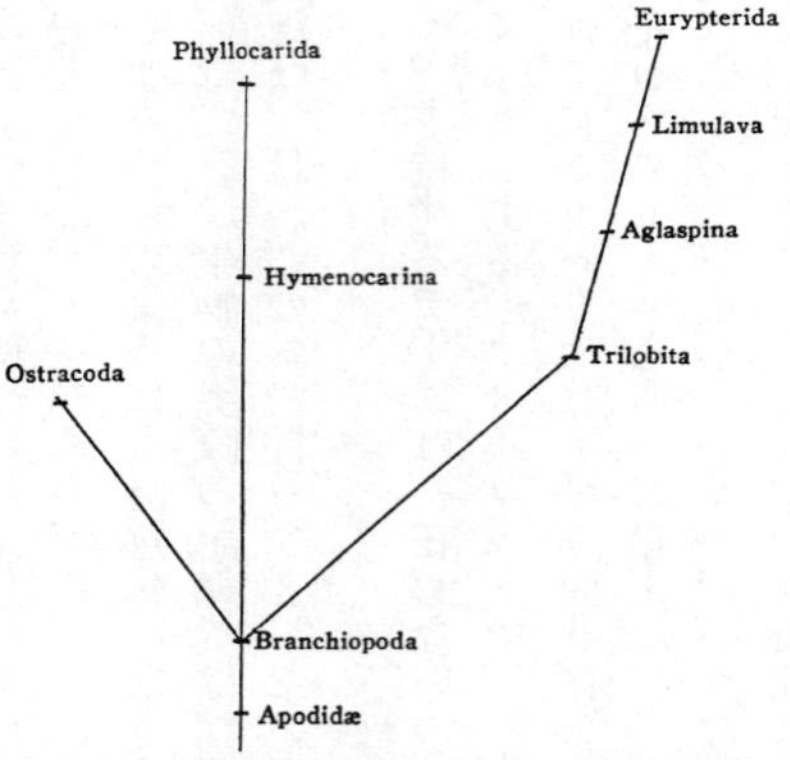

THEORETICAL EVOLUTION OF CAMBRIAN CRUSTACEA FROM THE BRANCHIOPODA

図4-10／節足動物の進化を描こうとしたウォルコットの三つめの図（Walcott, 1912）。ここではすべての系統が共通の一点に収束し，三つに分岐した枝のうちの一本には，主要なグループが縦に配列されている。

きりと見せている。ウォルコットは、バージェス産節足動物には五つの異なる系統が認められると主張した。絶滅した三葉虫類と、現代の海にも生息している四つの主要な生物グループである。彼はここでもまた、バージェスの高い異質性を逆円錐形図の狭い根元に押しこめるために、二つのくふうをこらしている。第一に、五つの系統が下方で収束しているかのように見せている。ただし四つの系統については、微妙な操作をほどこしているだけである。それはおそらく、裏づけとなるデータもないのにそのような主張を行なうことに後ろめたさを覚えていたからだろう。ところが節口類の系統については、次に述べる証拠めいたものを提示したうえで、系統の下方をかなり大胆に曲げている。

第二に、同時代に生息していたすべての化石を、垂直に伸びる枝上の別々の位置に配置した。それらは時間とともに進化によって多様化したものであると言いたかったのだ。彼は節口類の枝上に八つの属（そのうちの五属はバージェス頁岩中の同時代からしか知られていない）を配列することで、節口類と甲殻類とをつなぐ仮想的な環をでっちあげている。「ハベリア、モラリア、エメラルデラといった種類は、鰓脚類と、シドネユイアや後に登場したオオサソリ類で代表される節口類とのギャップを埋める役割をしている」（1912, p. 163）ウォルコットはそう述べている。

ウォルコットが描いた最後の図である図4－10は、バージェス産節足動物の系統発生を表わした図としてはもっとも抽象的なものである。大きなグループまでが垂直な枝上に配列させられ、すべての枝が鰓脚類の根元に集まっている。

系統発生を表わしたこれらの図には、バージェス産節足動物に対するウォルコットの解釈と、バージェス発見以前の三〇年以上におよぶ経歴のなかで彼が情熱的に研究した対象——カンブリア系の地層とカンブリア紀の爆発——との重大な関連が顔をのぞかせている。カンブリア紀の爆発をめぐるウォルコットの見解とバージェスとのつながりが、彼がバージェス化石の解釈として靴べらによる押し込めを容認するしかなかったことの、より明確な最終的説明を提供してくれる。

　ようするにウォルコットは、バージェス産節足動物を、カンブリア紀初期のこの時代にはすでに放散を終えてしっかりと確立されていた五つの主要な系統を構成する種類と見ていたのだ。しかし、生物がすでに、基本的に現存している系統にそってしっかりと分化していたのなら、それら五つの系統は、化石という証拠によって記録されているカンブリア紀の爆発が開始した時点で存在していたのでなければならない（なぜなら進化は着実で漸進《ぜんしん》的な過程であって、突然の跳躍や多様性の噴出とは無縁なのだから）。そしてこの五つの系統がまさにカンブリア紀のはじめの時点で十分に分化したグループとして存在していたのなら、それらの共通祖先はそのはるか以前の先カンブリア時代に見つからねばならない。そうなるとカンブリア紀の爆発は、化石記録の不完全さが生んだ錯覚ということになる。ダーウィンの言葉を借りるならば、先カンブリア時代の海は「生物で満ちていた」（1859, p. 307）にちがいないからだ。

　ウォルコットは、先カンブリア時代にはすでにたくさんの生物がいたことを示す証拠が見つかっていいはずなのにこれまで見つからなかった理由を発見したと考えた。つまり彼は、カンブリア紀の爆発をめぐる謎を正統的なダーウィン流の説明原理で解決することができたと考えたのだ。バージェス産節足動物をすでによく知られている安定した五グループに順に配置することで、彼の説明は固まった。

> カンブリア紀の甲殻類動物群は、五つの主要な系統はカンブリア紀のはじめには存在していたこと、そしてそれら五つの系統はリパリア代にはすでに起源していたことを示《し》唆《さ》している。リパリア代とは先カンブリア時代の海成堆積物が生成された時期なのだが、現存する大陸でその堆積物が見つかっている場所はない。(1912, pp. 160 - 61)

ここで思い出さなければならないのは、カンブリア紀の爆発は並みたいていの謎ではないということである。したがってその謎を解く答は、ちょっとしたごほうびどころか聖杯にも等しい。すでに述べたように、ダーウィンはその悩みをはっきりと打ち明けていた。「この事例は、いまのところは説明がつかないままにしておくほかはない。ということは、ここで考察した見解に反対する効果的な論拠として、この例を持ち出すことができるということである」(1859, p. 308)

先カンブリア時代の祖先が見つからないことについては二種類の異なる説明が存在し、すでに一世紀以上にわたって論争の的《まと》となってきた。一つは、実際には存在するのだが、化石記録には保存されていないのだとする仮構《かこう》説。もう一つは、少なくともその子孫と容易に関連づけられるほど複雑な構造をそなえた無脊椎動物というかたちでは存在しておらず、現存する構造面の設計プランの進化は、進化的な変化は着実なペースで進むという通常の考えかたを脅《おびや》かすほど急激に起こったのだとする急速移行説である。

ダーウィンは、ゆっくりとした漸進的進化と自然淘汰による変化とを彼なりに（不当に）合体させるにあたって、急速移行説をためらうことなく否定した。彼は、複雑な構造をもつカンブリア紀の生物はみな、〝同一の基本構造〟をもつ先カンブリア時代のたくさんの祖先を経て徐々に生じたにちがいないと主張したのだ。「私には、シルル紀「現在はカンブリア紀に区分されている」のすべての三葉虫類は、シルル紀よりもはるか以前に生息していたにちがいないある一種類の甲殻類に由来するものであるとしか思えない」（1859, p. 306）

そのためダーウィンは、信頼にたる仮構説を探し求め、先カンブリア時代には、「現在は大陸が横たわっている場所が広い海洋だったかもしれない」という仮説を最終的に提出している。そのような広大な水域は、ほとんどいかなる堆積作用も受けなかっただろう。そのせいで、われわれが観察できる岩石のすべてをかかえている現在の大陸は、先カンブリア時代後期の動物群にとって重大な意味をもつ時期には地層を形成しなかった地域が隆起したものであり、先カンブリア時代に堆積作用を受けた当時の浅海域《せんかいいき》は、現在は人間の手のとどかない深海域に横たわっているというのだ。

ウォルコットは、ずっと以前から仮構説を固く信じていた。カンブリア紀の地質と生物に取り組んだウォルコットがその根本原理としたのがこの説だった。カンブリア紀の生物があれほどの多様性と構造の複雑さをそなえていたからには、それ以前に、同じような解剖学的特徴をそなえた先カンブリア時代の祖先が長期にわたってたくさん生息していたにちがいないと信じて疑わなかった。古い論文でウォルコットは次のように述べている。「オレネルス以前の海に生息していた生物が大型でしかも多様だったということは、まずまちがいない。……それを発見できるかどうかは、それをどう探すかと、保存状態が良好かどうかだけの問題である」(1891)　オレネルスというのは、当時の定義としてはカンブリア紀最古の三葉虫であり、したがってオレネルス以前といえば先カンブリア時代ということになる。後の論文の一つでも、「知られている最古の種類の発達の程度が進んでいることを考えると、その起源は遠く先カンブリア時代にさかのぼることはほぼまちがいないように思える」(1916, p. 249)　と述べている。

ウォルコットが仮構説に取り組むにあたって長いあいだ支持していた独特の研究法は、バージェスで新しい門がたくさん見つかったとなればその土台が危うくなる方法だった。仮構説によれば、現生する多くのグループは先カンブリア時代においても長い歴史をもっていなければならないのだが、その時代の化石は見つかっていなかった。そのため、先カンブリア時代に生物が存在したことは、証拠が見つかっているカンブリア紀以後の歴史から推測しなければならなかった。そういうわけでウォルコットは、仮構説の裏づけを安定性という概念に求めた。化石証拠が語る生物の歴史のなかでずっと変わらずにきた基本的な解剖学的デザインが数多く存在するとしたら、そのような安定性が、それ以前はどうだったかを探る手がかりになるにちがいないというのである。数億年にわたって不変だった体制《たいせい》が、その直前に、地質学的にみてほんの一瞬のあいだに生じたなどということはありえないだろうというのだ。それほどの安定性からいえることは、はるか遠くにかすむ先カンブリア時代に生息していた共通祖先からとても長い着実な歩みがあったということであり、カンブリア紀が始まる直前にすべてが開始され、そこから怒濤《どとう》のごとく創造性が発揮されたということではなかった。

これで、ウォルコットがバージェスの押し込めを実際問題として進めざるをえなかったわけが理解できる。彼は自分が発見した動物群を、仮構説を証明しようとして（ほとんど失意のうちに）費やした三〇年のあいだ抱《いだ》きつづけた信念に照らしつつ、カンブリア紀を専門とする地質学者からダーウィンへの究極の捧げものとして解釈したのだ。新しい門をたくさん認めることになれば、いちばん大切な信念が脅かされかねない。だからウォルコットは、バージェス生物の（いまのわれわれには明白としか思えない）ユニークさを認めるわけにはいかなかったのである。進化によってカンブリア紀に新しい門が一〇個生み出され、その後ただちに抹消《まっしょう》されたなどということがあったとしたら、存続したカンブリア紀のグループについてはどういうことになるだろう。それらが遠く先カンブリア時代に誉《ほま》れ高き起源をもっていた必要などあるだろうか。化石記録をすなおに読みとればそういうことになっているように、あるいは急速移行説が提案するように、カンブリア紀の直前に起源したということでいけない理由があるだろうか。こうした論拠は、当然のごとく仮構説の死を告げるものである。

ところが、すべてのバージェス生物を現生するグループに靴べらで押しこむことができれば、仮構説に対する最強の後押しを得たことになる。なぜなら、そうやって異質性を凝縮すれば、記録に残る生命の歴史のまさに開始時に現生グループを代表していた種類の比率が増加し、ひいては主要なデザインが時間軸のなかで見せる見かけ上の安定性が大いに高まるからである。もちろん、ウォルコットは大喜びでこの代案に飛びついた。破棄か肯定かの選択を迫られて、破棄を選ぶものがいるだろうか。

ウォルコットは、地質年代の両方向から仮構説を固める研究を行なった。バージェスの靴べらに見られるようにカンブリア紀から時代をさかのぼる方法と、先カンブリア時代から時代を下る方法の両方の途《みち》をとったのだ。先カンブリア時代をめぐって彼が展開した議論は、教科書に研究の歴史として記述されそのまま定着してしまうという典型的なかたちで、もっとも強固なウォルコット伝説となっている。たいていの教科書は、その分野の歴史を手短に紹介したページを二、三ページもうけるという約束ごとを守っている。それは学問の茶番劇であり、過去のすばらしい思想家たちが犯した、彼らはいかに愚かだったか、そしてわれわれはいかに賢くなったかを教えてくれるような誤りを、たいていはまちがった解釈に基づいて書きたてるという過小評価がなされている。チャールズ・ドゥーリトル・ウォルコットは、アメリカの科学史のなかにあってもっとも有力な人物の一人だった。それなのに、ウォルコットは、地質学の学生にウォルコットのことを尋ねると、まがりなりにも答が返ってくる場合でも、「ああ、カンブリア紀の爆発を説明するために、ありもしないリパリア代なんてものをでっちあげたばかなやつのことね」ということになる。私がウォルコットの名をはじめて聞いたのも、バージェス頁岩のことを知るずっと前のことで、しかもそういう人物としてだった。歴史は、ためにもなれば残酷でもある。しかし、バージェスと仮構説に関してここまで説明してきたことを頭に入れておけば、リパリア代をめぐる物語も最後には正しく理解してもらえるし、ウォルコットの提案は彼が全般的に専心していた問題の枠内では（ひどくまちがっていたにしても）理にかなった推論だったということをわかってもらえるのではないかと思う。

ウォルコットがいだいていた科学的な観点の中心にあったのが仮構説だった。バージェス動物群に対する彼の結論は仮構説を裏づけたが、彼としては、先カンブリア時代からのもっと直接的な論拠がほしかった。先カンブリア時代の動物はみんなどこにいってしまったのだろうか。そうしたことを説明する別の考えとしては、世界的な変成作用——熱や圧力による岩石の変質——のせいで先カンブリア時代の化石はすべて破壊されたとか、先カンブリア時代の生物には化石化するような硬組織がなかったなどというものがあった。ウォルコットは、変質していない先カンブリア時代の岩石をたくさん見つけていたため、変成説は否定した。そして、硬組織欠如説は、部分的には成り立つにしても、すべての現象を説明することはできないと主張した。

もともとウォルコットは、カンブリア系の岩石を専門とする野外地質学者だった。彼は野外調査に従事する学者の性癖にしたがい、日増しにつのるカンブリア紀の爆発に対する興味に当たり前の方法で取り組んだ。カンブリア紀の化石のなかなかつかまらない祖先を求めて先カンブリア時代末の岩石を調べることにしたのだ。彼は何年もかけ、合衆国西部、カナディアン・ロッキー（ここでバージェスを発見した）、中国などでの調査を行なった。しかし、先カンブリア時代の化石は見つからなかった。そこで彼は、先カンブリア時代後期の地球の地質学的および地形学的歴史を、その時代の化石が見つからないことが説明できる方向で再構築しようとした。

ウォルコットが最終的に到達した結論は、ダーウィンが行なった推論とは正反対だったが、先カンブリア時代の化石をたくさんかかえていそうな岩石は現在のわれわれには手のとどかないところにあるという説明のしかたは同じだった。ダーウィンは、先カンブリア時代の広大な海は、近くに大陸が存在しなかったせいで堆積作用を受けなかったのだろうと主張していた。それに対してウォルコットは、先カンブリア時代後期は隆起と造山運動の時期にあたり、現在よりも広大な大陸が存在したと主張した。ウォルコットやそのほかの学者によれば、生命が進化したのは海洋においてであり、当時はまだ陸上や淡水域には進出していなかった。ところが先カンブリア時代には広大な大陸が存在したせいで、その当時の海成堆積作用が起こった場所は現在のわれわれには手のとどかない深い海の底になってしまっているというのだ。

ここで一言注意しておきたい。ウォルコットがこういうことを論じたのは、大陸移動説が台頭するはるか以前のことであり、彼は大陸の位置は恒久的であることをまったく疑っていない。そのため彼がここで論じているのは、いまの時点で地質学の研究ができる場所は、先カンブリア時代にはもっと広かった大陸の中心であり、そのせいで先カンブリア時代後期の海成堆積物が欠けているのだ、ということである。先カンブリア時代後期の堆積物は何千メートルもの深海底に横たわっているかもしれないが、当時はまだ、そんな場所から宝の山を回収したり標本を採取するための技術はなかった。

評判の悪い〝リパリア代〟というのは、先カンブリア時代のなかの堆積が起こらなかった時期に対してウォルコットが命名したものである。ウォルコットは、現生グループの先カンブリア時代の祖先が生息していた決定的な時期に、研究可能な海成堆積物が世界的に欠如している時期を設定したのである。一九一〇年八月一八日にストックホルムで開かれた第一一回国際地質学会議での有名な講演で、彼は次のように述べている。

私は過去一八年間、先カンブリア時代の生物をめぐる問題を解くうえで役立ちそうな地質学的および古生物学的証拠を調べてきました。アラバマからラブラドルにいたる北アメリカ東部、ネヴァダおよびカリフォルニアから遠くアルバータおよびブリティッシュ・コロンビアにいたる北アメリカ西部、そして中国などのカンブリア紀と先カンブリア時代の大規模な地層を調べ、生命の痕跡を探しまわってきたのです。しかしその間に、北アメリカの大陸では生物体の痕跡を含むような先カンブリア時代の海成堆積物は知られておらず、カンブリア紀の動物群が突如として出現しているのは地質学的な条件のせいであって、生物学的な条件のせいではないとの結論を下さざるをえないという判断を固めるにいたりました。……すなわち、アルゴンキア界［先カンブリア時代後期］は大陸隆起と海水以外の水による陸成堆積《りくせいたいせき》がほとんどだった時期であり、かなりの地域では風化作用と川の浸食作用による沈積《ちんせき》もあった時期だったということです。（1910, pp. 2-4）

そしてさらに続けて、次のようにも述べている。

海成堆積の知られていない時代に対して、リパリア代という名称を提案します。……下部カンブリア系動物群が突如として出現しているように見えることは、……現在の陸地近くの堆積物の欠如、つまりはリパリア代の時期の動物群の欠如によって説明されるべきです。（1910, p. 14）

ウォルコットが行なった説明は、こじつけ的でその場しのぎに聞こえるかもしれない。それが、発見の喜びからというよりは、挫折感から生まれたものだったことはまちがいない。しかしながら、存在しないリパリア代は、現代の教科書に書かれているような愚か者の正当化ではない。いらだたしいジレンマを背景に、地質学的な証拠を総合した信頼すべき解答だったのだ。ウォルコットが何らかの点で酷評されてもしかたないとしたら、それは、仮構説という自分にとって好ましい考えかたをいったん捨ててみることができなかった点であり、漸進説《ぜんしん》という旧来の偏見によって、どんなに構造の複雑な生物もたくさんの祖先を経て登場することこそが進化だというまちがった前提をいだいてしまった点だろう。それというのも、リパリア代仮説が実在する地質学的情報に照らしてみて意味があるにしても、その仮説は、ウォルコット自身が残念ながら知りぬいていたように、かりにも科学者が使える論拠としてはもっともあてにならない〝証拠が存在しないという事実〟――マイナスの証拠――に基づくものだったからである。そのことはウォルコットも認めている。「ここに大略《たいりやく》を説明した結論は、アルゴンキア界の岩石に海成動物群が見つからないという事実になによりも基づくものであることを、私は十二分にわきまえています」（1910, p. 6）

そして、マイナスの証拠という性格からいってよくあることなのだが、結局は地球が解答を出した。後世の地質学者に、地球が先カンブリア時代後期の海成堆積物を大量に提供したのだ。複雑な構造をした無脊椎動物化石はまだ見つかっていないものの、リパリア代は、歴史のごみ捨て場に始末されることになった。

ウォルコットがバージェスの靴べらに固執したような現象を記述するにあたっては、支配観念という格好の心理学用語がある。最大の異質性とその後の（おそらく運まかせの）非運多数死などという最近の考えかたがウォルコットの脳裏に浮かぶ可能性はまったくなかった。彼の人生と人間性のじつに多くの要素が重なりあうことで、それとは正反対の靴べらという見解が保証されていたからである。そうした要素のどれ一つをとっても、それだけで十分に強力だった。そんな要素がすべて重なることで、別の考えかたは圧殺され、みずから行なった最大の発見に対するウォルコットの解釈の方向が決定されたのである。

すでに検討したように、まず第一に、思考や実践面では極端な伝統第一主義者としてのウォルコットのペルソナが、人生のどんな領域においても伝統に反する解釈を行なうことを許さなかった。生命の歴史と進化に対する彼の姿勢は、進歩の梯子《はしご》と逆円錐形的多様性増大という図式から予測されるとおりの経路にそった着実な展開であるというものだった。そしてそのパターンは、上昇すべく苦闘してきた長い歴史の果てに生命に意識を吹きこんだ神の意向の表われとして、倫理的な意味でも成り立つと考えていた。ウォルコットが全生涯をかけた重大な問題――カンブリア紀の爆発をめぐる謎――に対するその明確な研究姿勢からいって、バージェスの時代にはすでにはっきりと分離し安定した少数のグループが存在していたほうが好ましかった。そうであれば、それ以前の先カンブリア時代にも生命が長い歴史を営《いとな》んでいたことが確証され、カンブリア紀の爆発に関する仮構説が裏づけられるからである。最後に、バージェス頁岩から得た矛盾するデータに照らし、ウォルコットの気持ちが靴べらへの観念的執着を放棄する方向に傾いていたとしても、かかえこんでいた行政上の重責のせいで、バージェス化石を納得のいくかたちで研究するだけの時間はとれなかっただろう。

私がこんなにも苦労してウォルコットの解釈とそういう解釈を生んだ原因を詳しく論じてきたのは、科学史が伝える最大のメッセージをこれほどみごとに語っている例をほかに知らないからである。そのメッセージとは、理論はデータと観察に対して、微妙ではあるが避けがたい影響力を発揮するということである。現実は客観的には語りかけないし、心と社会の制約から自由でいられる科学者はいない。科学の革新を妨げる最大の障壁は、ふつうは概念的な施錠《せじょう》であって、事実の欠如ではない。

ウォルコットからウィッティントンまでの推移は、このことをいちばんよく物語る例である。ウィッティントンが導いた新しい見解は、生命とその歴史を理解するうえでこれまでに古生物学が行なった貢献としては最大の革新だが、ウォルコットの見解とはほど遠いものだった。ウィッティントンとその仲間たちは、過激な復元を行なうにあたって、ウォルコットの時代にも完全に使用可能だった方法と道具を用いてウォルコットの標本を研究した。彼らは、自意識過剰な革命家として、新しい観点を頭ごなしに押しつけることで成功を収めたわけではなかった。彼らはまず、ウォルコットが行なった基本的な解釈から出発したのだが、その後は理論とデータとのあいだの大弁証法に基づいて着実に前進した。それができたのは、彼らにはバージェス化石と十分に語りあう時間があったからであり、化石の言葉を聞く気持ちがあったからである。

ウォルコットからウィッティントンまでの推移は、重要さではこのうえないほどの画期的な出来事である。バージェス頁岩をめぐる新しい見解は、生命の進化を読みとるための好ましい原理としての歴史そのものの勝利にほかならない。

バージェス頁岩と歴史の本質

言語には、科学に関するひどく限定的で最悪ともいえる固定観念を表わした語句の使われかたがたくさんある。じれったい問題にかかずらっていらいらしている友人には、〝科学的に〟――感情的にならず分析的にという意味で――取り組むようにと熱心に勧める。〝科学的方法〟という言いかたもある。学校では、自然を理解するうえでもっとも効果的で一枚岩《いちまいいわ》的な体系をなしているとされるこの方法が、あたかもたった一つの式で、多岐にわたるこの世の謎がすべて解けてしまうかのように子供たちに教えられている。

〝科学的方法〟という言葉には、偏見を捨てよという陳腐な勧め以外にも、実験、定量化、反復、予測、複雑さを制限して制御と操作が可能な少数の変数に整理することなど、白衣を着て研究室でダイアルをいじっている男というイメージに合った概念や手法がひとそろい含まれている。こうした手法は効果的ではあるが、自然界の多様さのすべてがそれでカバーできるわけではない。歴史的な結果、すなわち細部まで燦然《さんぜん》たる輝きをたたえてただ一度だけ起きた複雑きわまりない出来事の説明を試みなければならない場合、科学者はどう対処すべきなのだろう。自然を相手にする大きな学問分野――宇宙論、地質学、進化学なども含まれる――は、歴史学の道具を手に研究にあたらなければならない。その場合の適切な方法は、叙述に的《まと》を絞ることであって、通常考えられているように実験に的を絞ることではない。

〝科学的方法〟という固定観念は、還元することのできない歴史では出番がない。自然界の法則の定義は、空間的にも時間的にも不変であることである。条件を制御した実験を行ない、自然界の複雑さを最小限の数の一般的な原因に還元するという技法は、すべての反復は同じものとして扱うことができ、研究室で正しくシミュレートすることができるという前提に立っている。カンブリア紀の水晶は現代の水晶と同じであり、珪素《けいそ》と酸素からなるその結晶構造に変わりはない。実験室内の一定条件のもとで現代の水晶の特性を決定すれば、その結果を用いて、カンブリア系のポツダム砂岩からなる海砂の特性を説明することができる。

しかし、恐竜が死滅した理由や、ウィワクシアは滅んだのに軟体動物は繁栄した理由を知りたいとしてみよう。この問題に実験室は無関係とはいわない。アナロジーをはたらかせることで、重要な洞察が得られる可能性があるからだ。たとえば、恐竜も巻きこまれた白亜紀の大規模な絶滅に関して提出されているさまざまな説が仮定している環境変化のもとで、現生生物、場合によっては恐竜〝モデル〟の生理的耐性を調べれば、その絶滅について何かおもしろいことがわかるかもしれない。

だが、〝科学的方法〟という限られた手法では、気候条件も大陸の位置関係も現在とは著《いちじる》しく異なっていたはるか昔の地球上で大量の生物を死滅させたこの異常な出来事の核心に迫ることはできない。歴史上の謎を解明するには、歴史上ただ一度だけ起こった現象の叙述的な証拠に基づいて過去の出来事それ自身に語らせた復元を根底に置かなければならないのだ。ウィワクシアの死滅を必然とした法則は存在しなかった。いくつかの出来事が複雑にからみあい、そのような結果を確実に引き起こしたのである。まばらに存在する地質学的記録のなかに立証に十分な証拠が幸運にも残されていれば、その原因を発見することも夢ではない。たとえばつい一〇年前までは、白亜紀の絶滅が、一個ないし何個かの地球外物体が地球に衝突したらしい時期と一致していることなど誰も知らなかった。化学的な痕跡というかたちをとった証拠が、まさにその時代の岩石中に存在しつづけていたというのに。

　歴史的な説明は、従来の実験結果とは多くの点ではっきりと異なっている。反復による証明が問題とならないのは、説明しようとしている対象が、確率の法則からいっても時間の矢は逆行しないことからいっても、細部までまったく同じように再現されることはありえないただ一度きりの現象だからである。われわれは、物語という複雑な出来事を自然法則の単純な結果に還元して解釈しようとはしない。もちろん、歴史上の出来事といえども、物体と運動に関する一般原理を犯したりはしないが、そういう出来事が起こるかどうかは偶発的な細事にかかわる問題である。重力の法則は、リンゴがどのように落下するかは教えてくれるが、そのリンゴがその瞬間に落下した理由と、ニュートンがたまたまそこにすわっていてインスピレーションを得た理由は教えてくれない。

　固定観念の中心的要素である予測という問題も、歴史上の物語には関与しない。われわれがある出来事を説明できるのは、それが起こったあとのことである。しかし、偶発性のせいで、まったく同じ出発点から再開した場合でさえ、同じ出来事が反復されることはない。カスター将軍は一〇〇〇あまりの出来事が重なってみずから率いる騎兵隊を孤立させる定めにあったが、一八五〇年にもう一度立ち戻ってやりなおしても、モンタナを見ることはないだろうし、シッティング・ブルやクレイジー・ホースと相《あい》まみえる可能性はもっと少ない。

このようなちがいがあるため、〝科学的方法〟という限定的な固定観念で判断すると、歴史的説明すなわち叙述的な説明が好ましくないものに見える。そういうわけで、歴史上の複雑な出来事をあつかう科学は地位を下げ、専門家のあいだでは一般に低い評価に甘んじている。実際、科学の順位づけがあまりにおなじみの話題となっているため、剛直な物理学を頂点とし、心理学とか社会学といったふにゃふにゃの主観的な分野を最下位に置く格づけ自体が固定観念となっているほどである。このような区別は日常会話やたとえ話のなかにまで入りこんでおり、〝ハード〟サイエンスに対する〝ソフト〟サイエンス、〝厳密な実験〟に対する〝単なる記載〟といった言いかたがよく使われている。

ハーヴァード大学は、何年か前にちょっとした教育改革を行なった際に、コアカリキュラムに含まれる従来の学問分野にこだわらずに研究手法のスタイルを優先して科学を統合することにより、従来の概念枠を取り外した。通常の物理科学に対する生物科学という二本立ての区分をするのではなく、いまここで説明したような、実験‐予測に基づく研究法と歴史的な研究法という二つのスタイルを認めたのである。そして個々のカテゴリーを、名称ではなく記号で呼ぶことにした。どういう分野が科学Aに入り、科学Bにはどれが入るか想像していただきたい。ちなみに地球と生命の歴史について講じる私の授業は、科学B16と呼ばれている。

おそらく直線的格付けのいちばん悲しい点は、最下位の住人が劣等感をいだき、梯子の上のほうではうまく機能する不適切な方法の猿まねに走っていることである。順位それ自体がまっ先に非難されるべきなのに、同等に並び立つ権利を堂々と主張すべきなのに、あまりに多くの歴史科学者が、わずかな恩恵をたいせつにするあまり、権力と従順を現状のままに維持することにおいては刑務所長以上に熱心な模範囚のように振舞っている。

そういうわけで、歴史科学者たちは、しばしば〝ハード〟サイエンスを単純化しすぎた戯画を持ちこんだり、高い地位とされる分野の専門家の発言にただただへいこらしている。ケルヴィン卿が地球の年齢としてとんでもなく若い数値を弾《はじ》き出したときも、化石や地層のデータはもっと大きな数値を主張していたにもかかわらず、たくさんの地質学者がその数値を受け入れてしまった。ちなみにケルヴィンの数値は数式という威信と物理学の重みを帯びていたのだが、放射能が発見されてすぐに、地球内部で生じている熱はそれほど遠くない昔に地球が溶けてどろどろ状態だったときの余熱であるというケルヴィンの前提が崩れてしまった。それ以上に多数の地質学者が、大陸は以前はつながっていたことを示す印象的なデータがそろっていたにもかかわらず、大陸移動を否定したのは、物理学者が大陸が水平移動することなど不可能だと主張したからだった。チャールズ・スピアマンは、因子分析という統計手法を誤用し、頭のなかで測れるたった一つの物理的事項を知能と呼び、心理学を祝福した。「科学のなかのこのシンデレラは、勝利を収めているあの物理学のレベルに大胆にも参入した」(Gould, 1981, p. 263 中での引用)からだという。

しかし、不変である自然法則のもとでの実験、予測、小前提が歴史科学では必ずしも有効な方法ではないからといって、歴史科学は劣ってもいないし、限定的でもないし、しっかりとした結論に到達する能力を欠いているわけでもない。歴史を相手にする科学は、手元のデータが比較と観察の点でどれだけたくさんのことを語るかに基づいた、他とは異なる説明様式を使用する。なるほど、過去の出来事を直接目にすることはできない。しかし、そもそも科学とは推論に基づくものであって、見たままの観察に基づくものではないではないか。電子や重力やブラックホールを見た人間はいないのだ。

　固定観念的な科学か歴史的な科学かに関係なくすべての科学に要求されることは、直接観察ではなく、確固たる検証可能性である。仮説はぜったいにまちがっているのか、それともおそらく正しいのかという決定ができなければならないのだ（ぜったいに正しいという確言は牧師や政治家にまかせておけばいい）。歴史上の出来事の奇想天外さは、異なる検証方法をわれわれに強《し》いるが、それでも検証可能性が基準であることは変わらない。われわれは、過去の出来事の結果を記録した奇想天外で多様なデータを頼りに研究を進めている。過去を直接目撃できないことを嘆いたりはしない。個々の事例を別々に検討したのでは決定的な証明とはならないものの、すべてにあてはまる解釈は一つしか成立しないほど多岐にわたる多量の証拠によって、歴史のなかで繰り返されているパターンを探し求めるのだ。

　一九世紀の偉大な科学哲学者ウィリアム・ヒューエルは、多数の独立した情報源が〝そろいもそろって〟歴史上の特定のパターンを示唆したときに得られる確信を特別の言葉で呼ぶために、〝一致する〟という意味のコンシリアンス（符合）という言葉をつくった。そして彼は、多岐にわたる情報源から集められた異質な結果を統合させる方策を帰納の符合と呼んだ。

私は、チャールズ・ダーウィンをもっとも偉大な歴史科学者だと思っている。ダーウィンは、信頼にたる進化の証拠を生命の歴史の統合原理として発展させただけでなく、いわゆる科学の方法論とは異なるが厳密さでは変わらない歴史科学の方法論の詳しい説明を、すべての著作――進化を直接論じた大著群《たいちょ》のほか、ミミズやサンゴ礁やランなどについての論考――の意図的な中心テーマとして選んだ（Gould, 1986）。ダーウィンは、歴史的な説明を行なうにあたって、論じている主題に関して保存されている情報密度のちがいに応じて、それぞれにふさわしい説明様式を使い分けた（Gould, 1986, pp. 60 - 64）。しかし、いつも中心にすえていた論拠はヒューエルのいう符合だった。生命の秩序の根本をなしているのは進化であるにちがいないということがわかっているのは、発生学、生物地理学、化石記録、痕跡器官、分類学的類縁関係などが提供する異質なデータを一つに結ぶ説明は進化論以外に存在しないからである。ダーウィンは、科学的な説明としての資格を得るためには原因が直接目撃されなければならないという、広く支持されている未熟な考えをきっぱりと否定した。彼は、歴史的説明のための符合という考えかたを引き合いに出しながら、自然淘汰の正しい検証のしかたについて次のように述べている。

そこでこの仮説は、いくつかの独立した大きな部類に属する事実、たとえば生物の地層中の遷移《せんい》、過去と現時点の生物の分布、生物相互の類縁と相同性《そうどう》などがこれで説明できるかを試すことで検証できるかもしれない。そして私には、これこそが全疑問を考察する際の唯一公正で正当なやりかたであると思える。そうした大量の事実が自然淘汰の原理で説明できるなら、この原理は受容されるべきである。（1868, vol. 1, p. 657）

しかし歴史科学者は、自分たちの説明は〝科学的方法〟という固定観念とは異なるが厳密さではまったく変わらない手続によって検証されうることを示すだけではいけない。そのような歴史的な説明方法は興味深くもあり、きわめて有益でもあることを他の科学者に納得させねばならないのだ。誰もが重要だと判断する現象——たとえば地球上における人間の知能、あるいはそれ以外の自意識をそなえた生物の進化——に関する完全で満足のいく唯一の説明として〝ほんとうの歴史《ジャスト・ヒストリー》〟を確立したときが、われわれが勝利を収める日である。

歴史的な説明は、叙述的に語られる。つまり、説明されるべき現象Eが生じたのは、その前にDが生じ、さらにその前にC、B、Aが生じていたからである。もしEに先行する段階のうちのどれか一つが起こらなかったか、別の起こりかたをしていたとしたら、その場合Eは存在しないことになる（あるいは、実質的に異なる形態をとったE′が存在し、別の説明を必要とすることになる）。つまり、AからDまでの結果として、Eは意味をなし、厳密に説明できるのである。しかし、Eという現象が起こることを自然法則が命じたわけではない。別の諸現象が先行したことで生じたE′という変異だって、その形態や結果はひどく異なるものの、同じように説明がつくからである。

私はランダム性を問題にしているのではない。AからDまでがあらかじめ生じた結果として、Eは必然的に生じるからである。私が問題にしているのは、あらゆる歴史の中心原理である〝偶発性〟である。歴史的な説明がその基礎を置いているのは、自然法則からの直接的な演繹《えんえき》ではなく、予測のつかないかたちで継起《けいき》する先行状態である。この場合、一連の先行状態のうちのどれか一つが大きく変わるだけで、最終結果が変更されてしまう。したがって歴史上の最終結果は、それ以前に生じたすべての事態に依存している（偶発的な付随条件としている）わけで、これこそが、ぬぐい去ることのできない決定的な歴史の刻印なのである。

多くの科学者や関心のある一般人の多くは、〝科学的方法〟という固定観念にとりつかれてしまっているせいで、そのような偶発性を前面に出した説明を、その適切さや本質的な正しさは認めなければいけない場合でさえ、興味深さや〝科学的〟な点で劣っていると見ている。南軍が南北戦争で敗北したのは、特定の出来事があありうかたちで何百も起こった――ピケットの攻撃失敗、一八六四年のリンカーン大統領再選等々――からには、どうしようもない必然のことだったともいえる。しかし、アメリカの歴史をルイジアナ購入やドレッド・スコット事件判決、あるいは南北戦争の口火を切ったサムター要塞砲撃まで巻き戻し、わずかばかりの変更だけを慎重に加えたうえで（そうした変更が引き起こす一連の結果には手をつけずに）、あとは事の成りゆきにまかせたらどうなるだろうか。ある時点以後は、史実とは正反対の決着も含めて、やはり必然的に別の結果が起こるということもありうるのだ。

ちなみに南北戦争に関してこれまで私は、北部のほうが人口でも工業力でも優れていたことから見て、はじめから結果は事実上決まっていたと考えていた。しかし私は、征服ではなく承認をかけた戦争では、目的意識をもった少数勢力で勝利を収めることができるという昨今の学術的見解を理解するにいたった。南部連合は、北部を打ち負かそうとしていたわけではない。単に、自分たちが主張する境界線を確保し、独立国家としての承認を勝ち取ることが目的だった。多数派は、たとえ占領中であろうとも、戦争で疲弊し、とくにゲリラという形態をとったしぶとい抵抗によって撤退に追いこまれることがありうるのだ。

そこで、手元には一群の歴史的な説明があり、それらに関しては従来の科学的な説明と同じくらい証拠がそろっているとしてみよう。説明の対象となっている諸結果は、何らかの自然法則から演繹できる結果として生じるようなものではない。より大きなシステムの一般的特性や抽象的特性（たとえば人口や工業力での優位など）から予測できるものですらない。そのような説明にも、従来のものにもっと近い科学的結論と同じくらい興味深くて重要な役割があることを否定するなどということができるだろうか。私の考えでは、われわれは次の三つの理由により、そういう説明にも同等の地位を授けなければならない。

（一）**信頼性の問題**　証拠による裏づけの点でも、対立仮説の反証によって示されるもっともらしさの点でも、伝統的な科学における説明と完全に同じくらい信頼できる。

（二）**重要度**　歴史の偶発性に基づく説明が効果の点でひけをとらないことはほとんど否定のしようがない。南北戦争は、アメリカ史の中心的な事件であり転換点である。人種、地域主義、経済力といった重大問題が現在のような状況にあるのは、必ずしも起きる必要のなかったこの大事件のせいである。現生生物の分類学上の地位やその相対的な多様性は、進化の一般原理から演繹しうるものというよりは〝ほんとうの歴史〟の帰結であるとすれば、偶発性が自然界の基本パターンを設定していることになる。

(三)心理的な点　私はちょっと弁解がましすぎたようだ。歴史的な説明は興味深さの点では劣るかもしれないという前提から出発し、ついでけんかごしで同等性を勝ち取ろうとしたことで、私は劣等感というレトリックまで口にしてしまった。そんな弁解をする必要はないのだ。歴史的な説明は、それ自体がはてしなく魅惑的であり、多くの点で、自然界の法則によっていやおうなく引き起こされる結果よりも人間の心にとってはずっと魅力的である。われわれがとくに心を動かされるのは、そうなるべきではなかったのに、はてしない混乱状態のなかからそれと指摘できる理由で起こってしまった出来事である。それにひきかえ、必然性と真の意味でのランダム性という通常の二分法の両端は、いずれもふつうはわれわれの感情にそれほどの衝撃を与えない。それは、どちらも歴史の主体や客体には制御できないものであり、そのせいで、さからい通せるあてもないまま押し流されたりもてあそばれるからである。ところが偶発的な歴史では、われわれは引きずりこまれて巻きこまれ、勝利や悲劇の痛みを分かちあう。実際には別の結果が起こるべきだったということや、事態の推移のなかのどの段階がちょっとでもちがっていたとしたら別の方向に押し流されていたことがわかっている場合には、個々の出来事を引き起こした力が理解できる。個々の出来事の細かい点について論じあったり、嘆いたり、大喜びしたりできる。それもこれも、一つひとつの出来事が結果を変える力をそなえているからである。偶発性とは、蹄鉄《ていてつ》の釘がなかったばかりにあの王国は破れたというぐあいに、直前の出来事が運命をコントロールするということなのである。南北戦争は、テープの巻き戻しさえできれば一〇〇〇あまりもの異なる理由により五〇万人もの命を救えるのだから、ことさらに胸が痛む悲劇である。そんな巻き戻しができれば、台座に戦死者の名前を刻んで緑濃い村々や片田舎の町の郡庁舎前に立つ兵士の銅像も見ずにすんだろうに。人類の進化は、あのように奇妙な出来事の連鎖はたぶん二度とは起こらないことを考えると、喜びであると同時に驚異でもある。しかし、とにかくそういうことが起こったことにはたいへんな意味がある。偶発性は歴史に参加するための許可証であり、われわれの心はそれに感応する。

偶発性というテーマは、科学の世界ではあまり理解もされず探求されてもこなかったが、文学では昔から中心的なテーマだった。そこでここでは、芸術と自然とのあいだにもうけられた偽りの境界を破壊する助けとなり、文学が科学を啓発することにさえなるかもしれない状況に注目してみたい。偶発性は、文豪トルストイの長篇小説のすべてに共通する基本テーマである。偶発性は、数多くのサスペンス小説の名作で緊張と陰謀を生み出す元となっている。なかでも注目すべきは、ルース・レンデル（バーバラ・ヴァイン名義）の最近の大作『運命の倒置法』（1987）だろう。それは、ささいな事件がどんどん拡大しながら継起することで小さなコミュニティーの生活と未来が悲劇に巻きこまれるさまを描いた背筋が凍るような小説である。この小説のなかで起こる一つひとつの事件自体はとても奇妙でとても起こりそうにない（しかし、完全につじつまは合っている）ことなのだが、それらの事件が、さらに不思議とさえいえる一群の結果を巻き起こす。『運命の倒置法』は、そうした仕掛けがほどこされることできわめて複雑巧妙な筋立てとなっており、歴史の本質を意識したテクストとしてはレンデルの最高傑作ではないかと思う。

ここ五年間に、大衆小説の二作品がダーウィン流の理論をその主要テーマとして取り上げている。私にとってとくに興味深くもありうれしかったのは、そのどちらの作品も人生についてのダーウィン流理論の主要な帰結は偶発性であることを受け入れ、その意味を探求していることである。この正しい決定を下したスティーヴン・キングとカート・ヴォネガットの二人は、進化の意味を多くの科学者よりも深く理解しているといえる。

キングの作品『トミーノッカーズ』(1987)は、地球外の〝高等な知的生命体〟を、人類よりも全般的に優れていたり、知能が高かったり、力が強いというふうには設定せず、ある環境での繁殖成功度のちがいによるダーウィン流の大々的な適応ゲームのなかで気まぐれに居残るだけの存在として描くことで、SFの一つの伝統を打ち破っている(キングはそういうかたちでの存続を「ばかげた進化」と呼んでいるが、私はまさにそれをダーウィニズムと呼ぶ)*。そのように目前の状況にはてしなく適合しつづけることによるどっちつかずの成功は偶発性を生むわけで、それが『トミーノッカーズ』を支配するテーマとなっている。このエイリアンが地球入植に失敗する原因のほとんどは、ふだんは非能率的で皮肉家でアル中の元大学教師がとるとっぴな行動のおかげなのである。キングは、偶発的な事の成りゆきのなかで支配的な役割を演じる事件の本質と、さまざまな尺度で認められる重要性のレベルについて、深い読みを見せている。

(＊) このテーマに関する私とキングの意見が一致している（呼びかたは別にして）という事実は、われわれ二人のスタイルと倫理観に見られる絶望的とも思えるちがいにさえ、もっとも重要な知的グラウンドに関して共通する出会いの場が見つかるかもしれないという希望をもたらしてくれる。なにしろスティーヴンはニューイングランドでもっとも熱狂的なレッドソックスのファンであるのに対し、私の心はヤンキースとともにあるのだから。

かりにも私は、この宇宙にある惑星はみな、虚空に浮かぶ大きな燃え殻ばかりだ、などということを断言できるような者ではない。なにしろ、田舎のコインランドリーでたくさんの乾燥器を独り占めしたのは誰で、誰それはしなかったかをめぐる争いが、破滅的な事態にまでエスカレートしてしまった後なのだ。物事がどこで終わるか、いやはたして終わるものなのかどうかなど、ほんとうのところ誰にもわかりようがない。……もちろんわれわれは、外のやつらの助けなど借りずに、いつの日かこの世界を吹き飛ばしかねない。それも、何光年も離れたところから見ればどうということのない理由で。小マゼラン星雲のなかの天の川のスポークの一本の端っこを回りながら見れば、ロシア軍がイランの油田地帯に侵入しようがしまいが、アメリカ製巡航ミサイルの西ドイツ配備をNATOが決定しようがしまいが、コーヒー五杯にデニッシュも五個くらいの勘定を今度は誰が払うかという些末《さまつ》な問題とさして変わらないかもしれないではないか。

カート・ヴォネガットの『ガラパゴスの箱舟』（1985）は、進化の意味について、さらに意識的で直接的に作家の観点から語ったとさえいえる作品である。私がとくにうれしく思うのは、ヴォネガットがこの小説を書く気になったいちばんのきっかけであるガラパゴス諸島への船旅が、ダーウィンの聖地が教える基本的なテーマは偶発性であることを暗示していたはずだということである。ヴォネガットの小説では、歴史の道筋は自然淘汰という一般原理によってだいたいの幅が制限されそうなものなのに、その限界内で偶発性がかなりの影響力を発揮する余地があるため、自然法則によって設定された道筋よりはむしろ、気まぐれに継起する先行事件によってどんな特別な結果でも引き起こされるとされている。要するに『ガラパゴスの箱舟』は、ダーウィンの世界における歴史の本質をテーマとした小説なのである。私ならば、科学コースの学生に、偶発性の意味を理解するための手引書としてこの小説を指定するだろうし、実際に指定している。

『ガラパゴスの箱舟』では、人間の卵細胞を破壊してしまう細菌という、どちらかといえば穏やかな経緯によって人口の激減という破局がもたらされる。この災《わざわ》いはまず最初に、フランクフルトで毎年開かれる国際ブックフェアで女性たちを襲うことで足がかりを得るのだが、その後すみやかに世界中に広がり、隔離されていたホモ・サピエンスの生き残りを除く全員を不妊にしてしまう。人類の生存は、細菌の手の届かないガラパゴス諸島にボートで運ばれた少人数からなる雑多な集団――最後のカンカ・ボノ族インディアンと旅行者と冒険家の数人――に集約されてしまうのだ。彼らの生存と奇妙な繁殖は、とっぴょうしもない偶発性の連続によって進行するのだが、人類の未来の歴史のすべては、いまやこの少数の生き残りにかかっている。

一世紀もたたないうちに、地球上の全人類の血の大半はカンカ・ボノ族の血で占められ、それにフォン・クライストとヒログチの血がちょっとだけ混ざることになるだろう。そしてこの思いがけない事態の方向転換は、大部分、〝世紀の大自然クルーズ〟の最初の乗船者名簿に載っていた名前のなかでは唯一まったく無名だった二人のうちの一人によって引き起こされることになる。その一人とはメアリー・ヘップバーンだった。もう一人の無名の人とは彼女の夫なのだが、彼は、自分自身が絶滅に瀕していたときに、喫水線《きっすいせん》より下の安くて狭い船室を予約したことによって、人類の運命を操るうえで決定的な一役を果たした。

偶発性は、最近の映画でも古い名画でも重要なテーマだった。『バック・トゥ・ザ・フューチャー』（1985）では、十代のマーティ・マクフライ（マイケル・J・フォックス）が時間をさかのぼって両親が通う高校に移動し、そこで、実際に起こったとおりの過去を再現させようと悪戦苦闘する。偶然にも自分がそこに侵入してしまったせいで、巻き戻す前のテープに記録されていたことが変更されそうになってしまう（彼の母親が、彼にお熱になってしまう――オイディプスの興味深い変形版）からである。マクフライが修正しなければならない事態は、ぜんぜん重要ではないささいな事件に見えるが、彼にしてみればこれほど重大なことはありえない。修正に失敗すれば両親の出会いがなくなってしまうのだから、最悪の結果、すなわち自分自身の抹消につながるからである。

偶発性をもっともよく表現したシーン――私が推薦するこのジャンルの正基準標本*――は、フランク・キャプラ監督の名作『素晴らしき哉、人生！《イッツ・ア・ワンダフル・ライフ》』(1946)の終幕近くにある。ジョージ・ベイリー（ジェイムズ・スチュアート）が自己犠牲の人生を送ったのは、彼持ち前の基本的な人のよさが、家族と町を援助することを彼の夢としたからだった。彼が運営する経営の安定しない住宅金融会社は破産に追いこまれ、しかも町いちばんのどけちで強欲な独身男ミスター・ポッター（ライオネル・バリモア）の悪だくみによる詐欺行為に追い打ちをかけられる。絶望したジョージは投身自殺を決意するが、彼の守護天使クラレンス・オドボディが、自分のほうが先に身を投げることで自殺のじゃまをする。ジョージの人柄からいって、自分の自殺よりも他人の救助を優先することを知ったうえでのことである。そしてクラレンスは、直接的な手段でジョージを励《はげ》ますことにする。「君がやってきたすべてのことを、君は知らないだけなんだよ」しかし、ジョージはそれに対して次のように答える。「もしもぼくがいなかったとしたら、みんなの生活はもっとよくなっていたんじゃないか。……ぼくが生まれてこなかったほうが、万事うまくいっていたような気がする」

（＊）〝正基準標本（holotype）〟とは、分類学の専門用語で、種名をつけるもととなった標本のことである。正基準標本が選ばれるのは、種に対する見解がその後変更される可能性もあり、生物学者がもとの名前を指定するための基準がなければならないからである。たとえば後世の分類学者が、最初に種の記載がなされた際にまちがって二つの種が混同されてしまったと決定しても、正基準標本を含むグループのほうにもとの名前がそのままつけられる。

そこで思わずひらめいたクラレンスは、ジョージの望みをかなえ、彼が存在しないテープをリプレイすることで、彼の町ベッドフォード・フォールズで展開されるもう一つの人生模様を彼に見せてやる。一〇分間にわたるこのすばらしいシーンは、映画史のハイライトであると同時に、偶発性という基本原理の説明としては私の知るかぎり最高のものである。リプレイされたテープでは、様相はまったく異なるがやはり現実的な結果が展開される。見た目には重要そうでないささいな変化——とりわけジョージがいないこと——によって、ちがいがどんどん蓄積されていくのだ。

ジョージ抜きでのリプレイでは、住民や経済面の有力者たちの顔ぶれでは完全につじつまが合っていたが、そのもう一つの世界は寒々《さむざむ》としていて冷笑的で、残酷でさえあった。ジョージがいた世界は、一見無意味とも思えた彼の人生のおかげで、優しさと彼の恩恵を受ける人々の成功で周囲が満たされていたのである。牧歌的なアメリカの小さな町だったベッドフォード・フォールズには、いまや酒場やいかがわしい玉突場や賭博場が立ち並び、町の名前もポッターズヴィルに変更されていた。それは、ジョージのいないベイリー住宅金融会社は倒産し、悪辣《あくらつ》なライバルが財産を乗っ取って町の名前を変えてしまったからである。ジョージが借金の返済を際限なく大目に見て低金利で分譲した小規模な住宅地だった場所は墓地になっていた。破産で自暴自棄になったジョージの叔父は精神病院に入っていた。彼の母親は陰険で冷たい女で、貧相な下宿屋を営んでいた。彼の妻は町の図書館に勤めるオールドミスだった。輸送船が沈没して一〇〇名あまりの死者がでていた。彼の弟が、命を助けてくれるはずのジョージがいないがゆえに水死したため、成長して軍の輸送船を救い名誉勲章に輝くこともなかったせいである。

機知に富んだ天使はジョージの問題に決着をつけ、偶発性という原則をこう説明する。

「奇妙だとは思わないか。一つひとつの人生は、こんなにもたくさんの人生とかかわりあっているんだよ。その人がそこに存在しなければ、その人はぽっかりとあいた大きな穴を残すんじゃないかな。……ジョージ、ごらんのとおり君は、すばらしい人生《ワンダフル・ライフ》を送ってきたんだよ」

偶発性は、バージェス頁岩をめぐる新解釈の合言葉であると同時に教訓でもある。バージェスが語りかけるメッセージがもつ魅惑とその変革力――初期における異質性のとほうもない爆発と、それに続く、おそらくはほとんど運まかせの非運多数死――は、生命がどの方向に向かうかを決めるのは主として歴史であるというその主張にある。

それ以前にウォルコットがいだいていた正反対の見解は、生命史のパターンを、それとは別の従来どおりの科学的説明のスタイル――不変の自然法則のもとでの直接的な予測可能性と小前提――のなかにしっかりと位置づけるものだった。それだけではなく、不変法則というウォルコットの見解は、いまや、自然界のパターンを正確に表現したものというよりは、文化の伝統と個人的好みの表現として退《しりぞ》けられることになる。それはすでに検討したように、ウォルコットは生命の歴史を、漸進的で着実に進歩した長い歴史の後で人類の意識が生じることを保証していた神の目的の実現として解読していたからである。バージェス生物は、後に改良される生物の原始版でなければならなかったし、生命は、限定的で単純な出発点から前進しなければならなかったのだ。

それに対して新しい見解は、偶発性を基盤としている。バージェスの時代には、二〇種類を越える節足動物のデザインが存在していたが、そのうち非運多数死を生きぬいたのは四種類だけだったし、おそらく、生命樹の太い幹すなわち門として、一五種類かそれ以上のユニークな解剖学的特徴を付け加えることが可能である。現代の解剖学的異質性のパターンは、構造的な有望さでは劣らないように見えるバージェス時代のたくさんの可能性とともに、偶発性の手にゆだねられている。現在のような秩序は、基本法則（自然淘汰、解剖学的デザインの機構的優越）に保証されていたわけでもないし、まして、生態学のもっと低いレベルの一般法則や進化理論によって保証されたものですらなかった。現在のような秩序は、ほとんど偶発性の産物なのである。ジョージ・ベイリーのいるベッドフォード・フォールズのように、生命には原因の特定ができる筋の通った歴史があった。そして、地質学的にはほんのちょっと前に人類がともかくも出現できたわけであるから、われわれはその歴史をだいたいにおいて歓迎している。しかしジョージのいないポッターズヴィルのように、開始時点の状態にさして重要そうではないちょっとした変更を加えてテープをリプレイさせても、やはり原因が特定できる、筋は通っているが結果はまったく異なる歴史が展開されることだろう。そしてそれは、自意識をそなえた生命が存在しないことで、大いにわれわれの不興《ふきよう》を買うものとなるはずである（もっとも、そのような別世界では、人類が存在しないことなどなんら問題でないことはいうまでもない）。構造的に優れた可能性がもっともたくさん存在したのは、まさに出発の時点だったことを証明しているバージェス頁岩は、生命史のパターンと現在の構成を設定するうえでの偶発性の支配力を裏づけるもっとも重要な証拠となる。

そして最後にこうも言える。偶発性は原因の特定ができて重要であるだけでなく、ある特別な意味で魅惑的でもあるという私の意見が受け入れられるならば、バージェスは、生物のパターンをもたらした源《みなもと》に関する一般的な考えかたを逆転するにとどまらない。バージェスは、とにもかくにも人類が進化したという事実に関して、新たな驚き（そしてスリル）をわれわれにもたらしてもくれるのだ。われわれ人類は、歴史が別の航路にそれることで抹消される危機まであとこれくらい――どうかここで、親指と人差指を一ミリの距離まで近づけていただきたい――だったことが、それこそ何百万回もあったのである。バージェスを起点にして、テープを一〇〇万回リプレイさせたところで、ホモ・サピエンスのような生物が再び進化することはないだろう。これぞまさに、ワンダフル・ライフである。

予測可能性と偶発性との対比で最後に取り上げるべき点は、生命の歴史においては、予測できることや、自然界の一般法則によって直接引き起こされたらしいことは何もないと私は言おうとしているのかどうかである。もちろん私はそんなことは言っていない。われわれが直面しているのは、どういう尺度でものを言うか、どのレベルに焦点を合わせるかという問題である。生命は、物理学の原理に忠実な構造をとっている。われわれは、伝統的な〝科学的方法〟で取り扱える事象には影響されることのない混沌とした歴史的状況のただなかで生きているわけではない。原始地球の海洋と大気がそなえていた化学組成と、自己組織化システムという物理学的原理のもとでは、地球上における生命の起源は事実上不可避のことだったろう。私はそう考えている。多細胞生物の基本形態のかなりの部分は、構築とグッドデザインの規則によって拘束されているにちがいない。ガリレオが最初に気づいた表面積と体積の法則によれば、大型生物は、表面積の相対的な比率を一定に保つ必要から、近縁な小型生物とは異なる形状を進化させることになる。それと同じで、運動能力をもち、細胞分裂で体が構築される生物は、必ず左右相称形である。ちなみにバージェスの奇妙奇天烈生物も左右相称形である。

しかし、こういう現象は枚挙にいとまがないほどではあるが、生命史に興味を向けさせる細目《さいもく》とはほとんど関係のない話である。自然界の不変法則は、生物の一般的形状と機能に大きな影響をおよぼす。生物のデザインが進化すべき道筋を設定するのだ。だがその道筋は、われわれを魅了する細目にくらべるとかなり大ざっぱである。物理学的な道筋は、節足動物、環形動物、軟体動物、脊椎動物などを規定しているわけではなく、せいぜい、部分の反復を基盤とする左右相称動物という枠をはめているにすぎない。そういう道筋は、人類の起源をめぐる本質的な疑問の前ではさらに遠のいてしまう。なぜ脊椎動物から哺乳類が進化したのだろう。なぜ霊長類は樹にとりついたのか。なぜホモ・サピエンスを生んだ小枝がアフリカで生じ、存続したのか。生命の歴史に関していちばんよく発せられる疑問を規制している細目のレベルに焦点を合わせると、偶発性が支配し、一般的な意味での予測可能性は無関係な背景の中に後退してしまうのである。

チャールズ・ダーウィンと敬虔《けいけん》なキリスト教徒で進化論者のエイサ・グレイとの有名な往復書簡を見ると、ダーウィンは〝背景の中の法則〟と〝細目の偶発性〟との重大なちがいを認識していたことがわかる。ハーヴァード大学の植物学者だったグレイは、ダーウィンによる進化の証明だけでなく、進化の機構としてダーウィンが提唱した自然淘汰の原理も支持する方向に傾いていた。しかしグレイは、ダーウィンの説がキリスト教信仰と生命の意味に対してもつ意味合いについて頭を悩ませていた。彼はとくに、ダーウィンの見解は法則が命令を下す余地を残していないこと、自然界を盲目の偶然だけによって形成されるものとして描写していることに思い悩んでいた。

ダーウィンはその有名な返書のなかで、広い意味で生命を規制する一般法則が存在することを認めている。ダーウィンは、グレイが重大な関心を寄せているそれらの法則は宇宙における何らかの高次の目的を反映していることさえありうる（おそらくそうだろう）と論じている。しかし、自然界は細目に満ちており、それらが生物学の主題を形成している。そうした細目の多くは、人間の倫理観という不適切な基準から見ると〝残酷〟である。ダーウィンはグレイに次のように書いている。「慈悲深き全能の神が、生きているアオムシの体を内部から食わせるというはっきりとした意図のもとにわざとヒメバチ類を創造したなどとは、とてもではないが納得できません。あるいは、ネコはネズミをもてあそぶように造られているなどとは」そうなると、細目の非倫理性を、何らかの高次の目的を反映させている可能性の高い一般法則をそなえた宇宙と調和させるにはどうしたらいいのだろうか。そうした細目は、進化の道筋を設定する法則には方向づけられない偶発性の領域にあるのだとダーウィンは答えている。宇宙は法則によって運営されているが、「細目は、よきにつけ悪しきにつけ、偶然とでも呼べるものによって動かされているのです」とダーウィンはグレイに答えている。

そういうわけで、つまるところこの疑問のなかの疑問は、不変法則のもとでの予測可能性と歴史的偶発性の多彩な可能性とのあいだのどこに境界線を引くかという問題に要約される。ウォルコットのような伝統第一主義者は、生物進化史の主要パターンのすべてが境界線の上側、すなわち予測可能性の（そして彼にとっては、神の意図が直接的に堅持される）領域に入ってしまうほど低い位置にその境界線を引くことだろう。しかし私は、境界線が引かれるべき位置はもっと高く、生物進化史の興味深い事件のほとんどすべてが偶発性の領域に入ってしまうほどなのではないかと考えている。私にいわせれば、バージェス頁岩をめぐる新解釈こそ、その境界線がそれほどの高さにあることを示す自然界最高の論拠なのである。

つまり、運のよい樹に偶発的に生じた大枝からありうべからざる幸運によって伸びた枝のさらにちっぽけな小枝として登場したホモ・サピエンスの起源は、その境界線のずっと下のほうにあるということなのである。この見解が意味することを、われわれは正視しなければならない。ダーウィンが描いた図式では、人類は一つの細目であり、あらゆる出来事の目的でも、それら全体の化身でもない。すなわち、「よきにつけ悪しきにつけ、偶然とでも呼べるものによって動かされている」細目なのである。自意識をもつ何らかの知性の進化的起源がその境界線の上下どちらに位置するのかについては、私は知らないと答えるしかない。言えるのは、惑星地球に二度めはなさそうだということだけである。

偶発性という領域の細目でしかないという見かたに底知れない落胆を感じる人のために、ロバート・フロストの作になるすばらしい詩を引用しよう。「意図《デザイン》」と題されたこの詩は、明らかにこの問題に捧げられたものである。朝の散歩の際に、フロストは形態の異なる三つの白い物体が奇妙なつながりを結んだ光景を目にした。奇妙ではあるがぴったりでもあるこの組み合わせは、何らかの意図がはたらいたものにちがいないとフロストは謳《うた》っている。しかし、ほんとうに意図が表われているならば、われわれは宇宙についてどう考えたらいいのだろうか。フロストが描写した光景は、人間の倫理観のどんな基準からしても悪なのである。われわれは、ダーウィンが示した正しい解決のなかで気を取りなおすべきである。われわれは偶発的な細目を目にしているのであって、漠然とした宇宙から目的、あるいは少なくとも中立性を期待することができるかもしれない。

くぼみのある太った白いクモが一匹
万病草の白い花の上でガを一匹つかまえていた
そのガはまるで一片のサテンの白布のよう
白とは破滅と荒廃にふさわしい色
白いしずくのようなクモに泡のような花
そして凧《たこ》のように運ばれる死んだガの白い翅
魔女の煮るスープの中身のように
まざりあい、朝の正義をはじめようとしている。

路傍《ろぼう》に咲く罪知らぬ蒼き万病草よ
花の白さは何のため
白いクモをそこに登らせたものは何
その夜、白いガをそこへ向かわせたものは何
それは、ぞっとさせる暗黒の意図以外の何かなのか
かりにそのようなささいなことに意図がはたらくとして。

ホモ・サピエンスは、恐ろしいことに、広大な宇宙のなかの〝そのようなささいなこと〟であり、偶発性という領域のなかで起こったとてもありそうにない進化の一事件である。あ

なたなら、そのような結論から何を引き出すだろう。悲観的な見かたをする人もいる。私はといえば、それは気分を引き立ててくれるもの、自由とその結果としての倫理的責任の源であると常々考えてきた。

●自然史学の地位の高さに関する申し立て

前述のような科学の誤った格づけが理由としか考えられないおかしな現象がある。そもそもこのことが私にこの本を書かせる気にさせたのだが、それは、バージェスの見直しが一般大衆や他の分野の科学者たちの注目をほとんど集めてこなかったということである。もちろん、サイエンスライターが《ロンドン・ロイヤル・ソサエティー哲学紀要《きよう》》に目を通したりしないことや、何百ページにもおよぶ解剖学のモノグラフが専門用語の正式な訓練を受けていない人間をひるませるものであることは百も承知である。しかしそうかといって、ウィッティントンとその仲間たちがいいニュースを隠していたわけでもない。彼らは、サイエンスライターが読んでいる一般科学誌——主として《サイエンス》と《ネイチャー》——にも発表しているからである。科学者仲間の目にとまりやすい〝レヴュー論文〟も六篇書いている。彼らはまた、《サイエンティフィック・アメリカン》や《ナチュラル・ヒストリー》といった一般向け科学雑誌の記事や、『カナダの国立公園』用の解説など、一般大衆のための啓蒙《けいもう》活動も行なってきた。彼らは自分たちの研究がもつ意味を心得ており、そのメッセージを広く伝えようとしてきたのだ。それに、外部からの助力もあった（私は、《ナチュラル・ヒストリー》誌にバージェス頁岩をテーマにしたエッセーを四篇書いている）。それなのになぜ、この物語は一般に浸透せず、重要なことも認識されていないのだろうか。

この疑問を解く手がかりとして、バージェスの見直しと、地球外物体の衝突と白亜紀の絶滅を結びつけたアルヴァレズ説とを比べてみるとおもしろいかもしれない。私はこの二つを、ここ二〇年間においてもっとも重要な古生物学的発見だと考えている。私にいわせれば、この二つは同じくらいの重要性をもち、基本的に同じ物語《にょじつ》を語っている。すなわち、いずれも生命の歴史がもつ極端なまでの予測不能性と偶発性を如実に物語っているのだ。バージェスの非運多数死の様相がちがっていれば、人類が進化することはなかった。また、地球に衝突したとされる彗星の軌道がそれていて恐竜がいまだに地球を支配していたとしたら、人類も含めて大型哺乳類の登場は妨《さまた》げられていただろう。

私の意見では、いずれの出来事もいまやかなり裏づけられているが、どちらかといえばバージェスの見直しのほうがアルヴァレズの主張よりも証拠がそろっているかもしれない。なのに、一般大衆の注目の度合は驚くほどの非対称をなしてきた。アルヴァレズの衝突説は《タイム》の表紙を飾るという栄誉に浴し、何本かのテレビドキュメントに仕立てられ、科学のまじめな議論が交わされる場ではいつも論争とコメントの対象となってきた。それにひきかえ、専門家以外でバージェスのことを聞いたことのある人はほとんどいない。だからこの本を書く必要があったのである。

私は、これほどの注目度のちがいは、人々が大きくて凶暴な生物を偏愛していることの反映にすぎないと理解している。恐竜は、わずか三センチほどの〝蠕虫〟よりもはるかに注目される定めにある。しかし私は、こうなっている重大な要因——とくにサイエンスライターにバージェス頁岩を避ける決意をさせている要因——は、科学的方法という固定観念と、科学を格づけするという誤りにあると確信している。ルイス・アルヴァレズは、私がこの本を書いている最中に亡くなったが、ノーベル賞受賞者であり、今世紀最高の物理学者の一人だった。ようするに彼は、従来の格づけでは最高位にある科学界のプリンスだった。アルヴァレズの衝突説を裏づける証拠は、実験室の通常の処理によって得られる。高価な分析装置を使って微量のイリジウムを正確に測定するのだ。衝突説には、白衣、数値、ノーベル賞に輝く名声、格づけの梯子の最高位と、大衆の歓呼《かんこ》を集めるすべての要素がそろっている。それにひきかえバージェスの記載のしなおしは、次々に飛び出すおかしな生物でまわりの者を驚かせたが、しょせんは生命の歴史の初期に生息していた、以前には思いもよらなかったほど奇妙な動物をいくつか記載したにすぎない。

私は、私の専門分野に興奮を注入してくれたルイー・アルヴァレズが好きだった。われわれの個人的関係は温かいものだった。私は、彼がしょっぱなから口にしなければならなかった古生物学への苦言（いまから思うと、そのすべてがもっともな理由からというわけではなかったが）を気に入っていた数少ない古生物学者の一人だったからである。もっとも、善《ヨ》キコトニアラザレバ死者ニツイテハ何モ語ルナとはいうものの、ルイーも問題をやっかいにした一人だったかもしれないということだけは言っておかなければなるまい。漸進論と地球内の原因という伝統に縛られた多数の古生物学者が正当な証拠に適切な注意を払わなかったことに対する彼の不満が、私にはよくわかる。それでもルイーは、古生物学全体、そして歴史科学全般に対してしばしば激しい非難を浴びせた。たとえば《ニューヨーク・タイムズ》のインタビューに答えて、「古生物学者にひどいことは言いたくないけど、連中はまったくろくな科学者じゃないね。ただの切手集めだよ」という悪名高い発言をしているのだ。

ルイーはただ、固定観念に縛られた多くの科学者が頭では思っているが、たがいの関係を考慮して口には出さないでいることを大声で言ってしまっただけだと思う。歴史的説明を切手集めと結びつけるというよくあるのしりかたは、すべてが異なっている細目に注目して詳細に比較するという歴史家の姿勢を理解しない分野の人々が昔からいだいてきた尊大さの表われである。分類と呼ばれるこの行為は、切手整理用のヒンジを舌でなめ、切手帖のあらかじめ定められた場所に貼りつける作業と同じではない。歴史科学者が細目――次々と飛び出すおかしな生物――に注目するのは、それらを比較統合することで、〝帰納の符合〟により、ルイス・アルヴァレズが化学物質の測定によって小惑星衝突説のためにかき集めることのできた確信と同じくらい大きな確信をもって（もしよい証拠ならば）過去を説明することができるからなのである。

科学の格づけという固定観念を粉砕し、かたちこそ異なれ歴史的な説明という形態も物理学や化学の活動と同等の利点をそなえた活動であるということを理解しないかぎり、われわれは科学の意味と科学がカバーする全領域を正しく認識することができないだろう。科学のなかの大多数を新しくこのように分類しなおすことができたときにはじめて、バージェス頁岩の重要性が突如として明らかとなるだろう。そのときになってはじめて、「なぜ人間は考えることができるのか」といった疑問に対する答は、神経細胞の生理学的特性のなかだけでなく、偶発的な歴史の気まぐれな経路のなかにも（同じくらい深遠《しんえん》なかたちで）存在しているということを、われわれは理解するだろう。

5章　実現しえた世界——“ほんとうの歴史《ジャスト・ヒストリー》”の威力

もう一つの物語

私は4章において、偶発性に関する一般的で抽象的な要約を行なった。しかし、“ほんとうの歴史《ジャスト・ヒストリー》”を擁護するにあたっては、単なるもっともらしさや議論の力に頼ることはできない。高貴さに満ちているうえに筋が通っており、しかも歴史的事実とは異なる魅惑的な出来事によって、人類の知性という輝かしい到達点抜きのまったく別個の生命の歴史が生み出されていたかもしれないという可能性を、実例を提供することで読者を納得させなければなるまい。

別の可能性を考える場合の困難は、あたりまえのことだが、実際には起こっていないということ、起こってもおかしくなかった出来事の詳細については知りようがないということである。たとえば私は、こう確信している。バージェス時代に古生物学者がいたとしても、節足動物のデザインとして可能な二五タイプを調べあげ、いちばん数の多い（しかも解剖学的に見てこぎれいな）マルレラは捨て去り、じつに複雑な構造をもつレアンコイリアや頑丈《がんじょう》ではあるが平凡な体つきのシドネユイアはちょっとわきに置き、生態的に特殊化したアユシェアイアや数の少ないサンクタカリスを選ばれしものに入れてもいいと判断することなどできなかっただろう。しかし、現生節足動物の世界がマルレラ、レアンコイリア、シドネユイアの子孫たちによって構成されていることは想像できたとしても、それらの子孫たちがどういう形態をとっているかまでは特定できないだろう。結局のところわれわれは、系統由来がわかったところで、予測を立てることすらできない。アユシェアイアの子孫がカゲロウになったり、サンクタカリスの子孫がクロゴケグモになったりすることなど想像もできないではないか。リプレイのたびに異なる非運多数死が生み出す世界など、どうしたら特定できるだろう。

このジレンマに対する最良の答は、もっと穏やかなやりかたを採用することだろう。実際には存続しなかったグループの想像もできない子孫に基づく説明を探し求めるかわりに、バージェスを彩《いろど》り、今日《こんにち》も存続している二つのグループの多様性の大小という点だけが異なる、起こりえたもう一つの世界について考えればいい。なぜならその場合には、相対的な数のちがいがどうして生じたのかだけについて推測すればいいからである。現在の海洋に生息する二つのグループを取り上げよう。一つは多様性に満ちあふれ、もう一つはほとんど消滅しそうなグループである。バージェスの開始時点で、この二つのグループのどちらが優位に立ち、どちらが情け容赦のない世界の片隅であまり重要でない地位を占めるようになるかを知ることが、はたしてできただろうか。リプレイをすれば、まったく正反対の結果がでるということもありうるのだろうか。ちなみにこの例に関しても、本書のかなりの部分がそうであるように、またしてもサイモン・コンウェイ・モリスの助言と、彼があらかじめ行なった思考実験を参考にする。

無脊椎動物としてはもっとも一般的な体の設計プラン――〝蠕虫《ぜんちゅう》〟の柔軟で細長くて左右相称の体――を共有する二つの門の現状について考えてみよう。環形動物門《かんけい》（ミミズもここに含まれる）のうちの海生種のほとんどを含む多毛類《たもうるい》が語る物語は、生命の大成功物語の一つである。現生する生物の概説書としては最高の本であるシビル・P・パーカーの『マグロウヒル版現生生物一覧とその分類』（1982）は、このグループの八七科一〇〇〇属八〇〇〇種あまりに関する息もつかせぬ説明に四〇ページを割いている。多毛類の体の大きさは、小は一ミリ以下から大は三メートル以上で、ほとんどどこにでも生息しており、たいていは海底だが、なかには汽水域《きすい》や淡水域の水中に生息するものもいるし、湿った地中に生息するものもわずかながらいる。その生活様式も、およそ考えうるすべての範囲をカバーしている。ほとんどは自由生活者で肉食性か死肉食性なのだが、海綿や軟体動物、棘皮《きょくひ》動物などと共生するものや寄生生活を送るものまでいるのだ。

それと対比させるのは鰓曳虫類《えらひきむしるい》である。これは海底の砂や泥の中にすむ動物で、体は大まかに三つの部分、すなわち一つないし二つの付属肢のついた後端、まん中の胴、伸縮性のある吻《ふん》に分かれている。吻の形状と、それが胴部から伸び縮みするという性質は、まちがいなくあるものを昔の男性動物学者たちに連想させた。だからこそ、このグループの代表種であるエラヒキムシに〝小さいペニス〟という意味のプリアプルスという属名がつけられているのだ。

鰓曳虫類の吻についている小さなとげが、非公認のその類推にちょっとした警告を与えるかもしれない。たいていの種では、吻の下部はえり状の構造になっていて、そこに小さな歯が二五列に並んでいる。上端の口の周囲は、歯が何列にも取り巻いている。ほとんどの鰓曳虫類は活発な肉食者で、獲物を捕まえて丸ごと飲みこんでしまう。ただし一種だけは、浮泥《デトリタス》食者かもしれない。

ところがパーカーの現生生物一覧をのぞいてみると、鰓曳虫類にはわずか三ページ、それも個々の科について悠長《ゆうちょう》な記述があるだけである。鰓曳虫類は、生物の多様性にはさして貢献していない。動物学者がこれまでに発見した鰓曳虫類は、わずか一五種ほどなのだ。何らかの理由により、鰓曳虫類は、現代生物学の成功物語のなかでは高い地位を占めていないのである。

鰓曳虫類の分布を検討すると、かれらがぱっとしない理由を探る手がかりが得られる。すべての鰓曳虫類は、異常な環境や苛酷な環境、あるいは辺境的な環境に生息している。それはまるで、たいていの〝標準的〟な海生生物が多く生息している浅海の開《ひら》けた環境では競争できないため、ふつうの生物には耐えられないような場所にしか踏みとどまれないかのようである。蠕虫を含む鰓曳虫類の二科は、成長しても小型であるため、間隙《かんげき》動物相と呼ばれる生物に富む魅惑的な（しかし、決して〝標準的〟ではない）世界である砂粒の間隙に生息している。ほとんどの鰓曳虫類はエラヒキムシ科に属し、海底に生息する大型の虫（最大二〇センチ）である。しかしこの鰓曳虫類は、熱帯の浅海という、もっとも豊かな環境には生息していない。かれらはもっとも寒い領域で生きている。熱帯域の深海底や、高緯度地方の凍るような気候の中の浅海で生きているのだ。さまざまな異常な状況にも耐えられる。低酸素レベル、硫化水素、低塩分濃度や極端な塩分濃度の変化、それに長期にわたる飢えを迫られる非生産的な環境などである。鰓曳虫類は、きびしい競争を避けるためにあえて困難な場所を選ぶことで、タフな世界になんとか足がかりを得てきたのではないかという主張は、無理なこじつけとはいえない。

現生する多毛類と鰓曳虫類とのあいだにこれほどのちがいがあるからには、地質学的な歴史のなかでは、多毛類は一貫して繁栄してきたし、鰓曳虫類は一貫して苦闘してきたといえるくらいの本質的な特性のちがいが両グループのあいだには存在すると前提したくなる。しかしそうすると、軽視しがたいバージェス動物群がわれわれを困惑状態に突き落とす。現生する軟体性生物の出発時点の陣容をいまにとどめるこの最古の動物群には、六属の多毛類と六属か七属の鰓曳虫類が含まれているのだ——それぞれ鰓曳虫類と多毛類に関するコンウェイ・モリスの二篇のモノグラフ（1977 d, 1979）を参照してほしい。

さらに驚くべきことに、バージェスの鰓曳虫類は、個体数のうえでもバージェス動物群の主要な構成員であり、アノマロカリス類や何種類かの節足動物とともに、地球上最古の重要な軟体性肉食者である。バージェスの鰓曳虫類のなかではいちばん数の多かったオットイア・プロリフィカ（図５‐１）は、獲物を丸飲みにしていた。なかでもたくさん捕食されていたのがヒオリテス類（円錐形状の殻をもつ動物で、類縁関係は不明）だった。オットイアの消化管から、三一個体の標本が見つかっており、しかもそのほとんどが同じ向きで飲みこまれている（したがってほぼまちがいなく、一定の様式で捕食していたのだろう）。オットイアのある個体の消化管からは、六個体のヒオリテス類が見つかっている。そのほかに、同種の個体の遺骸《いがい》も消化管から見つかっている。これは、化石に記録されているものとしては最古の共食いの事例である。

それにひきかえ多毛類（図５‐２）は、属数では鰓曳虫類に劣らないものの、個体数でははるかに少ない。コンウェイ・モリスもこう述べている。「現在の海洋環境の多くに見られる状況とくらべると、バージェス頁岩の多毛類にはどちらかといえば小さな役割しかなかった」

バージェス以後に、鰓曳虫類に何か劇的なこと（しかも破滅的なこと）が起こったのは明らかである。かつては、軟体性動物群のなかで数の上でかれらに対抗できるグループはいなかった。現代の海では多数派の地位にあって栄華を誇っている多毛類をもしのいでいたのだ。ところがいまのかれらは、数も減って忘れ去られ、海洋中の空間的および環境的辺境の住人となっている。現代の海洋にすむすべての鰓曳虫類の属を合わせても、ブリティッシュ・コ

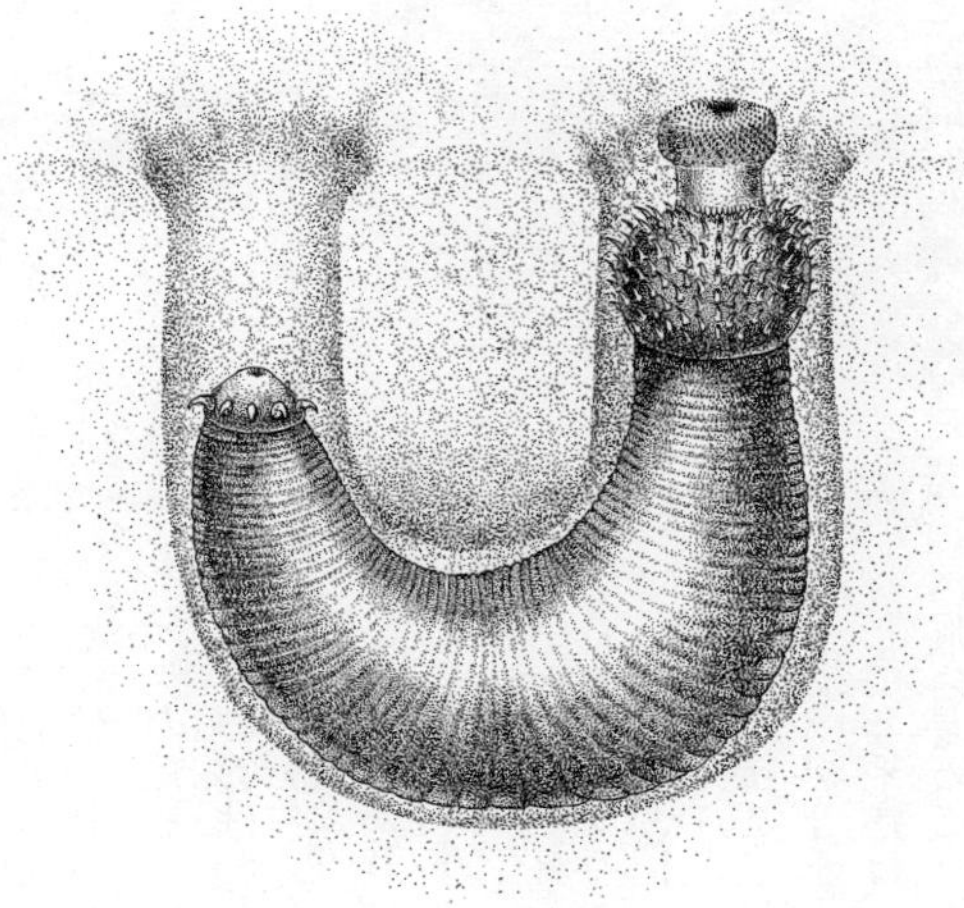

図5-1／バージェスの鰓曳虫。巣穴に潜み，吻を半分ほど伸ばしているオットイア。マリアン・コリンズによる復元画。

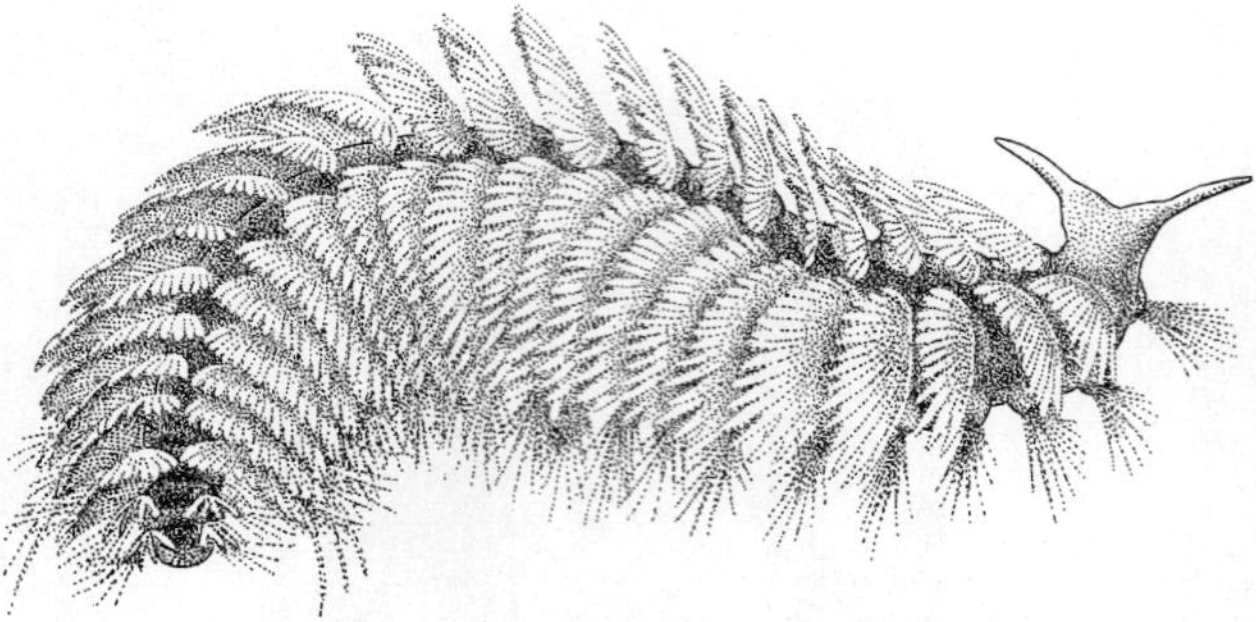

図5-2／バージェスの多毛類カナディア。マリアン・コリンズによる復元画。

ロンビア州の一発掘場から見つかるバージェス動物群に含まれる鰓曳虫類の属数にはかなわない。バージェスの鰓曳虫類は、けばけばしい席ではないにしても、ともかく中心的な座を占めていた。いったい何が起こったのだろうか。

その答はわかっていない。現状を見るかぎり、多毛類は当初からなにがしかの生物学的潜在力をそなえていたのであり、いずれは優勢になる定めにあったのだと言いたくなる。しかし、ではどんな利点をそなえていたのかということになると、何も思いあたらない。ただ、コンウェイ・モリスがおもしろい観察を発表している。バージェスの多毛類にはあごがなく、捕食者として成功した多毛類にあごが進化したのは、次の時代のオルドビス紀になってからだというのだ。もしかして多毛類は、あごをもったことで、それまでは多数派を占めていた鰓曳虫類よりも有利な立場に立ったのだろうか。

この推測は、いかにもという気がするし、実際に正しい可能性も高い。しかし、その判断を下す根拠はない。優勢になりはじめた時期とあごを獲得した時期が一致しているからといって、その原因が特定できたことにはならないのだ。ともかく、バージェス時代に地質学者がいたとしても、控えめな存在の多毛類が五〇〇〇万年後にあごを進化させることなど知るよしもないだろう。

　現生する鰓曳虫類の分布と数がバージェスに見られる豊富さにくらべて見劣りしているからといって、根本的な失敗をしたということにはならない。しかし、いったいぜんたいどうしてそういうことになったかなど、誰につきとめられるだろう。それに、生命テープをリプレイしても、鰓曳虫類が優位を占め、あごをもたない少数の多毛類が貧相な周縁的環境で悪戦苦闘しているような世界が実現することはないなどと、誰に言えるだろう。実際に起こったことが意味をもつ。この世は空想の世界ではないのだ。だが、進歩や良識を信じる現代人を満足させるシナリオはこれ以外にもたくさんありそうである。鰓曳虫類の優位は、あるいはそうもなりえたこととの一つでしかない。

　バージェスをめぐるこのような空想は、生命の歴史のなかのどの局面においてもごくふつうにできることなのだろうか。それとも、生命の歴史が開始された当初だけのことで、その後の歴史はどんな変更もきかないものだったのだろうか。ここで、そうもなりえたことをもう一つ検討してみよう。白亜紀末の大惨事で恐竜が滅んだあとに残された世界では、大型肉食動物が占めていた場所がぽっかりと空《あ》いていた。現時点でその空所を埋めているのがネコ科やイヌ科の動物だが、かれらに支配権がもたらされたのは予測どおりの必然だったのだろうか、それとも偶発的な幸運だったのだろうか。始新世の時代に生きていた古生物学者には、いまから五〇〇〇万年前にあたる世界に生息する脊椎動物を調べあげたうえで、百獣の王ライオンの祖先を成功者として名指しすることがはたしてできただろうか。

私は怪しいと思う。始新世の時代には、たくさんの系統の肉食哺乳類が生じた。どれもみな現代の種類につながる祖先が一種類ずつだけだったが、どれか一つがとくに秀でているということはなかった。しかし始新世の時代には、肉食動物の歴史にとって特別な瞬間があった。それは二つの可能性の分岐点であり、それ以後、一方の可能性が実現し、もう一方は忘れ去られた。哺乳類がすべての権利をにぎっていたわけではなかったのだ。アメリカの古生物学者W・D・マシューとW・グレンジャーは、一九一七年に、ワイオミング州の始新世の地層から、「思ってもいなかったほど堂々とした」巨大な肉食鳥類の骨格を発見し、ディアトリマ・ギガンテアと命名した。

> ディアトリマは、退化した翼をもつ地上生の巨大な鳥だった。体と脚の巨大さでこの鳥に匹敵するのはモアのいちばん大型の個体ぐらいで、現生する鳥でかなうものはない。……復元された骨格の体高は七フィート［約二メートル］近くある。頸部《けいぶ》と頭部は、現生するどんな鳥ともぜんぜん似ていない。くびは短くて頑丈で、巨大な頭にはとても大きくて偏平《へんぺい》なくちばしがついていた。(Matthew and Granger, 1917)

巨大な頭部と短くて太いくびから見て、ディアトリマは凶暴な肉食動物だったことがわかる。草食性で性格もおとなしい走鳥類（ダチョウやレアの仲間）は、それとは対照的に小さな頭と細くて長いくびをそなえている。前肢はちっぽけだが巨大な頭と強力な後肢をそなえていた肉食恐竜ティラノサウルスと同じように、ディアトリマも鋭い爪の生えた後肢で獲物を蹴りつけ、ばらばらに引き裂いていたにちがいない。

おそらくツル類の遠い仲間でダチョウなどの走鳥類とは類縁関係のないディアトリマ類は、何百万年にもわたってヨーロッパと北アメリカに分布していた。肉食動物としての最高位はこの鳥のものだった可能性が高いが、結局は哺乳類がその座に登りつめた。しかし、われわれはその理由を知らない。二本足で鳥の脳をもち歯のない動物は四本足で鋭い犬歯をもった動物よりも劣るにきまっているという話を作りあげることはできる。しかしわれわれは、もし鳥類が勝利をおさめていたとしたら、鳥類は勝つべくして勝ったという話をうまく作れることを、心の底では知っている。前世代における指導的な古脊椎動物学者A・S・ローマーは、この分野のバイブルともいうべき教科書のなかで次のように書いている。

哺乳類のほとんどがまだとても小型だった（その当時のウマは、フォックステリアくらいの大きさしかなかった）時代にこれほど大きな鳥がいたことからは、結局は実現しなかった興味深い可能性がいくつか考えられる。巨大な爬虫類が死滅し、地上は征服さるべき場所として解放された。あとを継ぐべきものとしては、哺乳類と鳥類がいた。哺乳類のほうが地上の征服に成功したわけだが、ディアトリマのような鳥類も現われたということは、当初は鳥類も哺乳類のライバルだったことを物語っている。（Romer, 1966, p. 171）

生命テープをリプレイさせた場合に起こりうる可能性を論じていて残念なのは、実験を行なえないことである。実際にリプレイさせることなどできないし、地球はただ一度の上演しかしなかった。だが、始新世において鳥類と哺乳類との力関係を決定した出来事が、もっと有力な証拠を提供してくれる。強情なうえに複雑怪奇なわれらが地球は、ただ一度だけ、われわれのためにおあつらえむきの実験を実際に演じてくれていたのである。その特別なテープがリプレイされたのは南アメリカにおいてだった。しかもそのときには、鳥類が勝利したか、少なくとも哺乳類とまずまずの引き分けに持ちこんだ。

南アメリカは、ほんの数百万年前にパナマ地峡が生じるまでは、オーストラリア超大陸（現在のオーストラリアとニューギニアが合体して形成していた陸塊）と同じ島大陸だった。ジャガー、リャマ、バクなど一般には南アメリカ特産と思われている哺乳類の大半は、パナマ地峡ができた後で北アメリカから移住してきた動物なのである。南アメリカ土着の動物たちは、ほとんどいなくなってしまっているか、アルマジロ、ナマケモノ、〝ヴァージニアオポッサム〟（キタオポッサム）のように、魅惑的と言えなくもない貧相な残存者として生き延びている。南アメリカという巨大な方舟《はこぶね》に、有胎盤類《ゆうたいばんるい》の捕食獣は生息していなかった。大半の一般向けの本には、南アメリカ土着の肉食動物は、まとめてボリアエナ類と呼ばれる有袋類《たいるい》だけだったと書いてある。それらの本は、ボリアエナ類と少なくとも同じくらいは栄《ゆう》えていた突出したグループ――フォロラコス類という巨大な地上生鳥類――がいたことに言及するのをたいてい忘れているのだ。フォロラコス類も巨大な頭と短くて頑丈なくびをそなえていたが、ディアトリマと近縁ではなかった。鳥類は、南アメリカにおいて、有力な肉食動物の地位への二度めの挑戦をしたのだ。そして今回は、哺乳類の獲物に足をかけて勝ち誇ったフォロラコス類の姿を描いたチャールズ・R・ナイトの有名な復元画（図5－3）が物語るように、勝利をおさめた。

われわれの胸の内には、有胎盤類を偏重《へんちょう》する独善的な狭量《きょうりょう》主義がある。したがって、鳥類が南アメリカで勝利できたのは、有袋類は有胎盤類よりも劣っており、ヨーロッパや北アメリカで有胎盤類が肉食性の地上生鳥類を相手にして勝利できたような挑戦をしかけられなかったせいだという話に落ち着きそうである。しかし、ほんとうにそう確信できるだろうか。ボリアエナ類も大型でしかも凶暴な哺乳類だった。大きさはクマほどのものもおり、ティラコスミルスという剣歯虎《けんしこ》そっくりの強そうな動物もいたのだ。あるいはまた、いずれにしろフォロラコス類は、優秀な有胎盤類が隆起したパナマ地峡を渡って押し寄せたとたんに（ボリアエナ類といっしょに）消えてしまったではないかと、得意げに指摘したいところではある。しかし、進歩にまつわるそんなありきたりな武勇伝では、どちらの話も片づかない。南アメリカの哺乳類の進化を語らせたらこの人の右に出る者はいない大古生物学者G・G・シ

図5-3／南アメリカに生息していた怪鳥フォロラコス。チャールズ・R・ナイトが描いたこの復元図では，哺乳類の獲物に片足をかけ，勝利を宣言している。

ンプソンは、晩年の著作の一つで次のように書いている。

この種類やそのほかの種類の空を飛べない南アメリカ産鳥類が生き延びたのは、この大陸には長いあいだ有胎盤類の肉食獣がいなかったせいだという話をときどき耳にする。しかし、そのような憶測は断じて納得できない。……フォロラコス類の大半が絶滅したのは、有胎盤類の肉食獣が南アメリカに到着する以前のことであり、到着後まで生き残っていたのは一種類か二種類である。それらの鳥類と何百万年も共存していたボリアエナ類の多くは、捕食性がきわめて強かった。……フォロラコス類は、自分たちが哺乳類に殺される以上に哺乳類を殺していただろう。（Simpson, 1980, pp. 147 - 50）

したがって私は、南アメリカは正真正銘のリプレイ――鳥類にとっては第二ラウンド――を展開しているのだと結論しなければならないと考える。

偶発性を例証する一般的なパターン

蠕虫類と鳥類をめぐるこの物語は、一つはバージェスの時代から現代へという歴史の発展に彩られ、もう一つは自然による反復実験という利点をそなえているわけだが、偶発性という問題を歴史に関する一般論から実在の世界の話へと移してくれる。しかしただ一つの物語だけでは、実例によってもっともらしさを確立することはあっても、完璧な擁護とはなりえない。本書の論拠を固めるには最終的な支援が二つ必要である。一つは、偶発性という主張を補強する生物進化史の一般的特徴に関する陳述。もう一つは、よりすぐられた特殊事例だけではなく、地球上の生命がたどったもっとも一般的な経路と可能性に対して偶発性がおよぼした威力を例証する事例の年代記である。この節と次の節では、私の論拠を固めるそうした最終的な支援を提供する。そして興味深い事実をめぐるエピローグが本書を完結させることになる。

地質学的な時間はまさにダーウィンが想像したようなかたちで作動してきたのだとしたら、

いまもなお偶発性が支配していることだろう。ただしもしかしたら生命の一般的なパターンは、幅広い原理のもとで予測しうる傾向がやや強い可能性はある。ダーウィンは生命の歴史を競争とくさびという支配的なたとえを通して見ていた（四〇五ページを参照）。世界は丸太にびっしりと打ちこまれたくさびのように生物種で満ちており、新種が生態系の群集構造に割りこむには他種をはじき出して置き換わるしかない。置換が起こるのは自然淘汰のもとでの競争によってであり、適応で優《まさ》っている種が勝つというのだ。ダーウィンの考えは、あらゆる瞬間にそこここで起こっているそうした作用が膨大な地史的時間にわたって積み重なることで生命史の全体的なパターンが得られたというものだった。ダーウィンはたとえば『種の起原』の10章で熱弁をふるい（いまから見ればまちがっているのだが）、絶滅は種類や環境の大きなちがいに関係なく急速にしかも同時に起こるわけではなく、個々の主要なグループはゆっくりと消滅していくのであって、その没落はより優れた競争相手の興隆と関連していたことを論証しようとしている。* しかしダーウィンのいう「適応で優った」とは「移ろいゆく局地的環境により適した」という意味でしかなく、何らかの一般的な機能構造面で優っているという意味ではない。局地的な適応へといたる道は、長期的成功の見込みを限定することにもなりかねない（寄生動物の単純な形態やクジャクの過度なまでの飾り羽がその例）。そのうえ、われわれがよく口にするたとえとしても地球上の実際の現象としても、気候や地形の変わりかたほど紆余曲折《うよきょくせつ》が多く予測のつかないものはない。大陸はばらばらになって離散し、海水の循環は変化し、川は流路を変え、山脈は隆起し、河口は干上がる。生物は進歩の梯子を登るよりは環境の後を追うのだとしたら、偶発性が支配するはずである。

（＊）大量絶滅は自然淘汰の原理を無効にするわけではない。環境は、生物の対応よりもすばやくしかも大規模に変化しうるということだからである。ただし同時多発的な死滅は、細部に大局を見、生物グループ間の競争を生物全体に見られるパターンを生んだいちばんの源と考えるダーウィン好みのやりかたに反している。

私が言いたいのは、ダーウィンが構築した体系において偶発性が演じる強力な役割は彼の理論からの論理的な帰結ではなく、彼自身の生涯と業績の中心をなす明瞭なテーマだということである。ダーウィンは、進化という事実そのものを裏づけるいちばんの論拠として、みごとなやりかたで偶発性という概念を持ち出している。彼は進化擁護論を一つのパラドックスに埋めこんでいる。進化を裏づける最良の証拠は、おそらく自然淘汰によって構築された最適な適応というみごとな事例にあると考えていいかもしれない。流体力学的に見て完璧な構造をもつ羽、葉や枝そっくりに完全無欠の擬態《ぎたい》をとげた昆虫などである。そのような現象は、進化が生物を変化させる力を示す格好の例を提供している。自然淘汰という碾臼《ひきうす》の作動のしかたはのろいかもしれないが、細かく細かくすりつぶすのだ。ただしダーウィンには、最適性は歴史の航跡をおおい隠すものであるから進化の証拠を完璧さに求めることはできないということもわかっていた。

羽は完璧だというならば、それは自然の作用によって既存の構造からデザインされたともいえるし、全能の神によってゼロからデザインされたともいえる。進化を裏づけるいちばんの証拠は、歴史の経路をあらわなものとする奇抜で奇妙で不完全なものにこそ求めねばならない。ダーウィンはそう考えていた。退化した骨盤をもつクジラは、機能的な脚をもつ陸生の祖先から由来したにちがいない。竹を食べるパンダは、手首の骨の小突起から不完全な〝親指〟をつくらねばならなかった。肉食性だった祖先は、親指で竹の葉をしごけるような機能を失っていたからである。ガラパゴス諸島に生息する動物の多くはエクアドル本土に生息するお隣さんたちとほんのわずかしか異なっていないが、かなり冷涼《れいりょう》な火山島であるガラパゴスの島々の気候は隣接する南アメリカ本土の気候とは大幅なひらきがある。クジラが陸生動物の遺産を微塵《みじん》も保持していないとしたら、パンダが完璧な親指をそなえていたとしたら、ガラパゴス諸島の生物がこの島々独特の奇妙な環境に絶妙に適応していたとしたらどうだろう。その場合は、それら自然の産物に歴史が内在することはないだろう。しかし、〝ほんとうの歴史〟の偶発性がこの世界を形づくったのであり、過去の影を引きずっているとしか説明しようのないひとそろいの構造に進化という事実があらわになる。

つまり、生物種でいっぱいの局地的生物群集の内部で戦わされる生物間の競争原理を地史的な時間にも適用するダーウィン流の世界でさえ、偶発性に支配されているのだ。しかし、ここ四半世紀になされた胸躍《むねおど》るような知的展開のおかげで、自然の統制はそれほど円滑でも連続的でもないことをわれわれは認識するにいたった。小規模なものを積み重ねるだけでは大規模なものは生じないのだ。いくつかの大規模なパターンが、大進化の本質と環境がたどった歴史のせいで、自然の経路に独自の特徴を記《しる》し、この瞬間にもそこここで刻まれている自然の作用が時間とともに何を蓄積しようとも、崩壊と再スタートと新たな方向づけをとり行なっている。そうしたパターンの大半が、偶発性というテーマをしっかりと補強する(Gould, 1985 a を参照)。二つのパターンについて考えてみよう。

初期の増大が最大というバージェスに見られるパターン

バージェス頁岩から得られた重要な洞察により、偶発性の意味がはかりしれないほど高められた。これが本書で展開した重要な主張である。つまり、現生生物に見られるパターンは、連続的な多様性の増大と進歩向上とによってゆっくりと進化したわけではなく、(形態的なデザインが最初に急速に多様化した後に起こった)とんでもない非運多数死によってしつらえられたものなのだ。しかもおそらくそれは、もしかしたら強力な支配力を発揮する運不運という要因によって達成された。

しかしわれわれは、バージェスに見られるパターンは奇妙な出来事なのか、それとも生命の歴史における一般的なテーマなのかを知らなければならない。なぜなら、系統進化を表わすたいていの樹状図はクリスマスツリーのように底辺の幅が最大になるのだとしたら、生物の異質性をめぐる歴史においては偶発性が支配的な影響力を発揮するという主張が最大の後押しを獲得することになるからである。この問題は重要であると考えた私は、ここ一五年間、系統樹では〝下ぶくれ〟が優勢であることの立証に研究時間の多くを割《さ》いてきた(Raup *et al*., 1973 ; Raup and Gould, 1974 ; Gould *et al*., 1977 ; Gould, Gilinsky, and German, 1987)。

古生物学者は、硬組織をもつおなじみの化石動物グループでは初期の異質性が最大というバージェス式のパターンが認められることを昔から知っていた。棘皮《きょくひ》動物がそのよい例である。海生動物だけを含むこの動物門のすべての現生種は、五つの大きなグループに分かれている。ヒトデ綱、クモヒトデ綱、ウニ綱、ウミユリ綱、ナマコ綱の五つである。そしてすべての種が、五放射相称形という基本構造をそなえている。ところがこの動物門が最初に登場した古生代初期の岩からは二、三〇種類あまりの基本グループが見つかっており、しかも一部のグループの解剖学的特徴は現生する棘皮動物の境界線から大きく逸脱している。座ヒトデ類の球形をした骨格は三放射相称である。海果類《かいかるい》が左右相称形であることは明白であり、その基本構造を根拠に少数の古生物学者はこのグループを魚類ひいては人類の祖先かもしれないと考えているほどである（Jefferies, 1986）。ヘリコプラカ類は食溝《しょっこう》が（五本ではなく）たったの一本で、それが骨格のまわりに螺旋《らせん》形のねじのように巻きついていた。そうしたグループのうちで中生代まで存続したものはいなかったため、現生する棘皮動物のすべては五放射相称形という限られた世界を占めている。ところが、それら古代のグループのうちで構造的な不都合があったという徴候が見られるものは一つとしてないし、存続したデザインとの競争によって排除されたことをうかがわせる手がかりもない。これと同じような様相は、軟体動物や脊椎動物の歴史でも見つかりそうである。たとえば脊椎動物では、あごがないか、原始的なあごしかなかった初期の〝魚類〟のほうが、後に登場した鳥類、爬虫類、哺乳類のすべてをひっくるめた場合よりも脊椎の数と配列のしかたにおいて豊富な変異を見せている。結局は、形態的なデザインのステレオタイプ化に基づく表面的な変異が脊椎動物の一大特徴となったということなのだ。*

（*）バージェスで見られるパターンが硬組織をもつおなじみの動物グループでも確認できるということは、非運多数死という現象が提示する重要な問題、すなわち敗者が消滅したのは競争力において劣っていたからなのか運がなかったからなのかという問題を検証するうえできわめて好ましいことであり幸運なことである。残念なことに、バージェス頁岩そのものからはこの重大な疑問を解くヒントはほとんど得られない。この軟体性動物群は時間的にはほんの一点を占めているにすぎず、われわれは後の非運多数死というパターンについては事実上いかなる証拠も手にしていないからである。フンスリュック頁岩から出土したデボン紀の節足動物ミメタステルは、おそらくマルレラに近縁な生き残りである。バージェスに存在したそれ以外のほとんどのデザインは子孫を残すことなく消滅しており、いつどのようにして消滅したかに関する証拠はまったく得られていないのだ。

しかし、硬組織をもつ動物グループに見られる絶滅パターンを追跡することはできる。したがって逆説的なことだが、バージェス生物の非運多数死の原因を検証する最上にしてもっとも実現性のある方法は、証拠のそろった棘皮動物の類似した状況を調べることだろう。そこでまず最初に答を知りたい疑問は、棘皮動物の〝敗者たち〟は大量絶滅の際にそろって消滅したのか、それとも足並みをそろえることなく徐々に姿を消していったのかである。大量絶滅でいっせいに姿を消したということであれば、非運多数死において運不運が重要な役割を担《にな》っていることの強力な証拠となるだろう。この疑問に対する答は得られていないが、原則的に解決可能

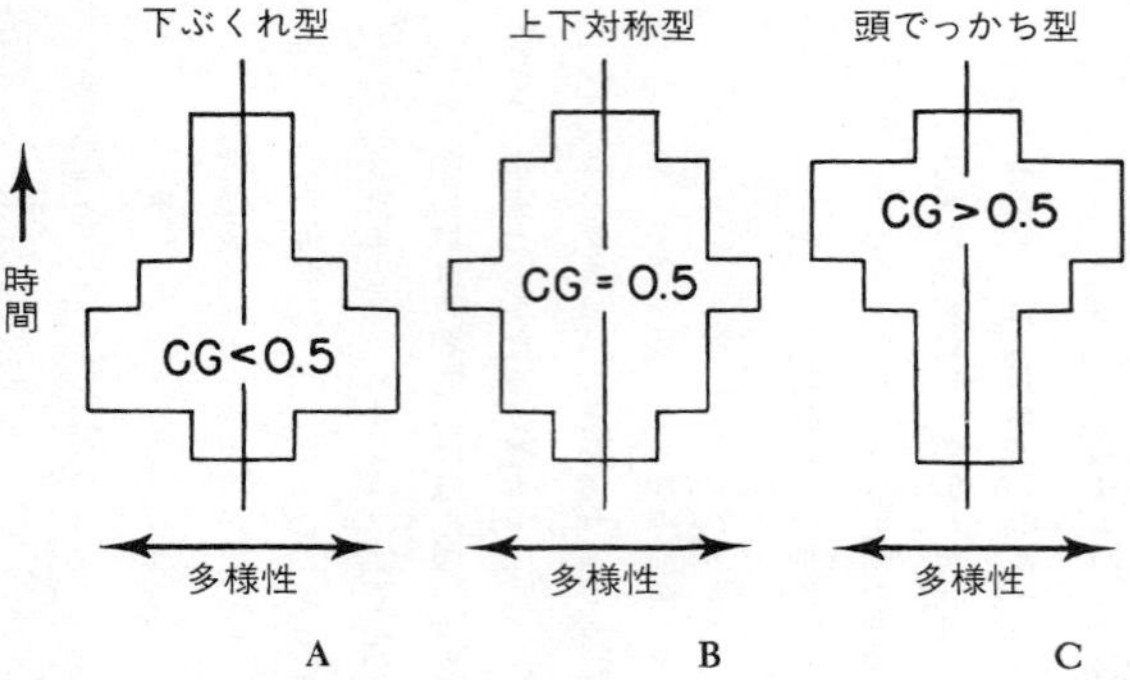

図5-4／古生物学的な紡錘図における重心の位置。(A)下ぶくれ型。重心の位置は0.5よりも小さい。(B)上下対称の紡錘型。重心の位置は0.5。(C)頭でっかち型。重心の位置は0.5よりも大きい。

ではある。

初期の多様性の幅が最大というパターンはいくつかの時代のいくつかの分類階級に属する系統では一般的な特徴であり、カンブリア紀の爆発で生じた大グループに限られたことではない。私は最近の研究においてこう結論した。それどころか、この〝下ぶくれ〟的非対称は時間に方向性を授けている。いいかえるなら〝時間の矢〟の稀な例となる数少ない自然現象といえるかもしれないとまで発言した（Gould, Gilinsky, and German, 1987；Morris 1984）。われわれは進化の系統と分類群を古生物学ではおなじみの〝紡錘図《ぼうすいず》〟で表現した。それは、縦軸は時間を表わし、任意の時点における横幅はその時点で生息しているグループの構成種類数に対応しているという読みかたが直観的にできる図式である（図5-4）。そのように図示すると、下ぶくれ型、頭でっかち型、紡錘形の対称型（地質学上の存続時間のうちのまん中が最大の幅をもつ）のいずれかになりうる。下ぶくれ型が生命の歴史を特徴づけるものだとしたら、バージェスに見られるパターンが規模を超えた一般性をもつことになる。なぜなら、われわれが作成した紡錘図のほとんどは、通常は一つの科に入る属のレベルという下位の分類階級についてのものだからである。もし対称型を示す系統が多数を占めるとしたら、多様化の形態は時間に対していかなる方向性も授けないことになる。

非対称性の程度は紡錘の重心が相対的にどの位置にあるかで測《はか》ることにした。こう言うと仰々《ぎょうぎょう》しく聞こえるかもしれないが、この尺度はたやすく理解できる直観的なものである。重心の位置が〇・五より小さい系統（いわゆる下ぶくれ型の系統）は、存続時間の中間点よりも前に最大の多様性を達成している。つまり、バージェスに見られるパターンに合致《がっち》する系統である。重心の位置が〇・五よりも大きい系統は、地質学的な寿命の折り返し点を過ぎてから多様性が最大になった系統である（図5－4を参照）。

われわれはこの手法で、海生無脊椎動物の全歴史を調べてみた。同じ科に入る属のレベルで七〇八通りの紡錘図を作成したのだ。その結果、対称型から統計学的に見て有意《ゆうい》にはずれたパターンとしては、下ぶくれ型と頭でっかち型のうちの一方のタイプしか見つからなかった。多細胞生物の歴史の初期、すなわちカンブリア紀かオルドビス紀に生じた系統の重心位置の平均値は〇・五よりも小さかった。それよりも後の時代に生じた系統の重心位置の平均値は、統計学的に見て〇・五からずれているとは断定できない。かくして、硬組織をもつ従来の海生無脊椎動物の化石記録に登場するすべてのグループについて、バージェス式のパターンが確証された。多細胞動物の初期の歴史は、すべての系統について下ぶくれ型の特徴が認められるのに対し、その後の歴史では紡錘形の対称型が特徴となる。

そのほかにわれわれは、動物グループが爆発的に拡大する初期の時期についても同様のパターンが一般的であることを発見した。下ぶくれ型はカンブリア紀の無脊椎動物だけに特有のおかしな特徴ではなく、進化による多様化全般の本質的な特徴なのである。たとえば哺乳類の系統は、恐竜類の死滅後に爆発的な多様化をとげるかたちで暁新世《ぎょうしんせい》の時代に登場しており、初期の時期は下ぶくれ型をとる傾向がある。一方、その後登場した系統は対称型である。

そのような下ぶくれ型については何通りかの解釈ができるが、私としては〝初期の実験とその後の標準化〟という考えかたが気に入っている。主要な系統は、その歴史を開始した当初には驚くほど異質なデザインを生み出すことができるようだ。これが〝初期の実験〟である。ところがそうしたデザインのうちで最初の非運多数死を生き残るものはほとんどなく、その後の多様化は生き残ったデザインが限定する範囲内でしか起こらない。これが〝その後の標準化〟である。種数は増加しつづけ、系統の歴史の後期になって最大数に達するかもしれないが、そのような大々的な多様化は限定されたデザインの範囲内で起こる。現生する昆虫は一〇〇万種あまりが記載されているが、節足動物の基本デザインは三通りしかない。バージェス時代には二〇通りを超える基本デザインが存在したというのにである。

しかしわれわれは、このような下ぶくれ型は偶発性の関与を強く支持するものであり、本書の中心テーマを正当化するものと解釈する。第一に、この基本パターンは、われわれが居心地よく感じる標準的な図式――多様性は逆円錐形的に増加するという図式――を反証するものである。この図式とその根底にある考えかたにとらわれたせいで、ウォルコットはバージェスの異質性をめぐる真の重要性を理解しそこない、進化を支配するパターンを実相とはまったく逆に解釈しつづけた。第二に、初期の異質性が最大でその後に非運多数死が襲うという構図は、偶発性にこれ以上はないほどの役割を授けるものである。現行の分類体系は非運多数死という運まかせの出来事における少数の幸運な生存者を記録するものであって、適応的向上による前進的な多様化の最終結果を記録しているわけではないとしよう。そうだとしたら、生命テープをリプレイした場合に生き残るのはまったく異質な顔ぶれであり、生き残ったデザインがその後にたどる歴史はわれわれになじみのものとはまるっきりちがうものの、それとしては完全に意味の通るものとなるからである。

大量絶滅

進化の原因を推論するにあたって小規模な現象から大規模な現象へと連続的に移行できるとしたら、ダーウィン流のそこここで進行している作用を拡張することで系統樹の形状が構築されるかもしれない。ダーウィン自身は、あいまいでしかも気まぐれにではあるが、小から大へという推論のしかたで進歩というメッセージを読みとっていた。そのため、そのような累積的モデルから地質学のデータが逸脱することは、生命の歴史は予測可能な進展の歴史だとする最良の論拠を排除することにつながる。

大量絶滅の記録は、古生物学が誕生して以来見つかってきた。そうした事件が、地質年代の主要な境界を確定している。ただし一〇年前までは、伝統的なダーウィン流の二つの考えかたが古生物学者を動かし、大量絶滅を累積的モデルのなかに組みこませてきた。第一に、ダーウィン自身もそうしたように、大量絶滅は化石記録が不完全であるがゆえの錯覚であるとしてしまうことができた。なるほど大量絶滅があったとされる時期の絶滅率はたしかに高いかもしれない。しかし、高い率の絶滅はおそらく実際には何百万年かにわたってかなり均等に起こっていたものであり、それが地質学的に見て同時に起こったように見えるのは、大半の時代の記録はどの堆積物にも残っていないからなのだ。実際には長期にわたって起きた絶滅が、たった一つの化石層に押しこめられているだけかもしれないというのである。第二に、大量絶滅という事件はとんでもなく急速に起こるという考えに同意したとしても、そのように増強された影響力は、進歩をもたらすダーウィン流の作用を「増強させる」にすぎないと主張することができた。通常時の競争でも最上のものを徐々に選り出すとしたら、途方もなく苛酷な世界での、通常時とは比べものにならないほどすさまじい闘いによって何が生み出されうるかを考えてもみよ。大量絶滅は、予測される進展を加速するにすぎないというのである。

それがここ一〇年のあいだに、大量絶滅という問題は新たな生命を吹きこまれて活気を帯び、斬新な考えかたと堅固《けんご》なデータを授けられた。大量絶滅は巨大な隕石の衝突によって引き起こされたとするアルヴァレズ説がその最初の一撃だったことはいうまでもない。しかし議論は軌道をそれた小惑星の衝突から離れ、流れ星のシャワー、二六〇〇万年周期説、正真正銘の破局に関する数理モデルへと移っていった。この問題を十分に論じるとなると、それだけで一冊の本となってしまうほどである。それでも私の見るところ、とても広い意味をこめて要約することのできる一般的なテーマがそこにはある。すなわち、大量絶滅は、これまで考えられていた以上に〝高い頻度で急速に勃発《ぼっぱつ》し、規模も破壊的ならば引き起こされた結果もまるでちがっていた〟のだ。別の言いかたをするならば、大量絶滅は地質学的な流れのまさに断絶であって、連続した流れのなかの単なる突出点ではない。その原因は、通常時に自然淘汰が生物に対して発揮する力では順応できないほど急速な速度で進行し、しかも激烈な結果をもたらす環境変化かもしれない。つまり大量絶滅は、〝通常〟時に蓄積されうるすべてのものを脱線転覆させ、新しい方向に向けさせる力をもっているのだ。

大量絶滅が提起する重要な疑問は常に、それを切り抜けるものと切り抜けないものに何かのパターンは存在するのか、もし存在するとしたらそうしたパターンをもたらす原因は何か、ということだった。大量絶滅をめぐる新しい見解がもたらした展望のなかでもっとも興奮させられるのは、生存率のちがいを生む原因は通常時の成功をもたらす原因とは質的に異なっており、したがって生命の歴史における多様性と異質性に、おそらくは決定的な特有の刻印を残すということである。そのようなパターンを生む地質学特有の大規模な作用因が存在するとしたら、それは、残されているなかでは最上の希望を進歩という教義に提供していた旧来の累積的モデルを反証することになるだろう。古生物学者たちは生存率のちがいを生む因果構造の研究に着手したばかりであり、陪審員の出番はいましばらくない。しかしわれわれはすでに、大量絶滅によるパターン生成を説明する二つのモデル——私はそれらをランダムモデルと別規則モデルと呼ぶことにする——は特殊性を擁護するだけでなく偶発性というテーマを著《いちじる》しく強化するという強力な証拠を手にしている。

（一）ランダムモデル　これはほとんどいうまでもないことだが、大量絶滅はまさしく宝くじの抽選装置のように作動し、個々のグループに割り振られた券はそのデザインの利点とは無関係だとしたら、事態は偶発的であり、生命テープをリプレイした場合に起こりうる可能性の幅は最大となることが証明されたことになる。われわれは、真のランダム性がある役割を演じるかもしれないという証拠をいくつか入手している。一部の大量絶滅では、被害のおよんだ範囲が、次世代に伝えられる遺伝的な組成が偶然によって変動し固定されるという進化の機構が作動しはじめるほどすさまじいうえに、生存組もきわめて小さな集団に限定された。たとえばデイヴィッド・M・ラウプは、二畳紀と三畳紀の境界で起こった地球の歴史上最大規模の大量絶滅では九六パーセントの種が消失したと推定している。種の多様性がそれ以前の四パーセントにまで急降下するとなると、消失するグループのなかにはまったくの不運のせいでそうなるものがいるということを考えないわけにはいかない。

ジャブロンスキ（Jablonski, 1986）はもっと直接的な研究を行ない、通常時には海生軟体類の生存率を高めるか種分化を促進することが知られている特徴が大量絶滅時にどういう役割をはたすかを追跡した。しかし、そうした要因のうちで、大量絶滅という異質な条件下での生存に有利にはたらいたり不利にはたらいたりするようなものは一つも見つからなかった。少なくとも通常時には重要なはたらきをする因果的要因に関していえば、大量絶滅はランダムに種を生存させたり滅ぼしたりするのだ。そうしたなかにあってジャブロンスキが生存確率と関連づけることのできた唯一の要因は、地理的分布範囲に関係することだけだった。グループの分布範囲が大きいほど、生き延びる可能性が大きかったのだ。おそらくそうした時代には状況が瞬間的にきわめてきびしいものとなるため、通常時に占有している範囲が広い分だけ隠れ場を見つけられる可能性が高まるのだろう。*

（＊）地理的な分布範囲は集団の特性であって個々の二枚貝や巻貝の特性ではない。したがって生存が地理的な分布範囲と関連しているにしても、種の命運は、個々の個体がそなえているデザイン上の利点に関してはランダムでありうる。

（二）**別規則モデル**　私自身は、大量絶滅に際して真のランダム性が支配するとは考えていない（ただし、とくに大量死というもっとも深遠な出来事においてはおそらく何がしかの役割を演じるだろう）。ほとんどの生存組は特別な理由によって、それもたいていは複雑にからみあった複数の原因によって切り抜けるというのが私の考えである。しかしそれと同時に私は、ほとんどの事例では、ある特性が絶滅時の生存を高める仕組みは、それらが最初に進化した原因とは無関係の偶発的な仕組みなのではないかとも考えている。

このような論点が別規則モデルの主たる特徴である。動物は、通常時には自然淘汰のはたらきのもとで、特定できる理由（ふつうその理由には適応的な利点が含まれている）によりそのサイズや形状、生理的特徴を進化させる。大量絶滅時には、生存のための〝別規則〟が現われる。新しい規則のもとでは、それまでの繁栄をもたらす原因だったまさに最上の特性が、いまや死を告げる弔鐘《ちょうしょう》となりうるのだ。それ以前には何の意味もなかった特性、別の適応が副次的にもたらしたものとして発生に便乗《びんじょう》するかたちでただ乗りをしていただけの特性が、今度は生存の鍵を握るかもしれないのだ。ある形質を進化させる理由と新しい規則のもとでの生存においてその形質がはたす役割とのあいだには、原則として因果的な関連は存在しえない。したがってこのモデルを検証するうえで欠かせない作業は、新しい規則が実際に有力となることを確証することである。結局のところ種は、何百万年も先に有用となる可能性を見越して構造を進化させることなどできはしない。因果律に関してわれわれがいだいている一般的な考えかたがまったくのまちがいで、将来が現在を制御できないかぎり、そんなことはありえないのだ。

おそらくわれわれがこうして存在するのは、そのような幸運のおかげである。理由はよくわからないが、ほとんどの大量絶滅では小動物のほうが優位に立つようだ。とくに、残っていた恐竜類を一掃した白亜紀末の大量絶滅がそうだった。したがってその大量死を哺乳類《まぬが》が生き延びたのは、何よりも哺乳類が小型だったからであり、体のでかさゆえに死を免れなかった恐竜類に優《まさ》る本質的なデザイン上の利点をそなえていたからではなかったのかもしれない。しかも、哺乳類はそのほうが将来的に有利であることに感づいていたから小型だったということはぜったいにない。哺乳類が小型のままだったのは、おそらく通常時ならばマイナスと判断されるような理由のせいだった。つまり大型陸生脊椎動物に開かれた環境には恐竜類が君臨していたからである。自然界でも政治の世界同様、現職者のほうが有利なのだ。

キッチェルら（Kitchell, Clark, and Gombos, 1986）が、単細胞の海洋性植物プランクトンである珪藻類《けいそうるい》に関しておもしろい研究をしている。白亜紀の絶滅では大半のプランクトンは死滅したのに珪藻類はほとんど無傷で切り抜けたことが、長いあいだ古生物学者たちを悩ませてきた。珪藻類は、生長と増殖を、湧昇流《ゆうしょうりゅう》地帯で季節的に深海から海面へと巻き上げられる栄養分に依存している。湧昇流という季節的な出来事が、いうなれば珪藻類の〝花盛り〟をもたらすのだ。栄養分が枯渇《こかつ》すると、珪藻類は〝休眠胞子〟へと姿を変え、代謝を元から遮断して海中深く沈む。栄養分が戻ってくると、その休眠期は終わりを告げる。珪藻類が白亜紀の絶滅を生き延びたのは、休眠が偶発的にもたらした副産物であるとキッチェルらは考えた。珪藻類の休眠胞子が進化したのは、周期的に訪れる栄養分の季節変動に対処するための戦略としてであり、大量絶滅という環境的破滅に対処するためであったはずはない。しかし、休眠状態に入る能力が、大量絶滅時の別規則のもとで珪藻類を救った可能性はある。

〝核の冬〟モデルが白亜紀の大量絶滅にあてはまるとしたらとくにそうである。つまり、隕石の衝突がもたらした暗闇のせいで光合成が阻害され、最終的には一次生産に依存している食物連鎖《しょくもつれんさ》の上方と下方で絶滅が引き起こされたが、そのあいだ珪藻類は休眠胞子の状態で光の届かない世界に沈んだまま闇夜の嵐を乗りきったのかもしれないのだ。

このように、地域的な集団内での成功をもたらす原因と地史学的に見て長い時間幅のなかでの生存と繁栄をもたらす原因とのあいだにダーウィンが想定した因果関係の連続性は、別規則モデルによって粉砕される。したがってこのモデルは、進化において偶発性が果たす役割を、主として予測不能性と見ることで評価している。長期的に見た成功がそれとは別の理由で進化した形質にたまたま付随した特徴に依存するとしたら、生命テープを遠い過去まで巻き戻した場合にどのグループが成功する定めにあるか、どうやって知ればいいのだろうか。われわれが観察しているあいだに演じられる行動や進化は関係しない。大量絶滅を生き延びられそうだとふつうならば考えられる付随的な特徴に基づいて推測すればよさそうなものだが、どうしたらその推測に確信をもてるだろうか。これは重要なことだが、鍵をにぎるそうした特徴は、大量絶滅時の別規則がその付随的な効果に重要な意味をもたせるまでは存在すらしていない。つまり、そうした特徴を〝表に出す〟には極端なまでの外圧が必要であり、通常時に動物がそのような状況にさらされることなど決してないかもしれないからである。では、多種多様で変化に富んだこの世界で、巡り来る次なる大量絶滅時には何が要求されるかをどうしたら知ることができるのだろうか。地質学的な長寿を誇れるかどうかは、別の理由で進化した形質に幸運にもたまたま付随していた副次的な特徴しだいだとしたら、予測不能性が支配権をにぎっていることになる。

つまるところ、大規模な進化にかかわるいくつかの一般原理によって偶発性の重要さが格上げされるわけで、私はこの証明を、とくに歓迎する。系統が下ぶくれ型であることや大量絶滅の特性などに関する一般化は、伝統的な科学的方法であり、ふつうならば（たとえば偶発性といった）歴史科学の原理に反するか、少なくともそれをおとしめる方法である。しかし、非歴史科学の方法によって歴史科学の原理がさらに補強されるというのは、科学的多元論にとって好ましい状況である。私は、壕《ほり》を掘りめぐらして尊敬と自立をかけて闘うことで歴史科学を防衛するなどという考えは気に入らない。それよりは手をたずさえて前進するほうがいい。進化の一般的なパターンによれば、何が起こっても不思議はないのだから。

考えうる七通りの世界

逆円錐形図と梯子図が崩壊したことで別世界に通じる水門が開かれる。それは実際には出現しなかったが、過去の出来事のどこかがちょっとでもちがっていたなら生じていた可能性のあった世界である。実際には出現しなかったそれらの世界は、どの点をとってもわれわれが見知っている世界と同じように整然と説明のつく世界である。ただ、細かい点は特定しようがないほどにさまざまである。実在しない世界を数えあげてもきりがない。可能性の数などは数えようがないからである。この宇宙の連関は、詩人がどう謳《うた》おうと、花びらが一枚落ちると遠くの星が崩壊するほど緊密ではない。しかし、地形や環境ががらりと変わったり、生物グループがどっと出現したり消滅したりすれば、生命がたどる経路に取り返しのつかない変更が起こりうる。偶発性の活躍の舞台には果てがない。ここでは現実の世界にかわる七通りのシナリオについてだけ考えてみよう。それぞれのシナリオは、われわれの偏狭《へんきょう》な心をもっともかきたてる生物、すなわちホモ・サピエンスから見て年代的に古い順に取り上げる。

真核生物の進化

生命は少なくとも三五億年前に登場した。それは、主要な化学物質が安定した状態で存在できるくらいまで地球が冷えてすぐくらいのことだった。ここで付言しておくが、私は生命の起源そのものも偶発的で予測できなかった事態だったとは見ていない。初期の地球大気と海洋の組み合わせが与えられれば、生命の起源は化学的に必然のことだったのではないかと考えている。偶発性が介在したのはもっとあと、歴史の複雑さが進化の構図に参入してからのことである。

着実な進歩という古い信念に照らしてみると、初期の生命の進化ほど奇妙なものはありえないだろう。じつに長いあいだ、ほとんど何も起こらなかったのだ。最古の化石は三五億年あまり前の原核生物のものである（八八〜八九ページを参照）。当時の化石としては、それよりらの原核生物が進化させた肉眼で見て最高に複雑な構造であるストロマトライトもある。それは、原核生物が確保して積み重ねた堆積層の化石である。満ち潮が泥を運ぶたびに、泥の層が一枚一枚重ねられることで、断面が（大きさも）ちょうどキャベツのような構造になったのだろう。

　地球最古の化石記録としては、二〇億年以上にわたってストロマトライトとそれをつくった原核生物の化石ばかりが世界中から見つかる。最初の真核生物（核とさまざまな細胞小器官をそなえた複雑な細胞からなる生物）が登場したのは一四億年ほど前のことである。従来の説明では、複雑な多細胞構造をとるには真核細胞が進化する必要があったとされている。少なくとも有性生殖には対《つい》をなす染色体が必要だし、体制《たいせい》をさらに複雑にするために自然淘汰が必要とする素材である変異を供給できるのは性だけだからである。

　しかし、真核細胞が起源してすぐに多細胞動物が登場したわけではなかった。多細胞動物が最初に出現したのはカンブリア紀の爆発が起こる直前、いまからおよそ五億七〇〇〇万年前のことだった。したがって生命の歴史の優《ゆう》に半分以上は、原核生物しか登場しない物語であり、地球上に生命が誕生してからこれまでの時間のうちの後半六分の一だけにしか多細胞動物は登場しないのである。

　そんなにも遅れたことと、そんなにも長い時間を要したことが、偶発性の介在と、可能性が実現しなかった膨大な領域の存在を強く物語っている。原核生物が真核生物になるべく向上しなければならなかったのだとしたら、そうなるにあたってはまちがいなくそれだけの時間がかかった。しかも真核細胞の起源に関する支持者の多い仮説について考えると、予想のつかない変化の原因として奇抜で偶発的な副次的結果が支配する領域に足を踏み入れることになる。われわれが手にしている最上の説では、少なくともいくつかの重要な細胞小器官――ミトコンドリアと葉緑体はほぼまちがいないが、それ以外については確実度が劣る――は、原核細胞丸ごとが別の細胞内に共生するように進化したものの子孫であるとされているのだ(Margulis, 1981)。この見解によれば、一個一個の真核細胞の出自《しゅつじ》は、後に緊密な統合を達成したコロニーということになる。別の細胞に入りこんだ最初のミトコンドリアが、協調と統合を達成することで将来もたらされる利点について考えていたなどということはぜったいにない。ただ単に、ダーウィン流のきびしい世界で自らの生活の途《みち》を求めたにすぎない。したがって、多細胞生物の進化にとって重要だったこの一歩は、最終的に生物の複雑な体制をもたらすことになったこととはまったく何の関係もない目先の理由によって踏み出されたのだ。このシナリオが描いているのは幸運な偶発性であって、予想のつく原因と結果ではないように思える。それでもまだ、細胞小器官が起源し、共生から統合へと移行したことは予想のつく整然とした出来事だったと考える人がいるなら、その出来事が開始されるまでに生命の歴史の大半が経過していた理由を教えてほしいものである。

最後に、現実に替わる別の世界で人類のようなものが進化する可能性を考えたときに思わずぞっとしてしまう点について触れよう。原核細胞の共生という最初の出来事が起こるまでに生命の歴史の大半を要したにしろ、地球は何千億年も持ちこたえることが予定されていたのだとしたら、私としても最後には高度の知能が起源する可能性を受け入れるにやぶさかでしかしはない。そうだとしたら、最初の一歩に要した時間など微々たるものだからである。天文学者の言《げん》によれば、太陽は現状のままで存続する時間のちょうど折返し点あたりにいるとのことである。この先五〇億年ほどすると、太陽は爆発して木星の軌道よりも大きく膨張し、地球をのみこんでしまうというではないか。そうなれば、よその星に移住でもしないかぎり生命は終わりを告げるわけで、いずれにしろ地球上の生命は消滅するのである。

人類の知能が生じたのは地質学的に見ればほんの一秒前のことである。したがってわれわれは、自意識が進化するには地球に許された時間の半分近くを要したという驚愕の事実に直面する。誤差や不確実性もあるだろう、生命テープがちがえば速度や経路のちがいも出るだろうに、最終的には人類特有の心的能力が起源するという確信をどうしてもてるだろうか。テープを回してみたら全般的に同じ経路がたどられたにしても、今度は自意識が起源するまでに二〇〇億年を要するかもしれない（その何十億年か前に地球はすでに荼毘《だび》に付されていることは別にして）。再度テープを回しなおしたところ、原核細胞から真核細胞への最初の一歩には、今回は二〇億年ではなく一二〇億年かかるかもしれない。そうなればストロマトライトが、その状態を脱する時間が与えられないまま、ハルマゲドンを目撃する物言わぬ最高の生物となりかねない。

最初の多細胞動物群

読者は、前記のようないささかショッキングなシナリオを受け入れたうえで、こう言うかもしれない。「よろしい。原核細胞から前進することは予測のつかないことだったことはわかった。しかしようやくにして多細胞動物になったあとは、基本路線はしっかりと敷かれていて、意識へ向けたさらなる前進は起こるしかなかったのだ」では、そこのところを詳しく見てみよう。

2章で論じたように、最初の多細胞動物は、オーストラリアのエディアカラにある世界でいちばん有名な露頭にちなんで命名された、世界的に分布する動物群の構成員である。このエディアカラ動物のほとんどを記載した古生物学者マーティン・グレスナーは、逆円錐形図という伝統的な考えかたに照らして、この動物たちは現生するグループの原始的な種類であるという解釈を貫いた。そのほとんどは腔腸《こうちょう》動物門（ソフトコーラル類やクラゲ類）の一員であるが、環形動物と節足動物も含まれていると主張しつづけたのだ（Glaessner, 1984）。グレスナーの伝統的な解釈には反対意見がほとんど出なかった（ただしPflug, 1972, 1974を参照）。そのためエディアカラ動物群は現生グループの正当な祖先としてすんなりと教科書に収まった。時代はいちばん古く、体制の複雑さは最小という点がまさに期待どおりだからである。

エディアカラ動物群は、先カンブリア時代とカンブリア紀とを大きく隔てる境界以前の多細胞動物の姿を伝える唯一の証拠としてとくに重要である。その境界を画《かく》するのが、硬組織をもつ現生グループを生んだことで世に名高いカンブリア紀の爆発である。まさに、エディアカラの動物たちはかろうじて先カンブリア時代の住人なのである。その化石が出土するのはカンブリア紀のすぐ前の地層で、おそらく先カンブリア時代の最後の一億年以内である。この最大境界のすぐ下という位置にふさわしく、エディアカラ動物は完全な軟体性である。この最大の地質学的変革のあいだも分類学的な個性がそのまま維持され、硬組織の進化にともなうデザイン上の大きな崩壊が起こらずにすんだのだとしたら、逆円錐形図の特徴であるなめらかな連続性が確証されることになる。このようなエディアカラ動物群をめぐる解釈は、ウォルコットの靴べら同様、疑われはじめている。

ドイツのチュービンゲン大学教授でわが友人でもある古生物学者ドルフ・ザイラッヒャーは、私見では現役古生物学者としてはいちばん目の利《き》く研究者なのだが、その彼が一九八〇年代前半にエディアカラ動物群に関して従来とはがらりと異なる解釈を提唱した（Seilacher, 1984）。彼は消極的な論拠と積極的な論拠に基づいて自らの見解を二重に擁護している。消極的な主張とは機能面に関する議論で、エディアカラ動物は類縁関係があるとされている現生動物のように機能できたはずがなく、したがって表面的な形状にはいくらかの類似性が認められるものの、現生グループの同類ではないだろうと論じている。たとえばほとんどのエディアカラ動物はソフトコーラル類の同類とされてきた。これは現生するウミエラやウミトサカを含むグループである。サンゴ（コーラル）の骨格は、じつは何千という小さな個体（ポリプ）が生活するコロニーである。ソフトコーラル類では、個々のポリプが樹状やうちわ状をなす枝のように並んでおり、それらの枝は分離されていなければならない。水流によって食物粒がポリプに運ばれ、排泄物は流し去られねばならないからである。ところがエディアカラ動物の枝とおぼしきものはたがいに接合し、体節間にすきまのないキルト状の平面を形成している。

ザイラッヒャーがあげる積極的な論拠とは、エディアカラ動物のほとんどは単一の設計プランに基づく変異として分類学的に統合できそうだという主張である。たくさんの体節がキルト状に縫いあわされたように集まって平面構造を形成することで、おそらくは水力学にかなった、まるでエアマットのような骨格を構成するというのがその設計プランである（図5－5）。このデザインは、現生するグループのどんな設計プランとも一致しない。そこでザイラッヒャーは、エディアカラ動物は多細胞動物におけるまったく別個の実験であると結論した。しかもそれは、カンブリア紀まで生き残ったエディアカラ動物はいないことから見て、これまでは知られていなかった先カンブリア時代終わりの絶滅において最終的に失敗してしまった実験である。

バージェス動物群に関していえば、ウォルコットの靴べらに対する反論は、私が思うに科学がなしえる最高の信頼度で証明されている。では、エディアカラ動物群のほうはどうだろうか。ザイラッヒャーの仮説はいまだ証明されてはいないものの、従来の解釈に替わりうる、筋の通ったわくわくさせられる説である。場合によってはいつの日か、従来の解釈はグレスナーの靴べらとかグレスナーの見かたと呼ばれるようになることだろう。

しかし、ザイラッヒャーの見解が一部なりとも正しいとしたら、予測不能性をめぐる概念

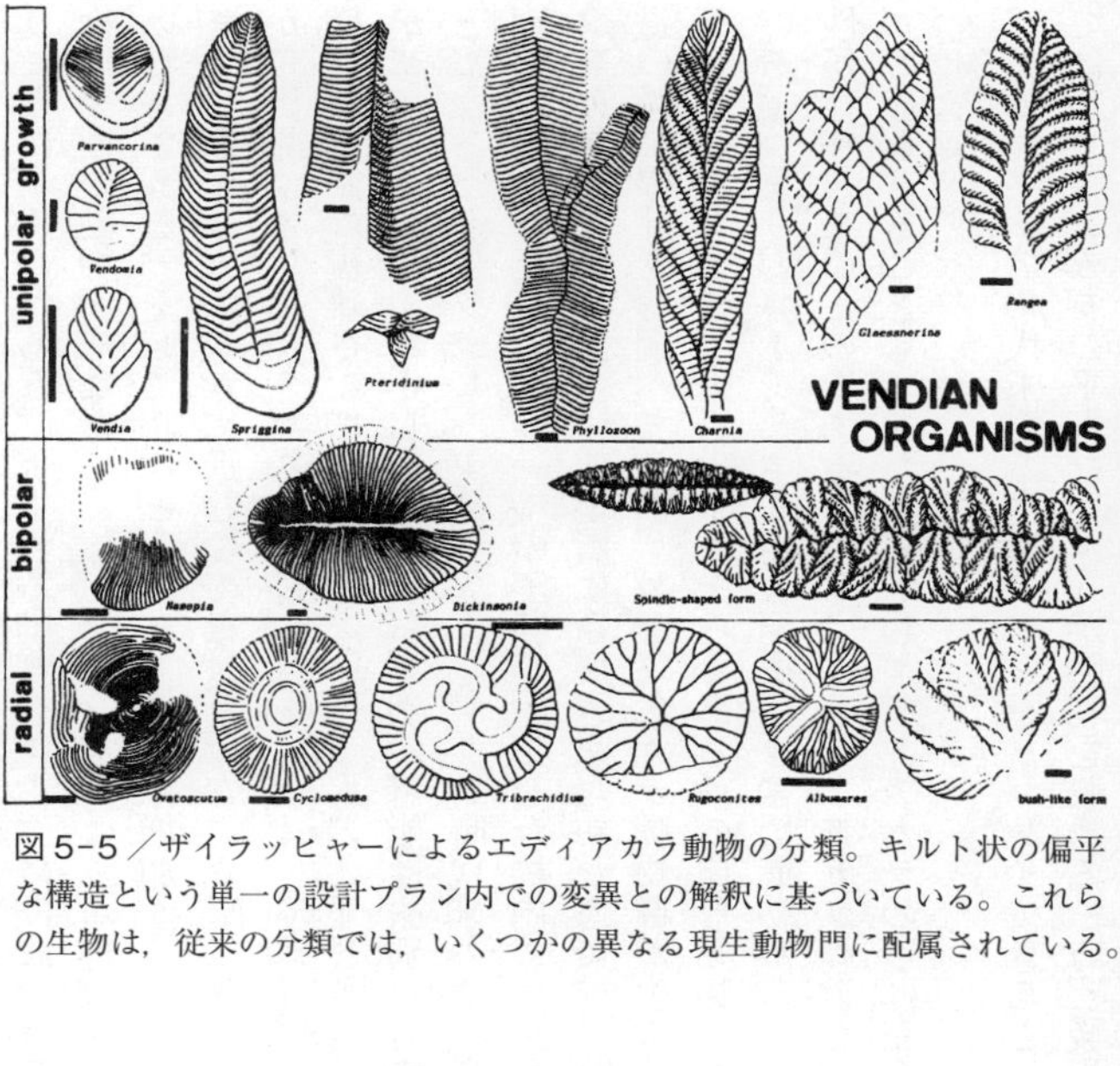

図5-5／ザイラッハーによるエディアカラ動物の分類。キルト状の偏平な構造という単一の設計プラン内での変異との解釈に基づいている。これらの生物は，従来の分類では，いくつかの異なる現生動物門に配属されている。

はどういうことになるのだろう。現生する動物グループに位置づけるグレスナーの見解では、最初の動物は後世の動物がそなえているデザインを、より単純なかたちでではあるがすでにそなえていたとされる。そして時代とともに多様性が増加するという伝統的な逆円錐形図にそうかたちで、進化は末広がりに進むのでなければならない。単純な腔腸動物、環形動物、節足動物から出発する生命テープを一〇〇回まわしても、いつもきまって最後は同じ種類の動物が多様性と体制の複雑さを増した状態にいたるものと予想される。

ところがザイラッヒャーが正しいとしたら、別の可能性や別の方向への進化も一度は起りえたことになる。ザイラッヒャーは、先カンブリア時代末のすべての動物が、多細胞動物において別個になされたこのもう一つの実験が設定した枠内に分類されるとは考えていない。彼はエディアカラ動物群が出土する地層にさまざまなかたちで残されたたくさんの生痕《せいこん》化石（足跡、這い跡、穿孔《せんこう》）も調べており、エディアカラ動物群が生きていた時代の地球上には現生的なデザインをもつ後生動物——おそらくある種の環形動物——も生息していたことを確信している。つまり、バージェスの場合同様、まさに最初から、いくつかの異なるデザインの可能性が存在していたのである。生命は、エディアカラの道をとることもできたし、現生グループの道をとることもできた。しかしエディアカラの道は完全に途絶え、われわれはその理由を知らない。

ここで、先カンブリア時代末から生命テープをリプレイできるとしてみよう。そして、再度の挑戦ではエディアカラの平板なキルトが勝利を収める一方、後生動物は排除されてしまったとする。エディアカラ式のデザインというもう一つの道でも、はたして生命は意識の獲得へと向かうことができただろうか。おそらくそうはならないだろう。エディアカラ式のデザインは、サイズを増加させる一方で十分な表面積も確保するという問題に対するもう一つの解決法であるように思える。サイズが増加するとき、体積（長さの三乗）よりも面積（長さの二乗）のほうが増加率は小さい。また、動物はほとんどの機能を体や器官の表面を介して遂行する。そのため大型生物では表面積を増すための何らかの工夫が見られる。現生生物は、必要な表面積を確保するために体内器官（肺、小腸の絨毛）を進化させる道を進んだ。それに替わる第二の解決法こそ、エディアカラのデザインを理解するための鍵としてザイラッヒャーが提案したもので、複雑な内部構造を進化させられないかわりに全体の形状を変えてしまい、よりいっそう糸状、リボン状、布状、パンケーキ状となることで体腔と体表面を近接させるという方法である。ちなみに、そうなるとエディアカラ動物の複雑なつぎはぎ構造は、そんな不安定な形状を強化するための工夫と見ることができる。長さ一フィートの布や厚さ一インチの断片にとって、災難、潮流、嵐などの苦難に満ちた世界では特別な支持構造が欠かせない。

エディアカラはこの第二の解決法を採用したものであり、リプレイではエディアカラが勝利を収めるとしたら、その後に進化する動物が複雑な構造を獲得したり自意識に近いものを達成するとは思えない。エディアカラ動物の発生プログラムは体内器官が進化する道を閉ざしていた可能性が大であり、動物の形状は永遠に布状かパンケーキ状のままだっただろう。

これはわれわれがよく知っている自意識をそなえた複雑な生物体にはもっとも不都合な形状である。一方、エディアカラの生き残りがそれ以後に体内の複雑な構造を進化させることができていたとしたら、歴史的現実とはまったく異なる出発点から開始されたその世界では、SFの題材にぴったりの光景が展開されていたことだろう。

カンブリア紀の爆発後最初の動物群

逆円錐形図と梯子図の支持者も、遠くかすんだ太古に起こったこの二つの偶発事件については喜んで譲歩するかもしれない。しかし、先カンブリア時代とカンブリア紀の境界には塹《ざん》壕《ごう》を掘りめぐらしたいことだろう。たしかに、くだんの大爆発が起こると硬組織をもつおなじみの化石が記録中に参入する。これでアウトラインが設定され、生命は予測どおりの経路をたどって末広がり状に上昇するにちがいない。

ところがそうは問屋がおろさない。2章でも述べたように、ロシアの有名な出土場所にちなんでトモティ動物群と呼ばれる初期の有殻《ゆうかく》微小化石動物群は、先行者たちよりもはるかに大きな謎をかかえている。現生するグループの一部は、明らかにトモティ動物群で初登場している。しかし、現存するデザインの幅をはみだす化石のほうがむしろ多いかもしれない。ここで筋書きはおなじみのものとなる。すなわち、とりうる道の数は開始時が最大で、その後の非運多数死で現存するパターンがしつらえられたのだ。

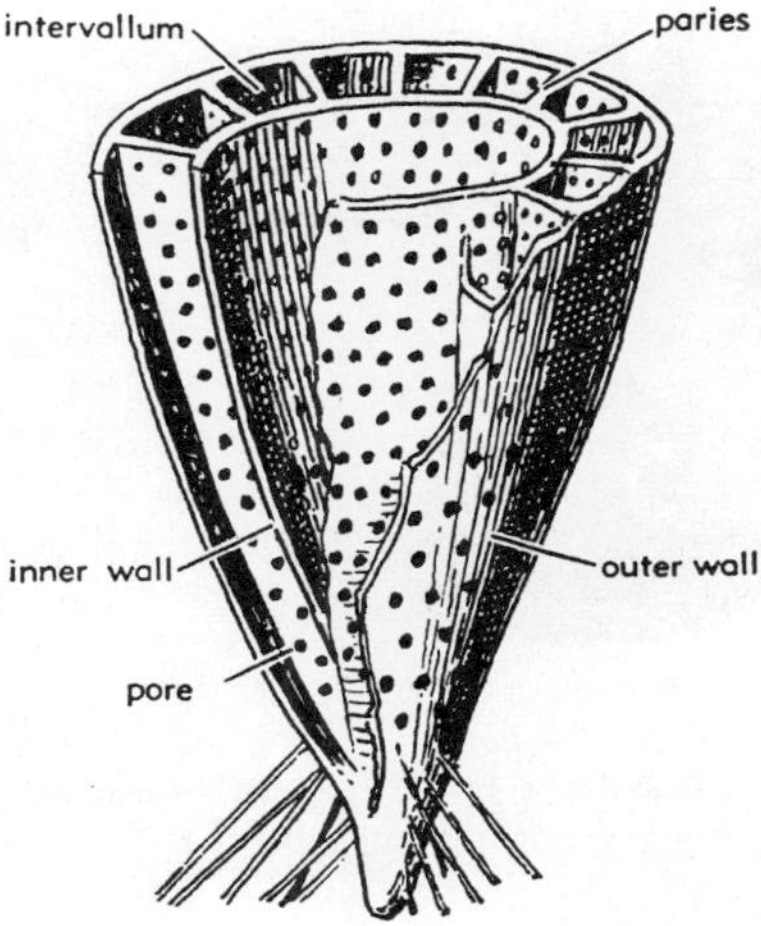

図5-6／アルカエオキアトゥス類（古杯類）の構造。二つの杯を重ねたように，内壁（inner wall）と外壁（outer wall）をもっていた。

トモティ動物群のなかでもっとも特徴的で数も多いのがアルカエオキアトゥス類すなわち古杯類《こはいるい》（図５－６）なのだが、この分類学上の位置は昔からの謎である。そしてここでもおなじみの長たらしい説明が繰り返される。造礁性《ぞうしょうせい》の生物としては化石記録中にはじめて登場するこの動物は形状が単純で、たいていは二重の壁をもつ逆円錐形で、杯の中に杯があるような構造をしている。古杯類は靴べらの伝統のもと、ここ一世紀以上にわたって古生物学者の憶測のままに一つの現生グループから別の現生グループへと移し変えられてきた。サンゴ類と海綿類というのが、たいていの場合に想定された落ち着き場所だった。しかし、多くのことがわかればわかるほど、古杯類はますます奇妙な生物に思えてくる。現在、たいていの古生物学者は、カンブリア紀が

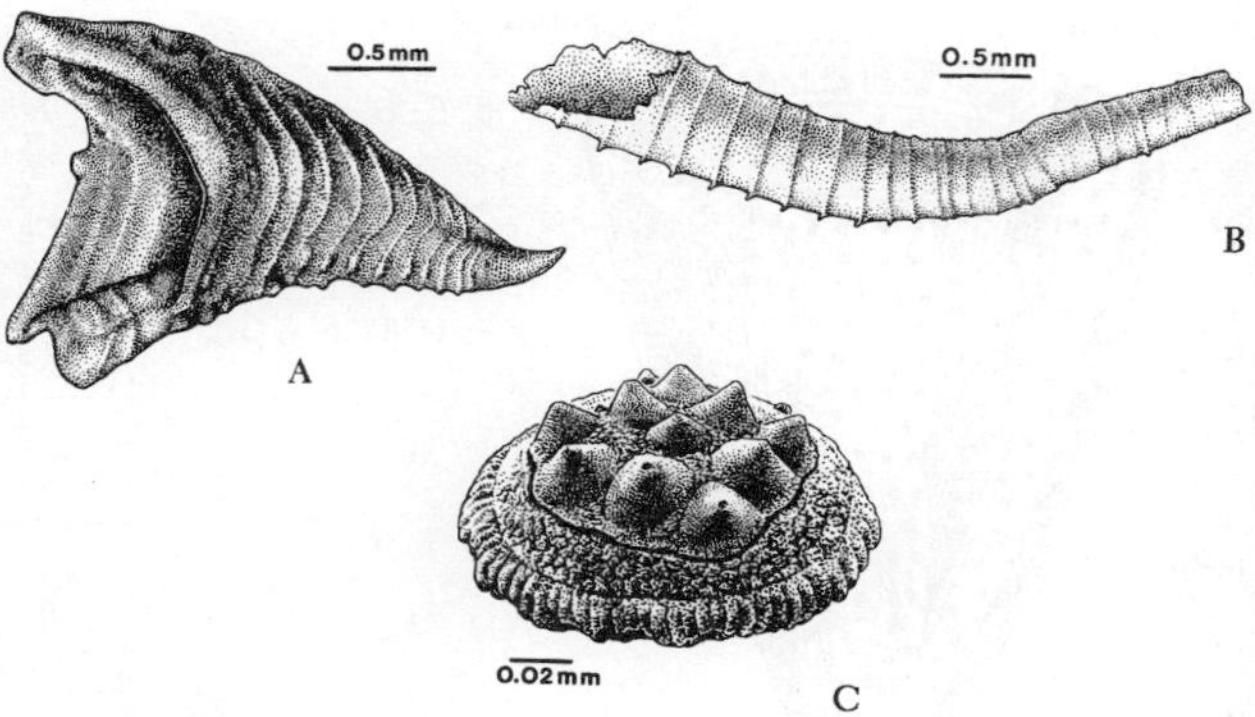

図5-7／類縁のわからない有殻微小化石動物群の代表例（Rozanov, 1986）。(A) トモティア (B) ヒオリテルス (C) レナルギリオン。

軌道に乗るまえに消滅する定めにあった独立した門として古杯類を位置づけている。

それ以上に印象的とさえいえるのが、〝有殻微小化石動物群〟という生物で認識されつつあるとてつもない異質性である。トモティ期の岩石からは、現生するどのグループの同類とも考えられないじつにさまざまな微小化石（たいていは長さが一ミリから五ミリ）が出土する（Bengtson, 1977；Bengtson and Fletcher, 1983）。外見によってそれらの化石を管状、とげ状、逆円錐形状、板状と分けることはできる（図5－7がその代表例）。しかしそれらの動物学上の類縁関係はわかっていない。もしかしたらそれらは、骨格形成がはじまったばかりでまだ不完全だった時代のがらくたにすぎないのかもしれない。もしかしたらそれらは、後にはもっと複雑な殻を発達させ平凡な化石の特徴を見せることになるおなじみの生物を覆っていたのかもしれない。しかし、これこそが有殻微小化石動物群マニアのあいだで最近になって人気を得つつある解釈なのだが、もしかしたらトモティ期の妙ちくりんたちのほとんどは、早い時期に登場して早々に消失した独特のデザインをそなえた動物だったのかもしれない。たとえばロシアにおけるこの動物群研究の第一人者であるロザノフは、最近の総論で次のように結論している。

カンブリア紀初期の岩石にはじつに奇妙な生物の化石が多数含まれている。動物のものも植物のものもあるのだが、そのほとんどはカンブリア紀よりも後の時代からは知られていない。これに関して私は、カンブリア紀初期に多数の高次分類群が発展し、その後急速に絶滅したという見解に傾いている。（Rozanov, 1986, p. 95）

またもやわれわれは、逆円錐形型ではなくクリスマスツリー型を手にしたわけである。またもや進化の道筋は予測不能とする立場が、意識の進化は必然だったとしたいわれわれの期待をしりぞけたわけである。トモティ動物群には現生するグループがたくさん含まれていたが、それとは別の大きな可能性も含まれていた。カンブリア紀初期に生命テープを巻き戻してやりなおせば、もしかしたら現代の海にはサンゴ礁ではなく古杯礁が構築されているかもしれない。もしかしたらビキニ環礁もワイキキの浜もなく、ラム酒のカクテルをすすったり海中の花園でシュノーケリングを楽しむ人間もいないかもしれない。

カンブリア紀におけるその後の現生動物群の起源

これで伝統第一主義者も頭をかかえはじめる。しかし彼は、この最後の例はさらなる飛躍《プール・ミュー・ソーテ》のためと解することだろう。いいでしょう、たしかにカンブリア紀のごく初期の動物群は別の可能性をたくさんかかえていた。そのどれもがかなりのものだが、人類につながるものはいない。でも同じカンブリア紀の、やはりロシアの別の地名にちなんでアトダバニア期と呼ばれているトモティ期の次の時代になって現生する動物群がいったん登場した後は、デザインの境界と進化の筋道が最終的にしつらえられた。カンブリア紀の象徴ともいえる三葉虫類の到来が、狂気の終わりと予測可能性のはじまりを告げているにちがいない。良き時代のはじまりだ。

本書は、すでに十分な厚みに達している。読者も、同じ話の繰り返しなど聞きたくもないだろう。そこで、はじまりの時点での幅が最大というアトダバニア期の放散はバージェス頁岩のそれと同じであるとだけ指摘しておこう。バージェス頁岩をめぐる物語は生命そのものをめぐる物語であり、とんでもない可能性がただ一度だけ実現した特殊な出来事などではないのだ。

陸生脊椎動物の起源

伝統第一主義者は動揺しだしている。彼は事実上すべての生命を偶発性にゆだねる覚悟ができている。しかし、最後の望みを脊椎動物にかけるだろう。結局のところ、人類の意識は偶発的な細枝に開花した予測のつかない産物なのか、あるいは必然的な（もしくは少なくとも有望な）趨勢《すうせい》の最終到達点なのかが問題なのだ。ほかの生命は葬ってしまえ。あいつらはどうせ意識を生み出す系統ではない。脊椎動物さえ現われてしまえば、たとえその起源はとても起こりそうになかったことにしろ、われわれは自信をもって池から乾燥した陸上へ、二本足から大きな脳へと上昇することができたのだ、というわけである。

私としても、水中から陸上へというもっとも決定的な生息環境の移行は起こりうることだったとしてもよい。ただしそれは、魚に特徴的なデザインから見て、ひれが、陸上環境でかかる重力を支えるために必要な頑丈な肢へと、付随的な理由にしろ簡単に変化できるとしたらの話である。しかし、ほとんどの魚のひれはそのような移行にはおよそ不向きである。ひれの付け根にあるじょうぶな棒は体軸に平行に設置され、ひれの支持構造であるたくさんの細い鰭条《きじよう》はたがいに平行に走り、付け根の棒に対しては直角をなしている。そのように交差していない細い鰭条では、陸上で体重を支えることはできないだろう。平らな泥の上をちょこちょこと動きまわる現生魚は少数ながら存在する。たとえばトビハゼがそうである。しかしそれらの魚は体をひきずっているだけで、ひれでのし歩いているわけではない。

陸上脊椎動物が生じえたのは、比較的小規模な魚類グループ――いわゆる標準タイプからは遠く隔たったグループ――が、目先の理由により従来とはまったく異なるタイプの肢の骨格をたまたま進化させたからである。それは、体から直角に突き出た強力な中心軸をもち、その軸からたくさんの側枝が放射状に伸びている骨格構造である。そんなデザインの構造ならば、体重を支える陸上の肢へと進化することができた。中心軸がわれわれの腕や脚の中心をなす骨に変わり、側枝が指になればよかった。しかしそのようなひれの構造は、将来の哺乳類生活を可能にする柔軟性をえるために進化したわけではない。たとえばそういう肢はよく回転するため、底生魚にとっては水底を蹴って推進力を得るために使えるという利点があったかもしれない。

ともかく、その利点が何だったにしろ、陸上生活を送るために欠かせないこの必要条件が進化したのは、主流からはずれたごく一部の魚類グループ、具体的にいうなら肺魚類とシーラカンス類と扇鰭《せんき》類《るい》を合わせたグループにおいてだった。魚類の時代と呼ばれるデボン紀まで生命テープを巻き戻してみよう。その時代の動物学者は、こんなに異なった環境で派手な成功を収める動物の先駆者として、このどうという特徴のない地味な魚をはたして特定できただろうか。生命テープをリプレイしてみると、扇鰭類は絶滅して消え、陸上は昆虫と顕花《けんか》植物の天下になる。

希望の光を哺乳類に託す

伝統第一主義者にいくらかでも慰めを与えることはできない相談なのだろうか。偶発性の規則を哺乳類の起源にためしてみよう。哺乳類が恐竜の王国に出現した世界を検分すれば、毛むくじゃらのおとなしい動物がすぐに地球を引き継ぐことぐらいわかりそうなものじゃないか。賢くて小回りがきき、一定の体温を保ち赤ん坊を産み落とす存在に対して、大きくて不格好で愚かで冷血性の怪物が抵抗する術《すべ》などはたしてあっただろうか。哺乳類は恐竜王国に遅れて登場したことをみんな知らないのか。そして恐竜の卵を食べてしまって避けがたい移行を早めたのではなかったのか。

よく耳にするこのシナリオは、進歩と予測可能性を請《こ》い願う伝統に根ざした作り話である。哺乳類が進化したのは三畳紀の終わりだが、それは恐竜類の進化と同時かちょっと遅いくらいのことだった。哺乳類は最初の一億数千万年間――その全歴史の三分の二――を、恐竜が君臨する世界の片隅で生きる小動物として過ごした。恐竜類が滅んだ後の六〇〇〇万年におよぶ成功は、後から取ってつけられたようなものだったのだ。

哺乳類が登場して最初の数億年のあいだに、かれらの優位が趨勢として高まっていったという証拠はいっさいない。事実はまるで逆で、その間、恐竜類は大型陸上動物に用意されたすべての環境を何物にも脅《おびや》かされることなく占有しつづけた。哺乳類については、優越や大きな脳への実質的な移行はなかったし、体の大型化の動きさえなかった。

哺乳類は遅れて登場し、恐竜類の滅亡に手を貸したのだったとしたら、予想どおりの進歩というシナリオを堂々と提出することができる。しかし恐竜類は優位を保ったままだったし、おそらくはこれ以上に予測のつかないことはないという出来事がもたらした気まぐれな結果——隕石の衝突によって引き起こされた大量死——のせいで絶滅した。恐竜類がこの事件で死滅していなかったとしたら、おそらく連中はそれ以前も長きにわたってめざましい成功を遂げていたように、その後もそのまま大型脊椎動物の領域に君臨し、哺乳類は恐竜王国のすきまで生活する小動物のままだっただろう。そういう状況はすでに一億数千万年間続いていた。ならばあと六〇〇〇万年間続いていけない理由はない。恐竜類は脳を著しく大型化する動きを見せなかった。それにそのような可能性は爬虫類のデザインが許す範囲外のことかもしれない（Jerison, 1973；Hopson, 1977）。したがってもし地球外の原因による天変地異が恐竜類を犠牲者に指名しなかったとしたら、地球上に意識が進化することはなかっただろう。われわれはそう考えねばならない。われわれが理性をそなえた大型哺乳類として存在することは、文字どおり幸運の星のおかげなのである。

ホモ・サピエンスの起源

私はこの論法を徹底的に押し通すつもりはない。私とて、人類進化のある時点で、人類の知能を現在のレベルまで押し上げるような状況がはたらいたことは認める。通常のシナリオでは、直立姿勢の達成が手を自由にして道具や武器を使えるようにし、それによって可能となった行動が逆に大きな脳の進化を促進したとされている。

しかし私の考えでは、われわれのほとんどは人類進化のパターンに関する誤った印象のもとで論じあっている。人類の出現は、人類が属していた系統の構成員を、そのすみ場所とは無関係にすべてを巻きこんで世界的規模で進行した出来事だったという見かたがされている。われわれの直接の祖先であるホモ・エレクトゥス（直立原人）は、アフリカからヨーロッパとアジアに移住した最初の種（アジアに移住したものは、昔の教科書では"ジャワ原人"とか"北京原人"と呼ばれている）だったことは万人が認めている。それなのにそれから先の議論では前述の世界同時進行仮説に逆戻りし、知性には適応上の価値があると仮定したうえで、三つの大陸にすんでいたすべてのホモ・エレクトゥス集団が予想どおりの必然的な向上の波に乗って知能の梯子をいっしょに登っていったと想定しているのだ。私はこのシナリオを人類進化"趨勢説"と呼んでいる。この説では、ホモ・サピエンスの登場は全人類集団にみなぎっていた進化的趨勢がもたらした予想どおりの結果ということになる。

これにかわるのが、現生グループ間の遺伝的差異に基づいて構築された人類の系統樹によって強力な裏づけを得ている最近の説である（Cann, Stoneking, and Wilson, 1987；Gould, 1987 b）。ホモ・サピエンスは進化的な単品、明確な実体であり、アフリカにおいて祖先の系統から分岐した緊密な小集団として出現したというのがその説である。私はこの説を人類進化の"実体説"と呼んでいる。この説には注目すべき意味合いがたくさん含まれている。

すなわち、アジアのホモ・エレクトゥスは子孫を残すことなく死滅したため、われわれの直接の祖先には入らない（われわれはアフリカの集団から進化したのだから）。また、ネアンデルタール人は、われわれがアフリカで出現したときにはおそらくすでにヨーロッパにすんでいた傍系《ぼうけい》の親類であり、われわれの直接の遺伝的遺産にはいかなる寄与もしていない。ようするにわれわれは出現しそうになかったもろい実体だった。アフリカの小集団として心もとないスタートを切った後で幸運にも成功したのであって、世界的な趨勢が予想どおりもたらした最終産物ではない。われわれは一つの事項、歴史のなかの単品であり、一般原理の化身などではないのだ。

こういう主張も、われわれが何度でも進化する存在だとしたら驚くほどのものではない。つまり、ホモ・サピエンスは失敗し、ほとんどの種と同じように早い段階で絶滅に屈していたとしても、同じような形態をし、高い知能をそなえた別の集団が起源する定めにあるとしたらである。われわれが失敗していたとしたら、ネアンデルタール人が希望の光を拾い上げるか、われわれと同じ知的レベルをもつ一般原理の別の化身がそれほど遅れることなく起源していた、などということがはたしてあっただろうか。私にはそうなる理由がわからない。われわれのもっとも近い祖先でありいとこたちであるホモ・エレクトゥスやネアンデルタール人その他は、かれらが製作した道具や加工品が示すように、高次の知的能力をそなえていた。しかし、人間だけの特性とされている数量的思考や美的思考も含めた抽象的な推理力といえるものをそなえていたという直接証拠が見つかるのはホモ・サピエンスだけである。氷河期に計算行為がなされていたことをうかがわせる証拠――カレンダースティックや計算用ブレード――はすべてホモ・サピエンスのものである。氷河期に製作された美術――洞窟画、ヴィーナス像、馬頭彫刻、トナカイの浅浮彫り――もすべてわれわれが属する種の手になるものである。現時点での証拠によれば、ネアンデルタール人は具象的な美術をまったく知らなかったのだ。

生命テープを再度回したところ、ホモ・サピエンスという細枝はアフリカで死滅したとしよう。ホモ・サピエンス以外のホモ類も、人間になれそうなぎりぎりのところにいたかもしれない。しかし、人間レベルの知能を生み出すシナリオとしてもっともと思えるものは多くない。次の生命テープのリプレイでは、ネアンデルタール人はヨーロッパで絶滅し、アジアのホモ・エレクトゥスも絶滅したとしよう（これは現実の歴史でも起こったこと）。人類に連なる系統のなかで唯一生き残ったアフリカのホモ・エレクトゥスはしばしのあいだ持ちこたえ、繁栄さえするのだが種分化はしないため安定を保ったままである。そうこうするうちに突然変異を起こしたウイルスがホモ・エレクトゥスを根絶やしにするか、気候変化によりアフリカが再びすみにくい森林に覆われてしまう。かくして、哺乳類の枝のなかの一本の細枝であり、結局は開花しなかった興味深い資質をそなえた系統は、莫大な数を誇る絶滅種の仲間入りをする。だからといってどうだろう。ほとんどの可能性は実現されないわけであり、そのちがいを誰が知るというのか。

この論法を押し進めていくと、人間の本性、地位、潜在能力に対して生物学が提供しうるもっとも重大な洞察は、偶発性の化身という単純な言葉にこそあると結論するしかない。ホモ・サピエンスは実体であって趨勢ではないのだ。

私はこの論法をあらゆる時間の尺度と幅、そしてまさにわれわれ自身の進化の核心に対して適用してきたわけだが、いちばん肝心なところで偶発性がものをいうということをこれで読者に納得してもらえたと思う。納得してもらえないとしたら、生命テープをリプレイするというこの企てはエイリアンについて論じた思考ゲームにすぎないと思われてしまったからだろう。読者は、私が語ったすべての空想はほんとうに重要なことなのかと問うかもしれない。実用性を重んじるアメリカの伝統精神のなかにあって、誰がそんな空想を真《ま》に受けるものか。たしかに、〝鰓曳虫類〟とか〝多毛類〟とか〝霊長類〟というラベルがはられたカセットライブラリーのそろった時間テープの再生機の前に陣取り、創造を司《つかさど》るディスクジョッキーになった自分を空想するのは楽しいことである。しかし、バージェス頁岩時代を何度リプレイしても現実の歴史とは正反対の結果がもたらされるとして、そのどこが問題なのだろう。われわれがウィワクシア類が君臨する世界にすんでいたり、ペニスワームが層をなす海底にすんでいたり、フォロラコス類がうじゃうじゃいる森にすむことになったっていいじゃないか。そうなっていたとしたらわれわれは、浜でバーベキューをするときには貝殻をあけるのではなく骨片抜きをしていたかもしれない。あるいは、ハンティングの戦利品を並べた部屋では、勇壮なたてがみをもつライオンの首ではなく、長さを誇るディアトリマのくちばしがその偉容を競っていたかもしれない。しかし、そうなっていたとして根本的にどこがどうちがうというのか。

すべてがちがっていたと私は言いたい。創造を司るディスクジョッキーの手元には百万通りものシナリオがあり、いずれをとっても完全に筋が通っている。これといって特別な理由のないまま出発点で起きたちょっとした気まぐれが、終わってから振り返って見れば必然だったとしか思えない特別な未来を雪崩《なだれ》現象的に引き起こす。しかし、早い段階でわずかな一押しがあれば軌道が変わり、歴史は同じく実現可能な別の流路へと進路を変更し、その後もとの経路からどんどん離れていく。そうやってもたらされる最終結果はひどく異なるものの、最初の攪乱《かくらん》はひどくささいなことにしか見えない。もしちっぽけなペニスワームが海中を支配していたとしたら、アウストラロピテクスがアフリカのサバンナを二本足で闊歩《かっぽ》していたかどうか、私には確言できない。そこでわれわれ自身についてだが、私の考えでは、「ああ、すばらしい――決してありえない――新世界だわ、こんなにりっぱな人たちがいるなんて」としか叫びようがないのではないか。

ピカイアをめぐるエピローグ

私は本書を終えるにあたって一つの告白をしなければならない。私はここまで、劇的な効果をねらって読者にちょっとした嘘をついてきた。もちろんそれはいかなる害も及ぼさない嘘なのだが、バージェス頁岩の生物について長々と論じるなかで、わざと一種類の生物についてだけ言及せずにきたのだ。それについては見え透《す》いた言い訳をすることもできないわけではない。サイモン・コンウェイ・モリスは、この属についてのモノグラフをまだ発表していなかった。彼はとっておきの研究材料を最後にとっておいたのだ。しかしそんな言い訳では率直とはいえない。じつは私も、とっておきの話題を最後までとっておきたかったがために、この生物に言及するのをがまんしていたのである。

ウォルコットは、彼のいうバージェス産環形動物に関する一九一一年の論文で魅力的な種の記載を行なっている。それは体長五センチあまりの偏平な動物である（図5-8）。彼は近くにそびえるピカ山にちなんでその動物をピカイア・グラキレンスと命名し、形態上のエレガントさを指摘した。ウォルコットはピカイアを自信たっぷりに環形動物門の多毛類として位置づけた。彼がその分類の根拠としたのは、体にはっきりと見られる規則的な体節構造だった。

そのためサイモン・コンウェイ・モリスは自分に割り当てられた博士論文の一般テーマであるバージェスの〝蠕虫類〟といっしょにピカイアを引き受けた。彼は当時見つかっていた三〇あまりのピカイアの標本を調べるうちに、一つの確信を抱くにいたった。彼が下した結論は周囲から疑問視され、しばしのあいだ古生物学界の噂循環ルートをかけめぐった。ピカイアは環形動物ではない。それは脊索《せきさく》動物であり、われわれ自身が属する門の一員であるというのだ。ということは、われわれの直接の祖先としては最古の化石生物ということになる。

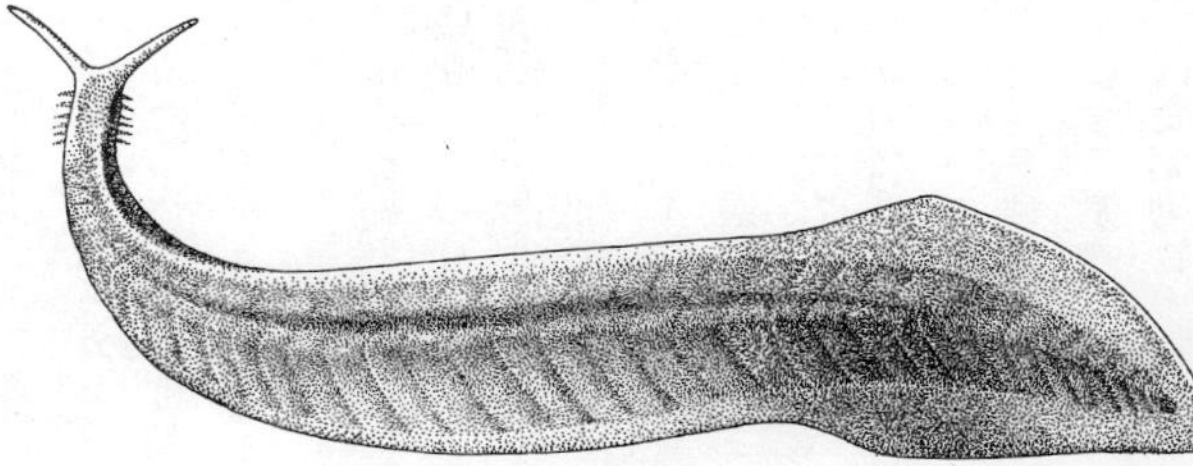

図5-8／ピカイア。バージェス頁岩から見つかった世界最古の脊索動物。われわれも属する脊索動物門の特徴が見つかる。すなわち，背面に沿って走る，後に脊椎へと進化した脊索と，ジグザグ模様をなしている筋節である。マリアン・コリンズによる復元画。

ちなみにサイモンは、その重要性を知るがゆえに賢明にもピカイアを自らのバージェス研究の最後にとっておいたのだ。あなたも、とても重要で稀少な物を持っているなら、自分の考えかたがしっかりと固まり、技術が最高の域に達するまでその宝物には手をつけずにがまんすべきである。結局のところそれこそが正しいやりかたなのだから。

ウォルコットが環形動物の体節と見誤った構造は、脊索動物の筋節が特徴的なジグザグ模様をなしたものである。そのうえピカイアには、脊索動物門という名の由来でもある脊索がある。少なくとも体制の一般的なレベルでいうと、ピカイアは現生するアムフィオクスすなわちナメクジウオと多くの点でよく似ている。ナメクジウオは、脊索が脊椎化する以前の〝原始的〟な体制のモデルとして研究室や教室で昔からよく使われてきた動物である。コンウェイ・モリスとウィッティントンは共著論文で次のように述べている。

ピカイアが環形動物ではなく脊索動物であるという結論は避けがたいものであるように思える。カンブリア紀中期のこの生物は、そのみごとな保存状態により、人間も含めたすべての脊椎動物が属する動物門の歴史にとって意義のある存在となる。（Conway Morris and Whittington, 1979, p. 131）

正真正銘の脊椎動物化石が最初に出現するのはオルドビス紀中期である。それは無顎類《むがくるい》というあごのない魚類なのだが、そのほか類縁関係のはっきりしない断片的な化石がオルドビス紀初期とカンブリア紀末期からも出土している。しかしいずれも、バージェスのピカイアよりもかなり後の生物である（Gagnier, Blieck, and Rodrigo, 1986を参照）。

もちろん私は、ピカイアそのものが脊椎動物の実際の祖先だといっているわけではない。また、脊索動物に許されたすべての機会はカンブリア紀中期に生息していたピカイアにかかっていたなどと主張するほど愚かでもない。カンブリア紀の海には、いまのところはまだ見つかっていないが、ピカイア以外の脊索動物も生息していたにちがいないからだ。しかし、バージェスから出土するピカイアの標本の少なさや、バージェス以外の古生代前期のラーゲルシュテッテンから脊索動物は見つかっていないことから、私はこう考えている。われわれが属する動物門はカンブリア紀には大成功をおさめていなかったし、バージェス時代の時点では脊索動物の将来は暗澹《あんたん》たるものだっただろうと。

ピカイアは、われわれを取り巻く偶発性という物語のなかの究極の失われた環である。すなわち、バージェスの非運多数死と最終的に起こった人類の進化とを直接結びつける環なのである。われわれはもはや、自分たちの狭量《きょうりょう》な関心事から見れば末梢《まっしょう》的な問題について云々《うんぬん》する必要はない。ちっぽけなペニスワームがうじゃうじゃいる別世界のことや、マルレラ型の節足動物ばかりで蚊はいないことや、魚をむさぼり食う恐ろしげなアノマロカリスについてはもうどうでもいい。生命テープをバージェス時代に巻き戻し、もう一度回してみよう。今回のリプレイではピカイアは生き残らないとしたら、われわれは将来の歴史から抹消されることになる。サメからはじまってツグミやオランウータンまですべての出番がないのだ。しかも、現時点でバージェスについて得られている証拠を提供されて、ピカイアが生き延びることに好意的なオッズをつける賭屋がいるとは思えない。ピカイアが生き延びる可能性はそれほど小さかったのだ。

それではとばかりに読者は、人類はなぜ存在しているのかという年来の疑問を発したいかもしれない。ともかくも科学に扱える点からのみその疑問に答えるとしたら、答の核心は、ピカイアがバージェスの非運多数死を生き延びたからというところに落ち着くにちがいない。この答は、自然界の法則は一つも拠《よ》りどころとしていない。そこには、予測できる進化の経路に関する言及もなければ、解剖学や生態学の一般則に基づいた確率の計算もない。ピカイアが生き延びたことは、〝ほんとうの歴史〟の偶発事件だった。私は、これ以上に〝高度〟な答が与えられるとは思わないし、もっと魅惑的な解決が得られるとも思えない。われわれは歴史の産物であり、実現しえた世界としてはもっとも多様で興味をわかせる世界のなかで独自の道を切り開かなければならない。それは忍従《にんじゅう》の道ではなく、自分たち自身が選ぶやりかたで成功したり失敗したりする自由が最大限に保証された道である。

文庫版のための訳者あとがき

「バージェス」というキーワードを、インターネットの検索にかけてみる。するとなんと、バージェス動物の仮想博物館が、日本も含めた世界中にたくさん開設されているではないか。『ワンダフル・ライフ』日本版が出版された七年前には想像もできなかったことだ。ただしその前兆はなくもなかった。出版後しばらくすると、関連出版や関連テレビ番組、便乗企画の化石展示会などが相次いだからである。

なぜ、バージェス動物はそれほどまでに人々の関心を呼んでいるのだろう。最大の理由は、進化の謎解きという要素が存分に楽しめる素材であり、しかもどの生物も見かけが妙ちくりんで、その多くは絶滅して子孫を残していないことかもしれない。恐竜が人気のある理由として、大きくて絶滅しているからだという見解がある。バージェス動物の大半は、せいぜい数センチ程度ときわめて小さいが、世に流布《るふ》しているのは奇怪な生き物の拡大図や拡大写真である。恐竜はわれわれの想像力を駆り立てるが、バージェス動物も、小粒ながらなかなかどうして、といったところなのだろう。

バージェス動物とは、カナディアンロッキー、スティーヴン山に連なる山系の高度二四〇〇メートルの斜面に露出しているカンブリア紀中期の頁岩《けつがん》層（バージェス頁岩）から見つかる化石動物群である。この動物群のすごいところは、堅《かた》い殻《から》をもたないためふつうならば化石として残りにくい生物（本書では「軟体性動物」と訳した）が、精緻《せいち》な構造をとどめた化石として保存されている点である。しかも、それらの生物が生息していた時期は、さまざまな多細胞生物の爆発的出現（「カンブリア紀の爆発」）が起こった時期の直後にあたる。したがってこの化石層が見つかったことで、それ以前は堅い殻をもつ動物化石（三葉虫など）だけで語られていたカンブリア紀の爆発の規模が、じつはもっとすごいものだったことが判明したのだ。

本書『ワンダフル・ライフ』では、バージェス頁岩の発見とバージェス動物のドラマチックな研究史、そして生物の進化劇を解釈するにあたってこの大発見がもつ意味が説き明かされている。世界的に著名な古生物学者、進化生物学者、著述家であるスティーヴン・ジェイ・グールド博士は、本書を執筆するに至った動機を、自分の専門分野においてなされた大発見の興奮を、一人でも多くの人に知ってもらいたかったからと述べている。しかしそこにはもう一つ、秘められた意図（公然の秘密？）があった。それは、生物進化の歴史における個々の生物グループの栄枯盛衰《えいこせいすい》は、必然的な結果ではなく、むしろそのほとんどは偶然のなせるわざだったという自らの進化観、そして科学的な研究は必ずしも客観的な真理の探究ではなく、そこには科学者の主観や先入観の混入も避けがたいという科学観を喧伝《けんでん》するうえで、

本書原書のカバー。本文 27 ページ参照。

バージェス動物をめぐる物語以上の題材はないとの判断である。

著者の目論見《もくろみ》は成功し、バージェス動物はすさまじいばかりの注目を浴びることになった。そして、われわれ人間が今こうして存在するのは幸運以外の何ものでもないというメッセージも、それなりの反響を呼んだ。しかしそれと同時に、進化観や方法論を異《こと》にする進化生物学者たちからの猛烈な反発も買った。以下、出版後の動きを簡単になぞっておこう。

日本語版出版からの七年間に、バージェス動物をめぐる物語は、以前にも劣らず劇的な展開を見せてきた。いや、正確には原書出版からはすでに一一年が経過しており、日本語版出版時においてもすでに、とんだ逆転劇が起こっていた。そう、バージェス動物中いちばんの奇妙奇天烈動物ハルキゲニアが、鮮やかなどんでん返しを演じたのだ。そして、上下さかさまに復元しなおされたこの妙ちくりん生物は、アユシェアイアや現生するカギムシと同じ有《ゆう》爪類《そうるい》らしいということになった。逆転劇の決め手となったのは、中国雲南《うんなん》省の澄江《チェンジャン》化石層とグリーンランドのシリウス・パセット化石層から見つかった、バージェス頁岩とほぼ同時期かそれよりもやや古い時代の動物群である。この発見により、正体不明だったSSF（有《ゆう》殻《かく》微小化石動物群）の一部も有爪類の殻（当時の有爪類は殻までもっていた！）であることが判明した。この時代の有爪類の多様性は、今よりもはるかに高かったのだ。グールド自身は、一連の逆転劇の詳細について論じたエッセイを発表し（『八匹の子豚』23章、24章）、今は南半球の多雨林の林床をひっそりと逍遙しているペリパトゥス《ペリパトス》（カギムシ）にも華やかな過去があったことを祝福している。

また、本書で詳述されている新たな見直しによって、それまでの環形《かんけい》動物門からはずされ、新しい動物門に独立させられる可能性が浮上していたウィワクシアも、再び環形動物門に戻す説が有力となりつつある。それ以上に目を引くのが、バージェス動物のなかで最大のアノマロカリスである。オーストラリアのタスマニアから新しい化石が発見されたほか、その後の研究により、新しい門として独立する資格はなく、節足動物門に帰属させられそうな雲行きなのだ。しかも、アノマロカリスは、あの鰭《ひれ》のような葉状突起を波打たせるように泳いでいたわけではなく、その下に付いていた脚で海底を歩いていたかもしれないという。

これら、『ワンダフル・ライフ』以後の研究動向とグールドに対する反論に関しては、バージェス見直しの立て役者三人衆の一人で、現在はケンブリッジ大学教授となっているサイモン・コンウェイ・モリスの著書『カンブリア紀の怪物たち』（講談社現代新書、一九九七）に詳しい（ただし、この日本語版のカバーでも、英語版——*The Crucible of Creation*, 1998——のカバーでも、アノマロカリスはまだ水中を悠然《ゆうぜん》と泳いでいる）。

コンウェイ・モリスといえば、あのハルキゲニアの発見命名者であり（ただしご本人は、*Hallucigenia* を英語式に「ハルシジーニア」と発音している）、『ワンダフル・ライフ』の中では、とんだやんちゃ坊主として描かれている御仁《ごじん》である。彼にしてみれば、とりあえず分類不能動物用の〝がらくた箱〟に入れておいた妙ちくりん生物を、すべて新しい門かユニークな節足動物として独立させられ、生物の異質性はカンブリア紀の時点が最大で、あとは偶然に翻弄《ほんろう》されるままに減少してきたというグールドの進化観に都合のよいように利用されたのだから、おもしろいわけがない。コンウェイ・モリスに言わせれば、我田引水《がでんいんすい》もいいとこだろう。いきおい、口をついて出る批判も辛辣《しんらつ》になるわけである。しかし、コンウェイ・モリスも述べているように、バージェス動物にはまだまだ正体不明のものが多く残されており、それらの処遇に決着がつくのは当分先のことになりそうである。また、コンウェイ・モリスの前掲書に関しては、『ワンダフル・ライフ』にも批判的な同業者たちから、主張や考え方に独特の癖があって偏《かたよ》っているとか、そもそも最初におまえが分類をまちがえたのが悪い、所属不明動物をやたらにつくりすぎたせいだという批判も寄せられている。グールドやドーキンス、カール・セーガンなど、ベストセラー作家となった科学者は、やっかみ半分も手伝って、とかく揶揄《やゆ》されがちだが、『ワンダフル・ライフ』のおかげで一躍有名人となったコンウェイ・モリスも、有名税を免れられないようだ。

　グールドとドーキンスは相反する進化観（グールドは偶発性も重視する断続的進化論者、ドーキンスは自然淘汰の作用を最大限に重視する漸進《ぜんしん》的進化論者）の持ち主で、言わずと知れた宿敵どうしである。そのドーキンスは、最新作（*Unweaving the Rainbow*, 1998〔早川書房近刊〕）でコンウェイ・モリスの「バージェス本」を賞賛し、『ワンダフル・ライフ』に関しては、科学を語るには詩的創作力も必要だが、これは自らの歪んだ進化観をことさら大げさに謳《うた》い上げた悪い詩の典型であると酷評している。ただし、ドーキンスの進化観にも問題があると評するコンウェイ・モリスは、なるほど食えない御仁である。

　それはともかく、バージェス動物をめぐる研究はさらに進展し、バージェス頁岩からはピカイア一種類しか見つかっていなかった脊索《せきさく》動物（広い意味での脊椎《せきつい》動物）に仲間ができた。中国の澄江化石層から、一九九五年と一九九九年に、都合四種類の脊索動物が見つかったのだ（ただし一種に関しては、脊索動物に近い半索《はんさく》動物だという異論もある）。むろん、当初からピカイアだけが、われわれ脊椎動物の唯一の祖先だとは誰も思っていなかったわけだが、今回の発見からは、カンブリア紀にあって脊索動物はすでにけっこうな大勢力だった可能性が浮上する。しかもその起源は、先《せん》カンブリア時代にまでさかのぼるのかもしれない。

カンブリア紀の爆発そのものに関しても、日本語版出版のおよそ半年後に、研究の重大な進展があった。本書では、先カンブリア時代とカンブリア紀（古生代）の境界は、今からおよそ五億七〇〇〇万年前で、カンブリア紀の爆発が終了したのは五億三〇〇〇万年前のこととされている。つまり、単純計算でいけば、件《くだん》の〝爆発〟は、最大およそ四〇〇〇万年ほど続いたことになるわけである。ところが、カンブリア紀の開始時期は、今からおよそ五億四〇〇〇万年前（プラスマイナス数十万年）という放射性年代測定値が発表されたのだ。そして、〝爆発〟の開始時期はおよそ五億三〇〇〇万年前以降で、継続期間は五〇〇〜一〇〇〇万年間だったらしいことも判明した。それも、この下限、すなわち五〇〇万年間程度だった可能性のほうが高いという。四〇〇〇万年とも三〇〇〇万年とも言われていた期間が、いっきょに五〇〇万年に短縮されてしまったのである（コンウェイ・モリスの前掲書では、なぜかこの新発見のことは言及されていない）。これほどの短期間で爆発的な進化が起こったことは、どう説明すればよいのだろう。グールドの断続的進化説に有利にはたらく新事実だが、漸進的進化説には、ちょっと不利かもしれない。もっとも、先カンブリア時代末からカンブリア紀初頭には、すでに多細胞動物の主《おも》だったグループが出そろっていて、あとは切磋《せっさ》琢磨《たくま》して大ブレークするきっかけを待つばかりだったという可能性もある。このあたりの時期を垣間見《かいまみ》させてくれる化石層の発見が待たれるところだ。

ただし、化石だけに頼らなくても、分子のレベルで生物の系統を探ることは可能である。ここ一五年ほどのあいだに、遺伝子解析技術は急速な発展を遂げた。その結果、大きな分類グループの壁を超えて、相同《そうどう》遺伝子の共有関係によってグループどうしの近縁関係を調べたり、ほぼ一定の率で突然変異を蓄積する中立遺伝子を調べることで、その起源をさかのぼることまで可能となった。そして、動物、植物を問わず、じつにさまざまな生物が、共通する相同遺伝子を共有していることがわかってきた。そうした動きが、ちょうど『ワンダフル・ライフ』の原書出版の時期と重なったことで、分子進化学者や分子発生生物学者の目が、カンブリア紀の爆発という劇的な事件にいっせいに注がれることになった。そしてやがて、分子生物学や発生生物学のシンポジウムでコンウェイ・モリスが引っ張りだこになる事態を招《しょう》来《らい》したのである。ぼくは密かにこれを、「ワンダフル・ライフ効果」と呼んでいる。日本国内でも、発生生物学と進化学を結びつけたシンポジウムが頻繁に企画されるようになっているが、そこではまずカンブリア紀の爆発に言及し、場合によってはバージェス動物の図版を何種類かスライドで紹介するというスタイルが定番となっていると言ってもいい。

では、たとえばハエの眼と人間の眼、ハエの胴体と人間の手足をつくる遺伝子が共通しているという発見（事実そうなのだ！）は、進化論にどのような変更を迫るのだろうか。まず一つの可能性として、それら共通遺伝子は、カンブリア紀の爆発が開始される前にすでに出そろっていたことが考えられる。そうだとすると、必要最低限の量の遺伝子のセット（ゲノム）が出そろったことが〝爆発〟の引き金を引いたという説も考えられるだろう。事実、惜しくもつい先日亡くなられたスケールの大きな遺伝学者大野乾《すすむ》は、この考え方を「パン・アニマリアゲノム説」として提唱している。これは余談だが、大野乾は、一般向けの講演会でグールド（講演のうまさでも定評がある）と共演したことが二度あったという。氏から直接うかがった話では、一度目は自分の完敗だったが、二度目は、DNAの塩基配列を音階に置き換えるという破天荒《はてんこう》な試みを披露することで、リターンマッチに勝利したという。

もう一つの問題は、遺伝子の多くが共通しているのに、なぜこれほど多様で異質な生物がいるのかである。これは進化論の根幹に関わる大問題であり、多面的に検討する必要がある。しかし分子レベルだけに限定するなら、遺伝子重複という現象が有力な手がかりになる。DNAの塩基配列中には、重複し、機能をもたない配列が多々《たた》見られるというこの現象に着目し、生物は重複によってゲノムを増やし、余分に生じた配列を新たな機能をもつ遺伝子に転用させることで進化してきたのではないかとする遺伝子重複進化説をはじめて定式化したのも、大野乾である。

だが、逆に考えれば、多様で異質な生物というが、それはあくまでも表面的なちがいにすぎないという見方も成り立つ。その証拠に、たとえばイルカとイクチオサウルス（魚竜）とサメは、同じ脊椎動物ではあるが、それぞれ哺乳類、爬虫類、魚類であるにもかかわらず、海中の高速遊泳魚食者として体型が驚くほどよく似ている。あるいは、鳥類のハチドリと昆虫である大型のスズメガは、ホバリングをしながら花の蜜を吸うための適応として体型や生態がよく似ている。これらは収斂《しゅうれん》進化と呼ばれる現象だが、一見神秘的なこの現象も、遺伝的な共通性を考えれば、なるほどと納得できなくもない。ただし収斂進化をめぐっても、グールドとドーキンスの見解は分かれる。グールドは、これを遺伝的な拘束《こうそく》として見る。遺伝的な構成が限定されている以上、たとえば高速遊泳を実現するために乗り越えるべき物理的な障壁に対する対応には、端《はな》からまったく異質な対応など望むべくもないというのだ。それに、あらゆるニッチ（生態的地位）で収斂進化が見られるわけでもないとも。ところが一方のドーキンスは、収斂進化は自然淘汰の有効性を証明する何よりの証拠であると主張する。特定の物理的な問題に対する最適解は一通りであり、遺伝的な基盤は限られているにもかかわらず、自然はさまざまな生物でその最適解を実現させている。これぞ自然淘汰作用が絶大な威力を発揮している何よりの証《あかし》であるというのだ（一九九七年の両氏へのインタビューによる）。

それでは、グールドが本書の中で滔々《とうとう》と論じた、生物進化のパターンは、広く信じられているような末広がりではなく先細りであるという主張はどうなったのか。まず、現時点で誰にも異存がないのが、カンブリア紀の爆発の直後には、その前に比べると生物の多様性、異質性がすさまじく増大しているという事実である。それを実現したメカニズムが何であれ（むろんそれも解明が待ち望まれる大きな謎だが）、多細胞動物大躍進の事実上の出発点はそこだった。グールドは、動物の体の基本設計すなわちボディープラン（設計プラン）の幅（異質性）は、その時点が最大で、あとは減っただけという大前提から話を進めたわけである。ただし、〝爆発〟直後には存在していたボディープランの多くが絶滅した原因についいては特定せず、まだ知られていない大絶滅の煽《あお》りを食った可能性が大きいとだけ述べていた。

しかし、当初は所属不明だった変ちくりんな動物たちも、少しずつ謎のベールを脱ぎはじめていることは、すでに述べたとおりである。コンウェイ・モリスは、この調子でいけば、所属不明者のほとんどは既存のグループに収まるだろうという楽観的な見方をしている（前掲書参照）。もっとも、既存のグループに収まるとは言っても、ハルキゲニアはやっぱり変だし、アノマロカリスも奇怪至極《きっかいしごく》である。五つ眼のオパビニアはどうなるのか。カンブリア紀の爆発が、ボディープランの可能性を奔放《ほんぽう》に試したことはまちがいないのではなかろうか。それよりも問題なのは、系統進化の中で、門《もん》とか綱《こう》といった分類カテゴリーをどう解釈するかである。生物進化には、いったん分かれた系統は二度と合流しないという大原則がある。ならば、〝爆発〟以降も新しい動物門は登場したとするなら、系統がどれくらい分岐した時点で、それは新たな門として認定されるのか。ちなみに、現生動物に関しては、現在でもまだ、新しい動物門の発見がなされている。それらの起源は、はたしてカンブリア紀までさかのぼるのだろうか。話は、バージェス動物群の分類だけにとどまらない問題であり、進化のパターンをめぐる論争は、ちょっとやそっとでは決着がつきそうにない大問題なのである。

コンパクトなバージェス本を上梓《じょうし》したコンウェイ・モリスは、『ワンダフル・ライフ』を

「冗長」だと評している。しかしそうだろうか。ハルキゲニアやアノマロカリスの化石がいかに復元され、紆余《うよ》曲折《きょくせつ》を経ていかにその正体が暴《あば》かれたかという研究者の悪戦苦闘の様子まで第三者のペンでビビッドに描かれているからこそ、『ワンダフル・ライフ』は大勢の読者から歓迎されたのではなかったか。恐竜は、復元図や骨格標本を見るだけでもすごいが、化石の発見や復元にまつわる研究史を知ると、恐竜への関心はさらにつのる。『ワンダフル・ライフ』は、いまだに読みごたえがあるし、読む価値があると思う所以《ゆえん》である。

ぼくは、日本語版が出版された一九九三年の晩夏に、カナディアンロッキーの一画ヨーホー国立公園内にあるバージェス頁岩層への聖地巡礼を果たすことができた。そこへ行くには、現地フィールドの町（バンフから八五キロメートル）にある国立公園管理事務所に申し込めばよい。専任ガイドの案内で、発掘現場までのトレッキングが楽しめる。高度差にして七五〇メートル、距離二一キロ、所要時間一〇時間の中程度の登山である（出発は八時で終了は一八時三〇分。九九年の時点で、料金は大人四五カナダドル、小学生以下二五カナダドル。実施期間は七月中旬～九月中旬）。発掘現場（現在もロイヤル・オンタリオ博物館のコリンズ博士のチームが発掘中）は、がれ場の斜面の中のじつに狭い一画である。そこに五億数千万年前の生き物が埋まっていると思うと、生命の不思議について考えこまずにはいられない。そして、貴重な化石が収まっている可能性がなくもない頁岩のかけらを踏みしめながら、絶景のパノラマを楽しもう。きっと最高の気分に浸《ひた》れるはずだ。

渡辺政隆

文献目録

Aitken, J.D., and I. A. McIlreath. 1984. The Cathedral Reef escarpment, a Cambrian great wall with humble origins. *Geos : Energy Mines and Resources, Canada* 13 (1) : 17-19.

Allison, P. A. 1988. The role of anoxia in the decay and mineralization of proteinaceous macro-fossils. *Paleobiology* 14 : 139-54.

Anonymous. 1987. Yoho's fossils have world significance. *Yoho National Park Highline.*

Bengtson, S. 1977. Early Cambrian button-shaped phosphatic microfossils from the Siberian platform. *Palaeontology* 20 : 751-62.

Bengtson, S., and T. P. Fletcher. 1983. The oldest sequence of skeletal fossils in the Lower Cambrian of southwestern Newfoundland. *Canadian Journal of Earth Sciences* 20 : 525-36.

Bethell, T. 1976. Darwin's mistake. *Harper's*, February.

Briggs, D. E. G. 1976. The arthropod *Branchiocaris* n. gen., Middle Cambrian, Burgess Shale, British Columbia. *Geological Survey of Canada Bulletin* 264 : 1-29.

———. 1977. Bivalved arthropods from the Cambrian Burgess Shale of British Columbia. *Palaeontology* 20 : 595-621.

———. 1978. The morphology, mode of life, and affinities of *Canadaspis perfecta* (Crustacea : Phyllocarida), Middle Cambrian, Burgess Shale, British Columbia. *Philosophical Transactions of the Royal Society, London* B 281 : 439-87.

———. 1979. *Anomalocaris,* the largest known Cambrian arthropod. *Palaeontology* 22 : 631-64.

———. 1981a. The arthropod *Odaraia alata* Walcott, Middle Cambrian, Burgess Shale, British Columbia. *Philosophical Transactions of the Royal Society, London* B 291 : 541-85.

———. 1981b. Relationships of arthropods from the Burgess Shale and other Cambrian sequences. Open File Report 81 - 743, U. S. Geological Survey, pp. 38-41.

———. 1983. Affinities and early evolution of the Crustacea : The evidence of the Cambrian fossils. In F. R. Schram (ed.), *Crustacean Phylogeny,* pp. 1-22. Rotterdam : A. A. Balkema.

———. 1985. Les premiers arthropodes. *La Recherche* 16 : 340-49.

Briggs, D. E. G., E. N. K. Clarkson, and R. J. Aldridge. 1983. The conodont animal. *Lethaia* 16 : 1-14.

Briggs, D. E. G., and D. Collins. 1988. A Middle Cambrian chelicerate from Mount Stephen, British Columbia. *Palaeontology* 31 : 779-98.

Briggs, D. E. G., and S. Conway Morris. 1986. Problematica from the Middle Cambrian Burgess Shale of British Columbia. In A. Hoffman and M. H. Nitecki(eds.), *Problematic fossil taxa,* pp. 167-83. New York : Oxford University Press.

Briggs, D. E. G., and R. A. Robison. 1984. Exceptionally preserved nontrilobite arthropods and *Anomalocaris* from the Middle Cambrian of Utah. *University of Kansas Paleontological Contributions,* Paper 111.

Briggs, D. E. G., and H. B. Whittington. 1985. Modes of life of arthropods from the Burgess Shale, British Columbia. *Transactions of the Royal Society of Edinburgh* 76 : 149-60.

Bruton, D. L. 1981. The arthropod *Sidneyia inexpectans,* Middle Cambrian, Burgess Shale, British Columbia. *Philosophical Transactions of the Royal Society, London* B 295 : 619-56.

Bruton, D. L., and H. B. Whittington. 1983. *Emeraldella and Leanchoilia,* two arthropods from the Burgess Shale, British Columbia. *Philosophical Transactions of the Royal Society, London* B 300 : 553-85.

Cann, R. L., M. Stoneking, and A. C. Wilson. 1987. Mitochondrial DNA and human evolution. *Nature* 325 : 31-36.

Collins, D. H. 1985. A new Burgess Shale type fauna in the Middle Cambrian Stephen Formation on Mount Stephen, British Columbia. In *Annual Meeting, Geological Society of America,* p. 550.

Collins, D. H., D. E. G. Briggs, and S. Conway Morris. 1983. New Burgess Shale fossil sites reveal Middle Cambrian faunal complex. *Science* 222 : 163-67.

Conway Morris, S. 1976a. *Nectocaris pteryx,* a new organism from the Middle Cambrian Burgess Shale of British Columbia. *Neues Jahrbuch*

für Geologie und Paläontologie, 12 : 705-13.
———. 1976b. A new Cambrian lophophorate from the Burgess Shale of British Columbia. *Palaeontology* 19 : 199-222.
———. 1977a. A new entoproct-like organism from the Burgess Shale of British Columbia. *Palaeontology* 20 : 833-45.
———. 1977b. A redescription of the Middle Cambrian worm *Amiskwia sagittiformis* Walcott from the Burgess Shale of British Columbia. *Paläontologische Zeitschrift* 51 : 271-87.
———. 1977c. A new metazoan from the Cambrian Burgess Shale, British Columbia. *Palaeontology* 20 : 623-40.
———. 1977d. Fossil priapulid worms. In *Special papers in Palaeontology*, vol. 20. London : Palaeontological Association.
———. 1978. *Laggania cambria* Walcott : A composite fossil. *Journal of Paleontology* 52 : 126-31.
———. 1979. Middle Cambrian polychaetes from the Burgess Shale of British Columbia. *Philosophical Transactions of the Royal Society, London* B 285 : 227-274.
———. 1985. The Middle Cambrian metazoan *Wiwaxia corrugata*(Matthew) from the Burgess Shale and *Ogygopsis* Shale, British Columbia, Canada. *Philosophical Transactions of the Royal Society, London* B 307 : 507-82.
———. 1986. The community structure of the Middle Cambrian phyllopod bed(Burgess Shale). *Palaeontology* 29 : 423-67.
Conway Morris, S., J. S. Peel, A. K. Higgins, N. J. Soper, and N. C. Davis. 1987. A Burgess Shale-like fauna from the Lower Cambrian of north Greenland. *Nature* 326 : 181-83.
Conway Morris, S., and R.A.Robison. 1982. The enigmatic medusoid *Peytoia* and a comparison of some Cambrian biotas. *Journal of Paleontology* 56 : 116-22.
———. 1986. Middle Cambrian priapulids and other soft-bodied fossils from Utah and Spain. *University of Kansas Paleontological Contributions*, Paper 117.
Conway Morris, S., and H. B. Whittington. 1979. The animals of the Burgess Shale. *Scientific American* 240(January): 122-33.
———. 1985. Fossils of the Burgess Shale. A national treasure in Yoho

National Park, British Columbia. *Geological Survey of Canada, Miscellaneous Reports* 43 : 1-31.

Darwin, C. 1859. *On the origin of species.* London : John Murray.『種の起源』渡辺政隆訳／光文社（光文社古典新訳文庫），2009.

———. 1868. *The variation of animals and plants under domestication.* 2 vols. London : John Murray.

Durham, J. W. 1974. Systematic position of *Eldonia ludwigi* Walcott. *Journal of Paleontology* 48 : 750-55.

Dzik, J., and K. Lendzion. 1988. The oldest arthropods of the East European platform. *Lethaia* 21 : 29-38.

Erwin, D. H., J. W. Valentine, and J. J. Sepkoski. 1987. A comparative study of diversification events : The early Paleozoic versus the Mesozoic. *Evolution* 141 : 1177-86.

Gagnier, P.-Y., A. R. M. Blieck, and G. Rodrigo. 1986. First Ordovician vertebrate from South America. *Geobios* 19 : 629-34.

Glaessner, M. F. 1984. *The dawn of animal life.* Cambridge : Cambridge University Press.

Gould, S.J. 1977. *Ever since Darwin.* New York : W. W. Norton.『ダーウィン以来』浦本昌紀・寺田鴻訳／早川書房（ハヤカワ・ノンフィクション文庫），1995.

———. 1981. *The mismeasure of man.* New York : W. W. Norton.『人間の測りまちがい』鈴木善次・森脇靖子訳／河出書房新社（河出文庫），2008.

———. 1985a. The paradox of the first tier : An agenda for paleobiology. *Paleobiology* 11 : 2-12.

———. 1985b. Treasures in a taxonomic wastebasket. *Natural History Magazine* 94(December) : 22-33.

———. 1986. *Evolution* and the triumph of homology, or why history matters. *American Scientist,* January-February, pp. 60-69.

———. 1987a. Life's little joke. *Natural History Magazine* 96(April) : 16-25.

———. 1987b. Bushes all the way down. *Natural History Magazine* 96(June) : 12-19.

———. 1987c. William Jennings Bryan's last campaign. *Natural History Magazine* 96(November) : 16-26.

———. 1988. A web of tales. *Natural History Magazine* 97(October) : 16-23.

Gould, S. J., N. L. Gilinsky, and R. Z. German. 1987. Asymmetry of lineages and the direction of evolutionary time. *Science* 236 : 1437-41.

Gould, S. J., D. M. Raup, J. J. Sepkoski, T. J. M. Schopf, and D. S. Simberloff. 1977. The shape of evolution : A comparison of real and random clades. *Paleobiology* 3 : 23-40.

Haeckel, E. 1866. *Generelle Morphologie der Organismen.* 2 vols. Berlin : Georg Reimer.

Hanson, E.D. 1977. *The origin and early evolution of animals.* Middletown, Conn. : Wesleyan University Press.

Hopson, J.A. 1977. Relative brain size and behavior in archosaurian reptiles. *Annual Review of Ecology and Systematics* 8 : 429-48.

Hou Xian-guang. 1987a. Two new arthropods from Lower Cambrian, Chengjiang, Eastern Yunnan [in Chinese]. *Acta Palaeontologica Sinica* 26 : 236-56.

———. 1987b. Three new large arthropods from Lower Cambrian, Chengjiang, Eastern Yunnan [in Chinese]. *Acta Palaeontologica Sinica* 26 : 272-85.

———. 1987c. Early Cambrian large bivalved arthropods from Chengjiang, Eastern Yunnan [in Chinese]. *Acta Palaeontologica Sinica* 26 : 286-98.

Hou Xian-guang and Sun Wei-guo. 1988. Discovery of Chengjiang fauna at Meishucun, Jinning, Yunnan [in Chinese]. *Acta Palaeontologica Sinica* 27 : 1-12.

Hughes, C.P. 1975. Redescription of *Burgessia bella* from the Middle Cambrian Burgess Shale, British Columbia. *Fossils and Strata* (Oslo) 4 : 415-35.

Hutchinson. G.E. 1931. Restudy of some Burgess Shale fossils. *Proceedings of the United States National Museum* 78(11) : 1-24.

Jaanusson, V. 1981. Functional thresholds in evolutionary progress. *Lethaia* 14 : 251-60.

Jablonski, D. 1986. Larval ecology and macroevolution in marine invertebrates. *Bulletin of Marine Science* 39 : 565-87.

Jefferies, R. P. S. 1986. *The ancestry of the vertebrates.* London : British

Museum (Natural History).

Jerison, H. J. 1973. *The evolution of the brain and intelligence.* New York : Academic Press.

King, Stephen. 1987. *The tommyknockers.* New York : Putnam.『トミーノッカーズ』吉野美恵子訳／文藝春秋（文春文庫），1997.

Kitchell, J. A., D. L. Clark, and A. M. Gombos, Jr. 1986. Biological selectivity of extinction : A link between background and mass extinction. *Palaios* 1 : 504-11.

Knoll, A. H., and E. S. Barghoorn. 1977. Archean microfossils showing cell division from the Swaziland System of South Africa. *Science* 198 : 396-98.

Lovejoy, A. O. 1936. *The great chain of being.* Cambridge, Mass. : Harvard University Press.『存在の大いなる連鎖』内藤健二訳／晶文社，1975.

Ludvigsen, R. 1986. Trilobite biostratigraphic models and the paleo-environment of the Burgess Shale (Middle Cambrian), Yoho National Park, British Columbia. *Canadian Paleontology and Biostratigraphy Seminars.*

Margulis, L. 1981. *Symbiosis in cell evolution.* San Francisco : W. H. Freeman.『細胞の共生進化――初期の地球上における生命とその環境』永井進監訳／学会出版センター，1985.

Margulis, L., and K. V. Schwartz. 1982. *Five kingdoms.* San Francisco : W. H. Freeman.『五つの王国――図説・生物界ガイド』川島誠一郎・根平邦人訳／日経サイエンス社，1987.

Massa, W. R., Jr. 1984. *Guide to the Charles D. Walcott Collection, 1851-1940.* Guides to Collections, Archives and Special Collections of the Smithsonian Institution.

Matthew, W.D., and W. Granger. 1917. The skeleton of *Diatryma,* a gigantic bird from the Lower Eocene of Wyoming. *Bulletin of the American Museum of Natural History* 37 : 307-26.

Mikulic, D. G., D. E. G. Briggs, and J. Kluessendorf. 1985a. A Silurian soft-bodied fauna. *Science* 228 : 715-17.

———. 1985b. A new exceptionally preserved biota from the Lower Silurian of Wisconsin, USA. *Philosophical Transactions of the Royal Society, London* B 311 : 75-85.

Morris, R. 1984. *Time's arrows.* New York : Simon and Schuster.『時間の矢』荒井喬訳／地人書館，1987.

Müller, K. J. 1983. Crustacea with preserved soft parts from the Upper Cambrian of Sweden. *Lethaia* 16 : 93-109.

Müller, K. J., and D. Walossek. 1984. Skaracaridae, a new order of Crustacea from the Upper Cambrian of Västergötland, Sweden. *Fossils and Strata* (Oslo) 17 : 1-65.

Murchison, R.I. 1854. *Siluria : The history of the oldest known rocks containing organic remains.* London : John Murray.

Parker, S. P. (ed.). 1982. *McGraw-Hill synopsis and classification of living organisms.* 2 vols. New York : McGraw-Hill.

Pflug, H. D. 1972. Systematik der jung-präkambrischen Petalonamae. *Paläontologische Zeitschrift* 46 : 56-67.

———. 1974. Feinstruktur und Ontogenie der jung-präkambrischen Petalo-Organismen. *Paläontologische Zeitschrift* 48 : 77-109.

Raup, D. M., and S. J. Gould. 1974. Stochastic simulation and evolution of morphology—towards a nomothetic paleontology. *Systematic Zoology* 23 (3) : 305-22.

Raup, D. M., S. J. Gould, T. J. M. Schopf, and D. S. Simberloff. 1973. Stochastic models of phylogeny and the evolution of diversity. *Journal of Geology* 81 (5) : 525-42.

Rigby, J. K. 1986. Sponges of the Burgess Shale (Middle Cambrian) British Columbia. *Palaeontographica Canada,* no. 2.

Robison, R. A. 1985. Affinities of *Aysheaia* (Onychophora) with description of a new Cambrian species. *Journal of Paleontology* 59 : 226-35.

Romer, A. S. 1966. *Vertebrate paleontology.* 3d ed. Chicago : University of Chicago Press.

Rozanov, A. Yu. 1986. Problematica of the Early Cambrian. In A. Hoffman and M. H. Nitecki (eds.), *Problematic fossil taxa,* pp. 87-96. New York : Oxford University Press.

Runnegar, B. 1987. Rates and modes of evolution in the Mollusca. In K. S. W. Campbell and M. F. Day, *Rates of evolution,* pp. 39-60. London : Allen and Unwin.

Schidlowski, M. 1988. A 3,800-million-year isotopic record of life from

carbon in sedimentary rocks. *Nature* 333 : 313-18

Schopf, T. J. M. 1978. Fossilization potential of an intertidal fauna : Friday Harbor, Washington. *Paleobiology* 4 : 261-70.

Schuchert, C. 1928. Charles Doolittle Walcott(1850-1927). *Proceedings of the American Academy of Arts and Sciences* 62 : 276-85.

Seilacher, A. 1984. Late Precambrian Metazoa : Preservational or real extinctions ? In H. D. Holland and A. F. Trendall (eds.), *Patterns of change in earth evolution,* pp. 159-68. Berlin : Springer-Verlag.

Sepkoski, J. J., R. K. Bambach, D. M. Raup, and J. W. Valentine. 1981. Phanerozoic marine diversity and the fossil record. *Nature* 293 : 435.

Simonetta, A. M. 1970. Studies of non-trilobite arthropods of the Burgess Shale(Middle Cambrian). *Palaeontographica Italica* 66(n. s. 36): 35-45.

Simpson, G. G. 1980. *Splendid isolation : The curious history of South American mammals.* New Haven : Yale University Press.

Størmer, L. 1959. Trilobitoidea. In R. C. Moore(ed.), *Treatise on invertebrate paleontology,* Part O. Arthropoda I, pp. 23-37.

Stürmer, W., and J. Bergström. 1976. The arthropods *Mimetaster* and *Vachonisia* from the Devonian Hunsrück Shale. *Paläontologische Zeitschrift* 50 : 78-111.

———. 1978. The arthropod *Cheloniellon* from the Devonian Hunsrück Shale. *Paläontologische Zeitschrift* 52 : 57-81.

Sun Wei-guo and Hou Xian-guang. 1987a. Early Cambrian medusae from Chengjiang, Yunnan, China [in Chinese]. *Acta Palaeontologica Sinica* 26 : 257-70.

———. 1987b. Early Cambrian worms from Chengjiang, Yunnan, China : *Maotianshania* Gen. Nov. [in Chinese]. *Acta Palaeontologica Sinica* 26 : 299-305.

Taft, W. H., *et al.* 1928. Charles Doolittle Walcott : Memorial meeting, January 24, 1928. *Smithsonian Miscellaneous Collections* 80 : 1-37.

Valentine, James W. 1977. General patterns in Metazoan evolution. In A. Hallam(ed.), *Patterns of evolution.* New York : Elsevier Science Publishers.

Vine, Barbara [Ruth Rendell]. 1987. *A fatal inversion.* New York : Bantam Books.『運命の倒置法』大村美根子訳／角川書店（角川文庫), 1991.

Vonnegut, Kurt. 1985. *Galápagos.* New York : Delacorte Press.『ガラパゴスの箱舟』浅倉久志訳／早川書房（ハヤカワ文庫 SF），1995.

Walcott, C. D. 1891. The North American continent during Cambrian time. In *Twelfth Annual Report, U. S. Geological Survey,* pp. 523-68.

———. 1908. Mount Stephen rocks and fossils. *Canadian Alpine Journal* 1 (2) : 232-48.

———. 1910. Abrupt appearance of the Cambrian fauna on the North American continent. Cambrian Geology and Paleontology, II. *Smithsonian Miscellaneous Collections* 57 : 1-16.

———. 1911a. Middle Cambrian Merostomata. Cambrian Geology and Paleontology, II. *Smithsonian Miscellaneous Collections* 57: 17-40.

———. 1911b. Middle Cambrian holothurians and medusae. Cambrian Geology and Paleontology, II. *Smithsonian Miscellaneous Collections* 57 : 41-68.

———. 1911c. Middle Cambrian annelids. Cambrian Geology and Paleontology, II. *Smithsonian Miscellaneous Collections* 57 : 109-44.

———. 1912. Middle Cambrian Branchiopoda, Malacostraca, Trilobita and Merostomata. Cambrian Geology and Paleontology, II. *Smithsonian Miscellaneous Collections* 57 : 145-228.

———. 1916. Evidence of primitive life. *Annual Report of the Smithsonian Institution for 1915* [published in 1916], pp. 235-55.

———. 1918. Appendages of trilobites. Cambrian Geology and Paleontology, IV. *Smithsonian Miscellaneous Collections* 67 : 115-216.

———. 1919. Middle Cambrian Algae. Cambrian Geology and Paleontology, IV. *Smithsonian Miscellaneous Collections* 67: 217-60.

———. 1920. Middle Cambrian Spongiae. Cambrian Geology and Paleontology, IV. *Smithsonian Miscellaneous Collections* 67 : 261-364.

———. 1931. Addenda to description of Burgess Shale fossils, [with explanatory notes by Charles E. Resser]. *Smithsonian Miscellaneous Collections* 85 : 1-46.

Walcott, S. S. 1971. How I found my own fossil. *Smithsonian* 1 (12): 28-29.

Walter, M. R. 1983. Archean stromatolites : evidence of the earth's earliest benthos. In J. W. Schopf(ed.), *Earth's earliest biosphere : Its origin and evolution,* pp. 187-213. Princeton : Princeton University Press.

White, C. 1799. *An account of the regular gradation in man, and in different animals and vegetables.* London : C. Dilly.

Whittington, H. B. 1971. Redescription of *Marrella splendens*(Trilobitoidea) from the Burgess Shale, Middle Cambrian, British Columbia. *Geological Survey of Canada Bulletin* 209 : 1-24.

———. 1972. What is a trilobitoid? In *Palaeontological Association Circular, Abstracts for Annual Meeting,* p. 8. Oxford.

———. 1974. Yohoia Walcott and Plenocaris n. gen., arthropods from the Burgess Shale, Middle Cambrian, British Columbia. *Geological Survey of Canada Bulletin* 231 : 1-21.

———. 1975a. The enigmatic animal *Opabinia regalis*, Middle Cambrian, Burgess Shale, British Columbia. *Philosophical Transactions of the Royal Society, London* B 271 : 1-43.

———. 1975b. Trilobites with appendages from the Middle Cambrian, Burgess Shale, British Columbia. *Fossils and Strata*(Oslo)4 : 97-136.

———. 1977. The Middle Cambrian trilobite *Naraoia,* Burgess Shale, British Columbia. *Philosophical Transactions of the Royal Society, London* B 280 : 409-43.

———. 1978. The lobopod animal *Aysheaia pedunculata* Walcott, Middle Cambrian, Burgess Shale, British Columbia. *Philosophical Transactions of the Royal Society, London* B 284 : 165-97.

———. 1980. The significance of the fauna of the Burgess Shale, Middle Cambrian, British Columbia. *Proceedings of the Geologists' Association* 91 : 127-48.

———. 1981a. Rare arthropods from the Burgess Shale, Middle Cambrian, British Columbia. *Philosophical Transactions of the Royal Society, London* B 292 : 329-57.

———. 1981b. Cambrian animals : Their ancestors and descendants. *Proceedings of the Linnean Society*(New South Wales)105 : 79-87.

———. 1985a. *Tegopelte gigas,* a second soft-bodied trilobite from the Burgess Shale, Middle Cambrian, British Columbia. *Journal of Paleontology* 59 : 1251-74.

———. 1985b. *The Burgess Shale.* New Haven : Yale University Press.

Whittington, H. B., and D. E. G. Briggs. 1985. The largest Cambrian animal,

Anomalocaris, Burgess Shale, British Columbia. *Philosophical Transactions of the Royal Society, London* B 309 ; 569-609.

Whittington, H. B., and S. Conway Morris. 1985. *Extraordinary fossil biotas : Their ecological and evolutionary significance.* London : Royal Society. Published originally in *Philosophical Transactions of the Royal Society, London* B 311 : 1-192.

Whittington, H. B., and W. R. Evitt II. 1953. *Silicified Middle Ordovician trilobites.* Geological Society of America Memoir 59.

Zhang Wen-tang and Hou Xian-guang. 1985. Preliminary notes on the occurrence of the unusual trilobite *Naraoia* in Asia [in Chinese]. *Acta Palaeontologica Sinica* 24 : 591-95.

図版クレジット

図1－1／Copyright 1940 by Charles R. Knight. Reproduced by permission of Rhoda Knight Kalt.

図1－2／ Copyright © Janice Lilien. Originally published in *Natural History* magazine, December 1985.

図1－3／From Charles White, *An Account of the Regular Gradation in Man...*, 1799. Reprinted from *Natural History* magazine.

図1－4／Reprinted by permission of Charles Scribner's Sons, an imprint of Macmillan Publishing Company, from Henry Fairfield Osborn, *Men of the Old Stone Age.* Copyright 1915 by Charles Scribner's Sons ; copyright renewed 1943 by A. Perry Osborn.

図1－7／Reprinted courtesy of the *Boston Globe.*

図1－8／Reprinted courtesy of the *Boston Globe.*

図1－9／Reprinted courtesy of Bill Day, *Detroit Free Press.*

図1－11／Reprinted courtesy of Guinness Brewing Worldwide.

図1－12／Reprinted courtesy of Granada Group PLC.

図1－15／From James Valentine, "General Patterns in Metazoan *Evolution,*" in *Patterns of Evolution,* ed. A. Hallam. Elsevier Science Publishers (New York). Copyright © 1977.

図1－16 (A)／From David M. Raup and Steven M. Stanley, *Principles of Paleontology,* 2d ed. Copyright © 1971, 1978 W. H. Freeman and Company. Reprinted with permission.

図1－16 (B)／Figure 4.6 in Harold Levin, *The Earth Through Time.* Copyright © 1978 by Saunders College Publishing, a division of Holt, Rinehart and Winston, Inc. Reprinted by permission of the publisher.

図1－16 (C)／From J. Marvin Weller, *The Course of Evolution.* McGraw-Hill Book Co., Inc. Copyright © 1969.

図1－16 (E)／From Robert R. Shrock and William H. Twenhofel, *Principles of Invertebrate Paleontology.* McGraw-Hill Book Co., Inc. Copyright © 1953.

図1－16 (F)／From Steven M. Stanley, *Earth and Life Through Time,* 2d

ed. Copyright © 1986, 1989 W. H. Freeman and Company. Reprinted with permission.

図 2 - 4,5,6 ／ Smithsonian Institution Archives, Charles D. Walcott Papers, 1851-1940 and undated. Archive numbers SA-692, 89-6273, and 85-1592.

図 3 - 1 ／ By permission of the Smithsonian Institution Press, from *Smithsonian Miscellaneous Collections,* vol. 57, no. 6. Smithsonian Institution, Washington, D. C.

図 3 - 3,4,5,6,7 ／ From D. L. Bruton, 1981. The arthropod *Sidneyia inexpectans,* Middle Cambrian, Burgess Shale, British Columbia. *Philosophical Transactions of the Royal Society, London* B 295 : 619-56.

図 3 - 8 ／ From H. B. Whittington, 1978. The lobopod animal *Aysheaia pedunculata* Walcott, Middle Cambrian, Burgess Shale, British Columbia. *Philosophical Transactions of the Royal Society, London* B 284 : 165-97.

図 3 - 9,10,11 ／ From D. L. Bruton, 1981. The arthropod *Sidneyia inexpectans,* Middle Cambrian, Burgess Shale, British Columbia. *Philosophical Transactions of the Royal Society, London* B 295 : 619-56.

図 3 - 13,14,15,16 ／ From H. B. Whittington, 1971. Redescription of *Marrella splendens*(Trilobitoidea)from the Burgess Shale, Middle Cambrian, British Columbia. *Geological Survey of Canada Bulletin* 209 : 1-24.

図 3 - 17,19 ／ From H. B. Whittington, 1974. *Yohoia* Walcott and *Plenocaris* n. gen., arthropods from the Burgess Shale, Middle Cambrian, British Columbia. *Geological Survey of Canada Bulletin* 231 : 1-21.

図 3 - 20 ／ From H. B. Whittington, 1975. The enigmatic animal *Opabinia regalis,* Middle Cambrian, Burgess Shale, British Columbia. *Philosophical Transactions of the Royal Society, London* B 271 : 1-43.

図 3 - 22 ／ Reprinted by permission of Cambridge University Press.

図 3 - 23 ／ From A. M. Simonetta, 1970. Studies of non-trilobite arthropods of the Burgess Shale(Middle Cambrian). *Palaeontographica Italica* 66(n. s. 36): 35-45.

図 3 - 24,25,26 ／ From H. B. Whittington 1975. The enigmatic animal *Opabinia regalis,* Middle Cambrian, Burgess Shale, British Columbia. *Philosophical Transactions of the Royal Society, London* B 271 : 1-43.

図 3 - 27 ／ From C. P. Hughes, 1975. Redescription of *Burgessia bella* from

the Middle Cambrian Burgess Shale, British Columbia. *Fossils and Strata* (Oslo) 4 : 415-35. Reproduced with permission.

図 3 - 30 ／ From S. Conway Morris, 1977. A new entoproct-like organism from the Burgess Shale of British Columbia. *Palaeontology* 20 : 833-45.

図 3 - 33 ／ From S. Conway Morris, 1977. A redescription of the Middle Cambrian worm *Amiskwia sagittiformis* Walcott from the Burgess Shale of British Columbia. *Paläontologische Zeitschrift* 51: 271-87.

図 3 - 35 ／ From S. Conway Morris, 1977. A new metazoan from the Cambrian Burgess Shale, British Columbia. *Palaeontology* 20 : 623-40.

図 3 - 36 ／ From D. E. G. Briggs, 1976. The arthropod *Branchiocaris* n. gen., Middle Cambrian, Burgess Shale, British Columbia. *Geological Survey of Canada Bulletin* 264 : 1-29.

図 3 - 37 ／ From D. E. G. Briggs, 1978. The morphology, mode of life, and affinities of *Canadaspis perfecta* (Crustacea : Phyllocarida), Middle Cambrian, Burgess Shale, British Columbia. *Philosophical Transactions of the Royal Society, London* B 281 : 439-87.

図 3 - 39, 40(A - C) ／ From H. B. Whittington, 1977. The Middle Cambrian trilobite *Naraoia*, Burgess Shale, British Columbia. *Philosophical Transactions of the Royal Society, London* B 280 : 409-43.

図 3 - 42, 43 ／ From H. B. Whittington, 1978. The lobopod animal *Aysheaia pedunculata* Walcott, Middle Cambrian, Burgess Shale, British Columbia. *Philosophical Transactions of the Royal Society, London* B 284 : 165-97.

図 3 - 44 ／ From D. E. G. Briggs, 1981. The arthropod *Odaraia alata* Walcott, Middle Cambrian, Burgess Shale, British Columbia. *Philosophical Transactions of the Royal Society, London* B 291 : 541-85.

図 3 - 47, 50 ／ From H. B. Whittington, 1981. Rare arthropods from the Burgess Shale, Middle Cambrian, British Columbia. *Philosophical Transactions of the Royal Society, London* B 292 : 329-57.

図 3 - 51, 52, 53 ／ From D. L. Bruton and H. B. Whittington. 1983. *Emeraldella* and *Leanchoilia*, two arthropods from the Burgess Shale, British Columbia. *Philosophical Transactions of the Royal Society, London* B 300 : 553-85.

図 3 - 55 ／ From D. E. G. Briggs and D. Collins, 1988. A Middle Cambrian chelicerate from Mount Stephen, British Columbia. *Palaeontology* 31 :

779-98.

図3 - 56,57,59 ／ From S. Conway Morris, 1985. The Middle Cambrian metazoan *Wiwaxia corrugata* (Matthew) from the Burgess Shale and *Ogygopsis* Shale, British Columbia, Canada. *Philosophical Transactions of the Royal Society, London* B 307 : 507-82.

図3 - 60,61 ／ From D. E. G. Briggs, 1979. *Anomalocaris*, the largest known Cambrian arthropod. *Palaeontology* 22 : 631-64.

図3 - 63,64 ／ From H. B. Whittington and D. E. G. Briggs, 1985. The largest Cambrian animal, *Anomalocaris*, Burgess Shale, British Columbia. *Philosophical Transactions of the Royal Society, London* B 309 : 569-609.

図3 - 65 ／ From S. Conway Morris and H. B. Whittington, 1985. Fossils of the Burgess Shale. A national treasure in Yoho National Park, British Columbia. *Geological Survey of Canada, Miscellaneous Reports* 43 : 1-31.

図3 - 67,68,69 (A－B),70 ／ From H. B. Whittington and D. E. G. Briggs, 1985. The largest Cambrian animal, *Anomalocaris*, Burgess Shale, British Columbia. *Philosophical Transactions of the Royal Society, London* B 309 : 569-609.

図3 - 73,74 ／ From D. E. G. Briggs and H. B. Whittington, 1985. Modes of life of arthropods from the Burgess Shale, British Columbia. *Transactions of the Royal Society of Edinburgh* 76 : 149-60.

図4 - 1,2,3 ／ Smithsonian Institution Archives, Charles D. Walcott Papers, 1851-1940 and undated. Archive numbers 82-3144, 82-3140, and 83-14157.

図5 - 3 ／ Drawing by Charles R. Knight : neg. no. 39443, courtesy of Department of Library Services, American Museum of Natural History.

図5 - 5 ／ Courtesy of A. Seilacher.

図5 - 6 ／ From R. C. Moore, C. G. Lalicker, and A. G. Fischer. *Invertebrate Fossils.* McGraw-Hill Book Co., Inc. Copyright 1952.

図5 - 7 ／ From A. Yu. Rozanov, "Problematica of the Early Cambrian," in *Problematic Fossil Taxa,* ed. Antoni Hoffman and Matthew H. Nitecki. Copyright ©1986 by Oxford University Press, Inc. Reprinted by permission.

訳者略歴　1955年生　サイエンスライター，筑波大学教授　著書に『ダーウィンの夢』『一粒の柿の種』『シーラカンスの打ちあけ話』他　訳書にグールド『ぼくは上陸している』，ジンマー『水辺で起きた大進化』（ともに早川書房），ダーウィン『種の起源』，パーカー『眼の誕生』（共訳）他多数

HM=Hayakawa Mystery
SF=Science Fiction
JA=Japanese Author
NV=Novel
NF=Nonfiction
FT=Fantasy

ワンダフル・ライフ
バージェス頁岩《けつがん》と生物進化の物語

〈NF236〉

二〇〇〇年 三 月三十一日　発行
二〇一七年十一月 十五 日　十刷
（定価はカバーに表示してあります）

著　者　スティーヴン・ジェイ・グールド
訳　者　渡《わた》辺《なべ》政《まさ》隆《たか》
発行者　早川　浩
発行所　株式会社　早川書房
郵便番号　一〇一‐〇〇四六
東京都千代田区神田多町二ノ二
電話　〇三‐三二五二‐三一一一（大代表）
振替　〇〇一六〇‐三‐四七七九九
http://www.hayakawa-online.co.jp

乱丁・落丁本は小社制作部宛お送り下さい。
送料小社負担にてお取りかえいたします。

印刷・三松堂株式会社　製本・株式会社川島製本所
Printed and bound in Japan
ISBN978-4-15-050236-2 C0145

本書は活字が大きく読みやすい〈トールサイズ〉です。